基礎からしっかり学ぶ 生化学

編著／山口雄輝　著／成田 央

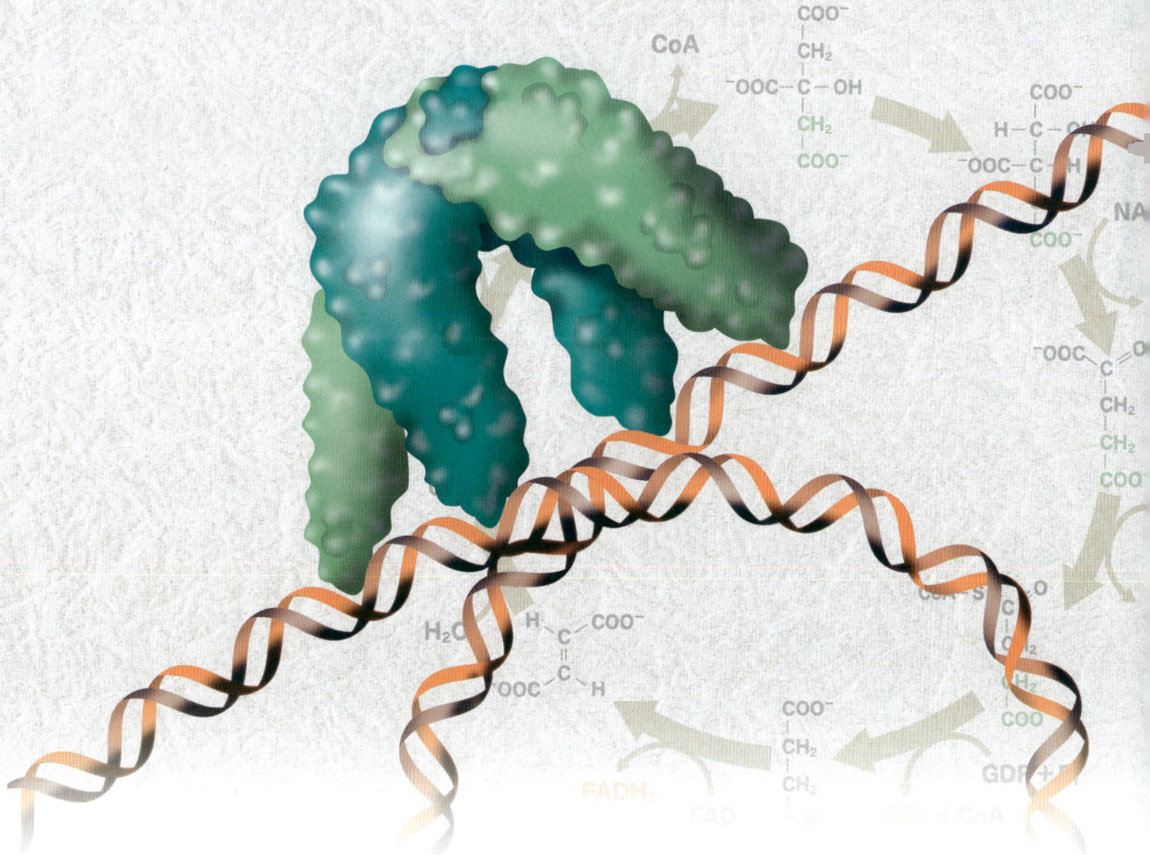

羊土社
YODOSHA

【注意事項】本書の情報について───────────────────────────────
　本書に記載されている内容は，発行時点における最新の情報に基づき，正確を期するよう，執筆者，監修・編者ならびに出版社はそれぞれ最善の努力を払っております．しかし科学・医学・医療の進歩により，定義や概念，技術の操作方法や診療の方針が変更となり，本書をご使用になる時点においては記載された内容が正確かつ完全ではなくなる場合がございます．また，本書に記載されている企業名や商品名，URL等の情報が予告なく変更される場合もございますのでご了承ください．

序

　本書は，生物に関する最低限の知識をもった大学生が次のステップとして学ぶべき生化学のスタンダードな内容をまとめたものである．

　生化学はbiochemistryつまり生物化学biological chemistryを縮めたものである．つまり生物は形容詞に過ぎず，生化学は化学の一分野なのである．もう少し具体的に言うと，生化学とは生命体を構成する分子群に注目し，それらが行う相互作用や化学反応の理解を基盤として生命の理解を目指す学問である．分野的に分子生物学との重なりが大きいが，本書は「生化学」と銘打ち，生体を構成する分子の構造式や反応式その他，生命活動にまつわるケミストリーを，混乱を招かない程度に詳しく載せた．そういった解説は，化学が得意な読者にとっては生命現象を厳密に理解する手助けになるはずだが，化学が不得意な読者は読み飛ばしてもらっても構わない．

　本書は，内容を厳選して分かりやすく伝えることを重視した．世の中には『ヴォート生化学（東京化学同人）』や『細胞の分子生物学（ニュートンプレス）』などの優れた教科書がすでに存在している．しかしこういった2,000ページを超える教科書は情報量の多さゆえ，コアとなるべきメッセージが希釈されて伝わりにくい欠点がある．本書はこうした成書の欠点を補うものであり，予備知識があまりない人が読んでも充分理解できるよう配慮しているので，「とりあえずの一冊」として教科書としてだけでなく自習用の参考書や副読本としても利用してもらえると思う．

　生命はしなやかで巧みな分子機械であり，自己を維持したり複製したりする能力をもっている．本書の小さな試みとして，序章でまず生命の定義を議論し，それ以降の章でもことあるごとに生命の定義に立ち戻って，各章の内容が生命という分子機械の働きとどのように結びついているのかが明確となるよう工夫した．各章の説明内容がバラバラな知識の羅列としてではなく，合目的性をもった生命という分子機械の異なる側面として理解してもらえれば幸いだ．

　羊土社の吉川竜文氏から本書の企画について相談があってから脱稿まで丸4年を費やした．こんなに待つケースは他にないですよ，と半ば呆れつつも叱咤激励してくれた編集部の吉川竜文氏と望月恭彰氏に深く感謝する．

2014年9月

山口　雄輝

✣ 目次概略 ✣

序章 生化学的な視点から捉えた生物のデザイン

第Ⅰ部　生体分子の構造と機能

- **1章** タンパク質の構造と機能
- **2章** 核酸の構造と機能
- **3章** 単糖と多糖，脂質と膜
- **4章** 酵素の反応速度論

第Ⅱ部　生体分子の代謝

- **5章** 糖代謝1 ─解糖系と糖新生を中心に
- **6章** 糖代謝2 ─クエン酸サイクルと電子伝達
- **7章** 光合成
- **8章** 脂質代謝
- **9章** アミノ酸とヌクレオチドの代謝

第Ⅲ部　遺伝情報の維持と発現

- **10章** DNAの複製，修復，組換え
- **11章** 転写とRNAプロセシング
- **12章** 翻訳と翻訳後修飾
- **13章** シグナル伝達

基礎からしっかり学ぶ 生化学

❖ 目　次 ❖

序 3

序章　生化学的な視点から捉えた生物のデザイン　　12

1. 生物と無生物を隔てるもの 12
2. 生命の定義 15
3. 生化学とは 17
4. 地球上の多様な生命 18
5. 生命の基本単位：細胞 20
   ❶ 細菌　❷ 古細菌　❸ 真核生物

第Ⅰ部　生体分子の構造と機能

1章　タンパク質の構造と機能　　23

1. タンパク質を構成する20種類のアミノ酸 23
   ❶ 非極性アミノ酸　❷ 極性無電荷アミノ酸　❸ 極性電荷アミノ酸
2. タンパク質のフォールディング 27
   ❶ ペプチド結合　❷ アンフィンセンのドグマ　❸ フォールディングに寄与する相互作用
   ❹ 分子シャペロン
3. タンパク質の階層的な立体構造 31
   ❶ タンパク質の二次構造　❷ タンパク質の三次構造と四次構造　❸ ラマチャンドランプロット
   ❹ タンパク質のドメイン構造
4. タンパク質の構造と機能の例 36
   ❶ コラーゲン　❷ ヘモグロビン　❸ 抗体

5．タンパク質の解析方法 ……………………………………………………………… 39
　❶ クロマトグラフィー　❷ 電気泳動　❸ 超遠心
　❹ タンパク質の一次構造の決定法　❺ タンパク質の立体構造の決定法
章末問題 …………………………………………………………………………………… 42

2章　核酸の構造と機能　　43

1．核酸の構成要素 ………………………………………………………………………… 43
　❶ 糖　❷ 核酸塩基　❸ リン酸
2．DNAとRNAの基本構造 …………………………………………………………… 46
3．DNAの二重らせん構造 ……………………………………………………………… 47
　・その他のDNA二重らせん構造
4．細胞内のDNAの特徴 ………………………………………………………………… 50
　❶ 超らせん構造　❷ クロマチン構造
5．遺伝物質としてのDNA ……………………………………………………………… 52
6．RNAの種類，構造，機能 …………………………………………………………… 54
7．核酸の研究方法 ………………………………………………………………………… 55
章末問題 …………………………………………………………………………………… 57

3章　単糖と多糖，脂質と膜　　58

1．糖質の構造と機能 ……………………………………………………………………… 58
　❶ 単糖の構造　❷ 単糖の反応性　❸ 多糖の構造と機能　❹ 糖タンパク質
2．脂質の構造と機能 ……………………………………………………………………… 67
　❶ 脂肪酸　❷ トリアシルグリセロール　❸ リン脂質と糖脂質　❹ ステロイド
3．生体膜の構造と機能 …………………………………………………………………… 70
　❶ 生体膜の構造　❷ 生体膜の動態　❸ 膜輸送　❹ シグナル伝達
章末問題 …………………………………………………………………………………… 75

4章　酵素の反応速度論　　76

1．化学反応のエネルギー論 ……………………………………………………………… 76
　❶ ギブズの自由エネルギー変化　❷ ギブズの活性化エネルギー
2．酵素反応の特徴 ………………………………………………………………………… 78
　❶ 酵素の強力な触媒作用　❷ 酵素の狭い至適条件　❸ 酵素の高い基質特異性
　❹ 酵素の活性制御　❺ 補因子の存在
3．酵素の反応速度論 ……………………………………………………………………… 83
　❶ ミカエリス-メンテン式の導出　❷ ミカエリス-メンテン式の意味するところ
　❸ ラインウィーバー-バークプロット　❹ 酵素活性の阻害　❺ ミカエリス-メンテン式の限界
章末問題 …………………………………………………………………………………… 89

第Ⅱ部　生体分子の代謝

5章　糖代謝1—解糖系と糖新生を中心に　90

1. 代謝とは何か　90
2. 代謝を支える役者　90
   - ❶ ATP　❷ NADHとFADH$_2$　❸ NADPH　❹ 補酵素A
3. 解糖系と糖新生　94
   - ❶ 解糖系　❷ 糖新生　❸ 解糖系と糖新生の調節
4. グリコーゲン代謝　101
   - ❶ グリコーゲンの合成　❷ グリコーゲンの分解　❸ グリコーゲンの合成と分解の調節
5. ペントースリン酸サイクル　106
   - ❶ ペントースリン酸サイクルの各段階　❷ 解糖系とペントースリン酸サイクルの協調的制御
   - 章末問題　108

6章　糖代謝2—クエン酸サイクルと電子伝達　109

1. 好気呼吸の全体像　109
   - ❶ アセチルCoAの産生　❷ クエン酸サイクル　❸ 電子伝達と酸化的リン酸化
2. アセチルCoAの産生　112
3. クエン酸サイクル　112
   - ❶ クエン酸サイクルの各反応　❷ クエン酸サイクルの調節　❸ クエン酸サイクルと生合成
4. 電子伝達と酸化的リン酸化　116
   - ❶ 酸化還元反応の基本事項　❷ 電子伝達　❸ 酸化的リン酸化
5. 糖代謝のエネルギー収支　122
   - 章末問題　123

7章　光合成　124

1. 光合成の全体像　124
2. 明反応　125
   - ❶ 葉緑体　❷ 電子のエネルギー準位　❸ 集光性複合体と反応中心
   - ❹ 光電子伝達　❺ 光リン酸化　❻ 循環的光リン酸化
3. 明反応のエネルギー収支　132
4. 暗反応（カルビンサイクル）　133
5. 暗反応のエネルギー収支　134
   - 章末問題　135

8章 脂質代謝　136

1. 脂肪酸とトリアシルグリセロールの分解　136
❶ トリアシルグリセロールの分解　❷ 脂肪酸の分解（β酸化）
❸ 不飽和脂肪酸や奇数鎖脂肪酸の分解　❹ 脂肪酸分解のエネルギー収支

2. 脂肪酸とトリアシルグリセロールの合成　142
❶ 脂肪酸の合成　❷ パルミチン酸合成のエネルギー収支
❸ トリアシルグリセロールの合成　❹ 脂肪酸代謝の調節

3. リン脂質と糖脂質の代謝　146
❶ リン脂質の合成　❷ リン脂質の分解　❸ 糖脂質の合成と分解　❹ アラキドン酸カスケード

4. コレステロールの代謝　149
❶ コレステロールの合成　❷ コレステロール合成の制御
❸ コレステロールの排出　❹ ステロイドホルモンの合成

章末問題　153

9章 アミノ酸とヌクレオチドの代謝　154

1. アミノ酸代謝の全体像　154

2. アミノ酸プールへのアミノ酸の供給　155
❶ 食事によるアミノ酸の供給　❷ アミノ酸の新規合成　❸ 体を構成するタンパク質の分解

3. アミノ酸の消費　158
❶ 体を構成するタンパク質の合成　❷ 窒素含有小分子の合成　❸ エネルギー分子の合成

4. 尿素サイクル　159

5. ヌクレオチド代謝　162
❶ プリンヌクレオチドの de novo 合成　❷ プリンヌクレオチドの分解とサルベージ経路
❸ ピリミジンヌクレオチドの de novo 合成　❹ ピリミジンヌクレオチドの分解とサルベージ経路
❺ デオキシリボヌクレオチドの合成

章末問題　170

第Ⅲ部　遺伝情報の維持と発現

10章 DNAの複製，修復，組換え　171

1. セントラルドグマ　171

2. ゲノムの形と大きさ　172

3. DNA複製　174
❶ DNAポリメラーゼ　❷ メセルソンとスタールの実験　❸ ゲノムレベルでのDNA複製
❹ DNA複製の問題点1：トポロジー問題　❺ DNA複製の問題点2：末端複製問題

4. DNA修復　181
❶ DNA損傷を引き起こす要因　❷ さまざまなDNA修復機構

5．DNA組換え ·· 184
　❶ ホリデイ構造を介した相同組換え　❷ 相同組換えによる二本鎖切断修復
章末問題 ··· 186

11章　転写とRNAプロセシング　　187

1．遺伝子の定義 ·· 187
2．転写の基本的なしくみ ·· 188
　❶ 転写反応の概要　❷ 転写開始　❸ 転写伸長　❹ 転写終結
3．細菌の転写制御機構 ··· 191
4．真核生物の転写制御機構 ··· 193
5．全ゲノムの視点から見た転写制御 ··· 195
　❶ ハウスキーピング遺伝子と誘導性遺伝子　❷ トランスクリプトームとプロテオーム
　❸ エピジェネティックな継承
6．mRNAのプロセシング ··· 197
　❶ キャッピング　❷ スプライシング　❸ 3′プロセシング
7．rRNAとtRNAのプロセシング ··· 201
　❶ rRNAのプロセシング　❷ tRNAのプロセシング
8．RNA分解 ··· 202
　❶ mRNAの半減期　❷ RNA干渉　❸ mRNA監視
章末問題 ··· 205

12章　翻訳と翻訳後修飾　　206

1．遺伝暗号表 ··· 206
　・塩基の置換，挿入，欠失
2．翻訳にかかわる装置 ··· 209
3．翻訳の開始，伸長，終結のしくみ ··· 210
　❶ 細菌の翻訳開始　❷ 真核生物の翻訳開始　❸ 翻訳伸長　❹ 翻訳終結
4．遺伝暗号の縮重のしくみ ··· 215
5．翻訳の制御 ··· 216
　❶ マイクロRNA　❷ 翻訳因子のリン酸化　❸ ポリ（A）配列の長さの調節
6．タンパク質の輸送や切断 ··· 217
　❶ 細菌におけるタンパク質の輸送と切断　❷ 真核生物におけるタンパク質の輸送と切断
　❸ タンパク質スプライシング
7．翻訳後修飾 ··· 219
　❶ リン酸化　❷ 糖鎖付加　❸ 脂質修飾　❹ ユビキチン化　❺ その他
8．タンパク質の分解 ·· 222
　❶ 細胞質で行われるタンパク質分解　❷ リソソームで行われるタンパク質分解
章末問題 ··· 223

13章　シグナル伝達　　224

1. 細胞による細胞外の情報の感知 …………………………………… 224
2. 受容体と細胞内シグナル伝達：概要 …………………………… 225
   ❶ 受容体　❷ 受容体の活性化が引き起こす反応　❸ 細胞内での情報処理
3. 受容体と細胞内シグナル伝達：分類 …………………………… 228
   ❶ イオンチャネル型受容体　❷ Gタンパク質共役受容体　❸ 酵素型受容体　❹ 細胞内受容体
4. シグナル伝達の具体例 …………………………………………… 232
   ❶ MAPキナーゼ経路　❷ 筋収縮のシグナル伝達

   章末問題 ……………………………………………………………………… 235

章末問題　解答 …………………………………………………… 236
索　引 ……………………………………………………………… 238

Column　コラム

- アンフィンセンの実験の補足／29
- ビタミンCの役割／37
- なぜDNAにウラシルが使われないのか／44
- ABO血液型と糖鎖／66
- 古細菌のエーテル型脂質／73
- ビタミン／82
- 糖尿病と糖新生／107
- ミトコンドリアの細胞内共生説／121
- 体脂肪は運動しなければ減らない？／132
- 葉緑体の細胞内共生／135
- 善玉コレステロールと悪玉コレステロール／138
- 多様なイソプレノイド／151
- うま味／164
- 抗がん標的としてのヌクレオチド代謝／170
- ゲノムのジャンクDNAとトランスポゾン（転移因子）／173
- mRNAの編集／201
- 医薬品の標的としてのGタンパク質共役受容体／230

■ 正誤表・更新情報
本書発行後に変更，更新，追加された情報や，訂正箇所のある場合は，下記のページ中ほどの「正誤表・更新情報」からご確認いただけます。

https://www.yodosha.co.jp/yodobook/book/9784758120500/

■ 本書関連情報のメール通知サービス
メール通知サービスにご登録いただいた方には，本書に関する下記情報をメールにてお知らせいたしますので，ご登録ください。

・本書発行後の更新情報や修正情報（正誤表情報）
・本書の改訂情報
・本書に関連した書籍やコンテンツ，セミナー等に関する情報

※ご登録には羊土社会員のログイン/新規登録が必要です

ご登録はこちらから

基礎からしっかり学ぶ
生化学

序章 生化学的な視点から捉えた生物のデザイン

　地球上には100万を優に上回る種類の生物が存在している．直径1マイクロメートル以下のマイコプラズマのような微生物から，重量1,000トンを超えるジャイアントセコイアのような巨大な生物まで，生き物の形や大きさは実に多様である．しかしそれらを分子レベルで見てみると，区別がつかないほどよく似ている．このように生物がよく似ているのは，それらが共通の先祖から生まれたからである．地球上の生命は30～40億年前に誕生し，それ以降，進化し多様性を増しながら，現在まで引き継がれてきた．したがって，現在の地球上の生命は進化の勝利者であり，優秀な生存機械だということができる．本書の目的は，地球上の生命が普遍的に有するしくみを分子レベルで解き明かし，生命の基本原理を理解することである．本章ではまず生命の定義について考える．さらに次章以降，分子レベルの説明に入るに先立って必要な基本事項をおさえておきたい．

0-1 生物と無生物を隔てるもの

　私たちヒトやその他の哺乳類が生きていることに異論の余地はないだろう．これに鳥類，爬虫類，両生類，魚類を含めた脊椎動物，昆虫などの無脊椎動物，植物，さらには肉眼で確認できないような微生物も生きていることを私たちは「知っている」．一方，鉱石や泥水，炎や風，自動車やコンピュータープログラムは明らかに無生物である．それではウイルスはどうだろうか．ウイルスは，タンパク質の殻や遺伝子をもつなど生物らしい特徴をいくつか有してはいるものの無生物だというのが，多くの研究者の一致した見解となっている．この点については後でもう一度，振り返りたい．
　このように，私たちは多くの場合，生物と無生物を直感的に区別できるわけだが，それらの根本的な違いは何だろうか．世界各地のさまざまな哲学や宗教の共通した見解によると，その違いは霊魂の有無にある．例えば紀元前4世紀の哲学者**アリストテレス**は，霊魂には植物的霊魂，動物的霊魂，理性的霊魂という3種類が存在すると主張した．こうした「生物は無生物にはない特別な力をもっている」というアイディアを**生気論**とよび，現在では否定されているものの近世まで一般的な考えだった．アリストテレスはさらに，生気論に基づいて**自然発生説**を唱えた．彼は，生物は（生気を吹き込まれることによって）無生物から生じる——例えばハエは腐敗物から，ウナギは泥から，ねずみは干し草から生じる——と考えた（図0-1）．自然発生説は現代の私たちから見れば失笑もののアイディアだが，腐敗にかかわる微生物などの存在が知られていなかった時代，そう考えるのも無理からぬことだったと言える．自然発生説は一部から批判されながらも近世に至るまで生き残ってきたが，1860年代に**ルイ・パスツール**により行われた有名な「**白鳥の首フラスコ実験**」に

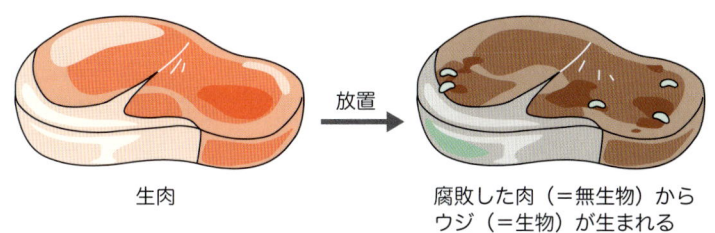

●図 0-1　自然発生説

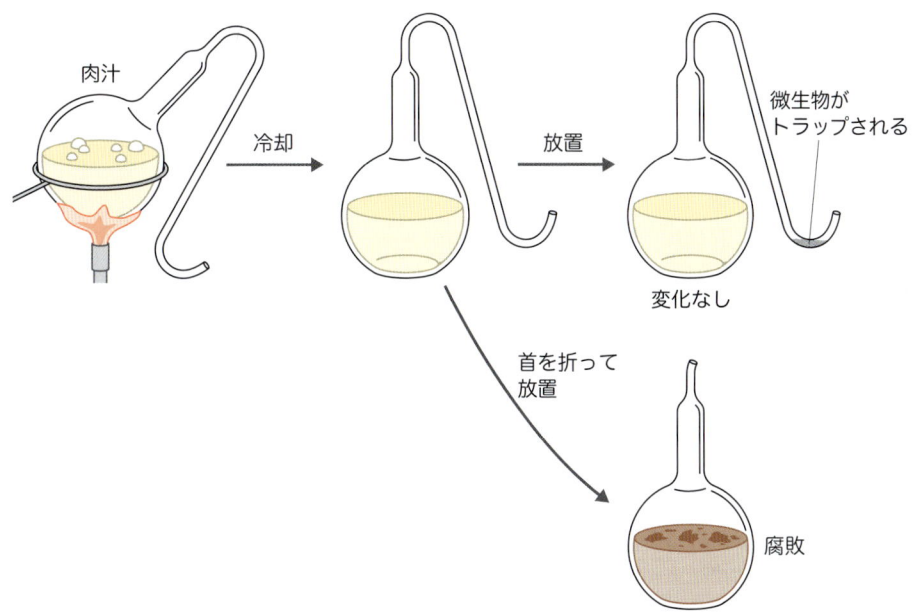

●図 0-2　白鳥の首フラスコ実験

よって完全に息の根を止められた．

　肉汁を放置すると通常，微生物が繁殖し，白濁する．パスツールは，首を細く長いS字型に加工したフラスコを用いて，肉汁の変化を観察した（図0-2）．フラスコ内の肉汁を加熱し滅菌した後，これを放置しても肉汁は変化しなかったが，フラスコの首を折った対照実験では肉汁が白濁した．この実験結果から，肉汁の変化は自然発生した微生物によるのではなく，外から侵入した微生物によるものであることがエレガントに証明された．白鳥の首フラスコではS字カーブの途中で微生物がトラップされ，肉汁まで到達できなかったのである．この実験の特色は，フラスコを完全に密閉するのではなく，白鳥の首フラスコを用いて外界とつながった状態で肉汁を放置した点にある．そうすることで「空気の供給が不充分だったから，自然発生した微生物が繁殖できなかったのだ」とする自然発生説擁護派からの反論を封じることができた．

　生物は生物からのみ生まれることが証明されると，生命の起源に関する難問が次に浮上した．生物が生物からのみ誕生するのなら，地球上のすべての生物は祖先をどこまでもどこまでも辿っていけるはずである．地球上の生物が共通の起源をもつという証拠は他にもある．例えば，**チャールズ・ダーウィン**はその著書『種の起源』（1859年）の中で，形態

序章　生化学的な視点から捉えた生物のデザイン

的な観察結果に基づいて，近縁の多様な生物種は共通の祖先から生じたと論じた．さらに，20世紀以降の分子生物学的な解析の結果，地球上の生物——例えば哺乳動物と植物——は，巨視レベルでは全く異なる姿形をしていても，分子レベルでは区別がつかないほどよく似ていることが判明した．こうしたことから，地球上に現存するおよそありとあらゆる生物が共通の祖先をもつことは明らかである．

それでは一体，すべての生物の共通の祖先たる最初の生命は，地球という星が生まれた後，いつどのように誕生したのだろうか．この問いに対して，**アレクサンドル・オパーリン**は1920年代，**化学進化説**を提唱した．彼は，原始の地球で無機物から低分子有機物，さらには高分子有機物が化学反応によってつくられ，それらが濃縮した「原始のスープ」から細胞様の高分子集合体「コアセルベート」がつくられ，そこから最初の生命が誕生したと主張した．この化学進化説を支持する証拠が，ハロルド・ユーリーとスタンリー・ミラーが1953年に行った「**ユーリー–ミラーの実験**」により得られた．彼らは原始地球を模した環境下で，水，メタン，水素，アンモニアからいくつかのアミノ酸が合成されることを示した（図0-3）．化学進化説を支持する証拠は現在までに数多く得られており，化学進化説は，生命の起源を説明する有力な仮説とみなされている．化学進化説のほかに，有機物などが隕石により運ばれて宇宙から地球に飛来し，それが生命誕生のきっかけとなったとするパンスペルミア仮説もあるが，これを支持する証拠は乏しく，結局飛来してきた有機物がどのように誕生したのかという疑問が残る．

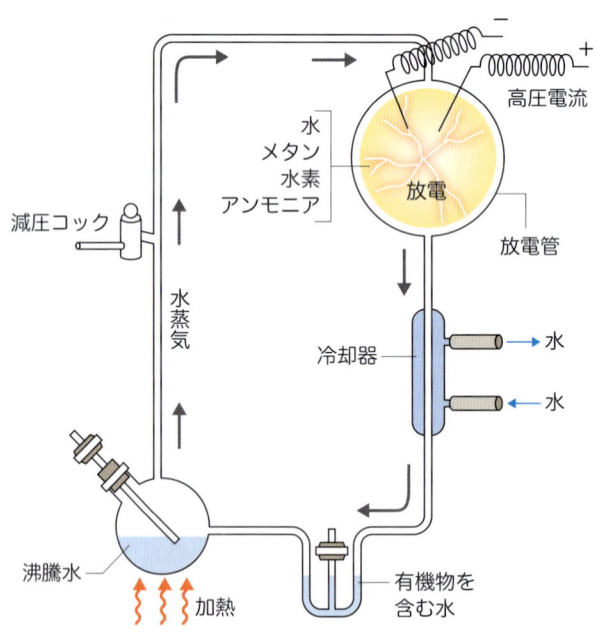

●図0-3　ユーリー–ミラーの実験

0-2 生命の定義

　生命とは何か．この問いに厳密に答えるのは案外難しい．どのような定義を用いれば生物と無生物を適切に分類できるかをここで一緒に考えてみよう．生物に共通する特徴とは何だろうか．動くこと？　エネルギーを消費すること？　成長すること？　呼吸すること？　子どもを産むこと？　寿命があって，いつか死ぬこと？　これらについて以下で順に確認していきたい．

- 「動くこと」「エネルギーを消費すること」というのは，確かに生物として欠かせない条件のようだ．動物だけでなく植物も数時間〜数日という単位で観察すれば動いているし，微生物も顕微鏡レベルで見れば動いている．そしてその活動のために，外界の光エネルギーや無機物・有機物を利用している．一方で，床に転がった空き缶も風に吹かれて動くし，自動車もガソリンを消費して動く．したがって，「動くこと」「エネルギーを消費すること」は生物の定義として不充分なようだ．

- 「成長すること」はどうだろうか．ここで言う成長とは体積の増加を指すが，確かに赤ん坊は成長して体が大きくなる．これは，細胞分裂によって体を構成する細胞の数が増えることに起因する．しかし「成長すること」が生物固有の過程かというと，必ずしもそうとは言えない．例えば，過飽和の酢酸アンモニウム水溶液中では結晶が成長することが知られている．

- 「呼吸すること」はかなり良い線をついている．呼吸はなにも肺だけが行うものではない．肺やえらが行う呼吸，すなわち多細胞生物が外界から酸素を取り入れ，代わりに体内で生じた二酸化炭素を放出することを**外呼吸**とよぶ．それに対して，全身の細胞1つ1つが行う呼吸を**細胞呼吸**または内呼吸とよぶ．詳しくは5章と6章で説明するが，細胞呼吸は細胞内のエネルギー通貨として知られるATP（アデノシン三リン酸）を生み出す重要なしくみであり，多くの生物が有している．しかし，増殖に酸素を必要としない嫌気性生物の一部は呼吸を行わず，発酵（⇒5章）という別の方法でATPを産生するので，「呼吸すること」は地球上のすべての生物に共通する特徴とまでは言えない．

- 「子どもを産むこと」は前節でも述べたように，生物の重要な特徴の1つである．専門的に言えば繁殖（自己複製）能力をもつということであり，単細胞生物では細胞分裂がそれに相当する．ただ，これを生物の定義とすると，不稔性のラバや種なしスイカは生物でないことになってしまう．一方で，DNA（デオキシリボ核酸）やRNA（リボ核酸）などの核酸分子は特定の条件下で自己複製するが（⇒10章），核酸分子自体を生物とみなすことはできない．したがって，やはり定義としては不完全である．

- 「寿命があって，いつか死ぬこと」は一見もっともらしいが，生命の定義としては的外れである．そもそも死とは，生きている状態からそうでない状態への変化なので，定義の中に定義すべき言葉が入った循環論法となってしまって意味がない．さらに言えば，寿命というのはすべての生物が有する性質ではない．単細胞生物は基本的に有限の寿命をもたず，細胞分裂により子孫を増やし続けることができる．

　前述のように単一の起源をもつと考えられる地球上の生物は，多数の共通する特徴——例えば，複雑な有機化合物を主要成分としてもつ，細胞を単位として構成される，脂質二重層でできた細胞膜の内部にDNAが存在する，など——をもっている．したがって，地球上の生物に限定すれば，これらの性質を有するものが生物であると定義することは可能である．しかし地球外にも，独立に出現し，独自の進化を遂げた生命が存在するはずである．

そういったまだ見ぬ形態の生命にも適用可能な，より一般性の高い定義について，以下でさらに考えていきたい．

波動方程式や「シュレーディンガーの猫」で有名なノーベル物理学賞受賞者のエルヴィン・シュレーディンガーは，その著書『生命とは何か』（1944年）の中で「生命は負のエントロピーを食べる」と述べた．つまり生命は，周囲のエネルギーを消費して局所的にエントロピーの低い状態——すなわち秩序立った状態——をつくり出し，維持しているというのだ．局所的にエントロピーが減少しても，全体として見ればエントロピーは増大しているので，熱力学の第二法則に反しているわけではない．これは物理学者ならではの含蓄のある言葉で，生命の特徴を見事に言い表している．ただし，無生物でもこうした振る舞いを示すものはあるので，生命の定義としてはやはり不完全である．

現在よく用いられる生命の定義は以下の3つである（図0-4）．

❶ **区分**：生物は，自己と外界を区分する構造を有し，特定の単位として存在している．ヒトを個体レベルで見れば皮膚が，細胞レベルで見れば細胞膜が，この区分に相当する．

❷ **自己複製**：生物は❶で述べた個体または細胞を単位として，自己を複製することができる．そのことはまた，生物が自己を構成する要素をつくり出す**生合成**（同化，アナボリズム）の能力や，必要な物質を外界から取り込むしくみを有していることを意味する．

❸ **自己維持**：生物は，環境の変化などがあっても自己を維持することができる．このように生物が自己の状態を一定に保つ能力・性質を，一般に**恒常性**（ホメオスタシス）とよぶ．こうしたことが可能なのは，生物が，内外の物理化学的パラメーターを測定し，その変化に適切に対応する**シグナル伝達**機構（⇒13章）を有しているからに他ならない．そのことは同時に，生物が，こうした活動を行うためのエネルギーを必要とすることを意味する．しかし地球上の生物は，自然界に存在するエネルギーの多くをそのままの形で利用することができないので，エネルギー源となる物質を外界から取り込み，生物が利用可能な形にエネルギーを変換している．この過程を**異化**（カタボリズム）とよび，異化（カタボリズム）と生合成（同化，アナボリズム）を合わせて**代謝**（メタボリズム）とよぶ．

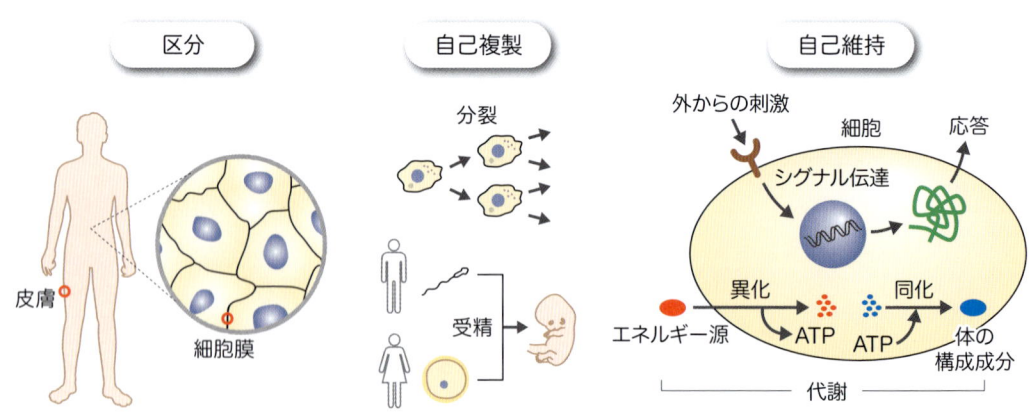

●図0-4　現在よく用いられる生命の定義

これらの複雑なしくみがうまく働くためには，ハードウェアを動かすソフトウェア（プログラム）が必要なはずである．地球上の生物ではゲノムDNAの塩基配列に刻まれた情報がプログラムとして働いている（⇒2章）．

生物のもう1つの特徴として，**進化**をあげることができるかもしれない．進化は，ダーウィンが指摘したように，自己複製過程でのエラーによって生じる突然変異と自然選択の結果，起こる現象であり，システムの不完全さに起因しているわけだが，そのことが逆に，長期にわたる生物の適応度を高め，自己維持能を高めることにつながっているわけである．すなわち，生物がもつプログラムは一定不変のものではなく，必要に応じて書き換えられる（目的論的にではなく，ランダムな突然変異と自然選択を通じて結果的に）ものであると言える．

以上のような性質を兼ね備えたものを生物と定義すれば，自動車はもちろんのこと，ウイルスも生物ではないと断定することができる．自動車は区分をもち，化学的エネルギーを力学的エネルギーに「代謝」する能力をもってはいるが，自己複製することはできない．ウイルスは区分をもち，感染した宿主細胞の中で自己複製するが，それ自身は代謝する能力をもたず，単離したウイルスはタンパク質や核酸から構成された「物質」にすぎない．

p.12で説明した生気論と対比される概念として**機械論**がある．これは生命が物理的な因果関係によってのみ動く分子機械であるとする，現在広く受け入れられている考えである．生化学は，機械論に基づいて，生命を分子の視点から記述しようという学問である．本書では，上述した生命の定義に立ち戻りながら，生命の基本的な諸過程について説明していく．

0-3　生化学とは

生化学 (biochemistry) は，生命現象を，生体を構成する分子の物性や濃度に基づいて引き起こされる諸反応，例えば

　　① $A + B \rightleftarrows A \cdot B$
　　② $E + S \rightarrow E + P$

といった反応の積み重ねとして理解しようという学問である．なお，式①は分子Aと分子Bの相互作用を，式②は酵素Eが基質Sを生成物Pに変換する反応を表している（⇒4章）．生化学は生物化学（biological chemistry）を略したもの，つまり「生物」は形容詞であって，語の幹は「化学」であることに注意してほしい．生化学は厳密には化学の一分野であり，化学の知識を基盤とした学問なのである．

生命科学系の研究者は *in vivo*（生体の中，という意味のラテン語），*in vitro*（ガラス容器の中，という意味のラテン語）といった言葉をよく用いる．これらの言葉を使って説明すると，生化学の研究は，*in vivo* で起こっている生命現象の一部をまず *in vitro* で再現し，さらにその反応機構を詳しく解析することによって進められる．アルベルト・セント=ジェルジの古典的な研究を例にあげると，彼は1940年頃，筋収縮のメカニズムに興味をもち，その当時すでに筋肉の構成タンパク質として発見されていたミオシン繊維をウサギの骨格筋から抽出した．そこに，筋収縮の原動力ではないかと推測されたATPを加えると，ミオシン繊維は元の1/3ほどの長さにまで縮んだ．こうした単純な *in vitro* 無細胞系で，筋収縮を再現することができたのである．単純な系であるがゆえに，実験条件をさまざまに変化させる等の解析が容易であり，筋収縮に関与する他の因子が，この後も続々と見つかっていった．

序章　生化学的な視点から捉えた生物のデザイン　　17

0-4 地球上の多様な生命

　分子レベルの話に入る前に，分類学の話を簡単にしておきたい．18世紀の博物学者**カール・フォン・リンネ**は，現在も用いられている階層型の生物分類法を確立し，分類学の父とよばれている．彼は生涯で7,700種の植物を命名したと言われている．生物の分類は，ごく最近まで形態的類似性にのみ基づいて行われてきたが，今ではゲノムDNAの塩基配列に基づく，より厳密な分類が可能になっている．

　現在の生物分類法によれば，地球上のすべての生物は，**真核生物**，**細菌**，**古細菌**のいずれかに分類することができる（図0-5）．細菌と古細菌は形態的に類似しており，従来はひとくくりに**原核生物**，または単に細菌とよばれていた．しかし，分子レベルの解析から，それらが系統的に大きく異なる2つのグループからなり，しかも真核生物と異なるのと同じくらい，それら2グループの間も進化的にかけ離れていることが判明したため，新たに古細菌という分類がつくられ，真核生物，細菌，古細菌の3つが生物分類の階層構造の最上位に位置づけられることとなった（表0-1）．この最上位の階層を**ドメイン**とよび，その下にさらに界，門，綱，目，科，属，種という7つの階層が存在している．例えばヒトは，真核生物，動物界，脊索動物門，哺乳綱，サル目，ヒト科，ヒト属，*Homo sapiens*と分類される．

　細胞や分子レベルで生物を捉えたとき，ヒトとチンパンジーのような近縁の生物種の間にも微妙な構造的，機能的差異が存在する．ましてや，真核生物，細菌，古細菌の間には，かなり基本的なレベルでの構造的，機能的差異が存在する．そうした理由から，本書で生命の諸過程を説明する場合，生物分類ごとに分けて説明する場合があるので注意してほしい．

●表0-1　生物分類の例

一般名	ヒト	チンパンジー	コメ	大腸菌	メタン菌
ドメイン	真核生物	真核生物	真核生物	細菌	古細菌
界	動物界	動物界	植物界	細菌界	ユリアーキオータ界
門	脊索動物門	脊索動物門	被子植物門	プロテオバクテリア門	ユリアーキオータ門
綱	哺乳綱	哺乳綱	単子葉植物綱	γプロテオバクテリア綱	メタノコックス綱
目	サル目	サル目	イネ目	腸内細菌目	メタノコックス目
科	ヒト科	ヒト科	イネ科	腸内細菌科	メタノカルドコックス科
属	ヒト属	チンパンジー属	イネ属	エスケリキア属	メタノカルドコックス属
種	*Homo sapiens*	*Pan troglodytes*	*Oryza sativa*	*Escherichia coli*	*Methanocaldococcus jannaschii*

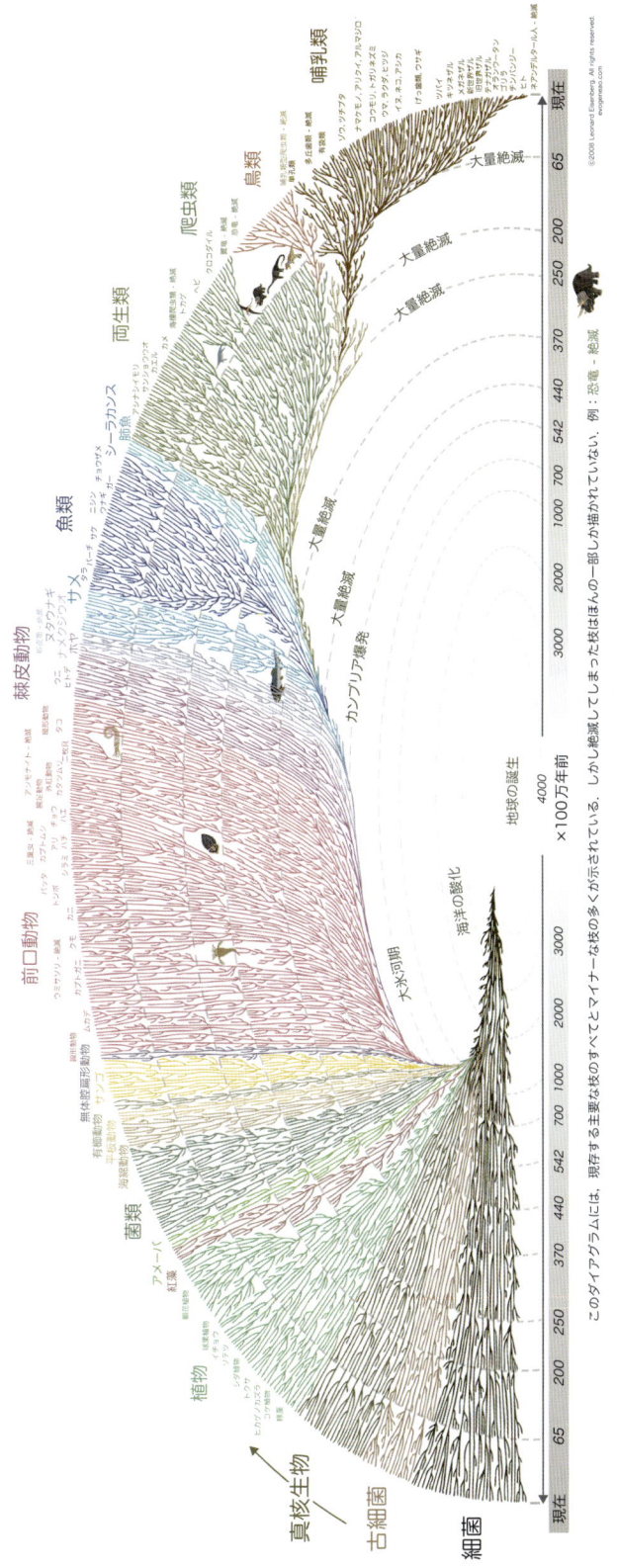

●図0-5　生物の系統樹
http://www.evogeneao.com/ より転載. ©2008 Leonard Eisenberg

序章　生化学的な視点から捉えた生物のデザイン

0-5　生命の基本単位：細胞

　地球上のすべての生物は，動物，植物，微生物を問わず，細胞を基本単位として構成されている．この考え，すなわち**細胞説**を提唱したのは**マティアス・ヤコブ・シュライデン**と**テオドール・シュワン**である．1838年にシュライデンが植物について，1839年にシュワンが動物について細胞説を提唱したとされている．しかし，細胞説は科学史に突如として現れたアイディアではなく，次第に形づくられていったものである．1590年，サハリアス・ヤンセンは微細な構造の観察を可能とする装置，顕微鏡を開発した．1665年，**ロバート・フック**は顕微鏡でコルク（ワインボトルの栓などに用いられる植物）の薄い切片を観察し，小部屋が並んでいるような構造を発見した（図0-6）．彼はこの構造単位を，修道院で修道士が寝起きする独居房を意味する「cell」（細胞）と名付けた．さらに**アントニ・ファン・レーウェンフック**は1674年頃，動いている微生物――おそらく細菌――や精子を顕微鏡で観察し，それらを初めて記述した．以上のような歴史を背景に，シュライデンとシュワンは独自の観察を通じて「生命の基本単位は細胞であり，すべての生命の体は細胞で構成される」との説を提唱するに至ったのである．さらに1858年，**ルドルフ・ウィルヒョー**は「すべての細胞は細胞から生じる」と述べ，新しい細胞が古い細胞の分裂によってのみ生じるとする説を提唱した．この2つが，現在の細胞説の根幹をなす概念である．

　初期の顕微鏡は性能が低く，細胞の存在を捉えるのがやっとだったが，性能の改善や染色法の開発によって，細胞内部の微細な構造も次第に明らかとなっていった．本章の残りを使って，細胞の基本的な構造をまとめておく．

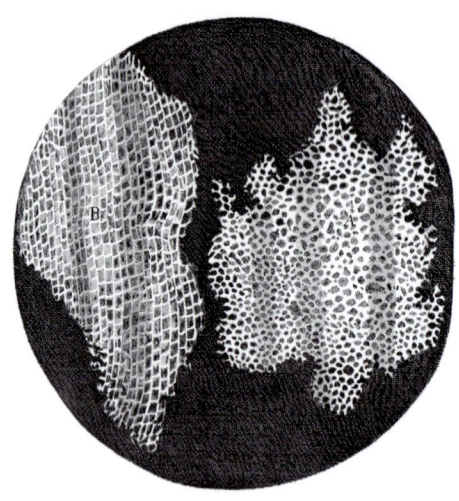

●図0-6　フックが観察したコルクの細胞
「ミクログラフィア」（1665）より転載

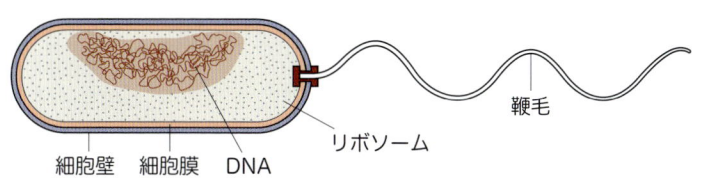

●図0-7　細菌の構造

1）細菌

　細菌は，真核生物と比べて遥かに小さいうえ（0.5～5 μm程度），真核生物にみられる**細胞内小器官（オルガネラ）**をもたず，単純な袋状の構造をしている（図0-7）．細菌は古細菌，真核生物と同じく，脂質二重層（⇒3章）でできた**細胞膜**によって仕切られている．細胞膜の外側にはさらに**細胞壁**が存在し，細胞の構造維持に寄与している．なお，細胞壁は細菌だけでなく，古細菌や真核生物の一部にも存在しているが，その組成は著しく異なっており，細菌の細胞壁を主に構成するのは，**ペプチドグリカン**とよばれる，ペプチドと糖からなる網目状の高分子である．ちなみに，抗生物質のペニシリンは，ペプチドグリカンの合成酵素の働きを阻害することで細胞壁の形成を妨げ，病原菌の増殖を阻止する．こうした理由から，ペニシリンは細菌に対して高い選択性で働くのである．

　細胞膜の内部の空間は**細胞質**とよばれ，細胞質基質とよばれる液体で満たされている．細胞質にはDNAやRNA，タンパク質といった高分子やその他の低分子化合物が高濃度で存在しており，さまざまな反応の場となっている．

　また，多くの細菌は，**鞭毛**や線毛とよばれる繊維状の構造を細胞外に有している（図0-7）．鞭毛は船のスクリューのように基部で回転し，細菌が遊泳するのに用いられる．一方，線毛は運動にかかわるほか，細菌が細胞間で遺伝子をやりとりする接合という現象にも関与している．

2）古細菌

　古細菌は，形態的に細菌に類似しており，真核生物と比べて小さく（0.5～5 μm程度），細胞内小器官（オルガネラ）をもたない．古細菌と細菌の違いは，分子レベルでようやく判別できるものがほとんどである．

　古細菌の最大の特徴は，細胞膜を構成するリン脂質にある．細菌や真核生物のリン脂質が「エステル型」なのに対し，古細菌のリン脂質は「エーテル型」である（⇒3章）．最新の遺伝子解析からも，古細菌が進化的にユニークな位置にあることがわかってきている．古細菌のゲノムを細菌や真核生物のゲノムと比較すると，古細菌には，細菌に似ている部分があるかと思えば，真核生物に似ている部分もあり，両者の中間のような部分もある．例えば，二本鎖DNAからRNAをコピーする転写反応を担うRNAポリメラーゼおよびその補助タンパク質因子に着目してみると，細菌では，真核生物と比べて関与するタンパク質の種類がずっと少なく単純だが，古細菌は真核生物に迫る複雑さを有している．

　古細菌すべてに当てはまる特徴とは言えないが，古細菌は極限環境——例えば極端な温度，水圧，pH，塩濃度——具体的には温泉や塩湖などに生息するものが多い．

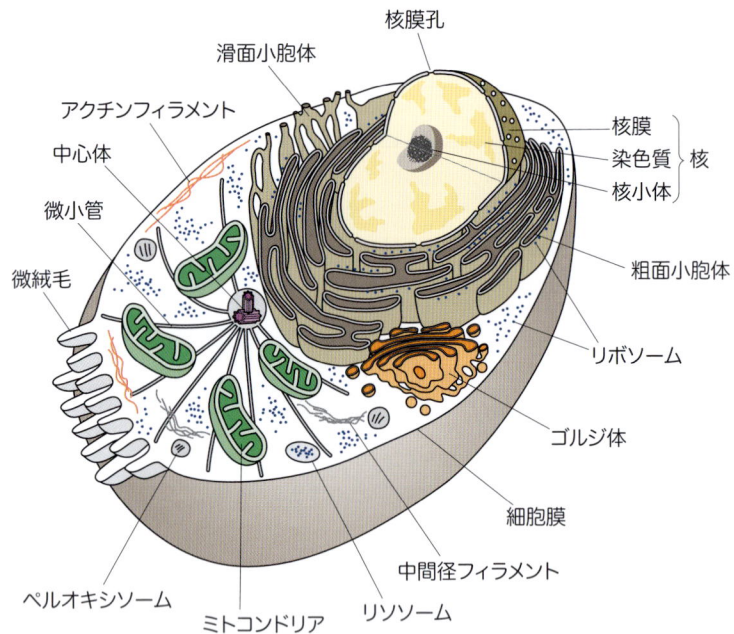

●図0-8　真核細胞（動物細胞）の構造
「基礎から学ぶ生物学・細胞生物学 第2版」（和田 勝/著），羊土社，2011より一部改変

3）真核生物

　真核生物の細胞は，原核生物よりも遥かに大きく（数十μm程度），その名のとおり，細胞内に通常1個の**核**を有している（図0-8）．核は核膜とよばれる二重の脂質二重層によって仕切られており，その内部の空間を核質，外部の空間を細胞質とよぶ．核は最大の細胞内小器官だが，他にも小胞体，ゴルジ体，ミトコンドリア，葉緑体（植物のみ）などといったさまざまな細胞内小器官が細胞質に浮かんでいる．それらの1細胞あたりの個数はまちまちである．これら細胞内小器官はすべて脂質二重層で仕切られた構造をしている．

　細菌や古細菌は単細胞すなわち1細胞＝1個体だが，真核生物の多くは多細胞生物である．多細胞化した体をもつことにより，個々の細胞の役割分担が可能となり，より高度な生体システムをもつことが可能となる．実際，多細胞生物では，シグナル伝達や細胞間コミュニケーションのしくみが発達している（⇒13章）．

　以上，本章では生命の定義について考え，生命の誕生と進化や，細胞の基本構造を紹介した．次章以降では生命の定義に時折立ち戻りながら，生命の分子機械が働くしくみを見ていきたい．

第Ⅰ部 生体分子の構造と機能

1章 タンパク質の構造と機能

　タンパク質は基本的に20種類のアミノ酸から構成されており，それらが特定の順序で分枝なく直鎖状につながっている．アミノ酸が並ぶ順序は，遺伝子の塩基配列によって正確に決められている．ヒトには20,000以上の遺伝子が存在するので，私たちの体内では20,000種類以上のタンパク質がつくられていることになる．20種類のアミノ酸の物理化学的な性質が多様であることを考え合わせると，数万種類の多彩な構造をもったタンパク質が高い正確さでつくられていると言えるだろう．

　生体内には核酸，糖，脂質など，タンパク質以外にもさまざまな高分子が存在しているが，上記の特徴を兼ね備えた分子はタンパク質以外には存在しない．こうした理由から，生体の機能を担う「分子パーツ」としてタンパク質は最も優れていると言える．本章では，タンパク質が多様な構造を形成するしくみを説明した後，いくつか例をあげてタンパク質の分子機能を紹介する．さらに，タンパク質を解析するさまざまな手法についても簡単に紹介したい．

1-1　タンパク質を構成する20種類のアミノ酸

　そもそも**アミノ酸**とは，アミノ基（–NH$_2$）とカルボキシ基（–COOH）の両方を有する低分子化合物の総称であり，タンパク質を構成する20種類の**標準アミノ酸**のほかにも多数の——100を優に超える数の——アミノ酸が存在している．例えばオルニチン，クレアチン，γアミノ酪酸というアミノ酸は，生体内に多量に存在しているが，タンパク質の構成成分とはならない．生理的なpHの水溶液中では，アミノ基とカルボキシ基はそれぞれイオン化して–NH$_3^+$および–COO$^-$という形になり，いわゆる両性イオンとして存在する．ところで，カルボキシ基が付加された炭素をα炭素とよび，アミノ基もまたα炭素に付いているアミノ酸を**αアミノ酸**とよぶ．タンパク質を構成する標準アミノ酸はすべてαアミノ酸である．ちなみに，α炭素の隣の炭素をβ炭素，さらにその隣の炭素をγ炭素とよび，それらにアミノ基が付いたβアミノ酸やγアミノ酸なども存在している．

　以降では，20種類の標準アミノ酸に絞って話を進める．標準アミノ酸は図1-1のような共通した構造を有している．Rはアミノ酸ごとに異なる部分であり，**側鎖**とよばれる．最も単純なアミノ酸であるグリシンはRが水素原子1個であり，グリシン以外のアミノ酸はバラエティーに富んだ側鎖を有している（図1-2）．グリシン以外のアミノ酸には，L体とD体という2つの立体異性体が存在する（図1-1）．α炭素が4つの異なる置換基をもっているからである．しかしL体とD体のうち，タンパク質の構成成分となるのはL体のみである．生物進化の過程でL体が選び取られたわけだが，その理由は謎である．

　20種類のアミノ酸は，側鎖の電荷や極性，その他の構造上の特徴に基づいて分類するこ

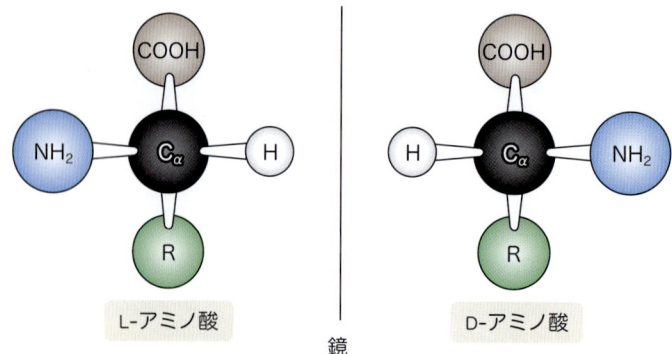

●図1-1　標準アミノ酸の基本構造
L-アミノ酸の方がタンパク質の構成成分となる．中性付近のpHで，アミノ基やカルボキシ基はイオン化している

とができる．本書では非極性アミノ酸，極性無電荷アミノ酸，極性電荷アミノ酸という3つに分けて説明していく．

1) 非極性アミノ酸

　グリシンを含む9種類のアミノ酸は非極性アミノ酸に分類される（図1-2A）．**アラニン**，**バリン**，**ロイシン**，**イソロイシン**は，いずれもアルキル鎖を側鎖としてもっている．一方，**メチオニン**の側鎖には硫黄原子が含まれ，チオエーテル結合が存在しているが，この硫黄原子は極性をもたないので，その物理化学的性質はロイシンなどと似通っている．これらのアミノ酸のうち，炭素数が多いものほど疎水性が高い．

　プロリンも非極性アミノ酸の一種だが，3つの炭素原子からなる側鎖がα炭素だけでなくアミノ基の窒素原子とも結びついて，ピロリドン環とよばれる環状構造をとっている．この点で，プロリンは例外的な存在である．以下で紹介するように，芳香族のアミノ酸も環状構造をもっているが，芳香族アミノ酸の側鎖はα炭素とだけ結合しており，プロリンの環状構造とは本質的に異なる点に注意してほしい．後述するように，プロリンは立体構造の自由度が他のアミノ酸よりも低いので，プロリンの存在はタンパク質の立体構造に大きな影響を及ぼす．

　フェニルアラニンと**トリプトファン**は芳香族アミノ酸であり，それぞれフェニル基とインドール基を側鎖に有している．フェニルアラニンは，その名前から連想されるように，アラニンの側鎖にさらにフェニル基（ベンゼン環）が付加された構造をしている．これらの側鎖は非常に疎水的である．

2) 極性無電荷アミノ酸

　6種類のアミノ酸は極性無電荷アミノ酸に分類される（図1-2B）．これらのうち**セリン**と**トレオニン**はアルキル性のヒドロキシ基を有している．セリンは，アラニンにヒドロキシ基が付加された形とみることができる．一方，**チロシン**はフェノール性のヒドロキシ基を有しており，フェニルアラニンにヒドロキシ基が付加された形とみることができる．これらのヒドロキシ基は中性付近のpHにおいてイオン化はしないものの極性はもつので，アラニンやフェニルアラニンに比べて遥かに親水的である．これらのヒドロキシ基は反応性にも富んでいるため，これらのアミノ酸はタンパク質中において，リン酸化や糖鎖付加と

A 非極性アミノ酸

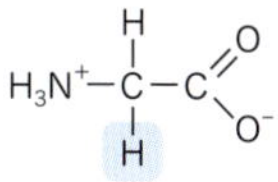

グリシン (Gly, G) / アラニン (Ala, A) / バリン (Val, V) / ロイシン (Leu, L) / イソロイシン (Ile, I)

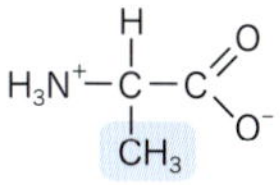

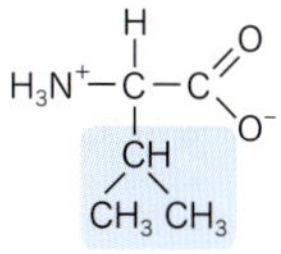

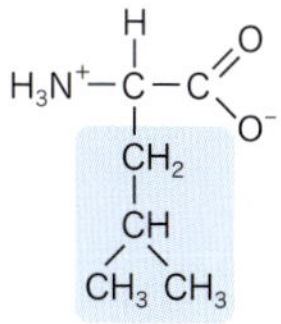

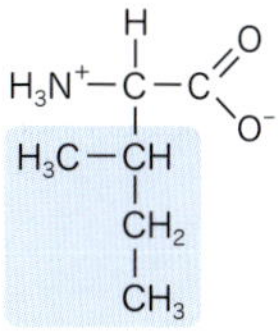

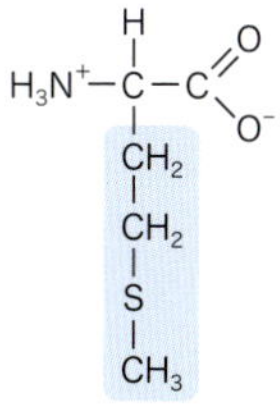

メチオニン (Met, M) / トリプトファン (Trp, W) / フェニルアラニン (Phe, F) / プロリン (Pro, P)

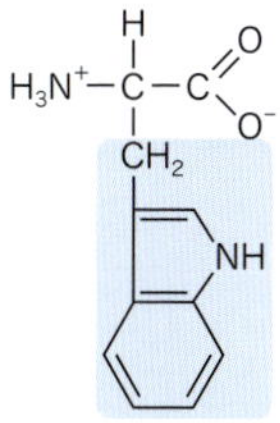

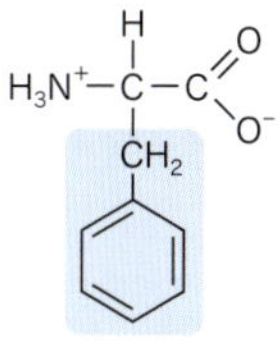

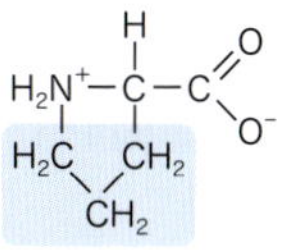

B 極性無電荷アミノ酸

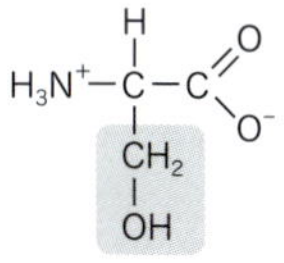

セリン (Ser, S) / トレオニン (Thr, T) / システイン (Cys, C) / チロシン (Tyr, Y) / アスパラギン (Asn, N) / グルタミン (Gln, Q)

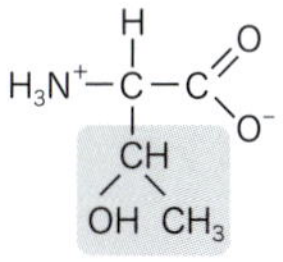

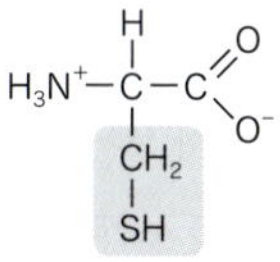

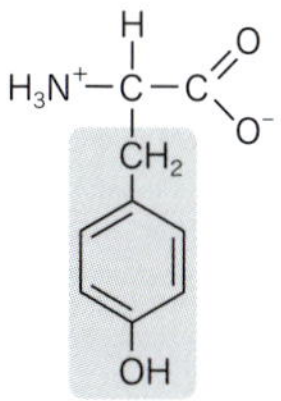

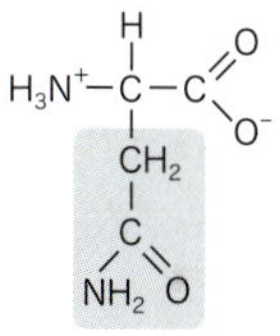

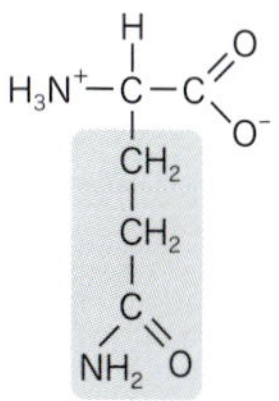

C 極性電荷アミノ酸

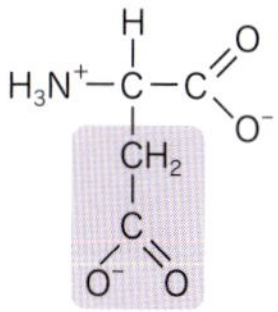

アスパラギン酸 (Asp, D) / グルタミン酸 (Glu, E) / リジン (Lys, K) / アルギニン (Arg, R) / ヒスチジン (His, H)

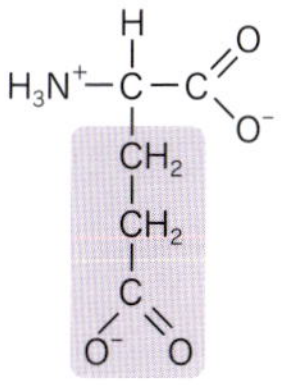

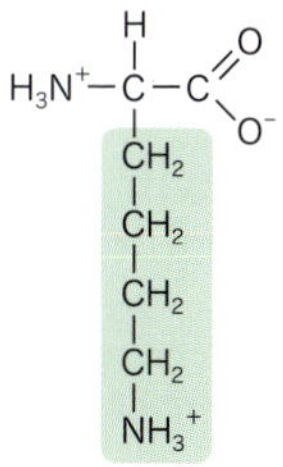

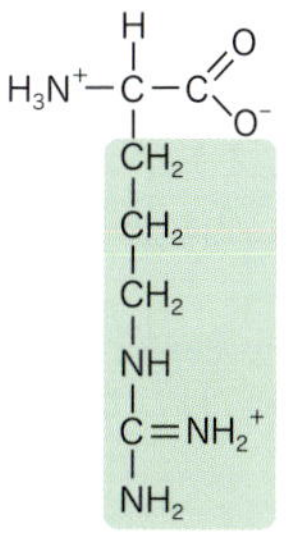

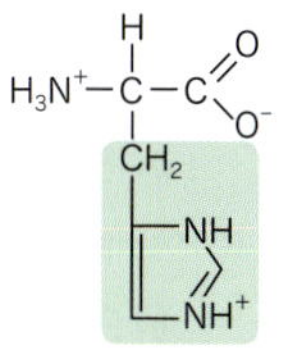

●図1-2　タンパク質を構成する20種類のアミノ酸
側鎖の種類別に，側鎖に着色している

1章　タンパク質の構造と機能　25

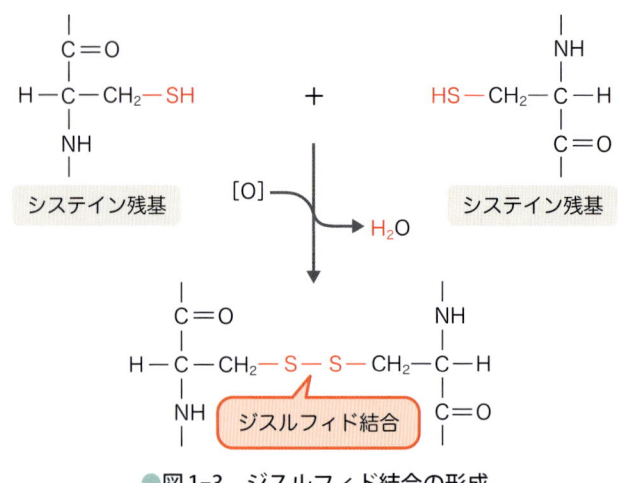

●図1-3　ジスルフィド結合の形成

いった**翻訳後修飾**の標的となっている（⇒12章）．

　システインは，メチオニンと並んで硫黄原子を有するアミノ酸である．その構造はセリンに似ており，ヒドロキシ基（-OH）がチオール基（-SH）に変わっただけである．システインの特徴として，酸化されると2つのチオール基が**ジスルフィド結合**を形成するという点がある（図1-3）．タンパク質はジスルフィド結合によって分子内もしくは分子間で架橋されていることが多く，システインはタンパク質の立体構造に特に重要な役割を果たしている．

　アスパラギンと**グルタミン**は，アスパラギン酸とグルタミン酸（後述）の側鎖のカルボキシ基がアミド化された構造をしており，アスパラギン酸やグルタミン酸と異なり側鎖に電荷をもたない．

3）極性電荷アミノ酸

　残る5種類のアミノ酸は側鎖に電荷を有している（図1-2C）．**リジン**，**アルギニン**，**ヒスチジン**の3つは塩基性アミノ酸である．リジンとアルギニンの側鎖にはそれぞれアミノ基とイミノ基（グアニジノ基）が含まれており，中性付近のpHでイオン化して正に帯電している．ヒスチジンの側鎖には窒素を含む五員環のイミダゾール環が存在し，この部分が正に荷電しうる．ただし，イミダゾールは弱塩基であり，酸解離定数（pK_a）が7付近であるため，ヒスチジンの側鎖が電荷をもつかどうかは周辺環境に依存する．

　一方，**アスパラギン酸**と**グルタミン酸**は酸性アミノ酸である．ともに側鎖にカルボキシ基を含んでおり，生理的条件で負に帯電している．ちなみに，アスパラギン酸は野菜のアスパラガスから見つかったので，それにちなんで命名された．

　以上，紹介してきた20種類のアミノ酸はアルファベット3文字もしくは1文字の略称で書き表すことができる（図1-2）．タンパク質は数十から場合によっては1,000個以上のアミノ酸からなっているので，タンパク質の構造をシンプルにわかりやすく表現するには，これらの略称が欠かせない．アミノ酸の表記法は生物学を学ぶ者にとっての基礎知識なので，ぜひ覚えてほしい．

1-2 タンパク質のフォールディング

1) ペプチド結合

アミノ酸のα炭素に結合したアミノ基とカルボキシ基はアミド結合を形成し，アミノ酸同士のアミド結合を特に**ペプチド結合**とよぶ（図1-4）．数個のアミノ酸がつながったものを**ペプチド**またはオリゴペプチドとよび，数十個以上のアミノ酸がつながったものを**ポリペプチド**またはタンパク質とよぶ．また，タンパク質中に含まれるアミノ酸を，遊離したアミノ酸と区別するためにアミノ酸**残基**とよぶ．

単純化して考えるためアミノ酸の側鎖を R_1, R_2, R_3 …と表記すると，タンパク質はα炭素とペプチド結合が交互に並んだ直鎖状の構造を基本骨格としてもっていることがわかる（図1-4）．この部分をタンパク質の**主鎖**とよび，タンパク質は1本の長い主鎖から多数の短い側鎖が伸びた構造とみなすことができる．なお，主鎖には方向性がある．主鎖の末端に注目すると，一方の末端には未反応のアミノ基が存在し，他方の末端には未反応のカルボキシ基が存在している．これらをそれぞれ**アミノ末端（N末端）**および**カルボキシ末端（C末端）**とよぶ．タンパク質の生合成過程（翻訳）については12章で詳しく説明するが，タンパク質はアミノ酸がN末端→C末端方向に順番につながっていくことでつくられるので，N末端とC末端はそれぞれタンパク質合成の開始点と終結点とみなすことができる．このことと対応して，タンパク質のアミノ酸配列を表記するときはN末端→C末端方向に書き進める決まりになっている．つまりLeu–Ile–Val–Glu（LIVE）と表記した場合，LeuがN末端側，GluがC末端側ということになり，このペプチドとGlu–Val–Ile–Leu（EVIL）というペプチドは構造的に等しくない．

2) アンフィンセンのドグマ

タンパク質は細胞内の翻訳装置によってつくられた後，タンパク質の種類ごとに特定の立体構造に折りたたまれて，機能を獲得する．タンパク質を構成する多数のC–C結合やC–N結合などはさまざまな回転角をとりうるので，100アミノ酸残基程度の小さなタンパ

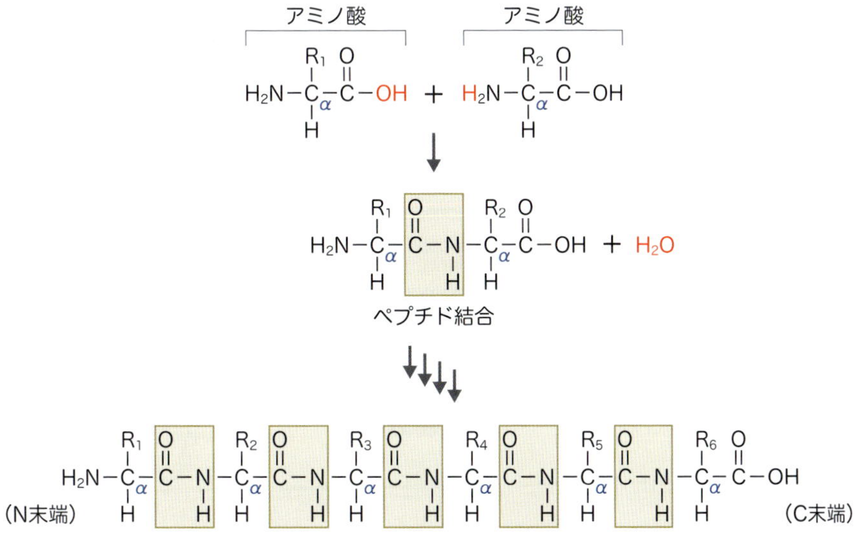

●図1-4 アミノ酸のペプチド結合

ク質であっても天文学的な数の異なる立体構造が存在しうるが、生体内では基本的にその中から1種類のみが選び取られる。こうしたタンパク質の折りたたみ過程を**フォールディング**とよぶが、この過程は一体どのように進行するのだろうか。

クリスチャン・アンフィンセン（1972年ノーベル化学賞受賞）はフォールディングの機構に関する以下のような仮説を提唱した。これは現在、**アンフィンセンのドグマ**として知られている。この仮説によると、タンパク質の立体構造に関する情報はタンパク質のアミノ酸配列の中に存在しており、フォールディングは自発的に進行する。タンパク質の生理的な立体構造（**天然状態**）というのは、無数の立体構造の中で熱力学的に最も安定な状態であり、初期条件の多少の違いによらず、タンパク質の立体構造は最も安定な状態へと収束する、というのである（図1-5）。このアイディアは次のような実験結果によって支持される。精製されたリボヌクレアーゼA（核酸分解酵素の1つ）の水溶液に尿素と2-メルカプトエタノールという2つの物質を加えると、リボヌクレアーゼAは酵素活性を失った（図1-6）。このときリボヌクレアーゼAは特定の立体構造をとらず、いわゆる**変性状態**にある

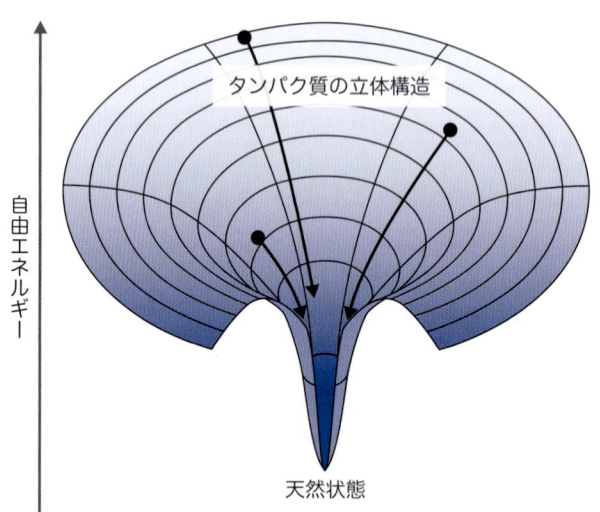

●図1-5　アンフィンセンのドグマ
「ヴォート生化学（上）第4版」（Voet D, Voet JG/著），東京化学同人，2012を参考に作成

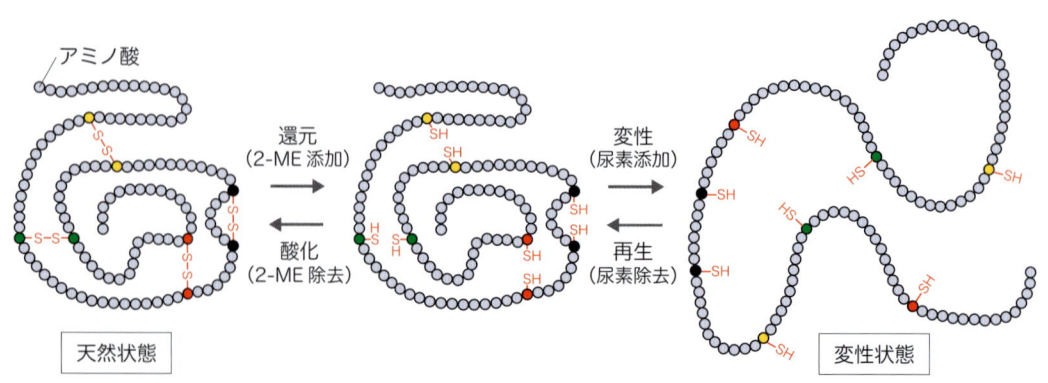

●図1-6　リボヌクレアーゼAを用いたアンフィンセンの実験
2-ME：2-メルカプトエタノール，-S-S-：ジスルフィド結合

が，ここから尿素と2-メルカプトエタノールを除去すると，リボヌクレアーゼAは自発的にフォールディングして酵素活性を回復した．したがってタンパク質は天然状態と変性状態という少なくとも2つの状態をとり，どちらの状態をとるかは溶液の組成やpH，温度などによって決まると考えられる．

　尿素と2-メルカプトエタノールの作用についてもう少し考えてみよう．尿素は水素結合（後述）を壊す働きがあり，強力な変性剤として知られている．一方，2-メルカプトエタノールは還元剤であり，システイン間のジスルフィド結合を壊す働きがある．尿素と2-メルカプトエタノールのどちらか一方だけでは多くの場合，タンパク質を完全に変性させることはできない．裏を返せば，水素結合に代表される非共有結合的な相互作用と共有結合（ジスルフィド結合）の両方がフォールディングに寄与していると言うことができる（p.29 コラム参照）．

　アンフィンセンのドグマによれば，タンパク質の立体構造はアミノ酸配列によって規定されている．主鎖の構造はアミノ酸の種類によらず一定なので，特異的な立体構造の形成にはアミノ酸の側鎖が重要なはずである．前節で紹介したように，20種類のアミノ酸の側鎖は多様な物理化学的性質をもっているので，それらは分子内で多数の相互作用を形成する．熱力学的に最も安定となるような組み合わせで分子内の相互作用が起こる結果，天然状態の立体構造が形成されると考えられる．

3）フォールディングに寄与する相互作用

　以下では，タンパク質のフォールディングに寄与するさまざまなタイプの相互作用について簡単に紹介しておく．

❶ **疎水結合**：水などの極性溶媒中において，非極性分子は溶媒を排除して集まろうとする．水に浮かぶ油滴を想像すると理解しやすいだろう．こうした凝集は，分子間に引力がなくても起こるので，疎水「結合」というより疎水「効果」とよぶべきかもしれないが，接近した非極性分子の間にはさらにファンデルワールス力（後述）などが働いて，特異的な立体構造の形成を導く．疎水結合には主に非極性アミノ酸の側鎖が関与する．

❷ **ファンデルワールス力**：ファンデルワールス力は原子間に普遍的に働く力である．原子ごとにファンデルワールス半径というものが決まっており（共有結合にかかわる共有結合半径より常に大きい），原子間の距離がこの距離以上のとき引力が働き，この距離未満のとき斥力が働く．他の力に比べてファンデルワールス力は弱く，ごく近い距離でし

Column　アンフィンセンの実験の補足

　アンフィンセンはリボヌクレアーゼAを用いて次のような実験も行った．尿素と2-メルカプトエタノールを用いて変性させたリボヌクレアーゼAから，まず2-メルカプトエタノールを除いて酸化し，さらに尿素を除いて生理的条件に戻した．その結果，リボヌクレアーゼAの酵素活性はほとんど回復しなかった．それは一体どうしてだろうか．リボヌクレアーゼAには8つのシステイン残基が存在するので，それらが4対のジスルフィド結合を形成する組み合わせは105通り存在するが，そのうち正しい組み合わせは1通りである．タンパク質を変性状態で酸化するとジスルフィド結合はランダムに形成されてしまうため，酵素活性がほとんど回復しなかったと考えられる．この知見を踏まえて本来のフォールディング経路を推定すると，リボヌクレアーゼAはまず非共有結合的な相互作用によってある程度フォールディングした後，近傍のシステイン残基の間で特異的なジスルフィド結合を形成すると考えられる．

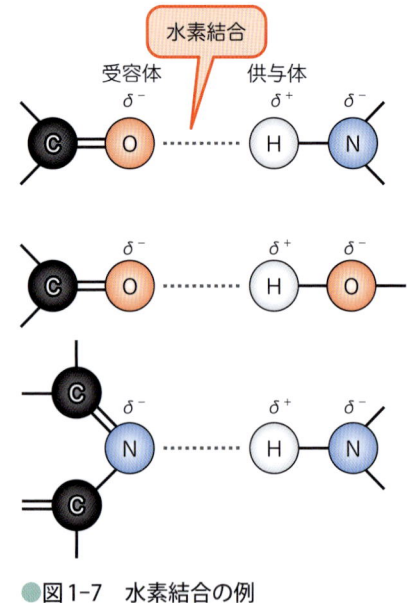

●図1-7　水素結合の例
δは電気陰性度であり，電子の存在の偏りを表している

か働かないが，多数集まれば水素結合やイオン結合と同等以上の影響力を発揮する．

❸ **水素結合**：水素結合は，その名のとおり水素原子を介した相互作用であり，水素結合の供与体（ドナー）と受容体（アクセプター）が適切な距離〔2〜3Å程度：1Å（オングストローム）は 10^{-10} m〕に置かれたときに起こる．水素結合供与体となるのは水素原子が付加されたヘテロ原子（N, O, SといったH, C以外の原子）であり，水素結合受容体となるのもヘテロ原子である（図1-7）．したがって，水素結合にはヘテロ原子を含んだ極性アミノ酸の側鎖や，主鎖のペプチド結合が関与する．

❹ **イオン結合**：イオン結合は，正電荷をもつ陽イオンと負電荷をもつ陰イオンとの間の静電的相互作用であり，共有結合に次ぐ強さをもっている．結合の強さはクーロンの法則によって規定されており，距離の2乗に反比例する．イオン結合には主に極性電荷アミノ酸の側鎖が関与する．

❺ **ジスルフィド結合**：フォールディングに関与する相互作用の最後を飾るのはジスルフィド結合である．ジスルフィド結合は2つのチオール基の間で結ばれる共有結合であり，チオール基の酸化によって生じる（図1-3）．反対に，先に述べたように2-メルカプトエタノールのような還元剤が存在すると，ジスルフィド結合は還元され，切断されてしまう．タンパク質のジスルフィド結合にはシステインが関与しており，二量体化したシステインをシスチンとよぶ．

4）分子シャペロン

アンフィンセンのドグマは，比較的低分子量の単純な構造をもつタンパク質についてはよく成り立つが，それに従わない例も見つかってきている．**分子シャペロン**という一群のタンパク質は，他のタンパク質のフォールディングを手助けする役割を果たしている．言い換えれば，一部のタンパク質は分子シャペロンの手助けなしには天然状態に到達できないのである．ある種の分子シャペロンは，翻訳と共役して働き，新生ポリペプチド鎖の

フォールディングを手助けする．また，熱ショックタンパク質とよばれる分子シャペロンは高温にさらされたときに働いて，熱変性したタンパク質が再びフォールディングするのを手助けする．また，別の分子シャペロンは酸化還元酵素として働いて，誤って形成されたジスルフィド結合を修正する．

そもそもフォールディングが高い正確性で進むというのが単純すぎる考えであり，実際にはかなりの割合で「不良品」がつくられていることが最近の研究からわかってきている．不良品タンパク質は，細胞がもつ「品質管理機構」によって速やかに分解され，機能的なタンパク質のみが結果的に残る，というのが最新の見解である．

1-3　タンパク質の階層的な立体構造

次に，タンパク質の立体構造をより詳しく見ていきたい．タンパク質のアミノ酸配列は，タンパク質という高分子化合物の構造式を表すものであり，最も基本的な構造なので，**一次構造**とよぶ．以下で説明するように，タンパク質の立体構造はいくつかの階層に分けて理解することができる．

1）タンパク質の二次構造

ライナス・ポーリング（1954年ノーベル化学賞受賞）はさまざまなペプチドやタンパク質の立体構造をX線結晶構造解析（後述）により詳しく調べた結果，タンパク質の基本的な構造単位として**αヘリックス**と**βシート**があることを発見した．これらがタンパク質の**二次構造**である．

αヘリックスは，タンパク質の主鎖が右巻きのらせんを巻いた構造である（図1-8A）．ここで，らせんは約3.6アミノ酸残基ごとに1回転している．それぞれのペプチド結合の>C=O基（カルボニル基）は，4つ離れたアミノ酸残基の>N–H基（二級アミノ基）と水素結合することで，ヘリックス構造を安定化している（図1-8B）．らせんはコンパクトに巻かれ，

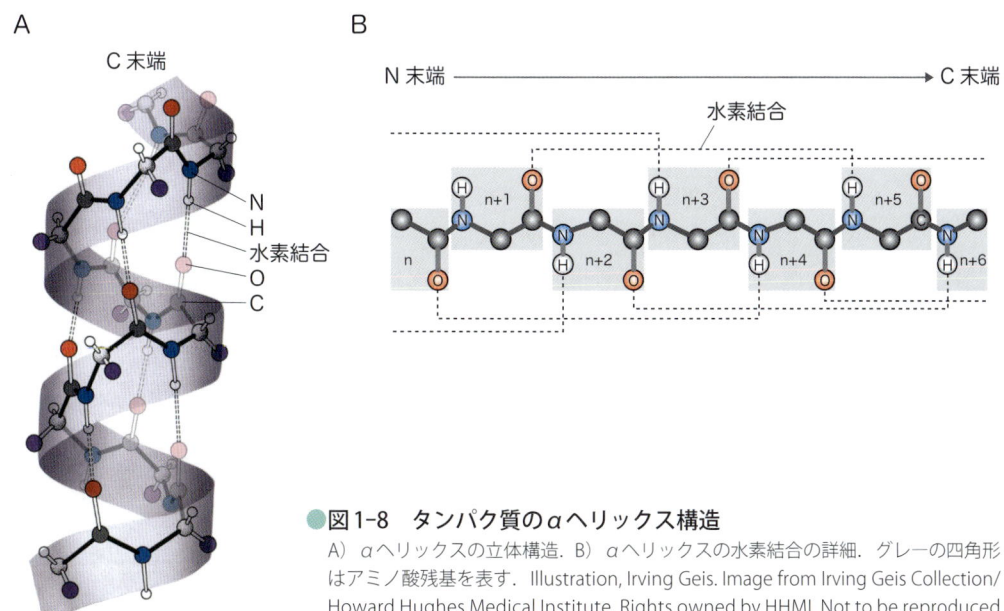

●図1-8　タンパク質のαヘリックス構造
A）αヘリックスの立体構造．B）αヘリックスの水素結合の詳細．グレーの四角形はアミノ酸残基を表す．Illustration, Irving Geis. Image from Irving Geis Collection/Howard Hughes Medical Institute. Rights owned by HHMI. Not to be reproduced without permission.

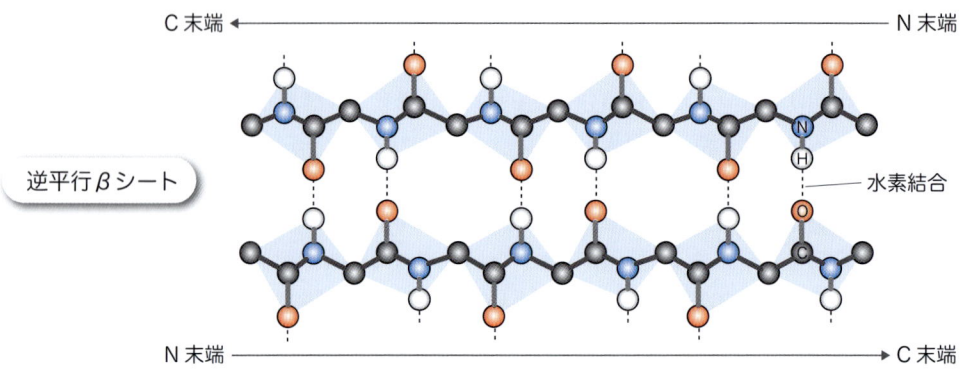

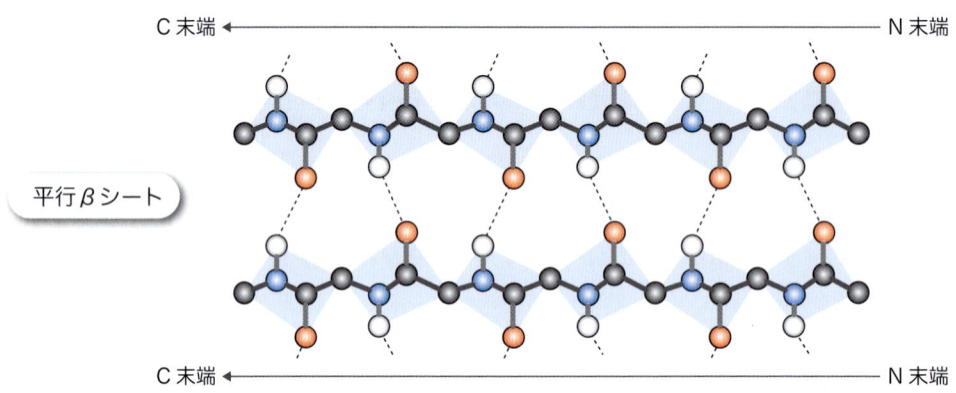

●図1-9　タンパク質のβシート構造
青い四角形はトランス型のペプチド構造を表している（図1-10を参照）

　ヘリックスの内側にはほとんど空間が存在しないので，側鎖はヘリックスの外側に突き出す格好で存在している．
　一方，βシートは，伸びた主鎖を有するポリペプチド鎖が数本，集まって平らなシート状の構造をとったものであり，αヘリックスとは対照的である（図1-9）．隣接するポリペプチド鎖上の>C=O基と>N-H基は水素結合を形成し，シート状の構造を安定化している．βシートの隣接するポリペプチド鎖は，N末端⇔C末端に関して同方向に並ぶ場合（平行βシート）と逆方向に並ぶ場合（逆平行βシート）がある．
　以上，説明したように，αヘリックスとβシートの形成にはタンパク質の主鎖のみが関与する．それゆえ，これらの構造はアミノ酸配列にあまり依存することなくつくられ，多くのタンパク質中に普遍的に見出される．

2）タンパク質の三次構造と四次構造

　二次構造をとったポリペプチド鎖はさらに折りたたまれて**三次構造**を形成する．その結果，一次構造上は遠く離れた部分が近接するような空間配置をとる．二次構造はタンパク質局所のフォールディング，三次構造はタンパク質全体のフォールディングと区別することができるだろう．三次構造の形成には，前節で紹介したタンパク質の主鎖と側鎖がつくる多様な相互作用が重要になってくる．
　一次構造から三次構造までは個々のタンパク質分子に注目してきたが，生体内ではしば

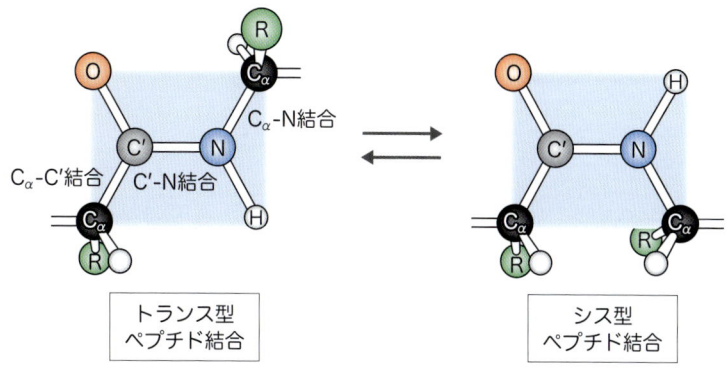

●図1-10　ペプチド結合のトランス型とシス型

しば複数のタンパク質分子が集合して高次の複合体を形成する．このとき，個々のタンパク質分子は複合体の**サブユニット**として存在している．このようなタンパク質複合体中におけるサブユニット間の相互作用や空間配置を表すのが**四次構造**である．具体例として，コラーゲン，ヘモグロビン，抗体という3種類のタンパク質複合体を後で紹介する．

3）ラマチャンドランプロット

タンパク質の主鎖は3種類の共有結合——α炭素（C_α）とアミノ基とのC_α–N結合，C_αとカルボキシ基とのC_α–C'結合，そしてカルボキシ基とアミノ基が反応してできたC'–N結合（ペプチド結合）——からなっている（図1-10）．これらの結合の回転角（二面角）を通して，タンパク質の立体構造について改めて考えてみたい．

まず指摘したいのは，ペプチド結合が硬い平板状の構造をしている，という点である．ペプチド結合のC'=OとC'–Nは共役し，C'–N結合は二重結合のような性質をもっている．そのためC'–N結合には回転の自由がなく，シス型かトランス型に固定されている（図1-10）．シス型は立体障害のためエネルギー的に不利なので，実際にはほぼトランス型である．

残る2種類の結合（C_α–N結合とC_α–C'結合）には回転の自由がある．トランス型のペプチド結合は，α炭素が対角の頂点に位置する長方形として描くことができる（図1-10左）．そうすると，タンパク質の構造はこの長方形が頂点で連続的につながったものとみなせる．α炭素の1つに注目すると，隣り合う2つの長方形はC_α–N結合とC_α–C'結合を軸にして回転できるので，2つの長方形が同一平面上にある状態を180°と定義して，それらの回転角をϕとψで表す（図1-11）．図1-11に示すように立体障害があるため，ϕとψがとりうる値は制限されている．

ϕとψにはどのような意味があるのだろうか．例えば100個のアミノ酸からなるタンパク質は99個のペプチド結合をもち，99個のϕと99個のψをもっている．これら198個の数字で，このタンパク質の主鎖の立体構造をほぼ記述することができる．このように，ϕとψはタンパク質の立体構造を端的に表す数値である．

ϕとψをX軸とY軸にとって，タンパク質を構成する各アミノ酸残基のϕ値とψ値をプロットしたものが**ラマチャンドランプロット**であり，タンパク質の構造的特徴をわかりやすく表現することができる（図1-12）．αヘリックスとβシートは特徴的な構造をもっているので，それらを構成するアミノ酸残基はごく狭い領域にプロットされる．βシートを

1章　タンパク質の構造と機能　　33

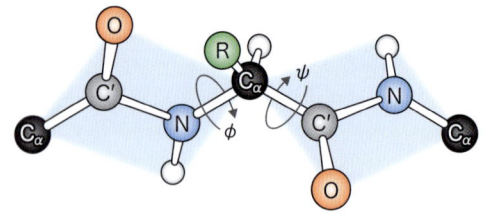

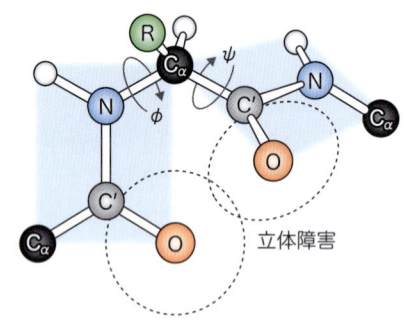

●図1-11　ペプチド結合の回転角

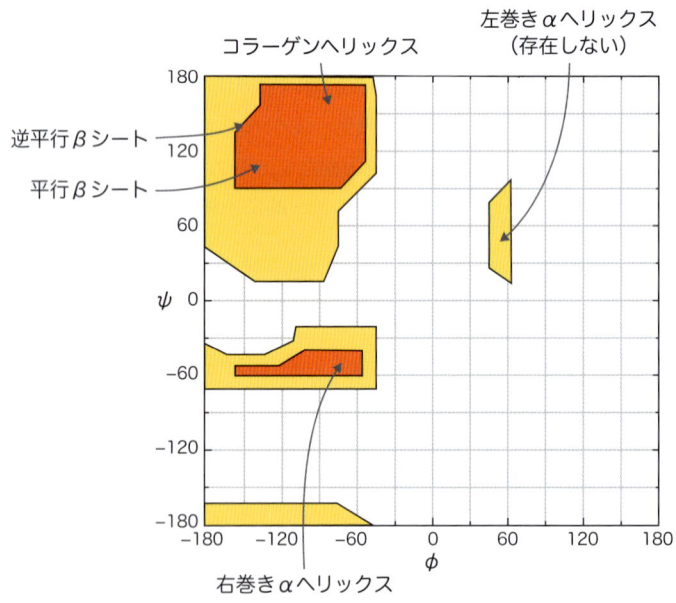

●図1-12　ラマチャンドランプロット
　立体構造がわかっているさまざまなペプチドやタンパク質を解析した結果．赤色の部分はとりやすい回転角を，黄色の部分は許容される回転角を表す．
Ramachandran GN, et al：J Mol Biol, 7：95-99, 1963 より一部改変

構成するアミノ酸残基はφ，ψともに180°に近い値を示すことから，主鎖が平面に近い伸びた構造をしていることが確認できる．

　多数のタンパク質をプロットした結果から，どのアミノ酸がどの構造をとりやすいか・とりにくいか，が予測できる．グリシンとプロリンはαヘリックス中にはほとんど存在せず，αヘリックスを壊すアミノ酸であると言われている．グリシンは側鎖がなく回転の自由度が高すぎるため，プロリンは環状構造のせいでαヘリックスに必要な回転角をとれないためである．これら以外にもαヘリックスを好むアミノ酸やβシートを好むアミノ酸が特定されており，このことに基づいて，タンパク質の一次構造から二次構造をある程度正確に予測することができる．

4）タンパク質のドメイン構造

　二次構造と三次構造の間には**ドメイン**という構造上の単位が存在する（図1-13）．多くのタンパク質は複数のドメインからなっているが，分子量の小さなタンパク質の場合はタンパク質全体が単一のドメインということもある．1つのドメインは通常，20～数百アミノ酸残基程度の連続したアミノ酸配列からなり，同じタンパク質の他のドメインとは独立にフォールディングする．したがって，タンパク質の立体構造はドメインというかたまりが数珠つなぎになった構造とみることができる．例えば後述する抗体というタンパク質は，図1-17のように免疫グロブリンフォールドというβシートからなるドメインが12個つながった構造をしている．

　ドメインはタンパク質の機能上の単位でもあり，タンパク質はしばしば異なる種類のドメインが組み合わさって複雑な機能を遂行している．具体的なドメインとしては，カルシウム結合に関与するEFハンド，シグナル伝達におけるタンパク質間相互作用に関与するSH2ドメインやSH3ドメイン，DNA結合やタンパク質間相互作用に関与する亜鉛フィンガーなどが有名である．

　ドメインはタンパク質の進化にも重要な役割を果たしている．機能的に多様なタンパク質の配列中に共通のドメインが見つかることがよくある．ドメインはタンパク質の進化の単位となっており，ドメイン単位で構造が組換わることで新しい機能をもったタンパク質が生じると考えられる．こうした組換えは，実際にはタンパク質の設計図であるDNAのレベルで起こっている．

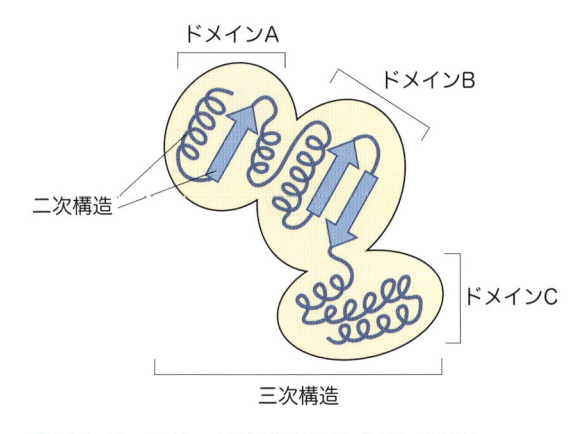

●図1-13　二次・三次構造とドメインの関係
コイル状の線はαヘリックス構造を，矢印はβシート構造をそれぞれ意味している

1-4　タンパク質の構造と機能の例

本章の冒頭でも述べたように，タンパク質は生体の機能を担う「分子パーツ」として重要であり，数万種類のタンパク質がそれぞれ固有の構造をもち，割り当てられた機能を果たしている．以下で3つの具体例を紹介するが，それらを通じて強調したいのは「構造が機能をつくる」という点である．

1）コラーゲン

コラーゲンは食品や化粧品でよく使われる言葉なので耳にする機会が多いと思うが，コラーゲンはもともと動物の細胞外マトリックス，つまり細胞と細胞の間の空間を埋めるタンパク質である．至るところに多量に存在しており，皮膚や骨，軟骨などには特に多い．コラーゲンはこれらの生体組織に力学的な強度と柔軟性を与えている．ちなみに，ゼラチンはコラーゲンを熱で変性させたものが主成分である．

コラーゲンは力学的な強度と柔軟性を与えるために，分子レベルで繊維状の構造をしている．一般に，タンパク質は立体構造に基づいて**球状タンパク質**と**繊維状タンパク質**とに分類できるが，コラーゲンは後者に分類される．コラーゲンは，先ほど登場したαヘリックスとは異なる左巻きの三重ヘリックス構造をとっており，3つのコラーゲン分子が1本の長い繊維を形成する（図1-14）．コラーゲンはグリシンが3アミノ酸ごとに現れる（Gly-X-Y）$_n$という特異な繰り返し配列をもっており，XとYの位置にはプロリン（Pro）とヒドロキシプロリン（Hyp）が多く存在している．Yの位置にはヒドロキシリジンというアミノ酸も登場する．ところで，ヒドロキシプロリンとヒドロキシリジンは標準アミノ酸ではないので，翻訳されたばかりのコラーゲン前駆体タンパク質中には全く含まれていない．それらは翻訳後に，前駆体タンパク質のプロリンとリジンが酵素によってヒドロキシル化されて生じる（p.37コラム参照）．これは翻訳後修飾の一種であり，タンパク質の構造的多様性を拡張するしくみとして，多くのタンパク質にみられるものである（⇒詳しくは12章を参照）．

コラーゲンの一次構造から，いかにして三重ヘリックスが生じるのだろうか．プロリンやヒドロキシプロリンの側鎖はかさ高いので，これらのアミノ酸を多量に含むポリペプチド鎖が無理なくとれる立体構造はそもそも少なく，三重ヘリックスはそうした構造の1つ

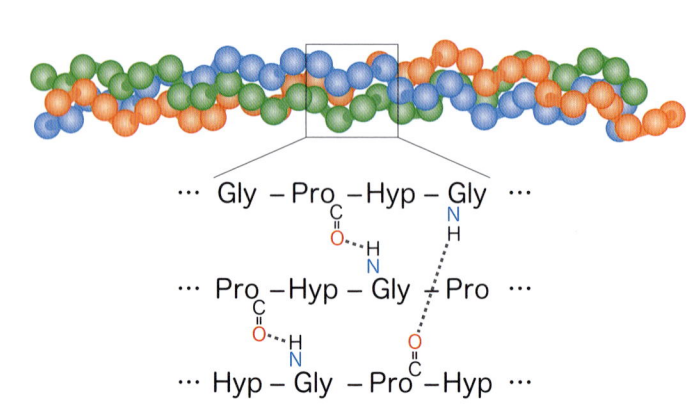

●図1-14　コラーゲン分子の三重ヘリックス構造
三重ヘリックスの3つのポリペプチド鎖が異なる色で示されている．
Hyp：ヒドロキシプロリン

である．反対に，グリシンは側鎖のない小さなアミノ酸であり，密なヘリックス構造の形成を可能にしている．ヘリックスの3本の鎖は，主鎖が関与する多数の水素結合によって強固に束ねられており（図1-14），プロリンがヒドロキシル化されたコラーゲンのみが安定な三重ヘリックス構造を形成することができる．

2）ヘモグロビン

ヘモグロビンは，血液を流れる赤血球に大量に含まれているタンパク質であり，ガス状酸素と結びついて酸素を肺から全身へと運搬する役割を果たしている．

ヘモグロビンはαグロビンとβグロビンという2種類のタンパク質が2分子ずつ（計4分子）集合したタンパク質複合体である（図1-15）．αグロビンとβグロビンには**ヘム**という鉄原子を含む低分子有機化合物が1分子ずつ結合しており，これらをまとめてヘモグロビンとよぶ．実際に酸素分子と結合するのは，このヘムである．ところで，ヘムのようなタンパク質以外の機能的成分がタンパク質と結びついて存在していることはよくあり，こうした非タンパク質成分を**補因子**と総称する（⇒4章）．

ヘモグロビンが4つのサブユニットからなることの意義を次に考察したい．先に述べたように，ヘモグロビン1分子には4分子のヘムが含まれており，最大4分子の酸素と結合

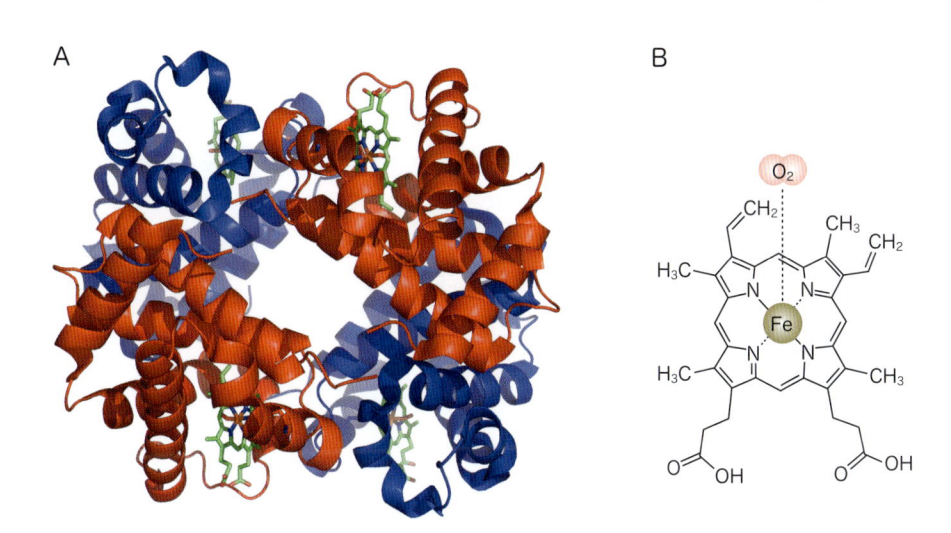

●図1-15 ヘモグロビン（A）とヘム（B）の構造
Aの図の赤はαグロビン，青はβグロビン，緑はヘムを示す．http://en.wikipedia.org/wiki/Hemoglobin# より転載（PDB番号1GZX）

Column　ビタミンCの役割

コロンブスやマゼランが活躍した大航海時代，船員たちは原因不明の疲労感，歯茎からの出血，歯の脱落などに悩まされた．これは壊血病という病気で，死に至ることもあったが，後にそれは新鮮な野菜や果物を摂取することで簡単に防止できることが突き止められた．現代の私たちは，壊血病がビタミンCの欠乏によって生じることを知っている．ビタミンCは，コラーゲンのヒドロキシル化酵素の働きに必須な補因子であり，ビタミンCが欠乏するとコラーゲンのヒドロキシル化が阻害される．そのためコラーゲンの機能が低下し，壊血病の症状が現れるのである．

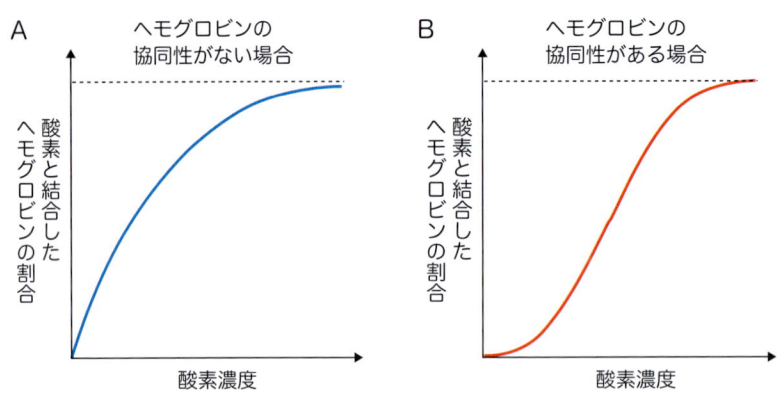

●図1-16　ヘモグロビンの協同的な酸素への結合

する．ヘモグロビンの特徴に，酸素への協同的な結合がある．酸素濃度を横軸にとり，酸素と結合したヘモグロビンの割合を縦軸にとると，詳細は省くが，単純なA＋B⇌A・Bという反応式から予想されるのは図1-16Aのようなグラフである．しかし実際には図1-16Bのようなシグモイド曲線となり，酸素濃度が低いときと高いときでヘモグロビンの酸素に対する親和性は大きく変化する．ヘモグロビンは緊張状態（T状態：酸素への親和性が低い）と弛緩状態（R状態：酸素への親和性が高い）という2つの四次構造をとりうることがわかっている．酸素と結合しづらいT状態のヘモグロビンに最初の酸素が結合すると，ヘモグロビンの四次構造がR状態に変化して，残り3つの酸素結合部位に酸素が高い親和性で結合できるようになる（アロステリック調節⇒4章）．ヘモグロビン四量体のこうした**協同性**のおかげで，赤血球は酸素分圧の高い肺で目一杯，酸素を積み込み，酸素分圧の低い末梢組織で酸素を完全に荷降ろしすることができる．

3）抗体

抗体（別名：免疫グロブリン）はBリンパ球が産生するタンパク質であり，ウイルス，細菌，花粉などといった外来の異物に対する生体防御反応（**免疫**）に関与している．抗体タンパク質をコードする遺伝子はきわめて特殊な構造をしており，巧妙なしくみによって，少しずつ異なるアミノ酸配列をもった数百万種類の抗体分子が体内でつくられる．これらの抗体分子はさまざまな異物を認識して，それらを体内から排除する反応を誘導する．なお，抗体が認識する分子を**抗原**とよぶ．

抗体の一種，免疫グロブリンG（IgG）に絞って説明を続けると，IgGは重鎖と軽鎖，各2分子からなり，図1-17のようなY字形の構造をしている．それぞれの鎖の間はジスルフィド結合によって架橋されている．Y字形の2つの先端部分にあたる可変領域は，抗体の種類ごとにアミノ酸配列が異なっており，抗原の認識に重要な役割を果たしている．それ以外の定常領域のうち，Y字形の基部にあたる部分（重鎖のC末端側）は「補体の活性化」などの免疫反応を誘導する．

抗体はこのように多様性に富んでいるため，およそありとあらゆる分子に高い特異性と親和性で結合する抗体をレパートリーの中から選び出してくることができる．100万本の鍵のコレクションをもっていて，開けられない錠前はない，という状況にも似ている．このことから，基礎研究や臨床医学の世界では，生体分子の検出，可視化，定量のツールとして抗体が日常的に用いられている．

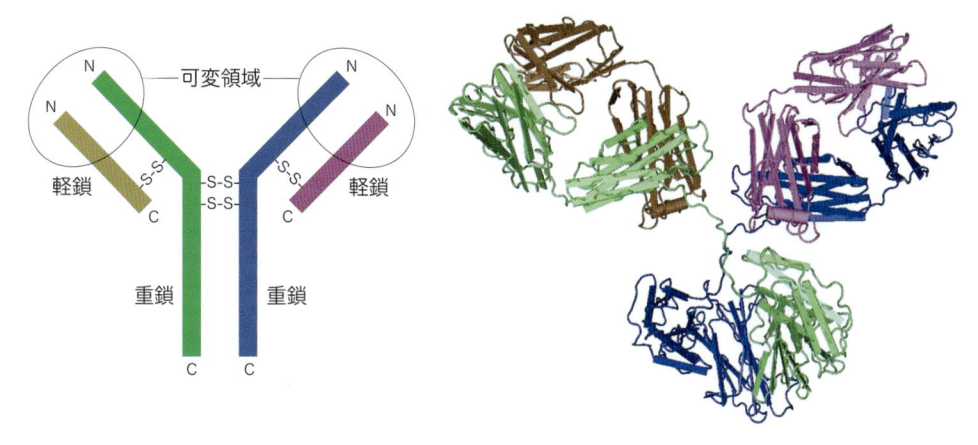

●図1-17　免疫グロブリンGの構造
-S-S-：ジスルフィド結合．右の結晶構造はPDB番号1IGYをもとに作成した

1-5　タンパク質の解析方法

　生体には数千から数万種類のタンパク質が含まれている．その組成を調べたり，特定の機能をもったタンパク質を分離・精製したり，特定のタンパク質の構造を詳細に調べる方法がいくつか知られている．以下では代表的なものを順に見ていこう．

1）クロマトグラフィー

　クロマトグラフィーは，担体（固定相）——具体的には紙，シリカ，高分子ゲルなど——を用いた分離法であり，解析したい分子を含む試料（移動相）を担体に通すと，その過程で分離が進行する（図1-18）．タンパク質を分析する場合，タンパク質の大きさや電荷，その他の性質に基づいて分離を行うことができる．電荷に基づく方法（イオン交換クロマトグラフィー）についてもう少し詳しく説明すると，例えば多数のカルボキシ基をもった「陽イオン交換体」を担体に用いてタンパク質溶液を通すと，正電荷をもったタンパク質は担体に吸着するが，負電荷をもったタンパク質は担体とほとんど相互作用することなく通過する．担体に吸着したタンパク質は，pHその他の条件を変えることにより回収することができる．

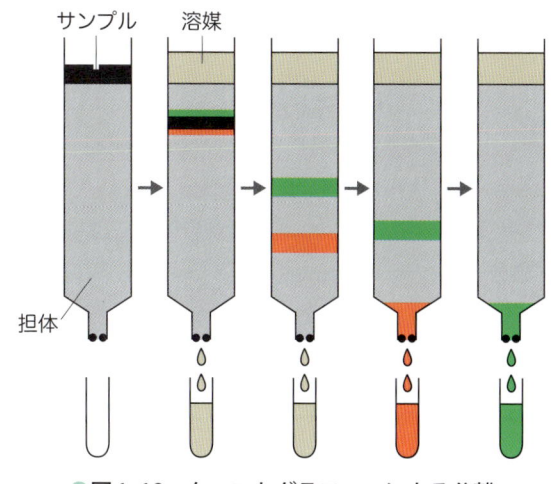

●図1-18　クロマトグラフィーによる分離

2）電気泳動

　電気泳動はクロマトグラフィーと同じく担体を用いた分離法である．ただし，クロマトグラフィーではポンプなどを用いて試料を流すのに対し，電気泳動では電圧をかけて担体中の分子に力を加える．分子には，分子の電荷と電圧に比例した力が加わるが，分子は移動に際して大きさに依存した抵抗を受ける．したがって，分子は電荷や大きさに基づいて分離される．アガロースゲルやポリアクリルアミドゲルを担体に用いた電気泳動は，生化学・分子生物学の研究でよく用いられている．タンパク質の分析によく用いられる2つの電気泳動法を以下で簡単に紹介する．

　まず紹介したいのは**等電点電気泳動**である（図1-19A）．タンパク質の表面にはアミノ基やカルボキシ基など，多くの電荷をもった官能基が存在しており，個々のタンパク質分子はその総和として正または負に帯電している．ここで溶液のpHを変化させると，タンパク質の正電荷と負電荷の数が等しくなって見かけ上，電荷のない状態をつくり出せる．このときのpHが**等電点**であり，個々のタンパク質に固有の値である．等電点電気泳動は，この等電点に基づいてタンパク質を分離する方法であり，pH勾配をもった特殊なゲルを担体として用いる．試料に電圧をかけると，個々のタンパク質は自身の電荷に従ってゲル中を移動し，等電点に等しいpHのところまで辿り着いたら，そこで停止する．

　SDSポリアクリルアミドゲル電気泳動は，分子量に基づいてタンパク質を分離する方法である（図1-19B）．この方法のポイントは，2-メルカプトエタノールとラウリル硫酸ナトリウム（SDS）という2つの化学物質を用いる点にある．2-メルカプトエタノールはp.28にも登場した還元剤であり，タンパク質のジスルフィド結合を切断する．一方，SDSは変性作用をもつ強力な界面活性剤（洗剤）であり，タンパク質の疎水性部分に結合して負電荷を与える．2-メルカプトエタノールとSDSによってタンパク質の立体構造は完全に破壊され，さらにSDSに由来する負電荷によって，タンパク質自身の電荷は覆われてしまう．その結果，すべてのタンパク質は分子ふるい効果によって低分子量のものほど速く，高分子量のものほど遅く，ゲル中を移動することになる．

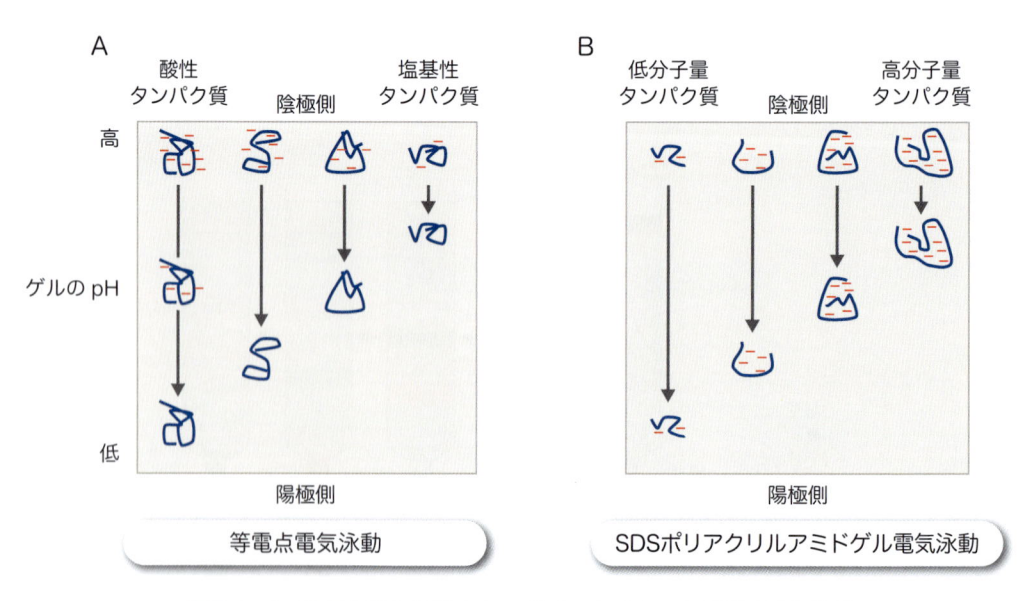

●図1-19　等電点電気泳動とSDSポリアクリルアミドゲル電気泳動
　　　　　図中のマイナス記号はタンパク質がもつ負電荷を表している

3）超遠心

超遠心は，解析したい分子を含む溶液を，専用の装置を用いて高速遠心する（例えば1分間に数十万回転し，数十万gの加速度をかける）ことで，分子を比重や大きさに基づいて分離する方法である（図1-20）．分子が溶媒の中を沈んでいく速さを**沈降係数**（単位はS）という値で表す．大きな分子ほど速く沈降し，大きな沈降係数をもつので，沈降係数は分子の大きさを表す指標の1つになっている（⇒12章も参照）．

4）タンパク質の一次構造の決定法

生命という分子機械の動作原理を理解するには，パーツとして働くタンパク質1つ1つの構造と機能を理解する必要がある．その第一歩として，タンパク質の一次構造の決定がある．タンパク質の一次構造を決める2つの方法を以下で紹介する．

ペール・エドマンが開発した**エドマン分解**は，タンパク質の一次構造決定法として長く用いられてきた．これは，タンパク質のN末端側からアミノ酸残基を1つずつ化学反応によって脱離させ，そのアミノ酸の種類を決定するという方法で，数十個のアミノ酸からなるタンパク質の一次構造を決定することができる．大きなタンパク質の場合，この方法だとN末端に近い配列しか決められないが，その場合は，タンパク質の内部を切断するプロテアーゼと組み合わせることで，内部のアミノ酸配列も決定できる．

より最近，登場した方法に**質量分析**がある．質量分析は要するにイオン化した分子の質量（分子量）をきわめて正確に決定する分析法で，それ自体の歴史は古い．タンパク質のような高分子の解析には向かないと思われてきたが，最近の技術的進歩によってそれが可能になった．一般的には，タンパク質試料をプロテアーゼで消化して多数のペプチド断片にした後，質量分析にかけて，それらの分子量を求める．試料に含まれているのが既知タンパク質だった場合，得られたデータを指紋照合の要領でデータベースと照らし合わせることで，タンパク質を同定することができる．これを**ペプチドマスフィンガープリンティング法**という．目的のタンパク質が新規で，データベースに登録されていない場合は，2台の質量分析計が連結された装置を用いてタンデム質量分析を行うこともできる．詳細は省くが，この方法によりペプチドのアミノ酸配列を決定することができる．

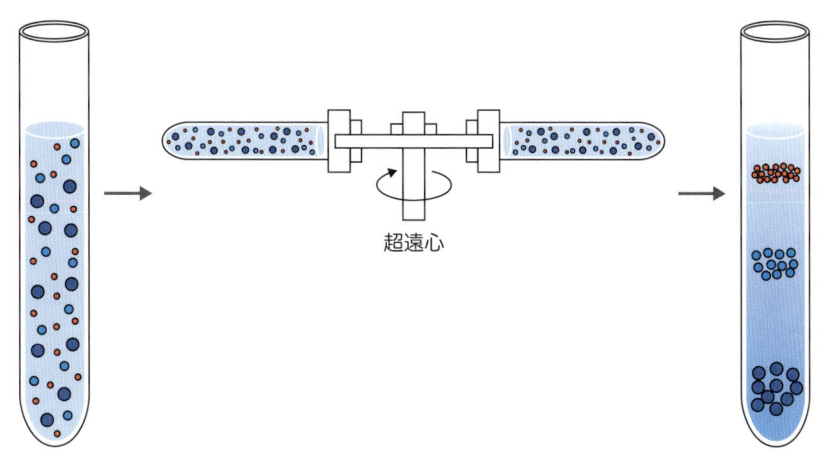

●図1-20　超遠心による分離

5）タンパク質の立体構造の決定法

タンパク質の立体構造を高い分解能で解析できる2つの方法を以下で紹介する．

X線結晶構造解析は分子を「見る」方法である．そもそも，ものを観察するには，区別したい2点間の距離よりも短い波長の光を用いる必要がある．したがって，分子の構造を原子レベルで解明するには，原子間の距離に相当する1Å程度の波長をもつX線を用いる必要がある．また，高分解能の構造情報を得るため，タンパク質分子が整然と格子状に並んだ結晶を測定に用いる必要がある．結晶にX線を照射するとX線は散乱・干渉して，タンパク質の分子構造を反映した回折像が映し出される．この回折像からタンパク質の立体構造を再構築することができる．

もう1つの一般的な構造解析法は，**核磁気共鳴**（NMR）である．有機分子を構成する原子のうち ^1H，^{13}C，^{15}N などは，特定の周波数で振動する外部磁場をかけたときに共鳴する性質をもっている．ただし，各原子が共鳴する周波数は，原子の化学結合の状態などによってわずかに変化する．これを**化学シフト**とよぶ．化学シフトには，測定する原子の周囲に関する断片的な構造情報が含まれているので，さまざまなNMR測定を通じて情報を集め，分子の全体像を推理していく．その原理ゆえ，NMRは大きなタンパク質分子の構造決定を苦手とする．一方で，X線結晶構造解析が結晶状態のタンパク質を取り扱うのに対して，NMRには溶液中のタンパク質を観察できるという利点がある．

章末問題

→解答は236ページ参照

問1 アミノ酸の一般的な定義を述べよ．また，タンパク質を構成する標準アミノ酸に共通する特徴を説明せよ．

問2 20種類の標準アミノ酸の名前をあげ，それらを非極性アミノ酸，極性無電荷アミノ酸，酸性アミノ酸，塩基性アミノ酸の4種類に分類せよ．

問3 タンパク質が機能を発揮するためには適切にフォールディングされる必要がある．このフォールディングに関与する相互作用には，下記のようなものがある．空欄を埋めよ．
- 極性溶媒中において非極性分子が集合しようとする（　ア　）
- 原子間に普遍的に働く力である（　イ　）
- 適切な条件下でヘテロ原子と水素原子の間に働く（　ウ　）
- 陽イオンと陰イオンの間に働く（　エ　）
- 2つのシステイン残基のチオール基の間で形成される（　オ　）

問4 タンパク質の一次構造，二次構造，三次構造，四次構造についてそれぞれ説明せよ．

問5 タンパク質の代表的な分離方法であるSDSポリアクリルアミドゲル電気泳動について，その原理を説明せよ．

第Ⅰ部　生体分子の構造と機能

2章　核酸の構造と機能

　核酸はDNA（デオキシリボ核酸）とRNA（リボ核酸）の総称であり，リン酸，2種類の糖（デオキシリボースとリボース），5種類の核酸塩基（アデニン，グアニン，シトシン，チミン，ウラシル）が組み合わさってできている．生体内でDNAは通常，2本のDNA鎖が絡み合った二重らせん構造で存在しており，遺伝情報を子孫に伝える重要な役割を果たしている．一方，RNAはメッセンジャーRNAが遺伝子発現の中間体として働くほか，さまざまな機能分子として働く．また，核酸の構成単位であるヌクレオチドはDNAやRNAの原料になるほか，細胞内のエネルギー通貨や，生体に必須な補酵素の構成成分としても働いている．本章では核酸の構造と機能を概説した後，その解析法をいくつか紹介する．

2-1　核酸の構成要素

　タンパク質が多数のアミノ酸から構成されるように（⇒1章），核酸も**ヌクレオチド**とよばれる基本単位が重合してつくられている（図2-1）．ヌクレオチドはさらに糖，核酸塩基，リン酸という3つの成分から構成されている．まずこれらを説明していこう．

1）糖

　ヌクレオチドを構成する糖は，DNAでは**デオキシリボース**，RNAでは**リボース**である．これはDNAとRNAの分子構造の違いの1つである（図2-2）．これら五炭糖の炭素は図2-2のように番号を振って区別するが，核酸塩基（後述）を構成する炭素と区別するため，糖

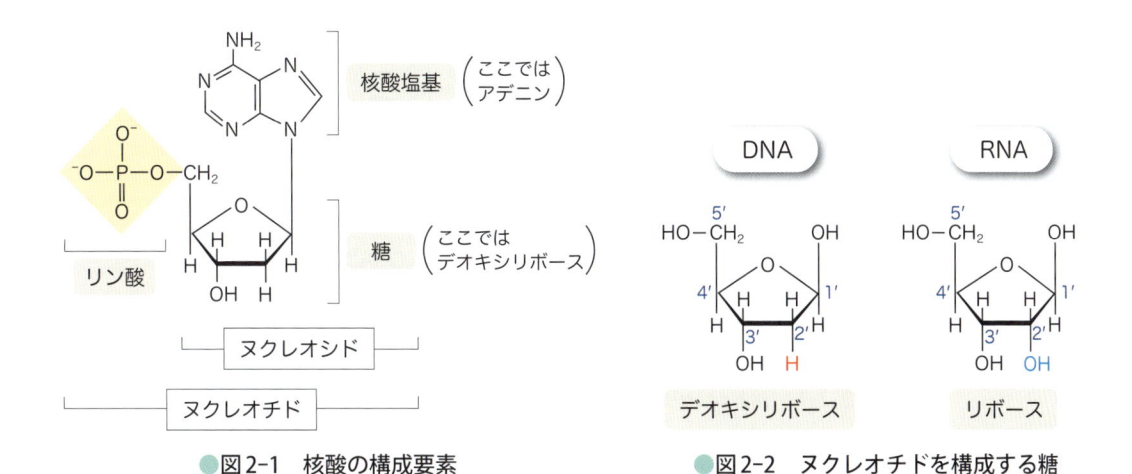

●図2-1　核酸の構成要素　　　　　●図2-2　ヌクレオチドを構成する糖

の炭素を指すときは数字に'（ダッシュ/プライム）を付ける決まりになっている．この命名法で説明すると，リボースの2'の位置にはOH基が付いているのに対して，デオキシリボースではこれが水素に置き換わっている．酸素原子が抜けているのでデオキシ（＝脱酸素）リボースとよばれる．

2）核酸塩基

遺伝情報を実際に担っているのは核酸塩基であり，**アデニン**（A），**グアニン**（G），**シトシン**（C），**チミン**（T）という4種類の核酸塩基がDNAに使われている（図2-3）．一方，RNAにはチミン（T）の代わりに，構造的によく似た**ウラシル**（U）が使われている（DNAとRNAで異なる塩基が使い分けられている理由についてはp.44コラムを参照）．これらの核酸塩基は，骨格の形から**プリン塩基**と**ピリミジン塩基**に分けることができる．アデニンとグアニンは前者，シトシンとチミンとウラシルは後者に分類される．プリン塩基は窒素を多数含む六員環と五員環が組み合わさった構造をしているのに対して，ピリミジン塩基は窒素を含む六員環のみで構成されている．なお，痛風という病気の原因と言われている

Column　なぜDNAにウラシルが使われないのか

　アデニン，シトシン，グアニンの3つの核酸塩基はDNAとRNAで共通しているのに，なぜチミンとウラシルはDNAとRNAで使い分けられているのだろうか．9章で詳しく述べるが，ヌクレオチドの生合成過程においてチミンはウラシルを経てつくられるので，生物はあえて一手間かけてDNAのためにチミンを利用していると言える．生物がチミンを利用する理由はゲノム保護にあると考えられる．生体内のDNAはさまざまな内的・外的要因によって損傷を受けるが，そうしたDNA損傷の一種にシトシンの脱アミノ化があり，その結果，シトシンはウラシルに変化してしまう（コラム図2-1A）．DNAにチミンではなくウラシルを利用している生物を仮定すると，この生物ではもともとのウラシルと，シトシンの脱アミノ化によって生じたウラシルを区別できず，損傷を正しく修復することができない．損傷が放置されたままDNAが複製されると，C・G塩基対はU・A塩基対に変わり，損傷が点変異として固定されてしまう（コラム図2-1B）．こういったことを防ぐため，DNAにはチミンが用いられていると考えられる．現実の生物では，DNA中のウラシルは損傷部位として認識され，適切に修復される（コラム図2-1C, ⇒10章）．

●コラム図2-1　シトシンの脱アミノ化によって生じたウラシルの損傷修復

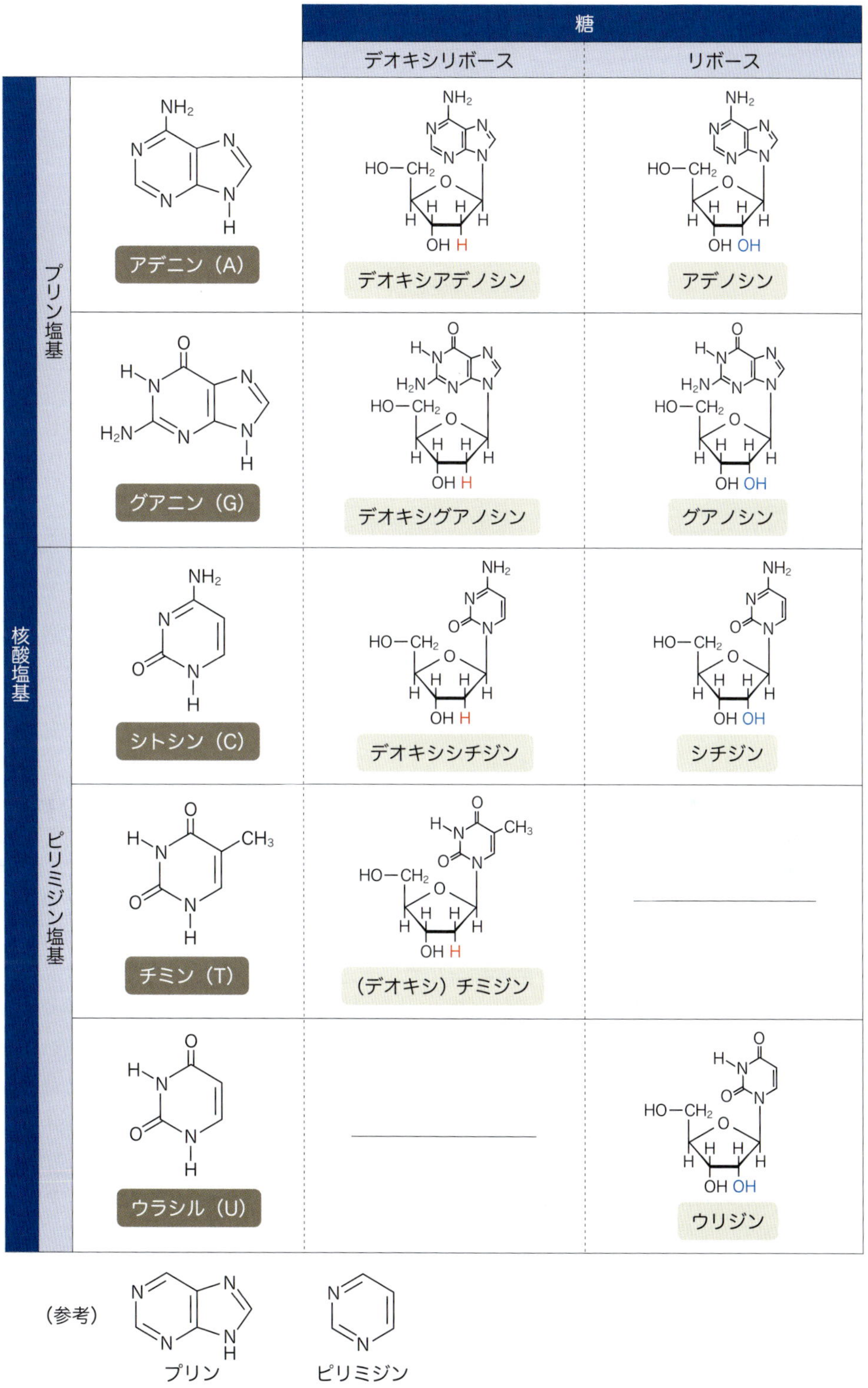

	糖	
	デオキシリボース	リボース
プリン塩基 アデニン（A）	デオキシアデノシン	アデノシン
グアニン（G）	デオキシグアノシン	グアノシン
ピリミジン塩基 シトシン（C）	デオキシシチジン	シチジン
チミン（T）	（デオキシ）チミジン	—
ウラシル（U）	—	ウリジン

（参考）プリン　ピリミジン

● 図2-3　核酸塩基とヌクレオシドの構造

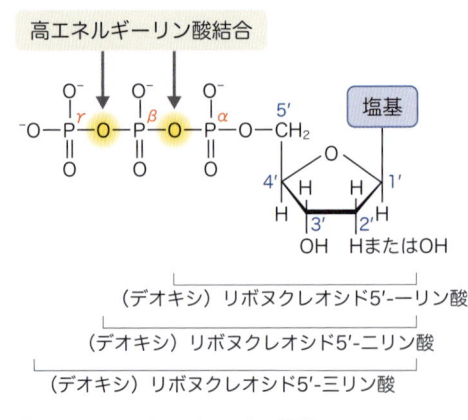

●図2-4 ヌクレオチドの種類
2′位がOHの場合，リボヌクレオシド…，2′位がHの場合，デオキシリボヌクレオシド…となる

プリン体は，このプリン塩基のことを指している（⇒9章）．

これらの塩基は，それぞれ先に述べた糖の1′位とグリコシド結合を形成して**ヌクレオシド**になる．ヌクレオシドとヌクレオチドは非常に紛らわしいが，「糖＋塩基」がヌクレオシド，「糖＋塩基＋リン酸」がヌクレオチドである（図2-1）．ヌクレオシドには，糖と塩基の種類によって異なる名前が付けられている（図2-3）．アデノシン（リボース＋アデニン），グアノシン（リボース＋グアニン），シチジン（リボース＋シトシン），ウリジン（リボース＋ウラシル）といった具合である．リボースの代わりにデオキシリボースが塩基と結合する場合は，頭にデオキシを付けてデオキシアデノシンなどとよぶ．

3）リン酸

ヌクレオチドは，ヌクレオシドにリン酸が付加されたものである．ヌクレオチドはDNAやRNAの原料になるほか，細胞内のエネルギー通貨として働いたり，生体に必須な補酵素の原料になるなど，多様な役割を果たしている（⇒5章）．図2-4に示すように，ヌクレオシドの5′位に1～3個のリン酸が結合して，例えばアデノシンであればアデノシン一リン酸（AMP），アデノシン二リン酸（ADP），アデノシン三リン酸（ATP）となる．3つのリン酸基は糖に近い方からα位，β位，γ位とよんで区別する．これらのリン酸の結合のうちα位のリン酸と糖の結合は通常のリン酸エステル結合だが，α位とβ位の結合ならびにβ位とγ位の結合は**高エネルギーリン酸結合**とよばれるもので，結合には大きなエネルギーを要する．裏を返せば結合の解消に伴って大きな自由エネルギーが放出されるので，それを利用して本来起こりにくい反応を進めることができる．ヌクレオチドの中でもATPは，細胞内のエネルギーを一時的に蓄える「エネルギー通貨」として特に重要である（⇒5章）．

2-2　DNAとRNAの基本構造

次に，ヌクレオチドがどのようにつながって核酸の基本的な構造が形づくられるかを説明したい．ヌクレオチド同士の結合の仕方はDNAでもRNAでも同じであり，一リン酸型のヌクレオチドが基本単位となっている．その5′（α位）のリン酸基が，別のヌクレオチドの3′-OH基とエステル結合を形成し，これが繰り返されることで直鎖状の高分子核酸が

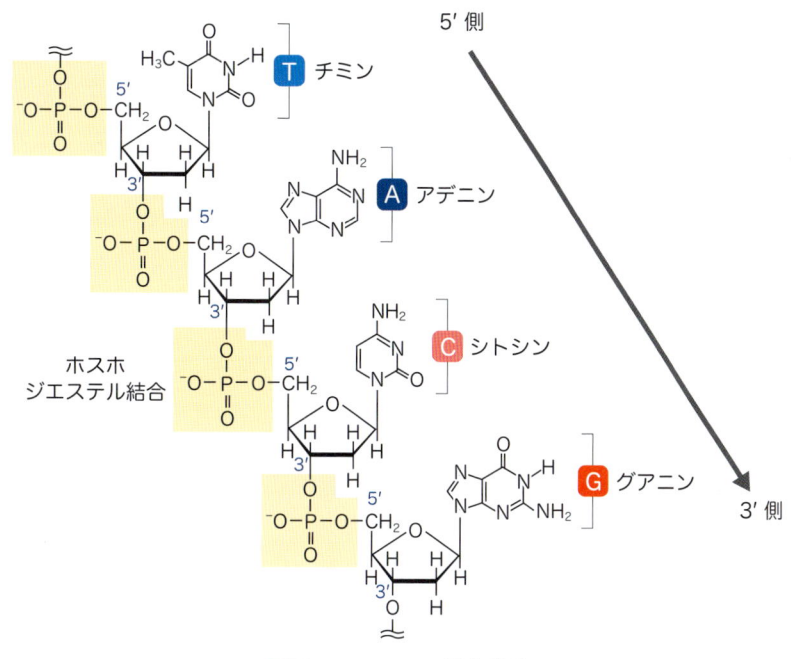

●図2-5　DNAの基本構造

できる（図2-5）．1つのリン酸基が2つの糖と手を結んだような状態を，**ホスホジエステル結合**とよぶ．図2-5を用いて核酸の基本構造を再確認すると，リン酸，糖，リン酸，糖，リン酸，糖…という直鎖構造がバックボーン（背骨）として存在しており，糖の1つ1つにはいずれかの核酸塩基が結合している．さらに重要な点として，リン酸，糖，リン酸，糖…の並びには極性（方向性）が存在している．つまり，個々の糖に注目したとき，5′炭素がある側と3′炭素がある側があり，5′側を辿っていった先を**5′末端**，3′側を辿っていった先を**3′末端**とよんで区別する．DNAやRNAの生合成は常に5′末端から3′末端の方向，すなわち**5′→3′方向**で起こるなど（⇒10，11章），核酸が関係する反応はすべて，この極性に特異的に起こる．

　DNAやRNAの塩基配列を表記するときは5′→3′方向に書き表すのが一般的である．そのルールに従えば，図2-5の配列は5′-TACG-3′と書き表せる．DNAは二本鎖DNAとして存在していることが多いが（後述），一方の鎖の配列が決まれば他方の鎖の配列も一意的に決まる．両方の鎖の配列をわざわざ書き表す必要がないので，どちらか一方の配列のみを5′→3′方向に示すのが一般的である．

2-3　DNAの二重らせん構造

　生体内でDNAは通常，2本のDNA鎖が絡み合った二重らせん構造で存在している．1953年，**ジェームズ・ワトソン**と**フランシス・クリック**はDNAのX線回折のデータに基づいてDNAの構造モデルを提唱し，DNAが遺伝情報を担うしくみについて重要な示唆を与えた．

　まず，この二本鎖DNAの構造的特徴を説明したい．図2-6Aのように，2本のDNA鎖は右巻きのらせん構造をとって互いに巻き付いている．重要なこととして，2本のDNA鎖は**逆平行**，つまり一方のDNA鎖の5′→3′方向が他方のDNA鎖の3′→5′方向になるよう組

み合わさっている．糖-リン酸バックボーンはらせん構造の外側に位置しており，その内側では2本のDNA鎖に由来する核酸塩基が**塩基対**を形成している．塩基対はA（プリン）とT（ピリミジン），G（プリン）とC（ピリミジン）の組み合わせで形成され，これらは**ワトソン-クリック塩基対**とよばれる（図2-6B）．AとTは2本，GとCは3本の**水素結合**で結ばれ，その結果，形成される塩基対は平板な分子構造をとる．これらの塩基対はらせん構造の軸に対してほぼ垂直に積み重なるように配置され，この積み重なりは塩基対間の静電相互作用や疎水的相互作用によって安定化されている．A・T塩基対とG・C塩基対は非常によく似た形をしているので（図2-7），二本鎖DNAは塩基配列とほぼ無関係に均質な構造をとり，全体としてきわめて対称性が高い．

上記の塩基対の組み合わせから，DNA中のAとTのモル数は等しく，GとCのモル数は等しいことが予想される．そのことを実験的に証明したのはエルヴィン・シャルガフであ

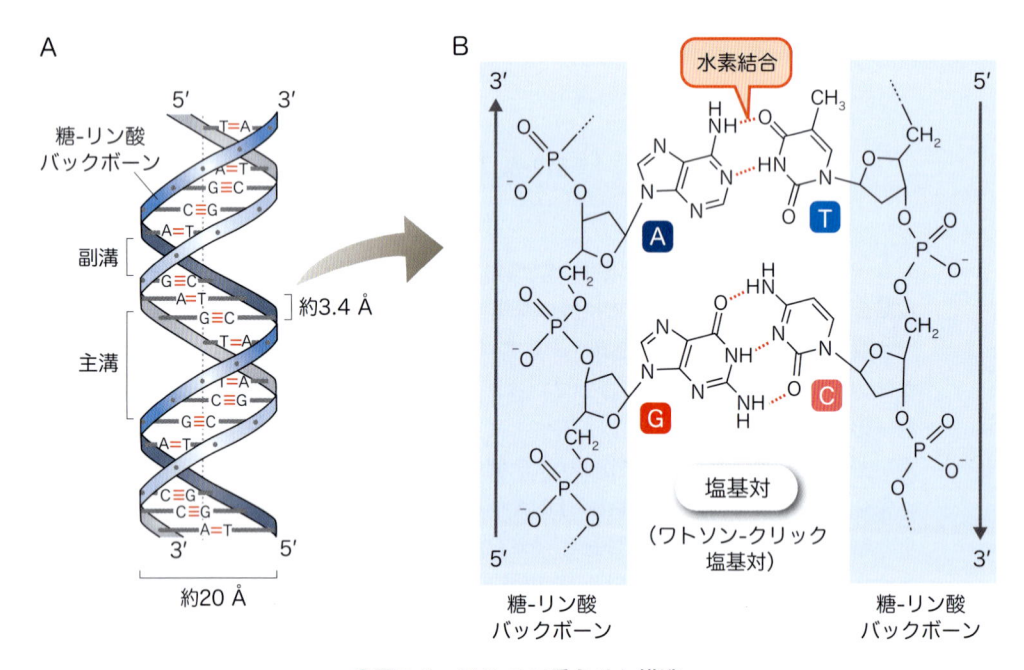

●図2-6　DNAの二重らせん構造

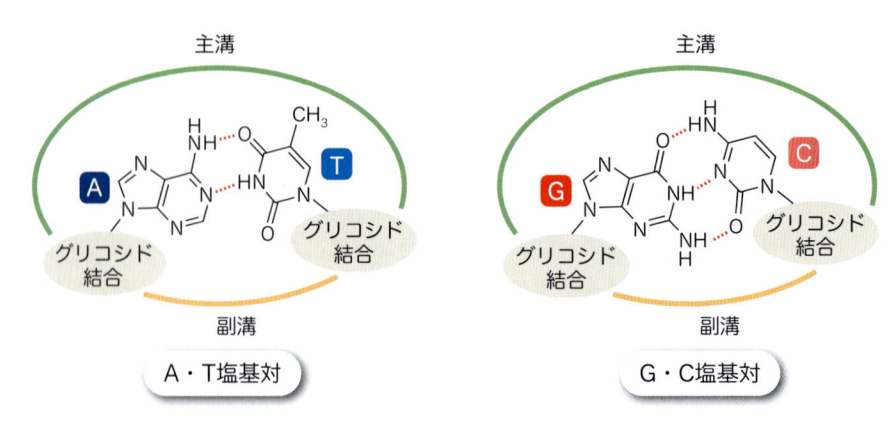

●図2-7　ワトソン-クリック塩基対

り，**シャルガフの法則**とよばれる．シャルガフはさまざまな生物種の塩基の組成を調べ，A，G，C，Tが25％ずつ存在しているわけでなく，AとTは等モル，CとGも等モル存在し，それらの比率は生物種ごとに異なっていることを明らかにした．1940年代になされたこの発見は，ワトソンとクリックに重要なヒントを与えることになった．なお，DNAを構成する塩基の組成はGC含量という値で表現される．

　二重らせん構造をもう少し詳しく説明すると，その直径は約20 Åであり，隣り合う塩基対の距離は約3.4 Åである（図2-6A）．右巻きのらせんは約10.5塩基対で1回転する．また，二重らせん構造の外周に位置する2本の糖−リン酸バックボーンの間には2本の「みぞ」が存在している．一方のみぞは広く（**主溝**），他方のみぞは狭い（**副溝**）．みぞの広さが異なるのは，塩基対と糖−リン酸バックボーンを結ぶ2本のグリコシド結合が塩基対の真横ではなく斜めの方向に伸びているからである（図2-7）．DNAの特異的塩基配列を認識して複製や転写を制御するタンパク質が数多く知られているが，これらのタンパク質の多くは二重らせん構造を壊すことなく，主溝の側からDNAに結合して，みぞの底にある塩基対を識別する．

・その他のDNA二重らせん構造

　ワトソンとクリックが明らかにした二重らせん構造は**B型DNA**ともよばれる．生理的な水溶液中では，ほとんどのDNAがB型の構造をとっているが，条件次第でDNAはこれ以外の構造をとりうることもわかっている．以下ではA型とZ型の構造を，B型と比較しつつ紹介する（図2-8）．

A型DNA	乾燥条件下，RNA-DNA鎖，二本鎖RNA
B型DNA	生理条件下では大部分
Z型DNA	GC繰り返し配列など

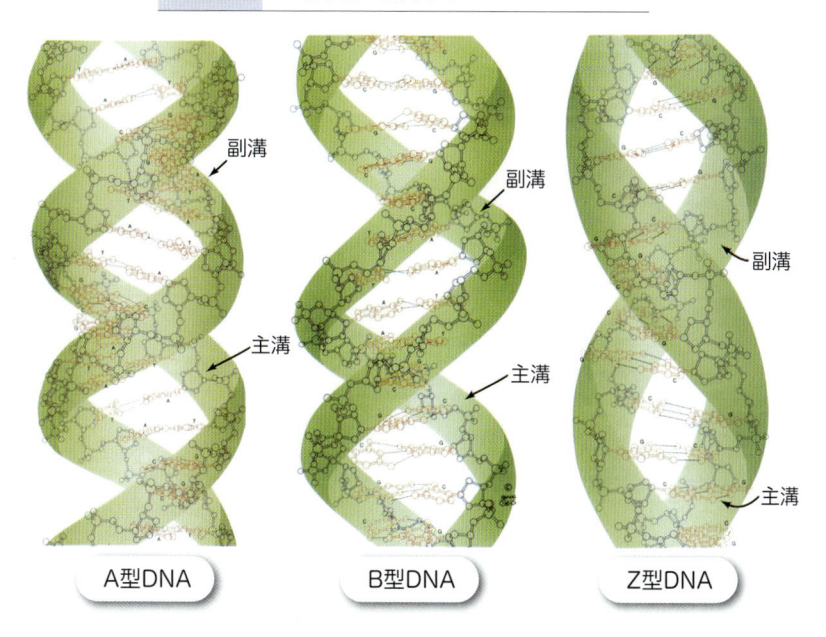

●図2-8　A型，B型，Z型DNAの構造
Illustration, Irving Geis. Image from Irving Geis Collection/Howard Hughes Medical Institute. Rights owned by HHMI. Not to be reproduced without permission.

A型DNAは，B型DNAが乾燥して水分量が減少したときに生じる構造である．二本鎖RNAもA型DNAに近い構造をとる．A型DNAはB型に似た右巻きのらせん構造だが，軸方向に少しつぶれた形をしており，隣り合う塩基対の距離は約2.4 Åである．また，B型DNAの塩基対がらせん構造の軸に対してほぼ垂直であるのに対して，A型DNAの塩基対は大きく傾いている．

Z型DNAは，プリン塩基とピリミジン塩基が交互に並んでいるような特殊な配列のDNAがとりうる構造である．Z型DNAはB型やA型と異なり，左巻きのらせん構造をしている．Z型DNAのZはジグザグの頭文字であり，名前のとおり，糖-リン酸バックボーンが1残基ずつジグザグに折れ曲がりながら左巻きのらせんを巻いている．

2-4 細胞内のDNAの特徴

細胞内のDNAは，塩基性の色素でよく染色されることから**染色体**ともよばれる．染色体全体を表す言葉として**ゲノム**がある．ゲノム (genome) とは，遺伝子 (gene) に「全体」を意味する接尾語 (-ome) が付いた言葉である．ゲノムの大きさは生物種ごとに決まっており，例えば大腸菌では約 4.6×10^6 塩基対である．ヒトのゲノムはそれよりもさらに650倍大きく，約 3.2×10^9 塩基対である．なお，細菌のゲノムの多くは二本鎖DNAの両末端が閉じて**環状**の形をしているのに対して，真核生物の核ゲノムは**直鎖状**である（図2-9）．

真核生物では，細胞の核内にゲノムの大部分が収納されているが，細胞内小器官のミトコンドリアや葉緑体（植物にのみ存在）にもゲノムの一部が存在している．これらの細胞内小器官は，真核生物の共通の祖先が呼吸や光合成の能力を有する細菌を細胞内に取り込

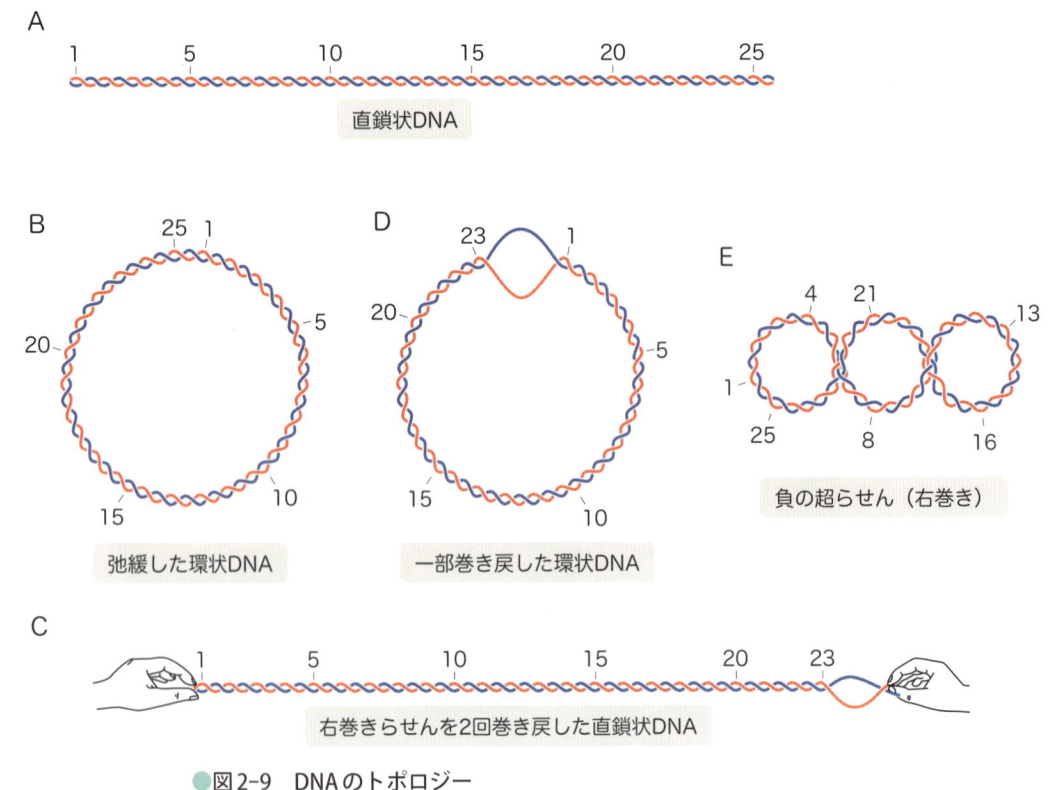

●図2-9 **DNAのトポロジー**
「ストライヤー基礎生化学」(Tymoczko JL, 他/著), 東京化学同人, 2010より引用

むことでできた，元は独立した微生物だったと考えられている（**細胞内共生説**⇒6, 7章）．その名残として，ミトコンドリアや葉緑体はそれぞれ独自のゲノムを有していると考えられる．ミトコンドリアや葉緑体のゲノムは細菌ゲノムと同様，環状である．

ゲノムDNAは巨大である．例えばヒトゲノムは23本の染色体からなるが，それらを1本につなげてピンと伸ばすと約1 mの長さになる．先に述べたように，隣り合う塩基対の距離は約3.4 Åなので，これにヒトゲノムの3.2×10^9塩基対を掛けると約1 mと求まる．このように長大なDNA分子が絡まったりせず，直径1.0×10^{-5} m程度の細胞の核内に収納されているのである．以下ではDNAがコンパクトに折りたたまれるしくみを説明する．

1) 超らせん構造

先に述べたように細菌の多くは環状のゲノムDNAを有しているが，こうした環状のDNAは**超らせん**（スーパーコイル）構造をとってコンパクトな形になりうる．話を単純化するため，25回巻き（およそ260塩基対に相当）のDNAを例に説明したい（図2-9）．（A）の直鎖状DNAの両末端をそのまま連結すると，（B）の弛緩した環状DNAになる．しかし，直鎖状DNAを何回か巻き戻したうえで両末端を連結すると（D）や（E）のようになる．なお，（D）と（E）は同一の分子である．二重らせんのDNAがさらに高次のらせんを巻くので，このような構造を超らせんとよぶ．（B）と（E）は切ってつなぎ直さない限り相互に入れ替わらないので異性体の一種であり，こうした関係にある異性体を**トポロジカル異性体**（トポアイソマー）とよぶ．図2-9のケースでは，2本のDNA鎖が絡み合った回数（リンキング数）が減少する方向に回転させたので，（E）の構造を特に負の超らせんとよぶ．逆方向に回転させれば，正の超らせんとなる．1つの環状DNA分子に対してトポロジカル異性体は多数存在するが，細胞内のゲノムDNAはほとんどの場合，負の超らせんを巻いてコンパクトな形状をしている．

細胞内には**トポイソメラーゼ**という酵素が存在し，DNAのトポロジー（位相）を制御している．トポイソメラーゼにはI型とII型がある．I型の酵素は超らせん構造のDNAに働いて，エネルギー的により安定な弛緩した状態へと変化させる．一方，II型の酵素は反対にATPをエネルギーに用いて，弛緩したDNAに超らせんを導入する．トポイソメラーゼは，DNAをコンパクトにするだけでなく，DNA上で起こる複製や転写などの反応にも重要な役割を果たしている（⇒10章）．一例をあげれば，トポイソメラーゼが働かないと環状のゲノムDNAは複製後，2本のDNA鎖が絡み合ったままで，娘細胞にそれらを分配することができない．

2) クロマチン構造

真核生物のゲノムは巨大なので，細菌のゲノムよりも一層圧縮して収納する必要がある．真核生物のゲノムDNAは細菌と同様，負の超らせん構造をとっている．真核生物のゲノムは直鎖状なので，よじれたりするのはおかしいと感じるかもしれないが，真核生物のゲノムは巨大なうえ，所々で細胞内の構造タンパク質としっかり結合しているため自由回転が妨げられており，環状DNAと同じく局所的にはさまざまなよじれが発生する．

真核細胞の核内には**ヒストン**というDNAを巻き取るタンパク質が大量に存在している．ヒストンのおかげで負の超らせんが高い密度で導入され，その結果，真核生物のゲノムDNAは非常にコンパクトな形状をとる．ヒストンは**コアヒストン**とよばれるH2A, H2B, H3, H4と**リンカーヒストン**とよばれるH1, 合わせて5種類のタンパク質からなる．コアヒストンのH2A, H2B, H3, H4は各2分子が集合してヒストン八量体を形成し，そこに

2章 核酸の構造と機能 51

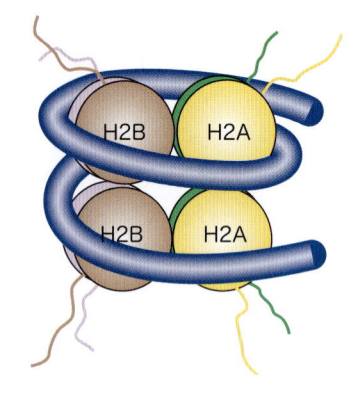

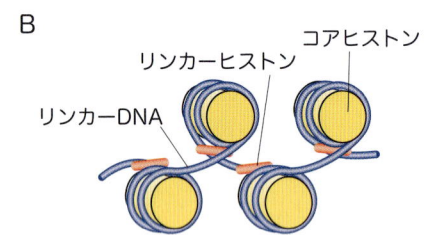

●図2-10　ヌクレオソーム構造
A）ヌクレオソームの模式的な構造を2つの角度から見た様子．コアヒストンH2A, H2B, H3, H4各2分子が集合した八量体の周りにDNAが約1.75回転巻き付く．B）クロマチンの「糸に通したビーズ」構造．リンカーヒストンH1は，ヌクレオソームに蓋をする格好でDNAに結合する

　146塩基対のDNAが左巻きに約1.75回巻き付く（図2-10）．この構造を**ヌクレオソーム**とよぶ．ヌクレオソームは大体一定の間隔でDNA上に形成され（約200塩基対に1つ），ヌクレオソームとヌクレオソームの間は50塩基対程度のリンカーDNAで結ばれる格好になる．リンカーDNAにリンカーヒストンH1が結合すると，ヌクレオソームの構造はさらに安定化される．ヌクレオソームが連続した**クロマチン**構造は何段階かの折りたたみによって，より高度に圧縮される（図2-11）．細胞周期の分裂期でみられる分裂期染色体は圧縮が最も進んだ状態であり，おなじみのX字型の染色体が光学顕微鏡でも観察できるほど太く圧縮されている．

2-5　遺伝物質としてのDNA

　DNAが遺伝物質であることが証明された経緯をここで紹介したい．子が親に似るという現象を，人々は太古の昔から経験的に知っていたはずだが，その現象に初めて科学的なメスを入れたのはグレゴール・ヨハン・メンデルである．メンデルは1865年，優性の法則，分離の法則，独立の法則の3つからなる**メンデルの法則**を発表した．メンデルの法則の最も重要な点は，粒子のように振る舞い，完全には混ざり合わない物質が遺伝を担っていることを明らかにしたことである．私たちは特定の性質（表現型）ごとに粒子状の遺伝物質を2つもっており，どちらか一方が両親から1つずつ子に受け継がれて子の表現型が決まる．

　この粒子状の物質に対して「遺伝子」という名前が1909年に与えられたが，その分子的実体は依然として不明だった．1928年，フレデリック・グリフィスは以下の実験を行った．肺炎球菌[※]には病原性をもたないR型と病原性をもつS型がある．R型の菌をマウスに投与しても，マウスは肺炎を発症しない．あらかじめ加熱殺菌したS型の菌を投与しても，

※ 高校教科書では肺炎双球菌になっているが，現在は肺炎球菌とよぶようになっている．

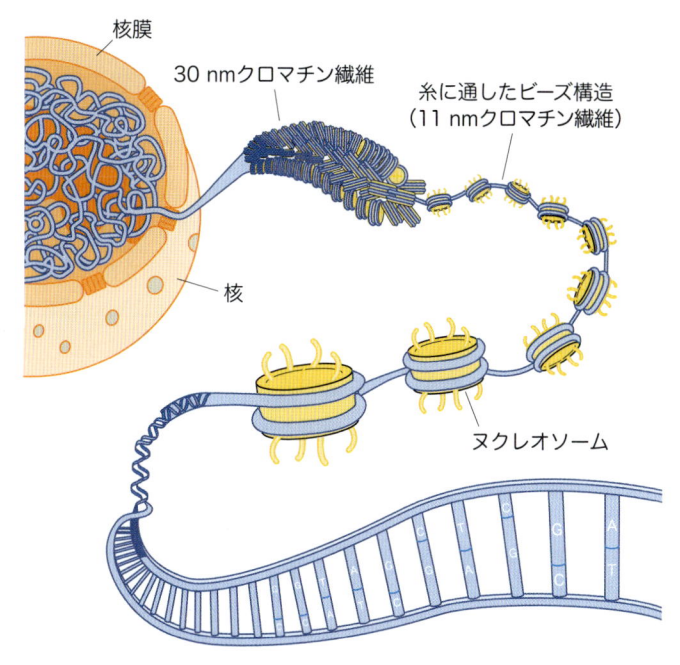

●図 2-11　階層的なクロマチン構造

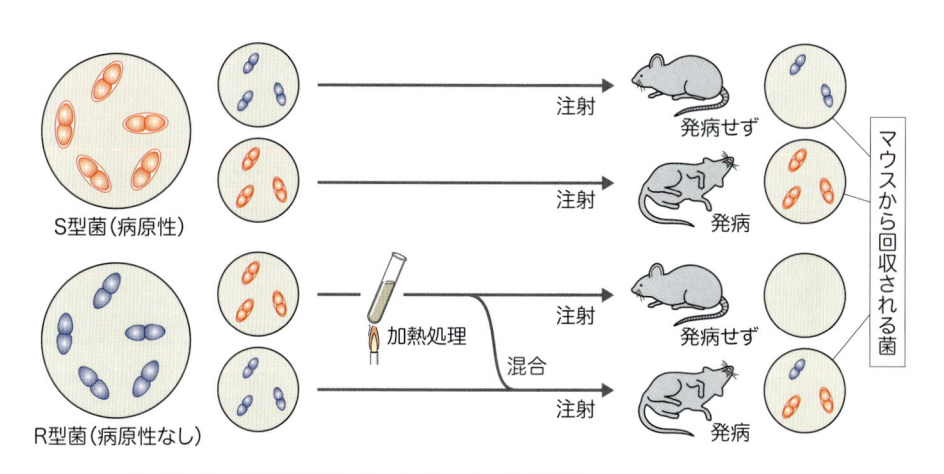

●図 2-12　肺炎球菌を用いたグリフィスの実験
「基礎から学ぶ生物学・細胞生物学 第 2 版」（和田 勝／著），羊土社，2011より引用

　やはりマウスは肺炎を発症しない．しかし驚くべきことに，両者を混ぜて投与するとマウスは肺炎を発症して死んでしまった．このことから，死んだS型菌に含まれていた遺伝物質がR型菌に移って，R型菌が病原性を獲得（形質転換）したことがわかった（図2-12）．この実験を引き継いだオズワルド・アベリーは，S型の死菌から病原性を与える成分が何であるかを突き止めようとし，1944年，それがDNAであると結論づけた．
　DNAが遺伝物質であることを決定づけたのは，1952年に発表されたアルフレッド・ハーシーとマーサ・チェイスの実験である．彼らはT2ファージという大腸菌に感染するウイルスの一種を利用した．T2ファージは細菌などに比べて非常に単純な構造をしており，外殻タンパク質と粒子内部のDNAが主な成分である．彼らはT2ファージのタンパク質とDNAを，放射性同位元素の^{35}Sと^{32}Pでそれぞれ標識し，これを大腸菌に感染させた．感染後に

新しくつくられたファージ粒子を調べたところ，子孫粒子は^{32}P標識DNAをもっていたが，^{35}S標識タンパク質はほとんどもっていなかった．この結果から，DNAが親から子へと継承される遺伝物質であることが強く示唆された．ワトソンとクリックが二重らせんを発表する1年前のことである．

　DNAが遺伝物質として働く秘密は，二本鎖DNAの**相補性**にある．つまり，Aの反対の位置には必ずTが入り，Tの反対の位置には必ずAが入るので，この相補性を利用すれば，塩基配列の情報を増幅することが理論上，簡単にできる．そのうえ，基本的に同一の配列情報が2本のDNA鎖に独立に保存されているので，DNAの損傷に対しても頑強だと考えられる．DNA複製やDNA修復のしくみは10章で説明するが，DNAの二重らせん構造を見ただけでそういった機能の本質まで読み取れてしまうところが，ワトソンとクリックの発見の偉大な点である．生命にとって不可欠な特徴の1つである自己複製（⇒序章）という役割を果たすうえで最適な構造をDNAは有していると言っても過言でないだろう．

2-6　RNAの種類，構造，機能

　細胞内にはさまざまな種類のRNAが存在している．主な成分として，量的に多い順に**リボソームRNA（rRNA）**，**転移RNA（tRNA）**，**メッセンジャーRNA（mRNA）**があり，これらは原核生物か真核生物かを問わず，すべての生物種に存在している．真核生物にはさらに低分子核内RNA（snRNA），低分子核小体RNA（snoRNA），マイクロRNA（miRNA）などといった種類のRNAも存在している．ほとんどすべてのRNAは転写という過程によってゲノムDNAの一部がコピーされてつくられる（⇒11章）．ただし，写し取られたRNA（一次転写産物）がそのまま機能を発揮することは少ない（例外は細菌のmRNA）．多くの場合，一次転写産物は**RNAプロセシング**という過程によって加工（切断や化学修飾）されて，機能を獲得する（⇒11章）．RNAプロセシングの帰結として，成熟RNA中にはA，G，C，U以外の特殊な塩基がかなり高い割合で含まれている．RNAの構造的な多様性がDNAに比べて高い点は特筆に値する．

　ここで代表的なRNAであるrRNA，tRNA，mRNAについて簡単に紹介しておこう．11章と12章で改めて詳しく説明するが，これらのRNA分子はいずれも**セントラルドグマ**の第2段階である翻訳にかかわっている．セントラルドグマとは，生命の設計図であるDNAと生命機能を担うタンパク質をつなぐ基本概念であり，1958年にクリックによって提唱された（図2-13）．セントラルドグマの第1段階でDNAからRNAがつくられ（転写），第2段階でRNAからタンパク質がつくられる（翻訳）．DNAとタンパク質の間を実際につなぐのはmRNAである．mRNA以外のRNA分子はタンパク質のアミノ酸配列の情報を含んでいないので，総称して**非コードRNA**ともよばれる．非コードRNAはどのような役割を果たしているのかというと，rRNAは**リボソーム**とよばれる巨大なリボヌクレオタンパク質複合体のRNA構成要素であり，翻訳反応の足場として機能している（⇒12章）．tRNAも

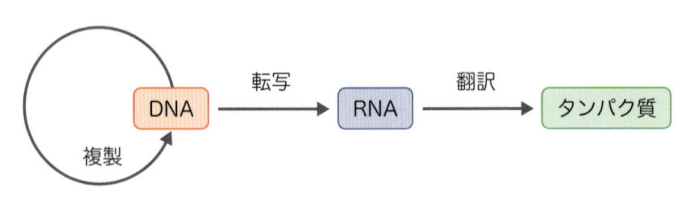

●図2-13　セントラルドグマ

翻訳のアダプター分子として重要な働きをしている．

通常，RNAは一本鎖RNAとして合成され，DNAの二重らせんのような標準的な構造をもたない．しかし，だからといって一本鎖RNAが不定形の構造をしているわけではなく，分子内で塩基対を形成して特定の立体構造をとる．つまり，RNAの立体構造は個々のRNAの塩基配列に依存しているのである．これは，タンパク質がアミノ酸配列によって規定された立体構造をとるのに似ている（⇒1章）．RNAの立体構造の例を1つあげると，tRNAは分子内で塩基対を形成してクローバーの葉に似た構造（クローバーリーフ構造）をとる（⇒図12-3）．ただしこれはtRNAの構造を二次元的に表現した場合の話であって，実際にはL字型のような構造をとっている．

RNA分子の中には酵素活性を有しているものもあり，リボザイム（RNAを意味する「リボ」と酵素を意味する「エンザイム」を組み合わせた言葉）とよばれている（⇒11章）．20種類のアミノ酸からなるタンパク質に比べて構造が単純なRNAは，タンパク質のような酵素活性をもてないと従来は考えられていたので，リボザイムの発見は大きな驚きをもって迎えられた．

2-7 核酸の研究方法

核酸もタンパク質と同様，電気泳動法を用いることで，長さに基づいて分離することができる．DNAやRNAは負電荷をたくさんもっているので，陰極から陽極に向かって電気泳動される．ただし，環状DNAの場合，移動度はトポロジーの影響を強く受ける．言い換えれば，同一の長さと配列をもつDNAのトポロジカル異性体を，電気泳動によって簡単に分離することができる．超らせんの環状DNAは弛緩した環状DNAよりもコンパクトな構造をとるので，より大きな移動度を示す．

二本鎖DNAの2本の鎖は水素結合などの弱い相互作用で結ばれているだけなので，これらの相互作用を壊せば2本の一本鎖DNAになる．これを**変性**といい，DNAを含む水溶液を100℃近くまで加熱したりpHを高めたりすると，二本鎖DNAは変性する．この過程は可逆的であり，温度をゆっくり下げていくと相補的な一本鎖DNAは再び二本鎖を形成する．これを**再生**もしくは**アニーリング**とよぶ．横軸に温度，縦軸に二本鎖DNAの割合をプロットするとシグモイド曲線が得られ，その変曲点，つまりDNAの50％が一本鎖DNAとなる温度を**融解温度**とよぶ（図2-14）．A・T塩基対よりもG・C塩基対の方が水素結合の数が1つ多いので，GC含量の高いDNAほど融解温度は高い．

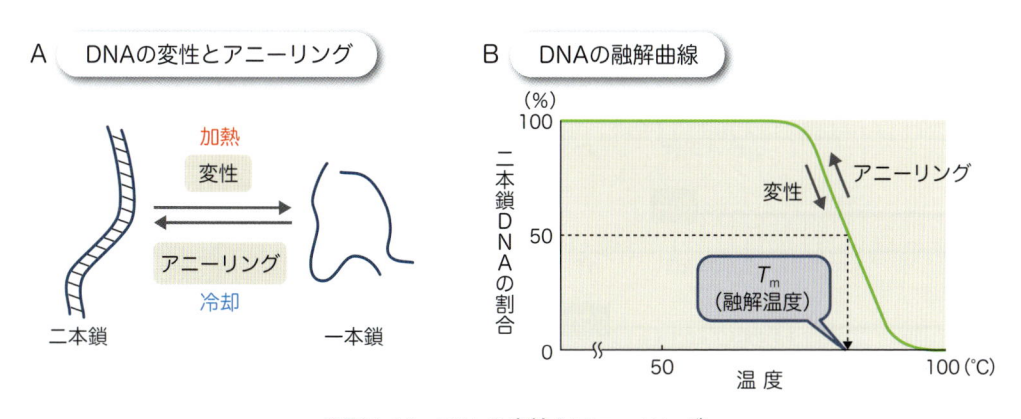

●図2-14　DNAの変性とアニーリング

核酸のこのような性質を利用して，特定の塩基配列を有する核酸を高感度に検出することができる．具体的には，標的の核酸に相補的な配列を有する放射性標識核酸（**プローブ**とよぶ）をサンプルと混ぜ，変性と再生を行うことで，標的の核酸を検出する．DNAを検出する方法を**サザン・ブロット法**，RNAを検出する方法を**ノーザン・ブロット法**とよぶ．また，特定の配列を有する微量のDNAを試験管内で大量に増幅させる**ポリメラーゼ連鎖反応（PCR）**も，DNAのこうした性質を利用している．

　最後にDNAの塩基配列の解析法を紹介したい．1977年にフレデリック・サンガーが開発した**サンガー法**が現在に至るまでよく用いられている．この方法では，DNAポリメラーゼという酵素を用いて，解析したいDNA配列に相補的なDNAを試験管内で合成する．DNAポリメラーゼは4種類のデオキシリボヌクレオシド三リン酸（dATP, dGTP, dCTP, dTTP：まとめてdNTPとよぶ）を基質に用いて，鋳型となる一本鎖DNAに相補的なDNAを5′→3′方向に合成する（⇒10章）．一本鎖の鋳型DNAと，その一部に相補的なオリゴヌクレオチド（15〜20塩基程度）をあらかじめアニーリングさせておくと，オリゴヌクレオチドがプライマー（開始剤の意）となってDNA合成が特定の位置から始まる（図2-15）．この反応にジデオキシリボヌクレオシド三リン酸（ddNTP）を少量加えるのがサンガー法のポイントである．ddNTPは，dNTPの3′-OH基が水素に置換されたヌクレオチドであり，チェーンターミネーターとして働く．つまり，合成途中のDNA鎖にddNTPが取り込まれると，3′-OH基がないため次のヌクレオチドを取り込むことができず，DNAの合成

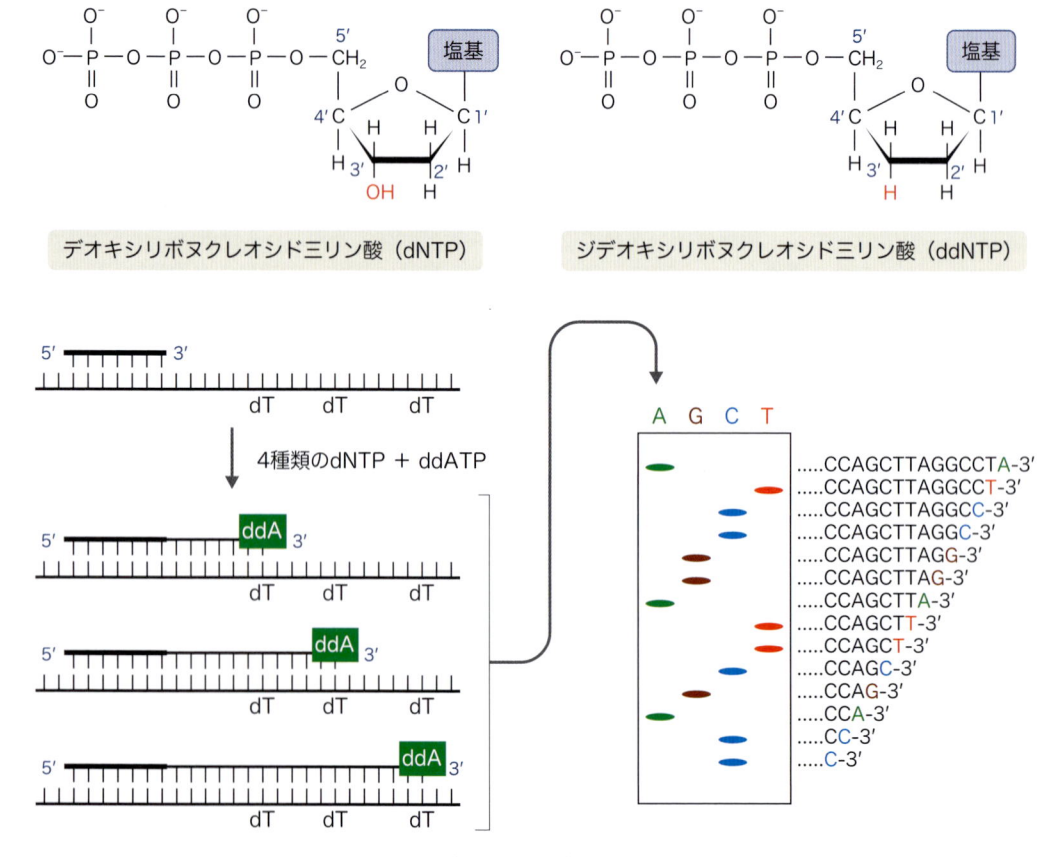

●図2-15　サンガー法に基づくDNA塩基配列決定法

がそこで止まってしまう．例えば少量のddATPが存在していると，dATPが入るべき位置にddATPがランダムに取り込まれ，その結果，アデニンの位置で停止したさまざまな長さのDNA断片が合成される．これをA，G，C，T，すべてについて行い，反応物を電気泳動にかけることで，塩基配列を解読することができる．

最近，ピロシークエンス法という新しい原理の塩基配列解析法が登場した．高度な解析装置（次世代シークエンサー）の開発もあいまって，ヒトゲノムを遥かに上回る分量の配列情報を一度の解析で得られるようになってきており，生命科学や医学に革命をもたらしている．

章末問題

➡ 解答は236ページ参照

問1 DNAとRNAの違いについて，構造面と機能面の両方から説明せよ．

問2 5′-ATGTTGGTGATACCCCCCGGACTGAGCGAG-3′の相補鎖を書け．ただし5′末端と3′末端を明示すること．

問3 トポイソメラーゼという酵素の分子レベルでの機能と，細胞レベルでの役割について説明せよ．

問4 ゲノムDNAを細胞内にコンパクトに収納するために真核生物のみがもっているしくみについて説明せよ．

問5 DNAの塩基配列を解析する実験方法の1つであるサンガー法の原理を説明せよ．

第Ⅰ部 生体分子の構造と機能

3章 単糖と多糖，脂質と膜

1章と2章では生体分子の主要な4つの構成要素のうちの2つ，タンパク質と核酸を学んだ．この章では残りの2つ，すなわち糖質と脂質を取り上げる．糖質や脂質というと，日々の生活では栄養やエネルギー源というイメージが強いだろう．その役割は確かに重要だが，これらの分子はそれ以外にも重要な役割を果たしている．本章では，糖質と脂質の構造と生体内での役割について順に見ていく．

3-1 糖質の構造と機能

糖質は自然界で最も多く存在する有機分子で，多くの糖質は $(CH_2O)_n$ という組成式で表すことができる．文字どおり「炭」「水」化物である．構造の基本単位を**単糖**とよび，単糖が共有結合でつながったものを**多糖**とよぶ．2つの単糖からなる多糖を**二糖**，3～20個程度のものを**オリゴ糖**とよぶこともある．単糖と多糖の関係は，アミノ酸とタンパク質の関係（⇒1章）や，ヌクレオチドと核酸の関係（⇒2章）と比較できる．しかし多糖の場合，単糖と単糖の間の結合様式が多数存在し，分枝をつくるので，構造的な多様性が高い．このことは，糖質が生体内でさまざまな役割を果たすことと関係していると考えられる．

1）単糖の構造

単糖は，2個以上のヒドロキシ基をもつアルデヒドまたはケトンと定義され，その構造によって図3-1のように分類される．アルデヒド基をもつものを**アルドース**，ケトン基をもつものを**ケトース**とよぶ．最も小さい単糖はグリセルアルデヒドとジヒドロキシアセトンで，いずれも3つの炭素からなるのでトリオース（三炭糖）に分類される．同様に4～7個の炭素で構成される糖を，テトロース（四炭糖），ペントース（五炭糖），ヘキソース（六炭糖），ヘプトース（七炭糖）とよぶ．

糖には多くの異性体が存在している．例えばグルコース，フルクトース，ガラクトース，マンノースは，すべて $C_6H_{12}O_6$ という分子式で表される異性体である．分子内のヒドロキシ基がどちらの方向に伸びているか，というたったそれだけの違いで糖の種類が異なるので注意が必要である．以下では構造異性体と立体異性体について，それぞれ説明する（図3-2）．

構造異性体は，同一の分子式で表されるが，原子の結合関係が異なるものを指す．例えば前述したトリオースであるグリセルアルデヒドとジヒドロキシアセトンはどちらも $C_3H_6O_3$ で表されるが，分子構造は全く異なっている（図3-2）．一方，**立体異性体**は，原子の結合関係は同じだが空間的な配置が異なり，どうやっても重ね合わせられないものを指す．ほぼすべての糖は不斉炭素（4種の異なる原子または置換基と結合している炭素）をもっているが，不斉炭素は2通りの立体構造をとりうるので，例えば4つの不斉炭素をもつ糖な

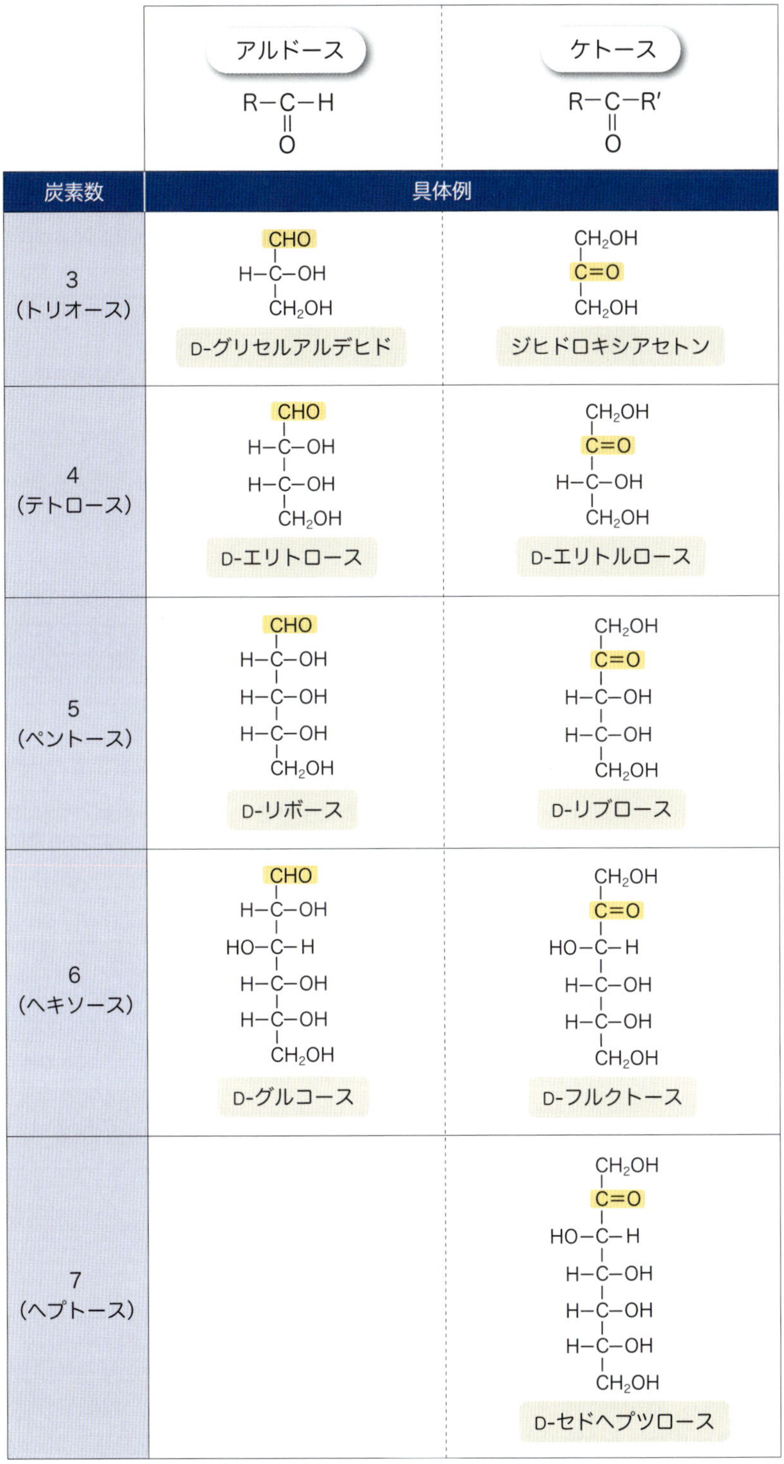

	アルドース R−C−H ‖ O	ケトース R−C−R′ ‖ O
炭素数	具体例	
3 (トリオース)	CHO H−C−OH CH₂OH D-グリセルアルデヒド	CH₂OH C=O CH₂OH ジヒドロキシアセトン
4 (テトロース)	CHO H−C−OH H−C−OH CH₂OH D-エリトロース	CH₂OH C=O H−C−OH CH₂OH D-エリトルロース
5 (ペントース)	CHO H−C−OH H−C−OH H−C−OH CH₂OH D-リボース	CH₂OH C=O H−C−OH H−C−OH CH₂OH D-リブロース
6 (ヘキソース)	CHO H−C−OH HO−C−H H−C−OH H−C−OH CH₂OH D-グルコース	CH₂OH C=O HO−C−H H−C−OH H−C−OH CH₂OH D-フルクトース
7 (ヘプトース)		CH₂OH C=O HO−C−H H−C−OH H−C−OH H−C−OH CH₂OH D-セドヘプツロース

●図3-1　単糖の例

らば理論上，$2^4 = 16$ 種類もの立体異性体が存在することになる．これらの立体異性体は，さらに細かく鏡像異性体（エナンチオマー），ジアステレオマー，エピマー，アノマー等に分けることができる（図3-2）．

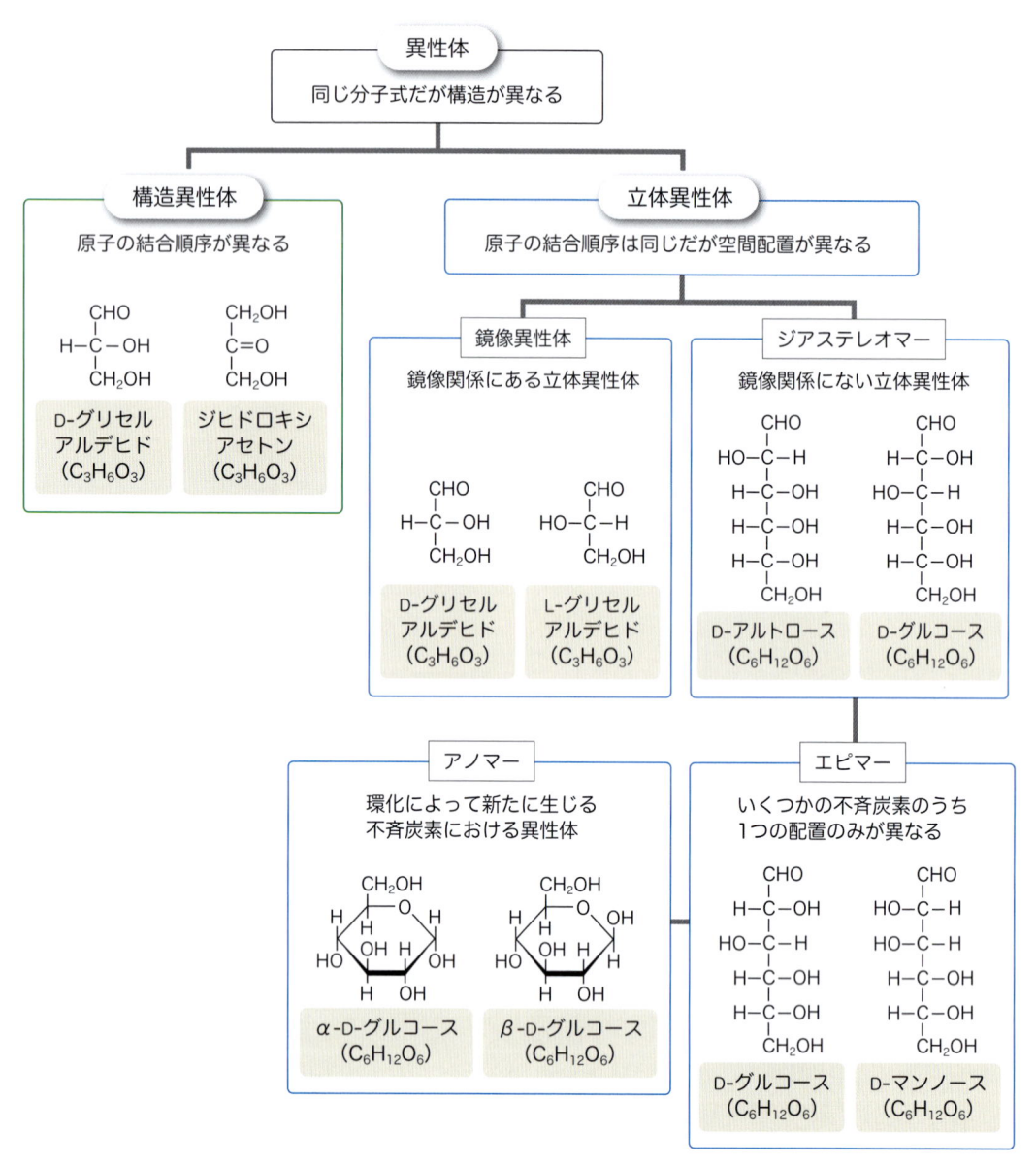

●図3-2 単糖の異性体の種類
四角内にはそれぞれの異性体の例を示している.「ストライヤー基礎生化学」(Tymoczko JL, 他/著), 東京化学同人, 2010を参考に作成

　　鏡像異性体は，立体異性体のうち互いに鏡像の関係にあるものを指し，必ずペアで存在する．糖がもつ不斉炭素がすべて反転したような異性体が，鏡像異性体になる．糖の鏡像異性体は，化学でよく用いられるRS表記法ではなくDL表記法を用いて，D体，L体とよんで区別するのが一般的である．DL表記法は最も単純な糖であるグリセルアルデヒドを基準とし，図3-3のようにグリセルアルデヒドのD体とL体を定義する．他の糖についてはアルデヒド基やケトン基から最も離れた不斉炭素に注目し，その部分がグリセルアルデヒドのD体とL体，どちらの立体配置と同じかによって決定する．天然に存在する糖の大部分はD体である．
　　鏡像異性体以外の立体異性体はすべて**ジアステレオマー**とよばれる．以下で紹介するエ

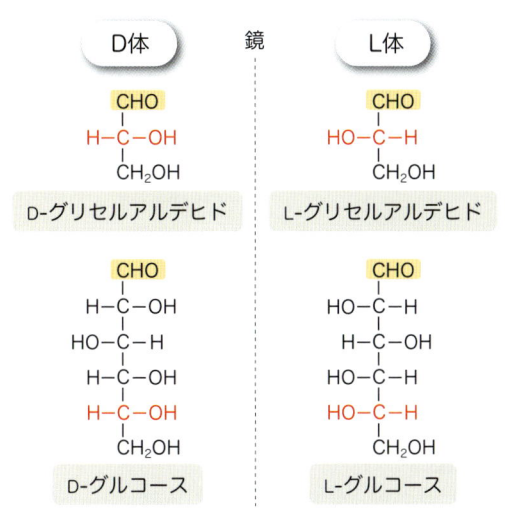

●図3-3 DL表記法

●図3-4 単糖の鎖状構造と環状構造

　ピマーやアノマーもジアステレオマーの一種である．**エピマー**は，いくつかある不斉炭素のうち1つだけが反転したような関係にある異性体を指す．例えばD-グルコースとD-マンノースはエピマーの関係にあり，2位の炭素だけが異なっている（図3-2）．
　アノマーはエピマーの一種であり，糖に固有な異性体である．糖の多くは水溶液中で鎖状構造と環状構造という2つの状態をとり，両者の間を行き来するが（後述），環化に関与する炭素原子（アルデヒド基やケトン基に含まれる炭素）は環化によって新たに不斉炭素となる．つまり，環化の仕方によって2種類の異性体が生じるのである．これらの異性体をアノマーとよび，新たに不斉炭素となる炭素を特に**アノマー炭素**とよぶ．アノマー炭素に結合したヒドロキシ基が環平面の下側にあるものを**α体**，上側にあるものを**β体**とよんで区別する（図3-4）．

3章　単糖と多糖，脂質と膜　61

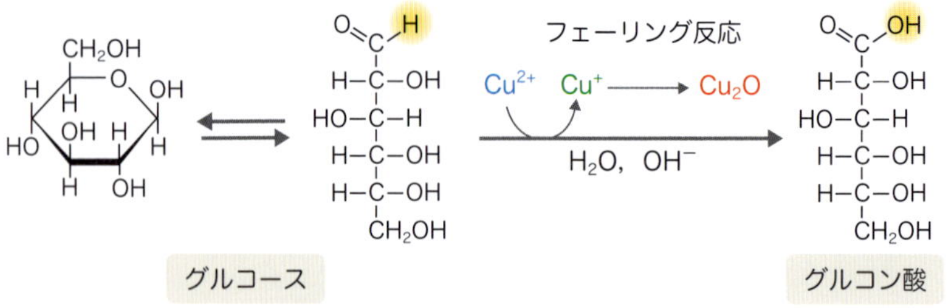

●図3-5　グルコースの還元性
グルコースのアルデヒド基と2価の銅イオンが酸化還元反応を起こして，グルコン酸と酸化銅（Ⅰ）の赤色沈殿が生じる

2）単糖の反応性

　多糖の説明に移る前に，単糖がかかわる諸反応——単糖の環化，還元性，単糖同士の結合，糖の誘導体化——について確認しておこう．

　先ほど述べたように，糖の多くはアルデヒド基やケトン基が分子内のヒドロキシ基と反応して環状構造を形成する（図3-4）．鎖状構造と環状構造（α体とβ体）は水溶液中で平衡状態にある．ただし，その平衡は環状構造の方に大きく偏っており，例えばグルコースの場合，鎖状構造は1％未満であり，1/3が環状構造のα体，2/3がβ体である．

　グルコースのようなアルドースの場合，このように微量ながら存在する鎖状構造が遊離のアルデヒド基をもつため，還元性を示す．そのため，フェーリング試薬を用いてグルコースを検出することができる（図3-5）．このように還元性を示す糖を**還元糖**といい，示さない糖を**非還元糖**という．ケトースの一部も，特定の条件下ではアルドースに異性化して還元性を示すことがあるので，アルドースやケトースが還元糖や非還元糖とそれぞれ完全にイコールなわけではない．

　糖にはヒドロキシ基が多数存在するが，アノマー炭素から伸びたヒドロキシ基は特に反応性が高く，他の糖のヒドロキシ基と脱水縮合する．この**グリコシド結合**を介して複数の単糖が結びつき，多糖になる．

　アノマー炭素以外のヒドロキシ基も反応性が高く，グルコースやガラクトースといった単糖からさまざまな誘導体がつくられる．例えばリボース（ペントースの一種）の2位の炭素に付いたOHは酵素によってHに変換されてデオキシリボースに変わるが（⇒9章），前章で述べたように，これらはRNAとDNAの構成要素として働いている．糖のヒドロキシ基がアミノ基に置換された，いわゆる**アミノ糖**も多量に存在し，生物学的に重要な働きをしている．例えば，グルコースの2位のヒドロキシ基がアミノ基に変わるとグルコサミンになり，このアミノ基がさらにアセチル化されるとN-アセチルグルコサミンになる（図3-6）．N-アセチルグルコサミンやN-アセチルガラクトサミンは，細菌の細胞壁や昆虫・甲殻類の外骨格の主成分として働いたり，糖タンパク質として細胞表面に提示される等，多様な機能を果たしている（後述）．

3）多糖の構造と機能

　最も単純な多糖は，単糖が2つ結合した**二糖**である（図3-7）．二糖の代表例はスクロース，すなわち砂糖で，これはグルコースとフルクトースのアノマー炭素同士が結合したものである．グリコシド結合の様式を表現するのに α（1→2）β結合（スクロースの場合），β（1→4）結合（ラクトースの場合），α（1→4）結合（マルトースの場合）といった表

●図3-6　糖の誘導体

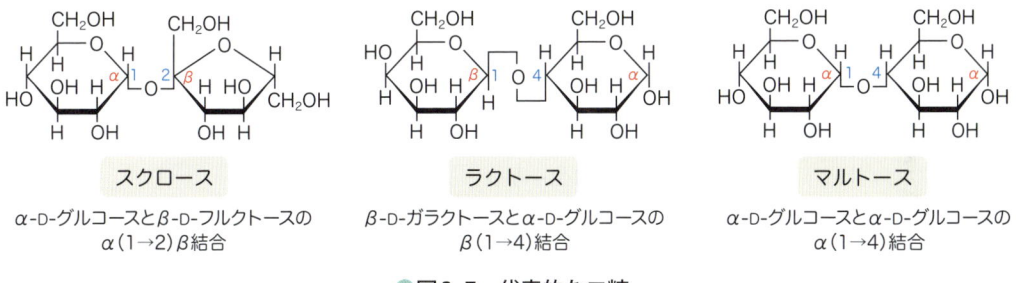

●図3-7　代表的な二糖

記法が用いられる．矢印の左側はアノマー炭素のアノマー型と炭素番号を表し，矢印の右側は反応相手のヒドロキシ基の炭素番号を表している．スクロースのようにアノマー炭素同士が結合する場合は，矢印の右側にもアノマー型が明記される．

　多糖が生体内で果たす機能として，エネルギーを貯蔵する役割と，生体の構造維持に果たす役割の2つを以下で見ていく．

　エネルギーを貯蔵する物質として，**グリコーゲン**（動物）と**デンプン**（植物）が有名である（図3-8）．グリコーゲンは分枝をもったグルコースの重合体である．グルコースは，α（1→4）グリコシド結合によって直鎖状に重合し，さらに約10グルコースに1カ所の割合でα（1→6）グリコシド結合も形成して，そこで分枝する．一方，デンプンはグリコーゲン同様，グルコースからなる重合体だが，デンプン中にはα（1→4）グリコシド結合のみからなる分枝のない**アミロース**と，グリコーゲンのように分枝を有する**アミロペクチン**という2種類の分子があり，それらの混合物として存在している．なお，グリコーゲンやデンプンのように1種類の単糖のみからなる多糖を**ホモ多糖**とよび，2種類以上からなるものを**ヘテロ多糖**とよぶ．グリコーゲンの生合成と代謝については5章で改めて説明する．

　多糖が生体の構造維持に用いられる例として，**セルロース**と**キチン**の2つを紹介したい（図3-9）．セルロースは植物の細胞壁や繊維の主成分であり，おそらく地球上に最も多量に存在する炭水化物である．セルロースもまたグルコースのホモ多糖だが，グリコーゲンやデンプンとは異なりβ（1→4）グリコシド結合によって重合し，分枝をもたない．このように，セルロースは，グリコーゲンやデンプンとはグリコシド結合の種類が異なるだけである．しかし物性は大きく異なっており，セルロースは水に溶けず，強固な構造をもつ．このように物性が異なる理由は，α（1→4）結合したグリコーゲンやデンプンの分子がら

3章　単糖と多糖，脂質と膜　63

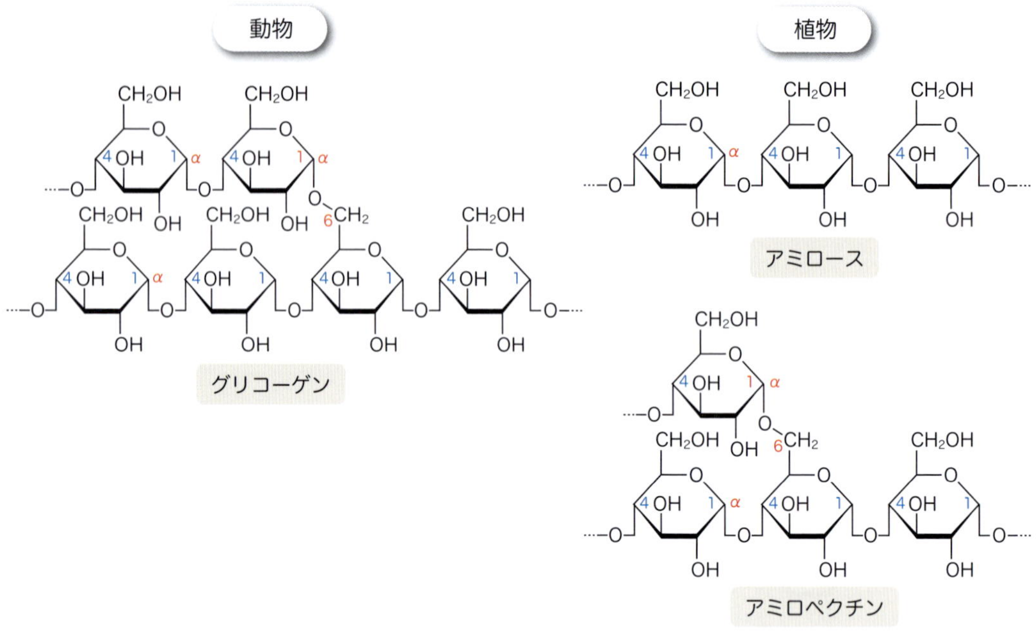

●図3-8 グリコーゲンとデンプンの構造

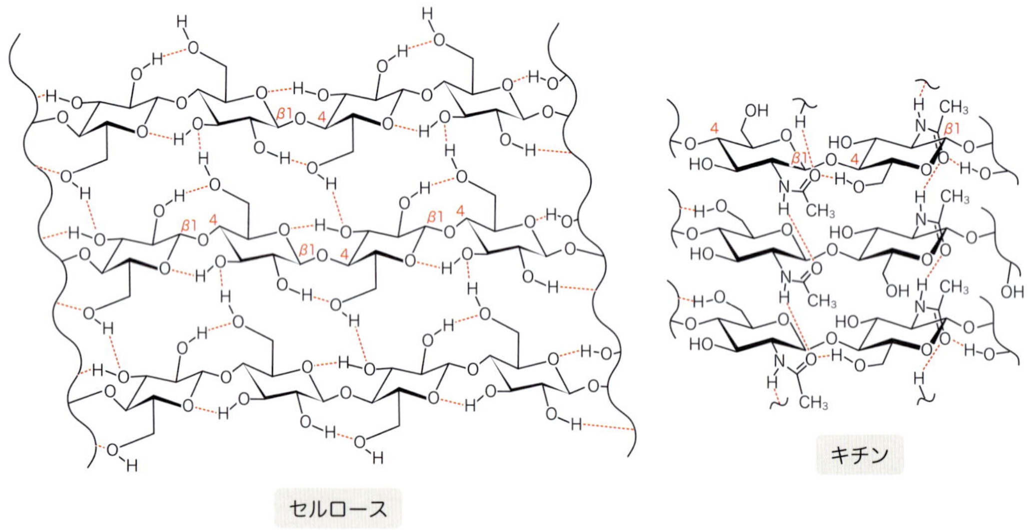

●図3-9 セルロースとキチンの構造
赤の破線は水素結合を表す．Kameda T, et al：Macromol Biosci, 5：103-106, 2005 を参考に作成

せん状の構造をとるのに対して，β(1→4) 結合したセルロース分子は伸びた直鎖状の構造をとり，平行に並んだ分子間がヒドロキシ基を介した多数の水素結合によって安定化されるからである（図3-9）．

キチンは昆虫や甲殻類等の外骨格の主成分であり，やはり地球上に多量に存在している．キチンは，N-アセチルグルコサミンがセルロースのようにβ(1→4) グリコシド結合してできた分子である．N-アセチルグルコサミンはグルコースの2位のヒドロキシ基がアセト

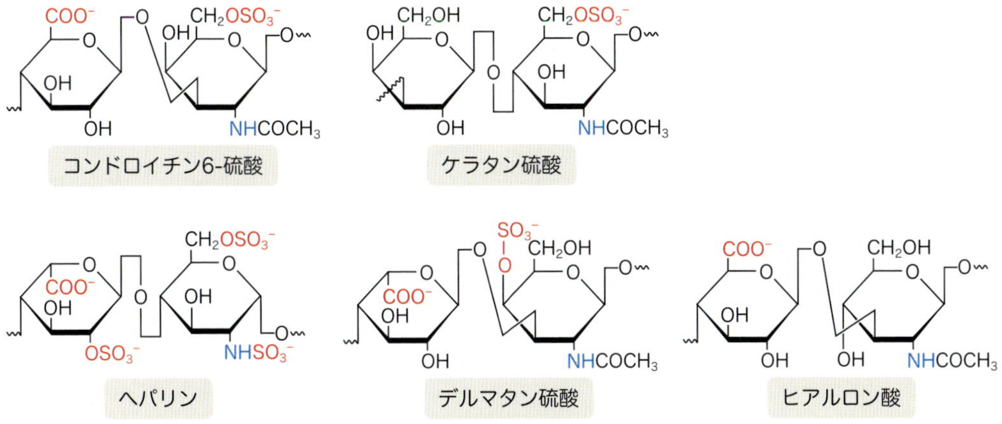

●図3-10　グリコサミノグリカンの構造
塩基性のアミノ基が青で，酸性の硫酸基やカルボキシ基が赤で示されている

アミド基に置き換わったものなので（図3-6），キチンは構造的にセルロースと大変よく似ている．この置換基があることで，隣接する分子間の水素結合が強まり，その結果，キチンはセルロース以上の強度と柔軟性を示す．

その他の多糖として**グリコサミノグリカン**も紹介しておこう．グリコサミノグリカンはヘパリン，コンドロイチン硫酸，ケラタン硫酸，ヒアルロン酸等からなる多糖の総称であり，動物の結合組織をはじめさまざまな組織に存在している（図3-10）．これらの多糖に共通した特徴として，2種類の単糖が交互に並んだ分枝のない構造をしており，多数の硫酸基やカルボキシ基をもっている．そのため，グリコサミノグリカンは強く負に荷電しており，大量の水と結合して粘液状の構造をとる．グリコサミノグリカンは皮膚や軟骨のような組織に保水性やクッション性を与えたり，関節の滑液に潤滑性を与える働きをしている．グリコサミノグリカンの大部分はタンパク質と共有結合して，**プロテオグリカン**とよばれる糖タンパク質の状態で働いている（後述）．

4）糖タンパク質

多くの糖はタンパク質と共有結合した**糖タンパク質**の状態で存在している．糖タンパク質を構成する糖とタンパク質の比率は種類によってさまざまであり，大部分が糖のものから大部分がタンパク質のものまである．

前述したプロテオグリカンは，重量の90％以上が糖からなる糖タンパク質であり，コアタンパク質とよばれるタンパク質1分子に対して多数のグリコサミノグリカン分子が共有結合してできる．

ペプチドグリカンは，プロテオグリカンと似た名前だが別種のものであり，細菌の細胞壁を構成している．ペプチドグリカンは，N-アセチルグルコサミンとN-アセチルムラミン酸が交互に$\beta(1\rightarrow 4)$結合した多糖と数アミノ酸のペプチドからなっており，多糖の間をペプチドが架橋して網目状の構造をとる．抗生物質のペニシリンは，この架橋反応を触媒するβ-ラクタマーゼという酵素を阻害することで細胞壁の合成を阻害し，細菌の増殖を阻止する．

翻訳されたタンパク質に対する糖鎖の付加は，真核生物では一般的な翻訳後修飾の一種であり，細胞表面に提示される膜タンパク質や細胞外に分泌されるタンパク質の大部分は

3章　単糖と多糖，脂質と膜

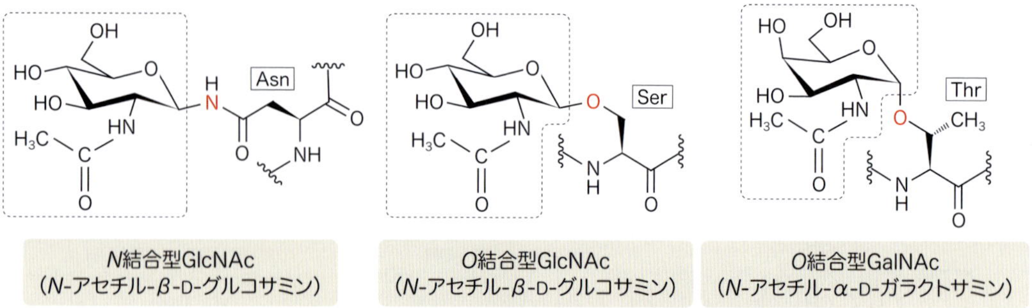

●図3-11　N結合型およびO結合型の糖鎖付加
糖の構造を破線で示している

N結合型GlcNAc
(N-アセチル-β-D-グルコサミン)

O結合型GlcNAc
(N-アセチル-β-D-グルコサミン)

O結合型GalNAc
(N-アセチル-α-D-ガラクトサミン)

糖鎖付加を受ける(⇒12章).このような細胞膜上の糖タンパク質は,細胞間のコミュニケーションや認識,抗原性などに関与している(p.66コラム参照).多くの場合,付加される糖鎖は数個から10数個程度の単糖からなるオリゴ糖であり,タンパク質に対する糖の割合(重量比)は小さい.

糖が結合するタンパク質の部位は厳密に決まっており,アスパラギン,セリン,トレオニンいずれかの側鎖と結合することが多い(図3-11).アスパラギンの場合,アミドの窒素と結合するのでN結合型の糖鎖,セリンやトレオニンの場合,ヒドロキシ基の酸素と結合するのでO結合型の糖鎖とそれぞれよばれる.糖鎖付加の詳細は12章で改めて説明する.

Column　ABO血液型と糖鎖

献血や輸血といった医療面から,根拠のない性格診断まで,ABO血液型は私たちにとって身近な存在だが,これは赤血球の細胞表面に存在するオリゴ糖鎖の違いを表している(コラム図3-1).O型抗原とよばれる糖鎖構造が基本形として存在し,そのガラクトース(Gal)にN-アセチルガラクトサミン(GalNAc)が付加されるとA型抗原に,ガラクトースが付加されるとB型抗原になる.前者の反応を触媒するA型の糖転移酵素,後者の反応を触媒するB型の酵素,そして機能をもたないO型の酵素が存在し,私たちはそれらのいずれかを両親から1つずつ受け継いでいる.例えば,A型酵素とO型酵素を受け継いだ人の細胞内ではA型酵素のみが働いてA型抗原をつくるので,血液型はA型となる.

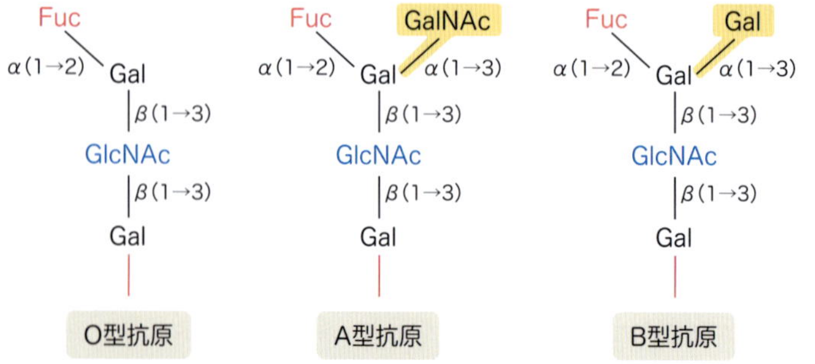

●コラム図3-1　血液型を決める糖鎖構造
Fuc:フコース,Gal:ガラクトース,GlcNAc:N-アセチルグルコサミン,GalNAc:N-アセチルガラクトサミン

3-2 脂質の構造と機能

ここからは本章で取り上げるもう1つの生体分子——脂質の説明に移りたい．脂質は水に溶けず有機溶媒によく溶ける分子と定義することができるが，生体内では一口に説明できないほどさまざまな役割を果たしている．ここでは脂質を，脂肪酸，トリアシルグリセロール，リン脂質と糖脂質，ステロイドに分けて紹介していく．脂質の生合成と分解については8章で改めて説明する．

1) 脂肪酸

脂肪酸は以下で紹介するトリアシルグリセロール，リン脂質，糖脂質の主要な構成成分として働いており，生体内でエネルギー源として用いられるほか，生体膜の成分としても重要である．

脂肪酸は長い炭化水素鎖の末端にカルボキシ基を有する化合物である．炭化水素鎖の炭素数は12～24個であることが多い（表3-1）．炭化水素鎖の中に二重結合を含む脂肪酸も存在しており，二重結合をもつ脂肪酸を**不飽和脂肪酸**，単結合のみで構成される脂肪酸を**飽和脂肪酸**とよぶ．炭化水素鎖の長さと不飽和度（二重結合の多さ）は脂肪酸の物性と深く関係している．すなわち炭化水素鎖が短いほど，そして不飽和度が高いほど脂肪酸の融点が下がり，液体の状態をとりやすくなる．身近な例をあげると，バターやラードは冷蔵庫や室温では固体であり，温めると液体になる．動物性脂肪は不飽和度が低いため，植物性のサラダ油などと比べて融点が高く，固化しやすい性質をもっているのである．このように，脂肪酸の物性の違いが，脂肪酸からつくられる脂質や生体膜の性質の違いとなって現れてくる．

2) トリアシルグリセロール

脂肪酸はエネルギー源として重要だが，強く荷電されているため，大量に貯蔵するには不向きである．そのためエネルギー貯蔵には，脂肪酸3分子をグリセロール1分子とエス

●表3-1 自然界にみられる動物の脂肪酸

炭素の数	二重結合の数	慣用名	体系名	構造式
12	0	ラウリン酸	n-ドデカン酸	$CH_3(CH_2)_{10}COO^-$
14	0	ミリスチン酸	n-テトラデカン酸	$CH_3(CH_2)_{12}COO^-$
16	0	パルミチン酸	n-ヘキサデカン酸	$CH_3(CH_2)_{14}COO^-$
18	0	ステアリン酸	n-オクタデカン酸	$CH_3(CH_2)_{16}COO^-$
20	0	アラキジン酸	n-エイコサン酸	$CH_3(CH_2)_{18}COO^-$
22	0	ベヘン酸	n-ドコサン酸	$CH_3(CH_2)_{20}COO^-$
24	0	リグノセリン酸	n-テトラコサン酸	$CH_3(CH_2)_{22}COO^-$
16	1	パルミトレイン酸	cis-Δ^9-ヘキサデセン酸	$CH_3(CH_2)_5CH=CH(CH_2)_7COO^-$
18	1	オレイン酸	cis-Δ^9-オクタデセン酸	$CH_3(CH_2)_7CH=CH(CH_2)_7COO^-$
18	2	リノール酸	cis, cis-Δ^9, Δ^{12}-オクタデカジエン酸	$CH_3(CH_2)_4(CH=CHCH_2)_2(CH_2)_6COO^-$
18	3	リノレン酸	全cis-$\Delta^9, \Delta^{12}, \Delta^{15}$-オクタデカトリエン酸	$CH_3CH_2(CH=CHCH_2)_3(CH_2)_6COO^-$
20	4	アラキドン酸	全cis-$\Delta^5, \Delta^8, \Delta^{11}, \Delta^{14}$-エイコサテトラエン酸	$CH_3(CH_2)_4(CH=CHCH_2)_4(CH_2)_2COO^-$

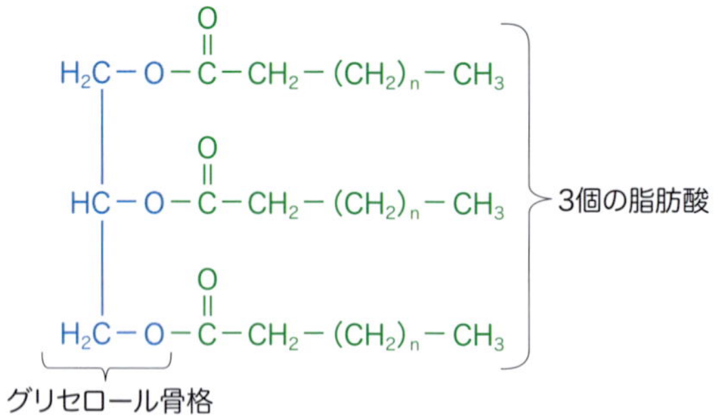

●図3-12　トリアシルグリセロールの構造

テル結合させた**トリアシルグリセロール**が代わりに用いられる（図3-12）．エネルギーを蓄える生体高分子と言えば，先に紹介したグリコーゲンやデンプンもそうだが，これらの糖質は親水性なので大量に水和した状態で存在するのに対し，トリアシルグリセロールは疎水性なので無水の状態で油滴として存在する．そのため，トリアシルグリセロールの方が効率よくエネルギーを貯蔵することができる．

3）リン脂質と糖脂質

トリアシルグリセロールがエネルギー源として働いているのに対して，構造的に類似したリン脂質や糖脂質は主に生体膜の構成成分として働いている．

リン脂質はグリセロールもしくはスフィンゴシンを基本骨格としてもち，その骨格に脂肪酸とリン酸，さらにリン酸を介して極性分子が付加された化合物である（図3-13A, D）．グリセロール骨格をもつものを**グリセロリン脂質**，スフィンゴシン骨格をもつものを**スフィンゴリン脂質**とよぶ．

グリセロリン脂質の構造をもう少し詳しく見ていくと，グリセロールがもつ3つのヒドロキシ基のうち2つに脂肪酸がエステル結合し，長鎖の炭化水素からなる疎水的な「尾部」を形づくる．グリセロールのもう1つのヒドロキシ基にはリン酸がエステル結合する．このように脂肪酸2つとリン酸が付加されたものが**ホスファチジン酸**であり，脂質合成の重要な中間体である（図3-13B）．ホスファチジン酸のリン酸基には，さらにセリン，コリン，エタノールアミン，イノシトールといった極性分子がヒドロキシ基を介してエステル結合し，ホスファチジルセリン，ホスファチジルコリン，ホスファチジルエタノールアミン，ホスファチジルイノシトールといったグリセロリン脂質になる（図3-13C）．このリン酸基と極性分子団が親水的な「頭部」を形づくる．

スフィンゴリン脂質の構造について，代表的なスフィンゴミエリンを例に説明しよう．スフィンゴシン骨格のアミノ基に脂肪酸がアミド結合すると，セラミドという化合物になる（図3-13E）．そしてセラミドのヒドロキシ基にさらにリン酸とコリンが付加されると，スフィンゴミエリンになる（図3-13E）．スフィンゴシンにはもともと長鎖の炭化水素が含まれるので，スフィンゴリン脂質は2本の炭化水素鎖と1つの極性分子団をもっているとみなすことができ，その点でスフィンゴリン脂質とグリセロリン脂質はよく似ている．なお，スフィンゴミエリンは，神経細胞の軸索を覆うミエリン鞘の構成成分として知られている．

一方，**糖脂質**はその名のとおり糖が結合した脂質である．動物細胞の糖脂質はスフィンゴシン骨格をもっており，スフィンゴシン骨格のヒドロキシ基にリン酸ではなく糖が結合

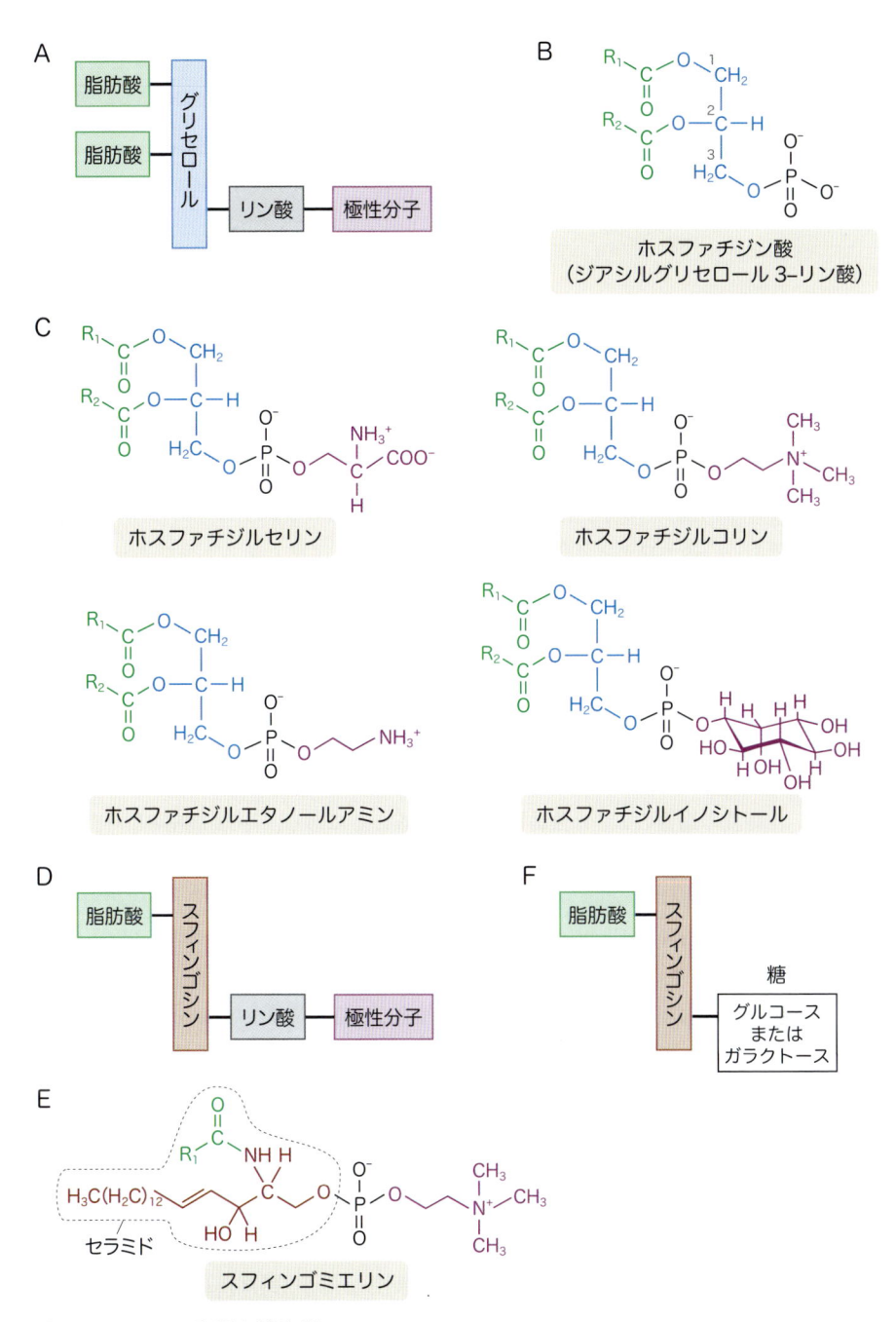

●図3-13 リン脂質と糖脂質
A) グリセロリン脂質の基本構造，B) ホスファチジン酸，C) グリセロリン脂質の例，D) スフィンゴリン脂質の基本構造，E) スフィンゴリン脂質の例，F) 糖脂質の一種，セレブロシドの基本構造．A, D, F の色と構造式の色は対応している．R₁やR₂は炭化水素鎖を表している．「ストライヤー基礎生化学」(Tymoczko JL, 他/著)，東京化学同人，2010を参考に作成

している．最も単純な糖脂質は，セラミドにグルコースやガラクトースが1つ結合したもので，**セレブロシド**とよばれる（図3-13F）．単糖ではなくオリゴ糖などが結合した分子は**ガングリオシド**とよばれる．細胞膜上において，糖脂質の糖鎖部分は細胞の外側を向くように配向しており，細胞表面に提示された糖鎖は細胞認識などに関与している．

3章 単糖と多糖，脂質と膜　69

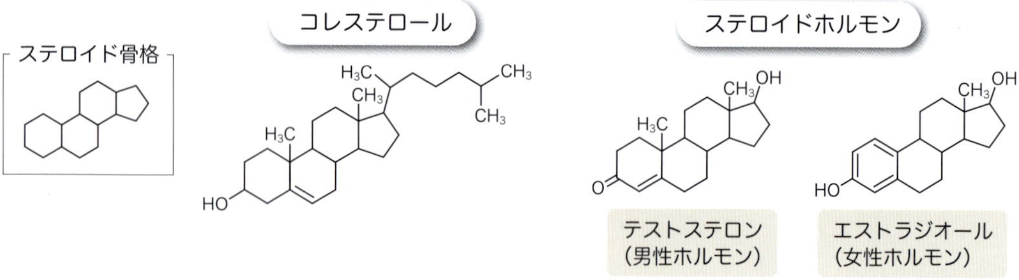

●図3-14　ステロイドの構造

4) ステロイド

ステロイドは，他の脂質とは異なり，ステロイド骨格とよばれる特徴的な四環構造をもっている（図3-14）．代表的なステロイドである**コレステロール**は生体膜の重要な構成成分である．ステロイドは他にも，性ホルモンとして働くエストラジオールやテストステロン，副腎皮質ホルモンとして炎症反応にかかわるコルチゾン，胆汁に含まれ脂質の消化にかかわる胆汁酸などが存在しており，生体内でのステロイドの機能は多岐にわたっている（⇒8，13章）．

3-3　生体膜の構造と機能

　脂質の働きの1つは**生体膜**を形成することである．序章で指摘したように，生命の第一の定義は自己と外界を区分する構造をもつことであり，そうした生命の根幹にかかわる役割を生体膜は担っている．生体膜は本質的に不透過性であり，外界の物質が勝手に細胞内に侵入したり，細胞内の物質が漏れ出たりしないようになっている．とは言うものの，生命が生きていくためには有用な物質を取り込み，逆に不要な物質を排出する必要がある．そうした物質輸送を行うしくみを**膜輸送**とよび，そのおかげで細胞膜は選択的透過性を有している．さらに，細胞膜は外界とコミュニケーションする窓口としても重要であり，外界の情報を感知し，細胞内に伝達するしくみをもっている．生体膜のこうしたさまざまな特徴について，以下に順に見ていく．

1) 生体膜の構造

　生体膜の主成分はリン脂質と糖脂質である．先に述べたように，リン脂質や糖脂質は疎水性の炭化水素鎖（尾部）と親水性の極性分子団（頭部）を合わせもつ両親媒性分子であり，水溶液中では尾部同士が疎水効果とファンデルワールス力で集まり，親水性の頭部が水と接するように配向する．その結果，脂質は球状か膜状の構造をとる．前者を**ミセル**（図3-15A）といい，後者は脂質が二重の層をつくるので**脂質二重層**（図3-15B）という．脂質二重層の内部は疎水的なので，イオンや極性分子はほとんど透過することができない．
　しかし，生体膜は脂質だけで構成されるわけではなく，脂質二重層の中には多数のタンパク質が埋め込まれている．**膜タンパク質**は，膜との相互作用の様式によって膜内在性タンパク質（膜内タンパク質）と膜表在性タンパク質（膜面タンパク質）の2種類に分類することができる（図3-15B）．前者は膜と強固に結合して，膜なしでは安定に存在しえないタンパク質であり，図3-15Bのように膜を貫通しているものが多い．一方，後者は比較的容易に膜から解離させられるものであり，膜表面と弱く相互作用している．膜内在性タン

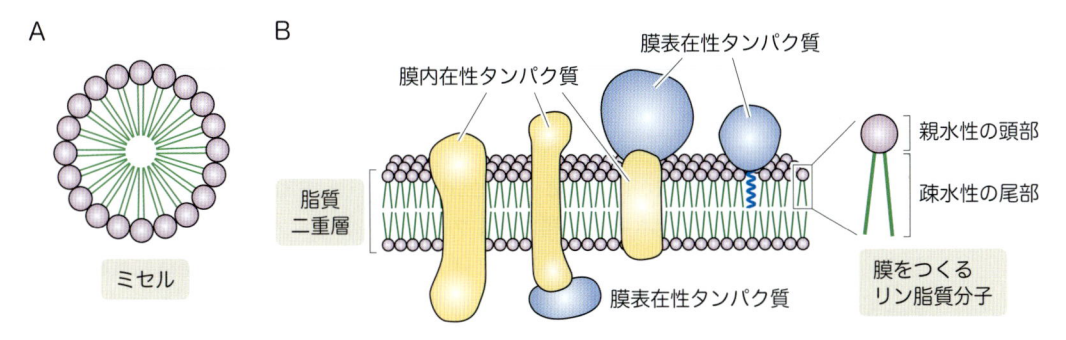

●図3-15　生体膜の構造
「ストライヤー基礎生化学」(Tymoczko JL, 他/著), 東京化学同人, 2010を参考に作成

パク質は両親媒性であり，膜に埋まっている部分は疎水性のアミノ酸残基を表面に多くもつのに対して，膜外に出ている部分は親水性である．

膜タンパク質の種類は生体膜の種類によって大きく異なっている．真核細胞では核，小胞体，ゴルジ体，ミトコンドリア，葉緑体，リソソームといった細胞内小器官がすべて独自の脂質二重層をもっており，細胞膜以外にも多くの膜系が存在している．これらの膜系には全く異なるセットの膜タンパク質が存在しており，それぞれの細胞内小器官に固有の機能を与えている．例えば，ミトコンドリアの内膜には電子伝達・酸化的リン酸化にかかわる酵素複合体が存在し，ATPの合成を担っているし（⇒6章），小胞体にはトランスロコンやシグナル認識粒子という膜タンパク質が存在し，タンパク質の翻訳を助けている（⇒12章）．また，核膜には核膜孔複合体というタンパク質でできた孔が空いており，細胞質－核間の物質輸送を制御している．

細胞膜に存在する膜タンパク質は，接着分子として細胞間の認識・接着に関与したり，チャネルやポンプとして物質の膜輸送を担ったり，細胞外の分子（増殖因子，ホルモン，異物など）を認識して細胞内にシグナルを伝達する役割を果たしたりする．細胞膜上に発現するタンパク質は組織や細胞によって異なり，そのことが細胞種ごとの働きの違いに寄与している．

2）生体膜の動態

生体膜の動態はFRAP（蛍光退色回復法）という技術で調べることができるが，その解析から，生体膜を構成する脂質分子は水平方向にすばやく動いて，液体のように振る舞うことがわかっている．この動きを**側方拡散**とよぶ（図3-16）．一方，膜タンパク質は，脂質と同程度の速度で移動するものもあれば，ほとんど動かないものもある．これは一部の膜タンパク質が細胞骨格や細胞外マトリックスとよばれる構造によって固定されているためである．

脂質分子は膜の反対側の面に移動することもあり，**横断拡散**または**フリップ・フロップ**とよばれる（図3-16）．しかし，この動きは側方拡散と比べるときわめて遅く，めったに起こらない．極性の頭部が炭化水素の層を通過しなければならないからである．このことと一致して，生体膜を構成する脂質の組成は，膜の2つの面でかなり異なっている．例えば動物の細胞膜に注目すると，ホスファチジルコリンやスフィンゴミエリン，糖脂質は細胞の外側の面に多く存在しているのに対して，ホスファチジルセリン，ホスファチジルエタノールアミン，ホスファチジルイノシトールは細胞質の側に多く含まれている．

こうした生体膜の動きと深く関係するのが，膜の流動性である．膜の流動性は温度によって大きく変化する．脂質膜には固有の**相転移温度**があり，その温度以上では液状だが，その温度以下ではゲル状になって流動性がなくなる．膜の相転移温度は，膜を構成する脂質の組成により決まっている．p.67で説明した脂肪酸の融点と同じく，脂質の炭化水素鎖が短いほど，そして不飽和度が高いほど膜の流動性は上がり，相転移温度は下がる．そうなる理由を考察すると，炭化水素鎖の間に働くファンデルワールス力が膜の「固さ」に寄与しており，炭化水素鎖が短いほど膜の流動性は上がる．また，炭化水素鎖に二重結合が含まれていると，炭化水素鎖がジグザグに折れ曲がって，分子間の密な相互作用が起こりにくくなり，膜の流動性は上がる．コレステロールも生体膜に含まれているが，コレステロールの分子構造は他の脂質と大きく異なるので，膜の流動性に強く影響する．

いずれにせよ，膜の流動性は生命活動に重要なので，膜の相転移温度が体温や環境温度よりも低くなるよう脂質の組成は調節されている（p.73 コラム参照）．

3）膜輸送

脂質膜は物質移動のバリアとして働くので，膜の両側にはしばしば物質の濃度差が生じる．この物質がイオンの場合は，膜の両側にさらに電位差（膜電位）が生じる．膜の両側にイオンの濃度差が存在するときのエネルギーの大きさを**電気化学ポテンシャル**とよび，以下の式で表すことができる．

$$\Delta G_A = RT \ln \frac{[A]_{in}}{[A]_{out}} + Z_A \cdot F \Delta \Psi$$

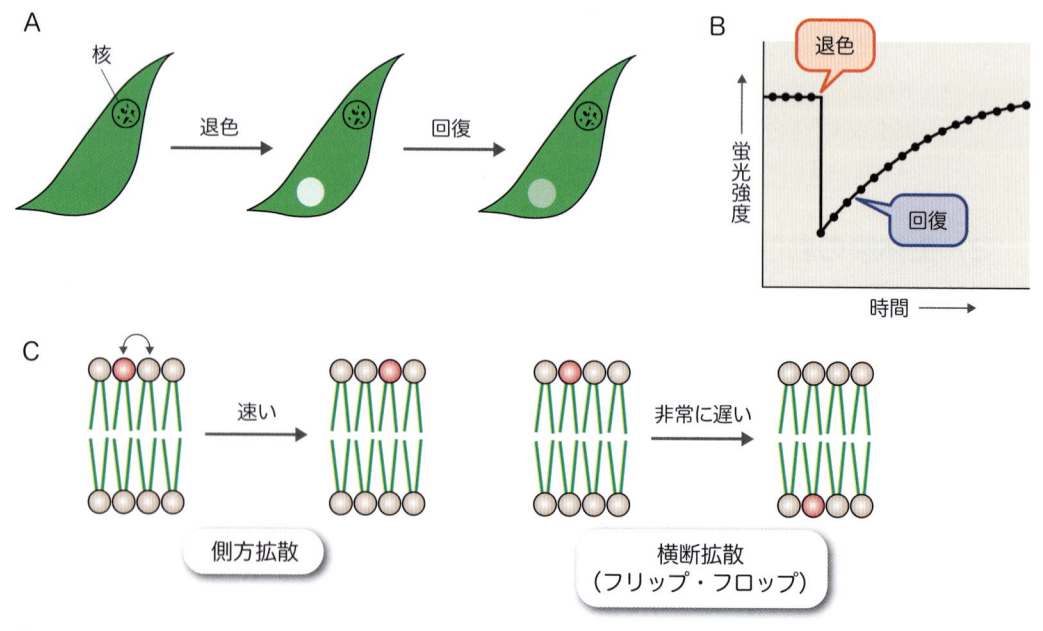

● 図3-16　生体膜の動態

A) FRAP法による細胞膜の動態解析．細胞膜の成分を蛍光標識（緑）した細胞の一部にレーザーを照射して蛍光を退色させた後，蛍光の回復の時間変化を追跡する．B) Aを定量した結果．蛍光強度の時間変化は膜の流動性を表している．C) 側方拡散と横断拡散．赤い脂質分子の動きに注目．「ストライヤー基礎生化学」（Tymoczko JL，他/著），東京化学同人，2010を参考に作成

Rは気体定数，Tは絶対温度，$[A]_{in}$と$[A]_{out}$は膜の内外における物質Aの濃度，Z_Aは物質Aの電荷，Fはファラデー定数，$\Delta\Psi$は膜電位である．右辺の第1項は物質Aの濃度差による化学ポテンシャルを表し，第2項は膜電位の寄与を表している．もし物質Aが膜を透過できたら，電気化学ポテンシャルが解消される方向，つまり高濃度側から低濃度側に向かって自発的に移動するはずである．

脂質膜は基本的にイオンや極性分子をほとんど通さないが，脂質二重層の疎水部分に溶け込める親油性の物質（例えばステロイドホルモン）は膜を自由に通過できる．CO_2やO_2のようなガスも同様である．このような膜輸送のしくみを**単純拡散**とよぶ．一方，膜を通過できないはずのイオンや極性分子の中にも，特異的な輸送タンパク質の助けを借りて膜を通過できるものが存在する．このような膜輸送を**仲介輸送**とよぶ（図3-17）．

仲介輸送はさらに**受動輸送**と**能動輸送**の2つに分けることができる．受動輸送は，物質が輸送タンパク質の助けを借りて高濃度側から低濃度側に輸送されることを指す．一方，能動輸送では逆に，物質が低濃度側から高濃度側に輸送される．輸送タンパク質がエネルギーを消費しつつ，物質を濃度勾配に逆らって輸送するのである．以下では，受動輸送と能動輸送の例をいくつか簡単に紹介する．

Column 古細菌のエーテル型脂質

本章では脂肪酸がグリセロールにエステル結合したグリセロリン脂質のみを取り扱っているが，これには例外がある．古細菌では，長い炭化水素鎖をもったアルコールがグリセロールにエーテル結合したエーテル型脂質が膜の構成成分として働いている（コラム図3-2A）．些細な違いにも見えるが，これは古細菌のユニークな進化的位置づけを示す証拠の1つとみなされている（⇒序章）．脂質の結合様式がこのように異なるのは，温泉のような高温環境下でも膜構造が壊れず生育できるよう古細菌が進化した結果だと考えられる（エーテル結合の方がエステル結合よりも熱安定性が高い）．古細菌の細胞膜には，さらにテトラエーテル型の脂質も存在している．この脂質は，2つの脂質分子が炭化水素鎖のところで架橋されたような特殊な構造をしており，2つの頭部をもつので，1分子で二重層をつくることができる（コラム図3-2B）．したがって，テトラエーテル型脂質を多く含む膜は熱安定性が非常に高い．膜は生命にとって欠かせない存在なので，生育温度の異なる生物は異なる戦略を用いて膜の構造を維持しているのである．

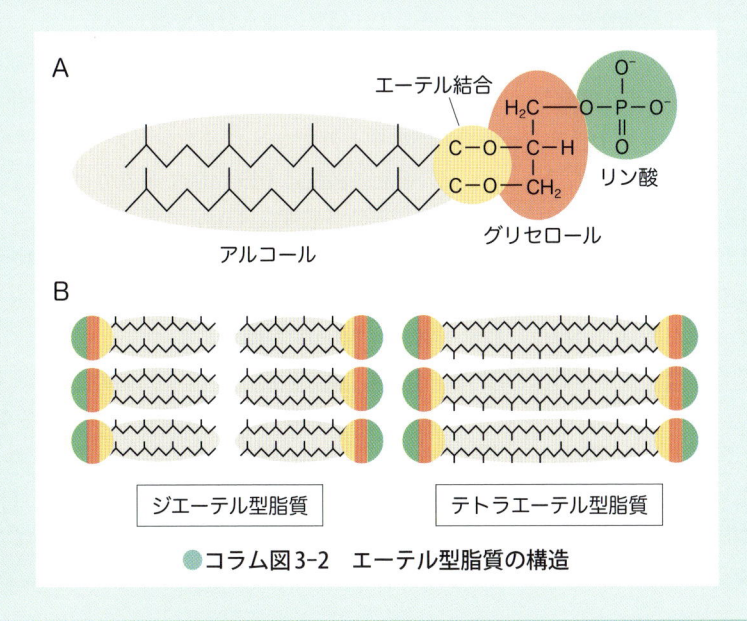

●コラム図3-2　エーテル型脂質の構造

3章　単糖と多糖，脂質と膜

| 単純拡散 | 自発的な移動による膜の通過 |

| 仲介輸送 | 輸送タンパク質の力を借りた膜の通過 | { | 受動輸送 | 高濃度側から低濃度側への輸送 |
| | | | 能動輸送 | 低濃度側から高濃度側への輸送 |

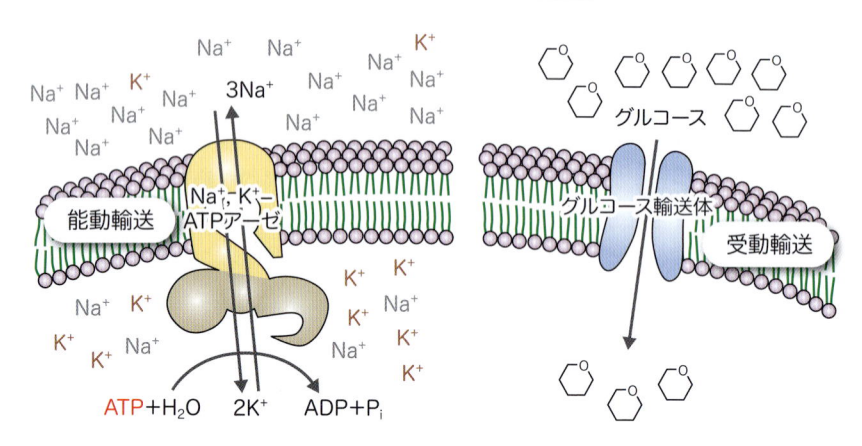

●図3-17　受動輸送と能動輸送の例

P_i：無機リン酸.「ストライヤー基礎生化学」(Tymoczko JL, 他/著), 東京化学同人, 2010を参考に作成

　まず，受動輸送の例としてグルコース輸送体（GLUT）を取り上げたい（図3-17右）．GLUTはさまざまな細胞種の細胞膜に存在する膜貫通タンパク質であり，細胞内へのグルコースの取り込みに関与している．GLUTをもたない合成脂質膜と赤血球の細胞膜を用いてグルコースの取り込みを比較すると，後者の方が5桁以上効率よくグルコースを取り込むことが示されている．食後に血糖値が上がった際に，血液から細胞にグルコースを取り込むのにGLUTは関与している．

　次に，能動輸送の例としてNa$^+$/K$^+$-ATPアーゼ（Na$^+$/K$^+$ポンプ）を取り上げる（図3-17左）．これも細胞膜に存在する膜貫通タンパク質の一種であり，ATP（⇒5章）を加水分解する酵素活性をもっている．そして，ATPの加水分解で得られるエネルギーを使って，細胞内のNa$^+$イオンを細胞外に汲み出すと同時に，細胞外のK$^+$イオンを細胞内に運び込む．この酵素は，細胞がつくり出す全ATPのなんと数十％を消費してこの作業を行っていると言われており，そのせいで細胞の中と外ではNa$^+$イオンとK$^+$イオンの濃度が大きく異なっている．通常，Na$^+$イオンの細胞外濃度は145 mMであるのに対して，細胞内濃度は12 mMである．一方，K$^+$イオンの細胞外濃度は4 mMであるのに対して，細胞内濃度は139 mMである．さらに，この酵素はATP 1分子につきNa$^+$イオン3個を汲み出すと同時にK$^+$イオン2個を運び込むので，電気的な不均衡も生じて**膜電位**が発生する．細胞外を基準とした細胞内の電位は通常−80〜−60 mV程度である．

　こうしたイオンの濃度勾配や膜電位は，細胞の諸活動に欠かせない．例えば，神経細胞（ニューロン）が神経パルスを伝達する過程には，電位依存性のNa$^+$チャネルとK$^+$チャネル（Na$^+$/K$^+$-ATPアーゼとは異なる）が重要な働きをしている．詳細は省くが，通常閉じているNa$^+$チャネルやK$^+$チャネルが一時的に開いて，Na$^+$イオンやK$^+$イオンの濃度勾配が局所的に解消されると，膜電位も通常の負の値（静止電位）から大きく変化して，いわゆる活動電位が生じる．

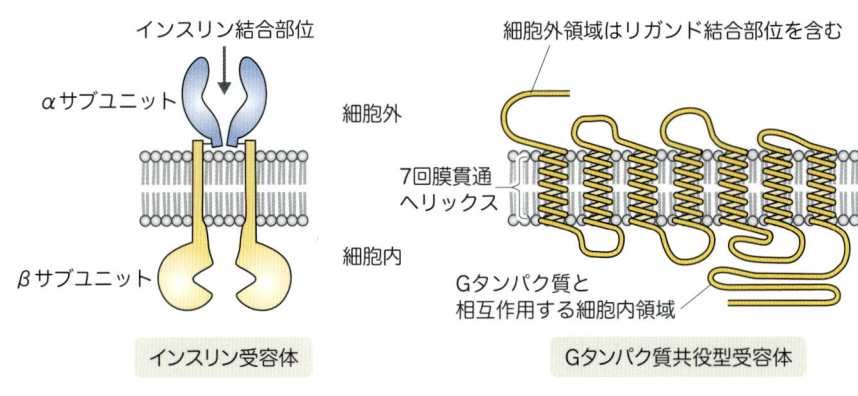

●図3-18　シグナル伝達にかかわる受容体タンパク質の例

4）シグナル伝達

　生体膜に存在する**受容体タンパク質（レセプター）**は，細胞外の情報を細胞内に伝達する役割を担っている（図3-18）．受容体タンパク質は膜貫通タンパク質であり，細胞外ドメイン（細胞外に突き出た部分）にホルモンや成長因子などの**シグナル分子（リガンド）**が結合すると，受容体タンパク質の構造が変化する．そして，その情報が受容体タンパク質の細胞内ドメインを通して細胞内に伝達される．受容体タンパク質のあるものは，細胞内ドメインが他のタンパク質をリン酸化する酵素として働き，リン酸化によって情報を伝える．また，ある場合は，受容体タンパク質の活性化が細胞内のサイクリック AMP（cAMP）や Ca^{2+} イオンの濃度変化を引き起こす．cAMP や Ca^{2+} イオンは細胞内シグナル分子（**セカンドメッセンジャー**）として働いており，それらの細胞内濃度の変化は特異的な細胞応答を引き起こす．シグナル伝達については13章で改めて詳しく紹介したい．

章末問題

➡ 解答は236ページ参照

問1　糖にはさまざまな異性体が存在する．以下の異性体の定義を説明せよ．
　・構造異性体　　　・立体異性体　　　・鏡像異性体
　・ジアステレオマー　・エピマー　　　・アノマー

問2　多糖は生体内で主に，エネルギー貯蔵と構造維持という2つの役割を果たしている．それぞれに関与する多糖の名前を具体的にあげ，それらの働きを簡単に説明せよ．

問3　脂肪酸は炭化水素鎖に二重結合を含まない飽和脂肪酸と，二重結合を含む不飽和脂肪酸の2種類が存在する．このような不飽和度の違いが生物学的にどのような意味をもつのか説明せよ．

問4　脂質二重層の構造を模式的に描き，その特徴を簡単に説明せよ．

問5　膜輸送に関する以下の語句をそれぞれ簡単に説明せよ．
　・単純拡散　　　・仲介輸送　　　・受動輸送　　　・能動輸送

3章　単糖と多糖，脂質と膜

第Ⅰ部　生体分子の構造と機能

4章　酵素の反応速度論

　1章から3章にかけて，生体の主要な構成要素であるタンパク質，核酸，糖質，脂質について学んだ．生命はこれらの生体分子を用いて自己維持や自己複製を行っている．次章以降では自己維持（⇒5～9章）と自己複製（⇒10～12章）の過程を順に追っていくが，これらの過程の基本となるのは，生体分子間で起こる結合・解離や化学反応であり，特に酵素によって触媒される化学反応は生命活動の根幹である．そこで本章では，次章以降の話の導入として酵素の反応速度論について解説する．

4-1　化学反応のエネルギー論

1）ギブズの自由エネルギー変化

　酵素の説明に入る前に，熱力学の基本法則に立ち戻って，化学反応のエネルギーに関する話をしたい．熱力学の第一法則「エネルギー保存の法則」と第二法則「エントロピー増大の法則」から，ヨシア・ウィラード・ギブズは以下の式①を導いた．

$$① \quad G = H - TS$$

　G は系がもつ自由エネルギー，H は系がもつエンタルピー，T は絶対温度，S は系がもつエントロピーである．系内で反応が起きたとき，反応前後の自由エネルギー変化は以下の式②で表される．

$$② \quad \Delta G = \Delta H - T\Delta S$$

　ΔG は系の**自由エネルギー変化**，ΔH は系のエンタルピー変化，ΔS は系のエントロピー変化である．定義より，反応は ΔG が負となる方向に自発的に進行する．この式を読み解けば，ΔH が負の反応（発熱反応）は進行しやすく，ΔS が正の反応（系の無秩序さが増す反応）は進行しやすい，ということになる．ΔG がゼロのときは平衡状態，つまり両方向の反応が釣り合って，見かけ上，進まないように見える．

　次に，以下のような化学反応を考えてみる．

$$③ \quad A + B \rightleftarrows C + D$$

　途中式を省略すると，ギブズの自由エネルギー変化は以下の式で表される．

$$\boxed{4} \quad \Delta G = \Delta G^{\circ\prime} + RT \ln \frac{[C][D]}{[A][B]}$$

ここで$\Delta G^{\circ\prime}$は反応の**標準自由エネルギー変化**，すなわち生化学的標準状態における自由エネルギー変化である．また，Rは気体定数，Tは絶対温度，[A]～[D]はA～Dのモル濃度である．ところで，生化学的標準状態とは25℃，1気圧で，A～Dの濃度がそれぞれ1 M（モーラー）の状態を指す．ただし，水素イオンの濃度は1 M（pH＝0）だと不都合なので，例外的に10^{-7} M（pH＝7）の条件を採用する．

$\Delta G^{\circ\prime}$は化学反応に固有の値であり，例えばATPを加水分解する反応の標準自由エネルギー変化は以下のとおりである（P_iは無機リン酸を表す）．

$$\boxed{5} \quad ATP + H_2O \rightleftarrows ADP + P_i \qquad \Delta G^{\circ\prime} = -30.5 \text{ kJ/mol}$$

$\Delta G^{\circ\prime}$の値が負なので，生化学的標準状態においてATPの加水分解は自発的に進行し，ATP 1 molの加水分解に伴って30.5 kJのエネルギーが放出されることがわかる．

ただし，生体内は生化学的標準状態ではないので，実際には式$\boxed{4}$を考える必要がある．式$\boxed{4}$の第2項で反応物や生成物の濃度が効いてくるので，実際に反応が左右どちらの方向に進むかは反応物や生成物の濃度によって変わる可能性がある．

2）ギブズの活性化エネルギー

化学反応の過程には**遷移状態**とよばれる最も自由エネルギーが高い，すなわち不安定な中間状態が存在し，化学反応を進めるためにはこの山を乗り越える必要がある（図4-1）．山の高さを**ギブズの活性化エネルギー**とよび，$\Delta G^{\ddagger}$と表す．化学反応を起こすのにしばしば加熱が必要なのは，$\Delta G^{\ddagger}$があるためである．言うまでもなく，$\Delta G^{\ddagger}$が大きな反応は進みにくく，小さな反応はたやすく進行する．

以下で説明する酵素との関連で重要なポイントとして，反応の自由エネルギー変化ΔGは反応物と生成物のみから決定される値である，という点がある．ΔGは反応経路（遷移

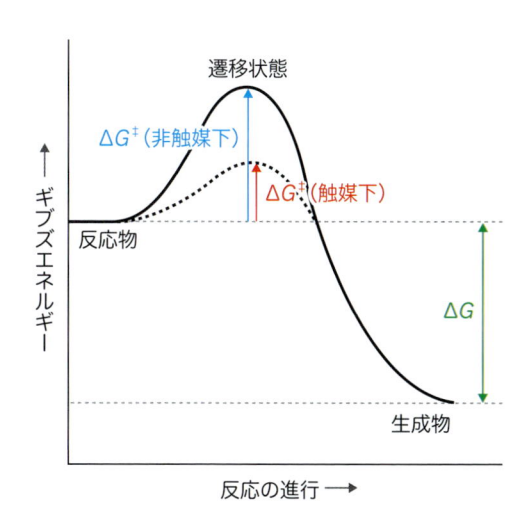

●図4-1　化学反応におけるエネルギー変化

状態)に依存しない値なので,ΔGから反応速度を見積もることはできないのである.同じΔGをもつ化学反応であっても,$\Delta G^{\ddagger}$の値が非常に大きければ反応はほとんど進まない.酵素を含む触媒は,遷移状態を安定化し,ギブズの活性化エネルギーを下げることによって反応を促進している(後述).

4-2 酵素反応の特徴

酵素は触媒の一種である.**触媒**は,反応系に少量加えると,それ自身は反応前後で変化することなく反応を促進する物質と定義される.生体内で触媒作用をもつ物質を酵素とよび,そのほとんどはタンパク質でできている.酵素は,代謝は言うに及ばず生命現象のありとあらゆる局面で重要な役割を果たしており,例えばヒトのゲノムには数千種類に及ぶ酵素の遺伝子がコードされている.

酵素はタンパク質でできており,有機合成に用いられる金属触媒などと比べて構造的に遥かに複雑である.その複雑さの現れとして,酵素は一般の化学触媒にあまりみられない以下のような特徴をもっている.

1) 酵素の強力な触媒作用

酵素が作用する反応物を**基質**とよぶが,酵素が毎秒,何個の基質を生成物に変換するか,という酵素反応の速度k_{cat}(**代謝回転数**ともよぶ)がさまざまな酵素について実験的に求められている(表4-1).酵素がないときに同じ反応が起こる速度をk_{un}として,k_{cat}とk_{un}を比較した結果から,酵素によって反応速度が100万倍以上高まることがわかる(表4-1).酵素なしではまず起こらないような反応が,酵素の存在下では効率よく進むのである.

このように書くと,酵素は物理法則をねじ曲げる魔法の分子のようだが,実際に酵素が行っているのは遷移状態の安定化である.そうすることで酵素はギブズの活性化エネルギー$\Delta G^{\ddagger}$を減らして反応速度を高め,反応が平衡に達するまでの時間を短縮する(図4-1).その一方で,反応の自由エネルギー変化ΔGはそのままなので,酵素は反応の平衡状態には影響しない.これは触媒一般に言えることである.

2) 酵素の狭い至適条件

酵素は生理的な温度とpHで反応を促進する.多くの化学反応が100℃以上で進み,酸

●表4-1 酵素の使用による反応速度の増大

酵素	非触媒下での速度 k_{un} (s^{-1})	触媒下での速度 k_{cat} (s^{-1})	速度増大の割合 (k_{cat}/k_{un})
OMPデカルボキシラーゼ	2.8×10^{-16}	39	1.4×10^{17}
ミクロコッカスエンドヌクレアーゼ	1.7×10^{-13}	95	5.6×10^{14}
AMPヌクレオシダーゼ	1.0×10^{-11}	60	6.0×10^{12}
カルボキシペプチダーゼA	3.0×10^{-9}	578	1.9×10^{11}
ケトステロイドイソメラーゼ	1.7×10^{-7}	66,000	3.9×10^{11}
トリオースリン酸イソメラーゼ	4.3×10^{-6}	4,300	1.0×10^{9}
コリスミ酸ムターゼ	2.6×10^{-5}	50	1.9×10^{6}
カルボニックアンヒドラーゼ	1.3×10^{-1}	1×10^{6}	7.7×10^{6}

OMP:オロチジン一リン酸,AMP:アデノシン一リン酸
Radzicka A, Wolfenden R:Science, 267:90-93, 1995 より作成

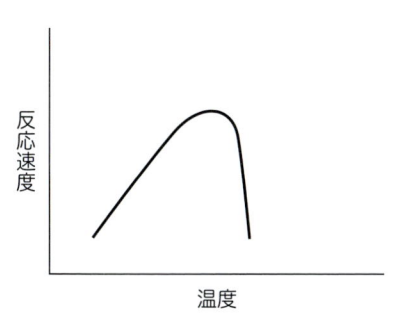

●図4-2　酵素活性と温度の関係 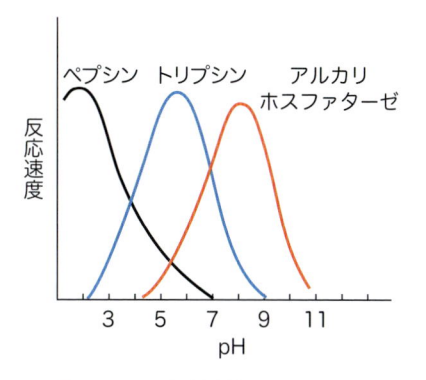　　●図4-3　酵素活性とpHの関係

や塩基が触媒として働くのに対して，酵素は生物の生存に最適な温度（通常37℃前後）とpH（通常7.0付近）で最もよく働く．反対に，至適な条件から少しでも外れると酵素の働きは急速に低下してしまう．これは酵素がタンパク質でできているため，酵素の働きがタンパク質固有の性質に支配されていることに起因している．このことを説明するため酵素の反応速度と温度の関係を考えてみると，図4-2のように低温から温度を上げるに従って反応速度は上昇するが，ある温度を超えると急速に低下してしまう．はじめのうちは温度上昇が酵素と基質の衝突頻度の増加をもたらし，単純な物理法則によって反応速度が増加するが，ある温度を超えると酵素タンパク質は立体構造を維持できなくなって失活し（熱変性），酵素反応は起こらなくなってしまう．

　酵素の至適条件は酵素の種類によって異なっている．例えば哺乳類や哺乳動物の腸内で生育する大腸菌が有する酵素の至適温度は，ほとんどの場合35〜40℃である．一方，好熱菌や超好熱菌のような高温環境で生育する微生物が有する酵素は，より高温で最大の活性を示す．また，pHに注目すると多くの酵素がpH 7.0付近で最もよく働くのに対して，胃の消化酵素であるペプシンはこれよりもずっと酸性側のpHが至適である（図4-3）．このように，酵素はそれぞれが働くべき微小環境で最大の活性を示すよう分子レベルで進化してきたのである．

3）酵素の高い基質特異性

　酵素は高い**基質特異性**を示す．酵素と基質はよく鍵穴と鍵にたとえられるが（**鍵と鍵穴モデル**），酵素には基質がはまりこむポケットのような**活性部位**（触媒部位）が存在し，そこで反応が進行する（図4-4）．酵素のポケットにぴったりはまらない分子は基質とならないので，これにより高い基質特異性が達成される．ところで，X線を用いたタンパク質の構造解析の結果から，酵素の活性部位は多くの場合，鍵穴のような固い構造をもっておらず，基質がやってきたときのみ立体構造を変化させて，基質とぴったり結合することがわかってきた．これを**誘導適合**とよぶ．ただ，そうであっても，酵素と基質の特異的な結合が基質特異性に寄与していることに変わりはない．

4）酵素の活性制御

　酵素の働きは適切に制御されている．酵素は，生体の部品をつくる生産ラインみたいなものなので，状況に応じて必要な部品を必要な量だけつくることが重要であり，酵素の働きは実際，さまざまな方法でコントロールされている．

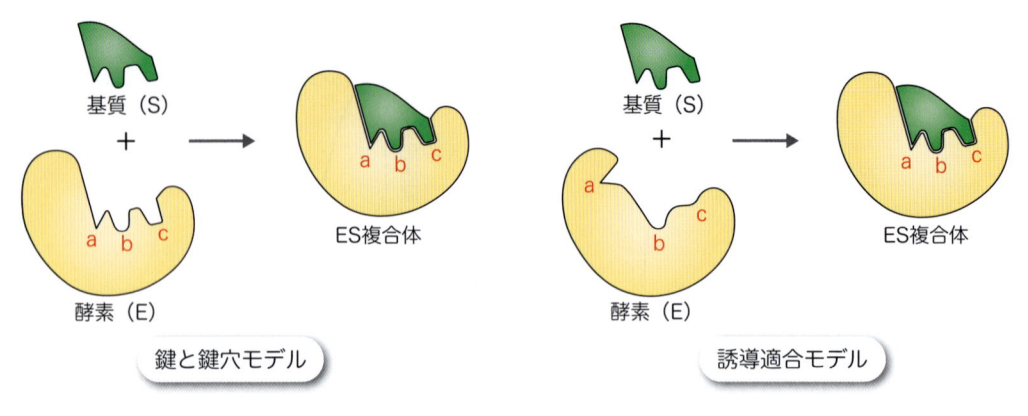

●図4-4　酵素と基質の結合モデル
「ストライヤー基礎生化学」（Tymoczko JL, 他/著），東京化学同人，2010を参考に作成

　第一に，酵素は遺伝子から転写・翻訳されてつくられるので，遺伝子発現の段階で制御され，酵素の存在量が適切にコントロールされることがある．
　第二に，翻訳された後，酵素は新たな共有結合の生成や切断によって制御される場合がある．具体的には，リン酸化・脱リン酸化などの翻訳後修飾や，プロテアーゼによる切断（プロセシング）である（⇒12章）．一般に前者は可逆的だが，後者は不可逆的である．これらの反応はしばしばシグナル伝達（⇒13章）によって制御されており，その結果，特定のシグナルが入ったときに翻訳後修飾やプロセシングが起こって，酵素の活性が変化する．血液凝固にかかわるトロンビンというプロテアーゼ（タンパク質分解酵素）を例にあげると，トロンビンはプロトロンビンという不活性な酵素前駆体（チモーゲン）としてつくられる．出血すると傷ついた組織からシグナル分子が放出され，その結果，プロトロンビンはプロセシングされて，活性型のトロンビンに変わる．トロンビンは何をするのかというと，フィブリノーゲンという前駆体タンパク質を切断してフィブリンに変える．切断されたフィブリンは重合して繊維状の構造となり，血球を巻き込んで血餅をつくる．
　第三に，酵素は，酵素と非共有結合的に相互作用する別のタンパク質や低分子化合物によって制御される場合がある．酵素のあるものは，触媒サブユニットと制御サブユニットからなる複合体として存在しており，酵素活性が制御サブユニットによって正負に制御されている．また，酵素のあるものは，Ca^{2+}のようなセカンドメッセンジャー（⇒13章）や代謝経路の中間体，AMPやATPのような細胞内のエネルギー状態を反映する低分子化合物などによって制御されている．酵素自体が細胞内の状態を感知するセンサーとして働き，必要に応じて活性のスイッチがオンになったりオフになったりするのである．
　このように非共有結合的に酵素と相互作用する因子は，分子レベルでいかにして酵素活性に影響しているのだろうか．酵素には，基質が結合する活性部位（オルソステリック部位とも）のほかに，基質以外の制御因子が結合する部位が存在することがあり，これを**アロステリック部位**とよぶ（図4-5）．なお，アロステリックの「アロ」は「別の」という意味をもっている．アロステリック部位に制御因子（エフェクター）が結合すると，それが活性部位の立体構造に影響して，酵素が活性化されたり阻害されたりする．これを**アロステリック調節**とよび，酵素の制御機構として一般的である．アロステリックエフェクターのうち，酵素の活性化を導くものをアロステリックアクチベーター，酵素の阻害を導くものをアロステリックインヒビターとよぶ．

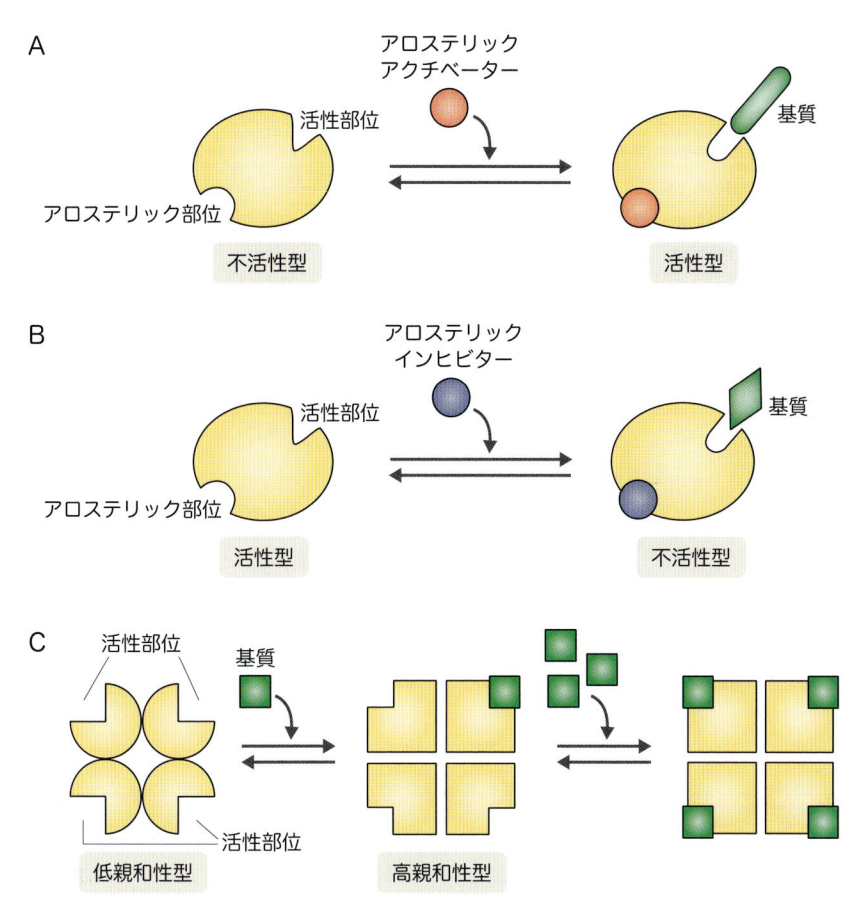

●図4-5 酵素のアロステリック調節
A) アロステリックアクチベーターによるアロステリック調節．B) アロステリックインヒビターによるアロステリック調節．C) ホモ多量体型酵素のアロステリック調節．基質自体がエフェクター分子として働くこともある

　ここで，代謝経路でしばしばみられる2つの制御様式──**フィードバック阻害**とフィードフォワード活性化──を紹介しておこう．フィードバック阻害とは，A→B→C→…→Pといういくつかのステップを経て出発物質Aから生成物Pがつくられる過程において，BをCに変換する酵素が生成物Pによって阻害される，というものである．Pが充分量合成されるとフィードバック阻害が働いて，必要以上にPをつくるという無駄が抑えられる．一方，フィードフォワード活性化とは，BをCに変換する酵素が出発物質Aによって活性化される，というものであり，Aが充分あるときのみ一連の反応が進行する．これらはいずれも，重要な生体分子が枯渇したり過剰になったりせず，一定量に保たれるようなしくみとして働いている．

5）補因子の存在

　酵素の多くは**補因子**をもっている（表4-2）．補因子とは，酵素の働きに必要なタンパク質以外の成分である．補因子を除いたタンパク質成分を**アポ酵素**とよび，アポ酵素＋補因子を特に**ホロ酵素**とよぶ．

　補因子は大きく2群に分けることができる．1つはZn^{2+}，Mg^{2+}，FeSクラスターのような金属であり，もう1つはニコチンアミドアデニンジヌクレオチド（NAD^+）やビオチン

● 表4-2　酵素の補因子の例

金属補因子	酵素の例
Zn^{2+}	カルボニックアンヒドラーゼ
Zn^{2+}	カルボキシペプチダーゼ
Mg^{2+}	*Eco*R V（制限酵素）
Mg^{2+}	ヘキソキナーゼ
Ni^{2+}	ウレアーゼ
Mo	ニトロゲナーゼ
Se	グルタチオンペルオキシダーゼ
Mn^{2+}	スーパーオキシドジスムターゼ
K^+	プロピオニルCoAカルボキシラーゼ

補酵素	酵素の例
チアミンニリン酸	ピルビン酸デヒドロゲナーゼ
フラビンアデニンジヌクレオチド（FAD）	モノアミンオキシダーゼ
ニコチンアミドアデニンジヌクレオチド（NAD^+）	乳酸デヒドロゲナーゼ
ピリドキサールリン酸	グリコーゲンホスホリラーゼ
補酵素A（CoA）	アセチルCoAカルボキシラーゼ
ビオチン	ピルビン酸カルボキシラーゼ
5′-アデノシルコバラミン	メチルマロニルCoAムターゼ
テトラヒドロ葉酸	チミジル酸シンターゼ

のような低分子有機化合物である．後者は**補酵素**とよばれ，ビタミンやヌクレオチドに由来する物質が多い（p.82コラム参照）．補酵素は，酵素とゆるく結合しているものと，共有結合によって強固に結びついているものがあり，後者は**補欠分子族**ともよばれる．

補因子はなぜ必要なのだろうか．酵素は酸化還元反応，転移反応，加水分解反応，脱離

Column　ビタミン

コンビニや薬局で売られている栄養ドリンクやサプリメントの成分表を見ると，大概，ビタミン○○と書かれている．ビタミンが大事なことはよく知られているが，その理由をきちんと説明できるだろうか．一口にビタミンと言っても機能はさまざまだが，本章で取り上げた補酵素としての役割が大きい．例としてコラム表4-1に示したビタミンB群由来の補酵素は，どれも生体内に充分な量，存在している必要

があり，不足すると欠乏症を引き起こす．必須なビタミンは生物種によって異なるが，ヒトは少なくとも12種類のビタミンを必要としている．これは，ビタミンの生合成経路が複雑なため，進化の過程でビタミンを自ら合成する戦略を捨て，外部から摂取する戦略を採ったからだと考えられる．生存に必要な分子の合成を他の生物に依存するという戦略はリスキーだが，それよりも効率性が優先されたのだろう．

● コラム表4-1　ビタミンB群

ビタミン	補酵素の例	主な反応様式	主な欠乏症
B_1（チアミン）	チアミンニリン酸（TPP）	アルデヒド基の転移	脚気（倦怠感，手足のしびれやむくみ）
B_2（リボフラビン）	フラビンアデニンジヌクレオチド（FAD） フラビンモノヌクレオチド（FMN）	酸化還元	口内炎，口角炎，皮膚炎
B_3（ナイアシン）	ニコチンアミドアデニンジヌクレオチド（NAD^+） ニコチンアミドアデニンジヌクレオチドリン酸（$NADP^+$）	酸化還元	ペラグラ（皮膚炎，下痢，認知症）
B_5（パントテン酸）	補酵素A（CoA）	アシル基の転移	
B_6（ピリドキシン）	ピリドキサールリン酸（PLP）	アミノ基の転移	貧血，てんかん，口角炎
B_7（ビオチン）	ビオチン	カルボキシ基の転移	脱毛，結膜炎
B_9（葉酸）	テトラヒドロ葉酸（THF）	メチル基の転移	巨赤芽球性貧血
B_{12}（コバラミン）	5′-アデノシルコバラミン	メチル基の転移	巨赤芽球性貧血

反応，異性化反応，合成反応など，さまざまな反応を触媒する．基本的には活性部位のアミノ酸残基から伸びたカルボキシ基，アミノ基，ヒドロキシ基などの官能基が触媒的に働くわけだが，タンパク質が得意な反応（酸・塩基反応，加水分解反応など）とそうでない反応（酸化還元反応，転移反応など）がある．補因子は酵素の活性部位に結合し，タンパク質にない機能を提供することで，主に後者の反応を補助している．

4-3 酵素の反応速度論

酵素反応は，単純な化学反応（一次反応や二次反応）とは異なる動力学に従う．以下では酵素の反応速度論について考えていきたい．

1) ミカエリス-メンテン式の導出

酵素E (enzyme) が基質S (substrate) を生成物P (product) に変換する反応を考えると，EとSは結合して反応中間体を形成するので，酵素反応全体を以下のように書き表すことができる．

$$\boxed{6} \quad E + S \rightleftarrows ES \rightleftarrows E + P$$

反応の初期段階ではPの濃度は小さく，ES ← E + Pの反応は無視できるので，式⑥は以下のように簡略化できる．

$$\boxed{7} \quad E + S \underset{k_{-1}}{\overset{k_1}{\rightleftarrows}} ES \overset{k_2}{\rightarrow} E + P$$

ここで，EとSからES複合体ができる速度定数をk_1，その逆反応の速度定数をk_{-1}，ES複合体からEとPができる反応の速度定数をk_2とする．k_2はp.78で述べた代謝回転数k_{cat}に等しい．

レオノール・ミカエリスとモード・メンテンは1913年，この反応式を基本とした酵素の反応速度論を提唱した．いくつかの仮定を含むものの，このモデルから酵素反応の重要な特徴を説明することができるので，彼らのモデルに従って，酵素反応の速度がどのような関数で表されるかを考えていきたい．

先に述べたように，ここでは生成物Pがまだあまり蓄積していない反応の初期段階を考えているので，このモデルから導かれる反応速度Vは反応の初速度V_0である．Pがつくられる速度V_0は定義により，

$$\boxed{8} \quad V_0 = k_2 [ES]$$

と表される．ただ，ES複合体の濃度はよくわからないので，これを別の既知量で表現したい．ここで**定常状態**，つまり同時に起こりうる複数の反応が釣り合った状態を仮定すると，反応中間体であるES複合体の濃度は時間によらず一定である．ES複合体の生成速度と分解速度は，速度定数を用いて以下のように表現できる．式⑦から，ES複合体の分解経路は2つあることに注意してほしい．

⑨　ES複合体の生成速度 $= k_1 [E][S]$

⑩　ES複合体の分解速度 $= k_{-1}[ES] + k_2[ES] = (k_{-1} + k_2)[ES]$

定常状態ではこれらが釣り合っているので，

⑪　$k_1[E][S] = (k_{-1} + k_2)[ES]$

となる．この式は，さらに以下のように書き換えることができる．

⑫　$\dfrac{[E][S]}{[ES]} = \dfrac{k_{-1} + k_2}{k_1}$

速度定数のみからなる右辺は，酵素や基質の濃度とは無関係に，酵素反応ごとに一定の値をとる．そこで，式⑫を単純化するため，**ミカエリス定数**K_mを以下のように定義する．K_mは酵素反応の動力学を表す定数の1つである．

⑬　$K_m = \dfrac{k_{-1} + k_2}{k_1}$

式⑫を[ES]について解くと，

⑭　$[ES] = \dfrac{[E][S]}{K_m}$

となり，ES複合体の濃度をかなり簡単に，酵素Eと基質Sの濃度を用いて表現できるようになってきた．しかし，まだ少し問題がある．反応系に存在する全酵素濃度$[E]_T$と全基質濃度$[S]_T$は既知量だが，それらの一部はES複合体を形成し，残りが遊離している．それに対して，式⑭には遊離したEとSの濃度を入れる必要がある．通常，基質濃度≫酵素濃度なので，$[S]_T$と$[S]$の違いは無視できる．一方，酵素Eについては$[E] + [ES] = [E]_T$という関係を用いて，式⑭を以下のように変形できる．

⑮　$[ES] = \dfrac{([E]_T - [ES])[S]}{K_m}$

式⑮を[ES]について解くと，

⑯　$[ES] = \dfrac{[E]_T [S]}{K_m + [S]}$

となる．さらに式⑯を式⑧に代入すると，

[17] $\quad V_0 = \dfrac{k_2\,[E]_T\,[S]}{K_m + [S]}$

となる．

　これで式変形はほぼ完了だが，最後に，反応速度が最大となる状況について考えてみたい．式[8]より，反応速度 V_0 がとりうる最大値は [ES] ＝ $[E]_T$ のとき，つまりすべての酵素が基質と結合して最大の働きをしているときなので，これを踏まえると最大の反応速度 V_{max} は以下のように表すことができる．

[18] $\quad V_{max} = k_2\,[E]_T$

式[18]を式[17]に代入すると，

[19] $\quad V_0 = \dfrac{V_{max}\,[S]}{K_m + [S]}$

となる．これを**ミカエリス-メンテン式**とよぶ．V_{max}, K_m, そして基質濃度 [S] から酵素反応の初速度を求めることができる．

2) ミカエリス-メンテン式の意味するところ

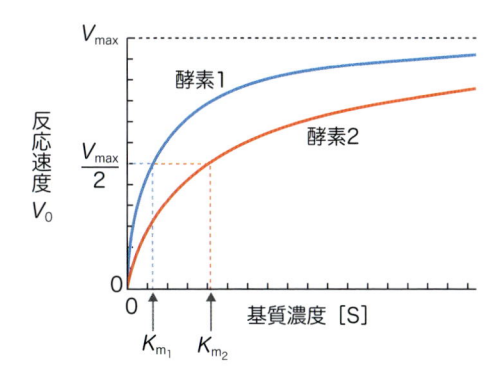

　前節で導出したミカエリス-メンテン式は，酵素反応についてどのようなことを教えてくれるのだろうか．式[19]の右辺でミカエリス定数 K_m と基質濃度 [S] が足し算で結ばれていることからもわかるように，K_m は濃度を単位としてもつ定数である．したがって，右辺の [S] / (K_m ＋ [S]) の部分は単位をもたない無次元数となる．基質濃度 [S] はゼロ以上の値をとる変数なので，基質濃度 [S] をX軸に，反応速度 V_0 をY軸にとると，図4-6 のようなグラフを描くことができる．[S] をゼロから無限大まで変化させると，[S] / (K_m ＋ [S]) は0から1までの値をとる．[S] ＝ 0 のとき V_0 ＝ 0，つまり反応は起こらず，[S] ＝ ∞ のとき V_0 ＝ V_{max}，つまり反応速度は最大となる．これは直感どおりではないだろうか．

●図4-6　基質濃度と反応速度の関係
等しい V_{max} をもつ2つの酵素を仮定する

K_m の意味をもう少し考えてみたい．$K_m = [S]$ のとき $V_0 = \frac{1}{2}V_{max}$ となる．つまり K_m は，反応速度 V_0 が V_{max} の半分となるときの基質濃度を表している．図4-6には K_m が異なる2種類の酵素の反応速度が描かれているが，小さな K_m をもつ酵素は，より低い基質濃度で $\frac{1}{2}V_{max}$ に到達するので，基質への親和性がより高い酵素ということができる．このように，K_m は酵素の基質親和性を表している．

$[S] \ll K_m$ のときは $K_m + [S] \approx K_m$ とみなせるので，式⑲は以下のように変形できる．

[20] $$V_0 = \frac{V_{max}[S]}{K_m}$$

つまり基質濃度が充分に低い範囲では，反応速度は基質濃度の一次関数として表すことができる．

一方，$[S] \gg K_m$ のときは $K_m + [S] \approx [S]$ とみなせるので，式⑲は以下のように変形できる．

[21] $$V_0 = V_{max}$$

つまり基質濃度とは無関係に，反応速度は V_{max} となる．反応系に存在するすべての酵素が基質と結合した飽和状態では，基質濃度が上がっても反応はそれ以上，速くならないのである．

3）ラインウィーバー-バークプロット

K_m と V_{max} は酵素反応の温度やpHなどさまざまな条件に依存する値であり，実験的に求める必要がある．具体的にはさまざまな基質濃度 $[S]$ において反応速度 V_0 を測定し，そこから K_m や V_{max} を算出するわけだが，このとき**ラインウィーバー-バークプロット**（両逆数プロット）が有用である．ミカエリス-メンテン式（式⑲）の両辺の逆数をとると，

[22] $$\frac{1}{V_0} = \frac{K_m + [S]}{V_{max}[S]} = \frac{K_m}{V_{max}}\frac{1}{[S]} + \frac{1}{V_{max}}$$

という式が得られる．したがって，$1/[S]$ に対して $1/V_0$ をプロットすると図4-7のような直線になる．この直線のX切片は $-1/K_m$，Y切片は $1/V_{max}$ となるので，プロットの結果から K_m と V_{max} を求めることができる．以下で述べるように，ラインウィーバー-バークプロットは酵素阻害剤の作用機構を理解するうえでも役立つ．

4）酵素活性の阻害

酵素反応はさまざまな物質によって阻害される．酵素活性が生体内の阻害剤によって調節される場合もあるし，人工の低分子阻害剤が研究用試薬や医薬品として使われる場合もある．こうした阻害剤の働きには可逆的なものと不可逆的なものがある．可逆阻害剤は，標的酵素と一時的に結合して阻害効果をもたらすが，阻害剤を取り除くと酵素活性は回復する．一方，不可逆阻害剤は共有結合などを介して標的酵素と強く結合し，ほとんど解離しない．

可逆阻害は，作用機構に基づいてさらにいくつかのタイプに分類できる（図4-8）．順番

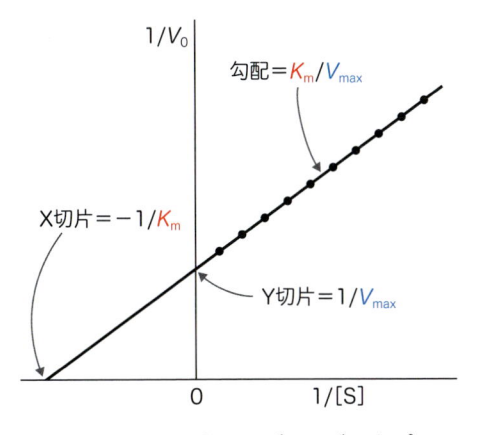

●図4-7　ラインウィーバー–バークプロットで表した基質濃度と反応速度の関係

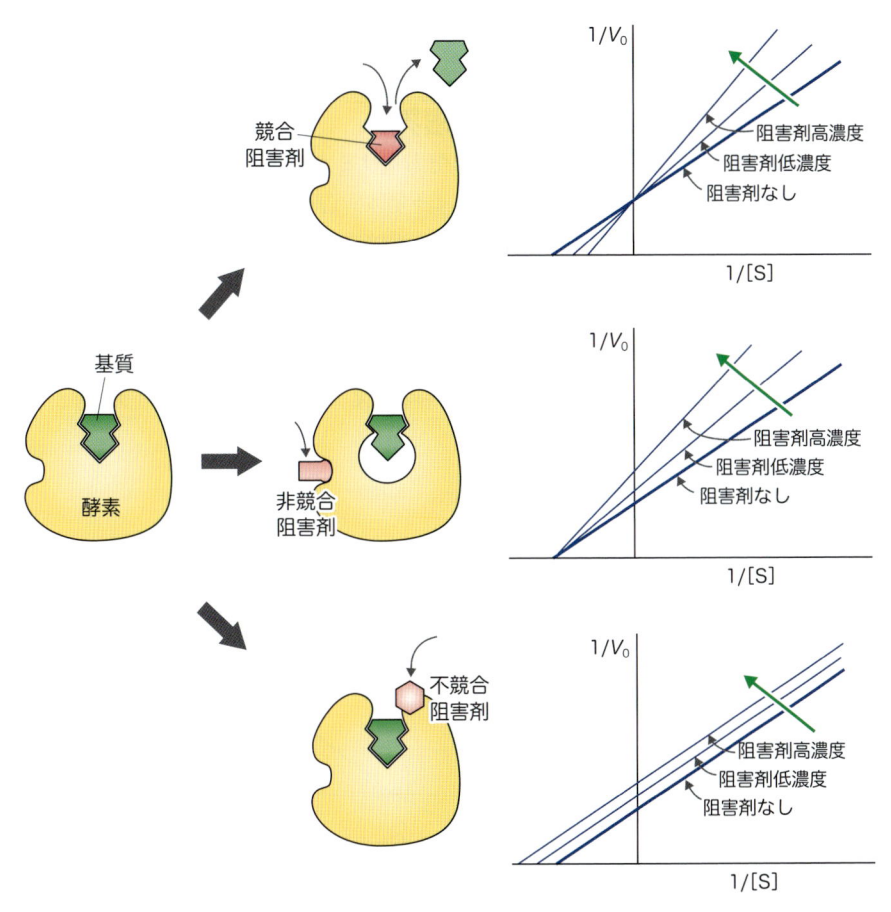

勾配＝K_m/V_{max}
X切片＝$-1/K_m$
Y切片＝$1/V_{max}$

●図4-8　ラインウィーバー–バークプロットからわかる阻害剤の異なる作用機構
「ストライヤー基礎生化学」(Tymoczko JL, 他/著)，東京化学同人，2010を参考に作成

に見ていくと，まず**競合阻害**というタイプの阻害では，阻害剤が酵素の活性部位に結合し，基質の結合を競合的に妨げることで阻害効果を発揮する（阻害剤 I は酵素 E に結合するが，ES複合体には結合しない）．一方，**非競合阻害**では，阻害剤が酵素の活性部位以外に結合

4章　酵素の反応速度論　87

し，基質の結合を妨げることなく阻害効果を発揮する（阻害剤 I は酵素 E と ES 複合体の両方に結合する）．アロステリックインヒビター（p.80）の一部はこれに分類されるだろう．また，**不競合阻害**では，阻害剤が ES 複合体に選択的に結合して，これを不活性型とする（阻害剤 I は酵素 E に結合せず，ES 複合体に結合する）．

　3種類の阻害剤の影響をラインウィーバー−バークプロットで表すと，それらの違いが明らかとなる（図4-8）．競合阻害剤の存在下で行った酵素反応の結果をプロットすると，Y 切片は変わらないまま直線の傾きが大きくなる．つまり，V_{max} は変わらないが，K_m が増加する．競合阻害剤は，阻害剤と基質の濃度比に基づいて阻害効果を発揮するので，基質濃度が充分高くなると阻害効果は失われてしまう．そういうわけで，競合阻害剤を加えても V_{max} は変わらないのである．一方，非競合阻害剤の存在下では，X 切片が変わらないまま直線の傾きが大きくなる．つまり，K_m は変わらないが，V_{max} が減少する．非競合阻害剤は基質の結合を阻害しないので，K_m には影響しないのに対し，基質濃度が上がっても阻害剤の影響は残り続けるので，V_{max} が低下する．最後に不競合阻害剤の場合はどうかというと，直線が平行移動する．K_m と V_{max} の両方が減少するのである．平行移動する理由は混み入っているので，説明は省略する．

5）ミカエリス−メンテン式の限界

　p.80で紹介したアロステリック酵素にはミカエリス−メンテン式が成り立たないことがある．アロステリック酵素の中には多量体構造をとって，基質結合部位を複数もつものが存在する（図4-5C）．そのうちの1カ所に基質が結合すると，全体の構造が変化して，基質が残りの結合部位に，より高い親和性で結合できるようになる．図4-5C の例で言えば，4つの基質結合部位の1つが，残り3つに対するアロステリック部位として働くのである．このような場合，基質濃度がある閾値を超えた途端に反応速度は急激に高まり，[S] 対 V_0 のプロットはS字形のシグモイド曲線を描く（図4-9）．ミカエリス−メンテン式の形にはならないのである．

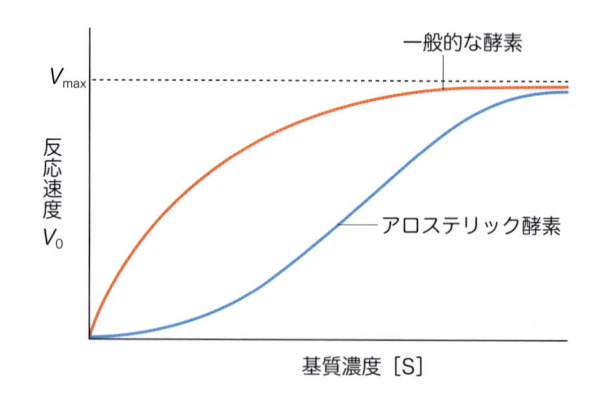

●図4-9　アロステリック酵素の基質濃度と反応速度の関係

章末問題

➡ 解答は236ページ参照

問1 ある反応を酵素が触媒する，とはエネルギーの観点から見てどのようなことなのか．反応前，遷移状態，反応後それぞれの自由エネルギーに着目して説明せよ．

問2 生体内で酵素の活性はさまざまな方法で厳密に制御されている．どのような方法があるかを説明せよ．

問3 ミカエリス–メンテン式を導出せよ．

問4 問3で導出した式を用いてラインウィーバー–バークプロットを図示し，X切片とY切片について説明せよ．

問5 酵素阻害剤の作用機構には少なくとも競合阻害・非競合阻害・不競合阻害の3種類がある．それぞれを簡単に説明せよ．

第Ⅱ部　生体分子の代謝

5章　糖代謝 1
―解糖系と糖新生を中心に

　5章から9章にかけては，さまざまな代謝経路を取り上げる．代謝は異化（カタボリズム）と同化（アナボリズム）からなる．異化とは，糖質・脂質・タンパク質といった食物などから摂取される高分子化合物を分解してエネルギーを取り出す過程である．一方，同化は，逆にエネルギーを使って単純な分子から体を構成するさまざまな分子を合成する過程である．異化と同化は，分子機械である生命が自己複製し自己維持するうえで必須の過程である．本章と次章では，代謝の中でも中心的な糖代謝について見ていく．

5-1　代謝とは何か

　5章から9章にかけてさまざまな代謝経路を取り上げるが，個々の代謝経路について説明する前に，まず代謝とは何か，について定義しておきたい．**代謝**とは，あらかじめ決まった手順で特定の分子を他の分子へと変換する一連の化学反応である．例えば本章と次章で説明するように，グルコースは無駄なく，そして有毒な副産物なく二酸化炭素・水・エネルギーへと変換される．生体内の主要な代謝経路を図5-1に示した．この図では矢印の1つ1つが酵素反応を表しているが，1つの反応の生成物は別の反応の基質となり，また所々で異なる経路が交差していることがわかる．このように，代謝は相互に連結された多数の反応で構成された化学反応のネットワークだということができる．

　代謝を理解するのに有用なのが，**異化**（カタボリズム）と**同化**（アナボリズム）という概念であり，個々の代謝経路はどちらかに分類することができる．異化とは，糖質・脂質・タンパク質といった例えば食物から摂取される高分子化合物を分解して，そこからエネルギーを取り出す経路である．同化とは，逆にエネルギーを使って単純な分子から生体内で必要な高分子を合成する経路であり，**生合成**ともよばれる．同化経路を進めるために，異化経路で取り出したエネルギーが使われる．分子機械である生命が自己を維持し，活動するためには，この2つの経路を厳密に調節することが重要である．

5-2　代謝を支える役者

　代謝には多数の分子が登場するので難しそうに見えるが，その中には代謝を支える中心的存在がいくつかあり，こうした共通の分子を理解すると代謝の全体像を把握しやすくなる．そこで，まずそれらについて紹介したい．

1) ATP

　ATP（アデノシン三リン酸）は2章でRNAの構成因子として紹介したが，代謝において

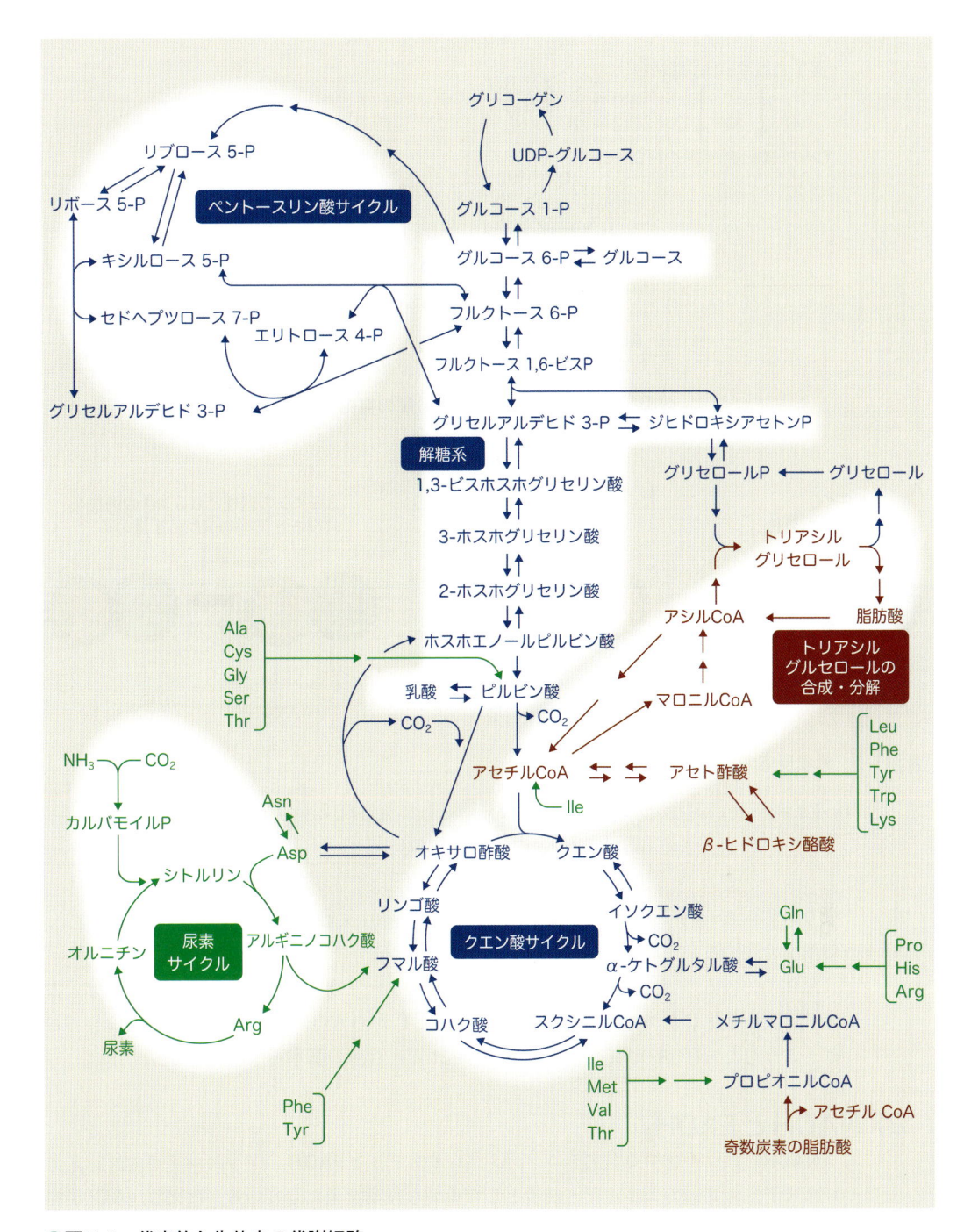

●図5-1　代表的な生体内の代謝経路
青：糖代謝の中間体，茶：脂質代謝の中間体，緑：タンパク質代謝の中間体．Pはリン酸の略．「イラストレイテッド生化学 原書5版」（Harvey RA, Ferrier DR/著），丸善出版，2011を参考に作成

ATPは，さまざまな反応に共通な「エネルギー通貨」として働いている．ATPは分子内に**2つの高エネルギーリン酸結合**を有しており，ATPがADP（アデノシン二リン酸）と正リン酸（P_i），もしくはAMP（アデノシン一リン酸）と二リン酸（PP_i）に加水分解される反応は，大きな負の自由エネルギー変化ΔGをもつ（図5-2）．この反応を，ΔGが正の（つ

5章　糖代謝1—解糖系と糖新生を中心に

●図5-2　ATPの構造と加水分解の自由エネルギー変化

$ATP + H_2O \rightleftarrows ADP + P_i \quad \Delta G^{\circ\prime} = -30.5 \text{ kJ mol}^{-1}$

$ATP + H_2O \rightleftarrows AMP + PP_i \quad \Delta G^{\circ\prime} = -45.6 \text{ kJ mol}^{-1}$

A　$\Delta G < 0$　右方向が有利

B　$\Delta G > 0$　左方向が有利

C　$\Delta G < 0$の過程と$\Delta G > 0$の過程を共役させて不利な反応を進める

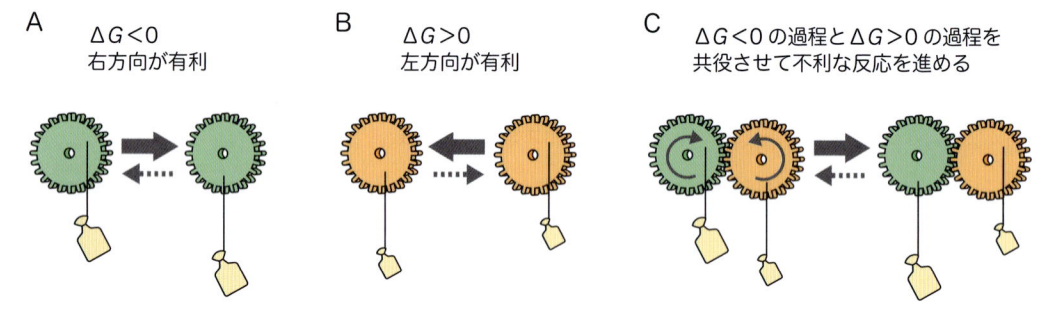

●図5-3　酵素反応の自由エネルギー変化

エネルギー的に有利な過程と不利な過程を共役させて，不利な反応を進めるという戦略を生物はよく用いる．「イラストレイテッド生化学 原書5版」(Harvey RA, Ferrier DR/著)，丸善出版，2011を参考に作成

まりエネルギー的に不利で自発的には起こりにくい) 反応と共役して行うことによって，効率よく進めることができる (図5-3).

生体内ではATPをADPに加水分解してエネルギーを得る反応と，光合成や燃料分子の分解によって生じたエネルギーを用いてADPとP_iからATPを合成する反応が起こっており，こうしたATP-ADP交換サイクルがエネルギー代謝の基本となっている．

2) NADHとFADH$_2$

NADH (ニコチンアミドアデニンジヌクレオチド) とFADH$_2$ (フラビンアデニンジヌクレオチド) も共通のエネルギー通貨として重要な役割を果たしている．ただし，ATPが加水分解によってエネルギーを発生させるのに対して，NADHやFADH$_2$は酸化によってエネルギーを発生させる．酸化還元反応の詳しい説明は6章に譲るが，電子の授受が酸化還元反応の本質である (電子の放出が酸化，電子の吸収が還元). NADHはビタミンの一種であるニコチン酸 (ナイアシン) からつくられる補酵素で (⇒表4-2), 1個の水素イオンと2個の電子を放出して酸化型のNAD$^+$に変わる (図5-4). 同様にFADH$_2$もリボフラビン (ビタミンB$_2$) から合成される補酵素で，2個の水素イオンと2個の電子を放出して酸化型のFADに変わる (図5-5). これらの電子伝達体は還元型 (NADH・FADH$_2$) と酸化型 (NAD$^+$・FAD) の間を往復することで，酸化還元反応を介したエネルギー代謝に関与している．

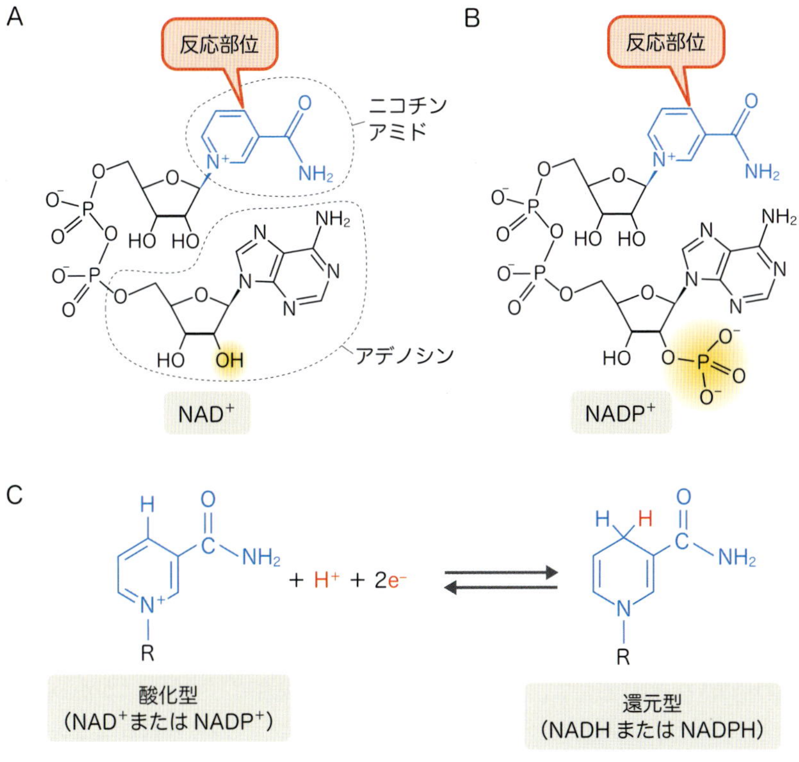

●図5-4 NAD⁺, NADP⁺の構造（A, B）と酸化還元反応（C）

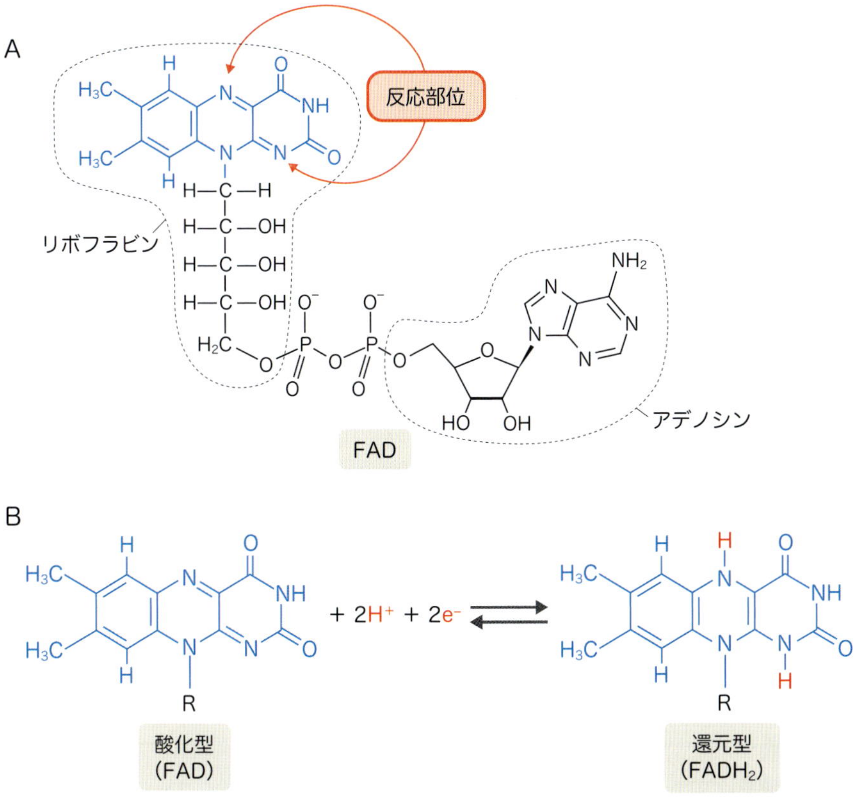

●図5-5 FADの構造（A）と酸化還元反応（B）

5章 糖代謝1 —解糖系と糖新生を中心に

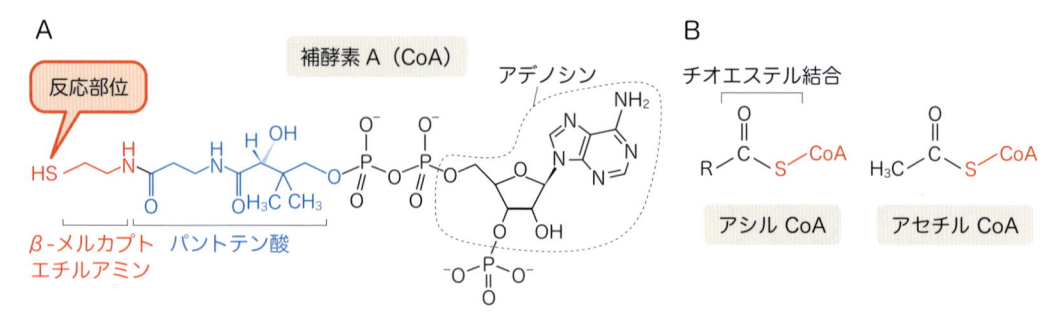

●図5-6 補酵素A（CoA）（A）とアシルCoA（B）の構造
アセチルCoAはアシルCoAの一種

3）NADPH

NADPH（ニコチンアミドアデニンジヌクレオチドリン酸）は，もう1つの重要な電子伝達体である．NADPHは，NADHのアデノシン部分にリン酸基が付いていること以外，NADHと同じ構造をもっており，1個の水素イオンと2個の電子を放出して酸化型のNADP$^+$に変わる（図5-4）．しかしながら，NADPHが代謝に果たす役割は，NADHのそれとは大きく異なっている．NADHが主にエネルギー分子であるATPの合成（異化）にかかわっているのに対して，NADPHは主に還元的生合成（同化）にかかわっている．複雑な生体高分子は，酸化された前駆体物質の還元によってつくられることが多く，そのような同化過程を**還元的生合成**とよぶ．このように，NADHとNADPHには，それぞれ異化と同化という異なる役割が割り当てられているのである．

4）補酵素A

代謝経路によく登場するもう1つの分子が，**補酵素A**（コエンザイムAともよばれ，CoAと表記）である．補酵素Aはパントテン酸とアデノシン二リン酸を含む構造を有し（図5-6A），アセチル基（CH$_3$-CO-）などのアシル基（R-CO-）を運搬する働きをする．補酵素Aのチオール基の部分が，カルボキシ基とチオエステル結合を形成するのである（図5-6B）．補酵素Aは，クエン酸サイクル（⇒6章）や脂質代謝（⇒8章）で重要な役割を果たしている．

5-3 解糖系と糖新生

六炭糖（6つの炭素原子を含むC$_6$化合物）の一種であるグルコースは，生物にとって非常に重要なエネルギー分子である．特に哺乳類の脳や赤血球では，グルコースはほとんど唯一のエネルギー源となっているほどである．そこでまず，グルコースを分解してエネルギーを取り出す解糖系について説明する．その後で，解糖系とは反対に，エネルギーを使ってグルコースを合成する糖新生の経路について説明する．解糖系と糖新生が同時に進行すると「無益サイクル」となってエネルギーを浪費してしまうが，実際には2つの過程は排他的であり，同時に起こらないよう制御されている．

1）解糖系

解糖系は文字どおり糖を分解する反応であり，1分子のグルコース（C$_6$化合物）が2分子のピルビン酸（C$_3$化合物）に変換されて，2分子のATPが産生される（図5-7）．ピルビ

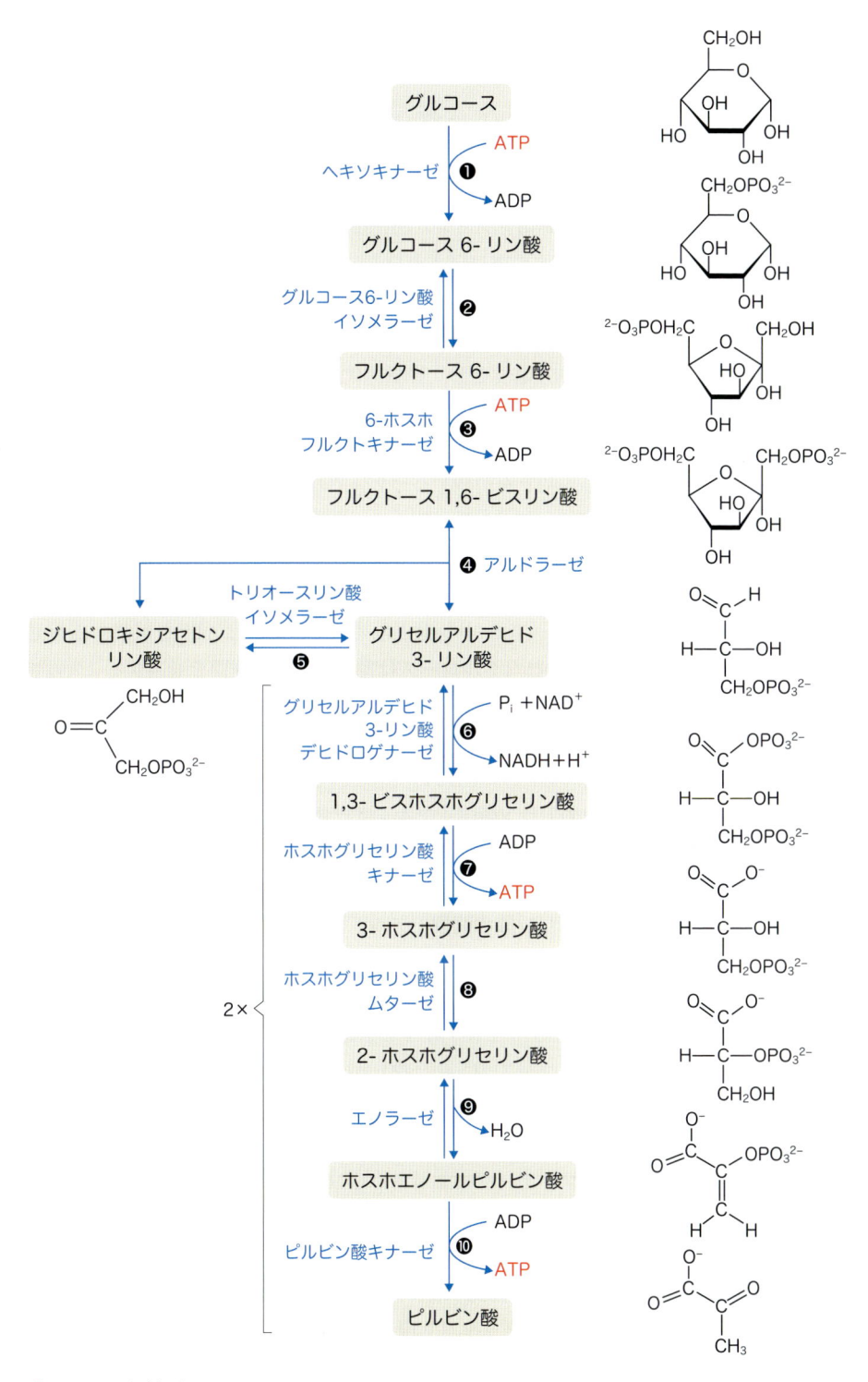

●図5-7　解糖系
図中の❶〜❿は本文解説と対応している．グルコースは途中で開裂してグリセルアルデヒド3-リン酸2分子を与える．そのため，以降の段階は2×と描かれている

5章　糖代謝1—解糖系と糖新生を中心に　95

ン酸はさらに，6章で説明する過程によって二酸化炭素（C₁化合物）にまで変換される．この過程は以下の単純な化学反応式で表すことができ，全体で1分子のグルコースから約38分子のATPが産生される計算となる．

$$C_6H_{12}O_6（グルコース）+ 6O_2 \rightarrow 6CO_2 + 6H_2O$$

この反応は見かけ上，グルコースの完全燃焼と同じである．18世紀の化学者アントワーヌ・ラボアジェは，生物の呼吸とろうそくの燃焼が基本的に同じ現象であると主張したが，上記の反応式は，その正しさを裏付けるものと言える．

なお，解糖系は酸素を必要としない代謝であり，嫌気的代謝，**嫌気呼吸**などともよばれる．解糖系はすべての生物が行う代謝であり，真核生物では**細胞質**で起こる．一方，ピルビン酸以降の代謝には酸素を必要とし，好気的代謝，**好気呼吸**などともよばれる．この過程は一部の生物のみが行い，真核生物では**ミトコンドリア**で起こる．

解糖系の一連の酵素反応は大きく2つの段階に分けることができる．前半の5つの酵素反応（図5-7 ❶〜❺）で，ATPを消費しつつ2分子のグリセルアルデヒド3-リン酸を合成し，後半の5つの酵素反応（図5-7 ❻〜❿）で，ATPを合成しつつグリセルアルデヒド3-リン酸をピルビン酸に酸化する．以下では解糖系の各反応について簡単に説明する．

❶ **グルコースのリン酸化**：グルコースは細胞に取り込まれた後，ヘキソキナーゼによってリン酸化されて，グルコース6-リン酸となる．この反応はATPを消費する不可逆的な反応である．リン酸化されたグルコースは電荷のため細胞膜を通過することができず，細胞内に保持される．

❷ **グルコース6-リン酸の異性化**：グルコース6-リン酸はグルコース6-リン酸イソメラーゼによってフルクトース6-リン酸に異性化される．この反応は可逆的である．

❸ **フルクトース6-リン酸のリン酸化**：フルクトース6-リン酸は6-ホスホフルクトキナーゼによってさらにリン酸化されて，フルクトース1,6-ビスリン酸となる．この反応は律速段階となっており，解糖系の調節上，重要な役割を果たしている（後述）．

❹ **フルクトース1,6-ビスリン酸の開裂**：アルドラーゼによってフルクトース1,6-ビスリン酸は開裂し，グリセルアルデヒド3-リン酸とジヒドロキシアセトンリン酸になる．

❺ **ジヒドロキシアセトンリン酸の異性化**：ジヒドロキシアセトンリン酸はトリオースリン酸イソメラーゼによってグリセルアルデヒド3-リン酸に異性化される．ここまでをまとめると，1分子のグルコース（C₆化合物）から2分子のグリセルアルデヒド3-リン酸（C₃化合物）が生じたことになる．

❻ **グリセルアルデヒド3-リン酸の酸化**：グリセルアルデヒド3-リン酸はグリセルアルデヒド3-リン酸デヒドロゲナーゼによって1,3-ビスホスホグリセリン酸に酸化される．この反応と共役してNAD⁺がNADHに還元される．

❼ **ATP産生を伴う3-ホスホグリセリン酸の合成**：1,3-ビスホスホグリセリン酸には，ATPの加水分解よりも大きなリン酸基転移ポテンシャルを有する高エネルギーリン酸結合が存在する（表5-1）．ホスホグリセリン酸キナーゼはこの高エネルギーリン酸基をADPに転移し，3-ホスホグリセリン酸とATPを与える．

❽ **リン酸基の分子内転移**：ホスホグリセリン酸ムターゼによってリン酸基の分子内転移が触媒され，3-ホスホグリセリン酸から2-ホスホグリセリン酸が生じる．

❾ **2-ホスホグリセリン酸の脱水**：2-ホスホグリセリン酸はエノラーゼによって脱水され，ホスホエノールピルビン酸となる．この反応はリン酸基転移ポテンシャルを著しく高め，

● 表5-1 リン酸化合物の加水分解の標準ギブズエネルギー変化

化合物	kJ mol^{-1}
ホスホエノールピルビン酸	−61.9
1,3-ビスホスホグリセリン酸	−49.4
ホスホクレアチン	−43.1
ATP（ADPへの分解）	−30.5
グルコース1-リン酸	−20.9
ピロリン酸	−19.3
グルコース6-リン酸	−13.8
グリセロール3-リン酸	−9.2

「ストライヤー基礎生化学」（Tymoczko JL, 他/著），東京化学同人，2010より引用

ホスホエノールピルビン酸は前述の1,3-ビスホスホグリセリン酸と同様，ATPよりも高いリン酸基転移ポテンシャルをもつようになる（表5-1）．

❿ **ATP産生を伴うピルビン酸の合成**：ピルビン酸キナーゼによってホスホエノールピルビン酸からADPへと不可逆的にリン酸基が転移し，ピルビン酸とATPが生じる．

以上をまとめると，グルコースからピルビン酸への変換（解糖系の全工程）は以下のような化学反応式で表される．

グルコース＋2P$_i$＋2ADP＋2NAD$^+$
　　　　　→ 2ピルビン酸＋2ATP＋2NADH＋2H$^+$＋2H$_2$O

このように，2分子のATPのほか，2分子のNADHが生じる．解糖系を継続的に進めるためには，生じたNADHを再びNAD$^+$に酸化する必要がある．空気中の酸素を消費する好気呼吸が行われる場合は，6章で説明する過程によってNADHはNAD$^+$にリサイクルされる．一方，酸素を用いない嫌気呼吸では，ピルビン酸がさらにエタノールや乳酸などに変換され，その過程でNADHがNAD$^+$にリサイクルされる．この過程を以下でもう少し詳しく説明しよう．

・**エタノール発酵**：酵母やいくつかの微生物ではピルビン酸が脱炭酸されて，アセトアルデヒド経由でエタノールがつくられる．アセトアルデヒドがエタノールに還元される際にNADHがNAD$^+$に変換される．

ピルビン酸デカルボキシラーゼ
CH$_3$COCOOH（ピルビン酸）→ CH$_3$CHO（アセトアルデヒド）＋CO$_2$

アルコールデヒドロゲナーゼ
CH$_3$CHO（アセトアルデヒド）＋NADH＋H$^+$ → CH$_3$CH$_2$OH（エタノール）＋NAD$^+$

この過程は**アルコール発酵**ともよばれ，酒類の製造に用いられるなど，私たちにとって身近な反応である．

- **乳酸発酵**：この経路では，乳酸デヒドロゲナーゼによってピルビン酸が乳酸に還元され，その際にNADHがNAD$^+$に変換される．

> 乳酸デヒドロゲナーゼ
> $CH_3COCOOH$（ピルビン酸）＋ NADH ＋ H$^+$ → $CH_3CH(OH)COOH$（乳酸）＋ NAD$^+$

この乳酸発酵は乳酸菌などの微生物が行い，さまざまな食品の製造に利用されている．また，例えばヒトの筋肉でも，酸素の供給が追いつかない激しい運動時にこの経路が用いられ，短時間で大量のATPを合成する．

2）糖新生

ヒトの脳や赤血球ではグルコースはほぼ唯一のエネルギー源として用いられるので，グルコースは供給され続ける必要がある．食後，余剰の糖質はグリコーゲンとして肝臓に蓄えられて空腹時に利用されるが，それも食後10〜18時間程度で底をついてしまう（グリコーゲン代謝については後述）．その場合，主に肝臓で糖質以外の分子からグルコースがつくられて，血中のグルコース濃度（血糖値）が維持される．これを**糖新生**とよぶ．**乳酸**，タンパク質の分解で得られる**アミノ酸**，脂肪の分解で得られる**グリセロール**といった分子は，ピルビン酸やオキサロ酢酸，ジヒドロキシアセトンリン酸に変換された後，糖新生の経路に入っていく（図5-8）．

飢餓時以外にも糖新生は起こっている．上述のように，嫌気呼吸によって筋肉でつくられた乳酸は肝臓に運ばれ，そこで糖新生によってグルコースに戻される．グルコース（骨格筋）→乳酸（骨格筋）→乳酸（肝臓）→グルコース（肝臓）→グルコース（骨格筋）という流れを，発見者の名をとって，**コリ・サイクル**とよぶ．

図5-7と図5-8の比較からわかるように，糖新生経路の大部分は解糖系の逆反応であり，解糖系の10段階の反応のうち3つの段階（図5-7 ❶❸❿）のみ，解糖系とは異なる反応で進行する．なぜなら，解糖系のこれらの反応は自由エネルギー変化が大きく，不可逆的に進むため，糖新生ではエネルギー的に有利な別の反応で迂回しなければならないからである．以下で，糖新生に固有の反応について簡単に説明する．

❶ **ピルビン酸のホスホエノールピルビン酸への変換**：解糖系では，この逆反応はピルビン酸キナーゼによって1ステップで進行し，1分子のATPが合成されるのに対して，糖新生では，この反応はオキサロ酢酸を経由して2ステップで進行し，ATPとGTPが1分子ずつ消費される．糖新生では高エネルギーリン酸結合を余計に消費することで，進みにくい反応が進行する．なお，オキサロ酢酸はクエン酸サイクル（⇒6章）にも登場する重要な代謝中間体であり，一部のアミノ酸はオキサロ酢酸を経由して糖新生の経路に入る（図5-8）．

❷ **フルクトース1,6-ビスリン酸のフルクトース6-リン酸への変換**：解糖系では，この逆反応で1分子のATPが消費されるのに対して，糖新生では，ATPの合成を伴わずにフルクトース1,6-ビスリン酸が脱リン酸化される．この反応を触媒するフルクトース1,6-ビスホスファターゼは，解糖系の同じ段階に作用する6-ホスホフルクトキナーゼと同じく，糖新生を制御する重要な酵素である．

❸ **グルコース6-リン酸のグルコースへの変換**：❷と同じく解糖系では，この逆反応で1分子のATPが消費されるのに対して，糖新生では，ATPの合成を伴わずにグルコース6-リン酸が脱リン酸化される．

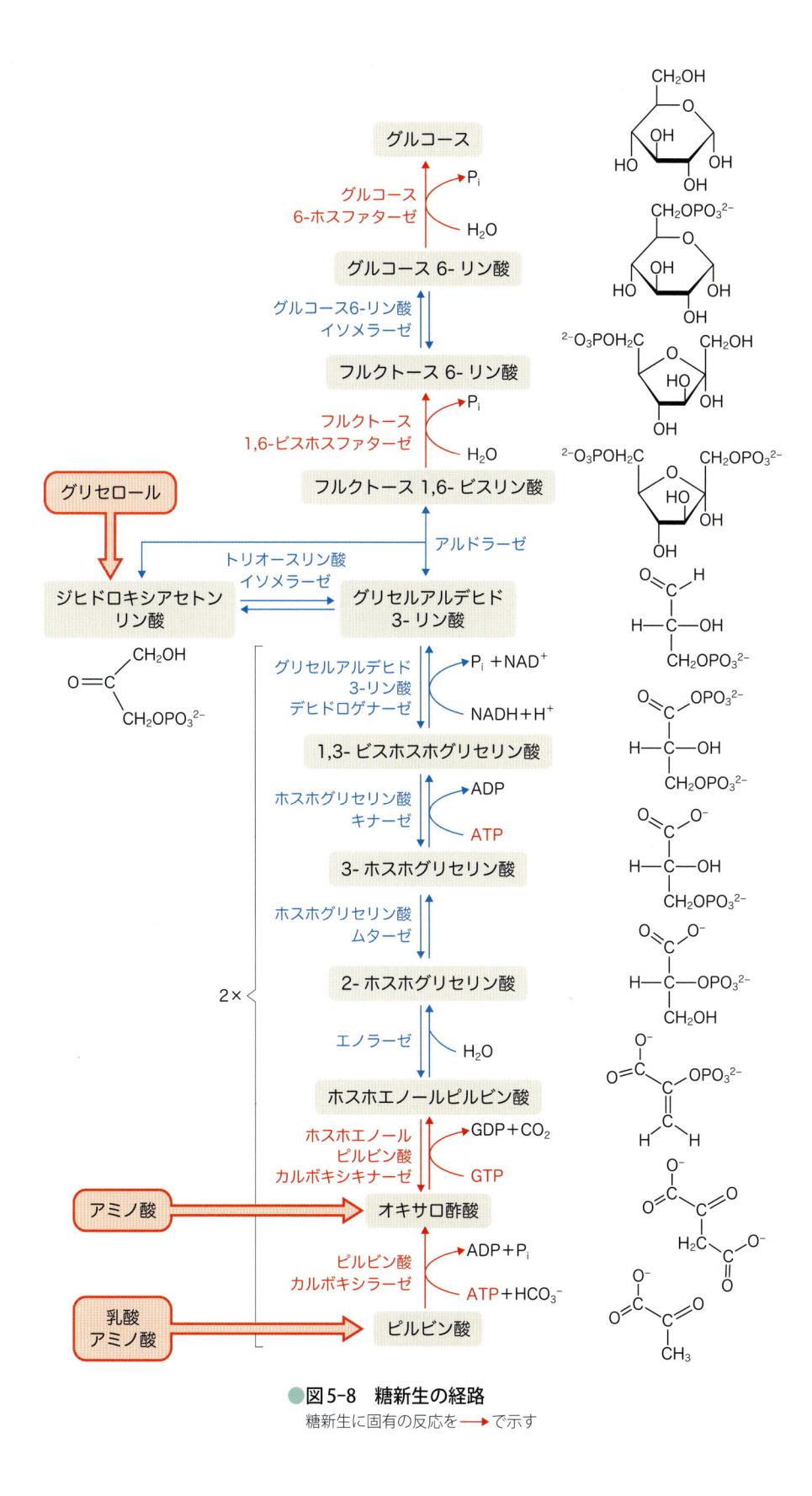

●図5-8　糖新生の経路
糖新生に固有の反応を→で示す

糖新生は以下の反応式で表される．p.97に示した解糖系の逆反応との比較から，1分子のグルコースを合成するにはATPとGTPを2分子ずつ余計に消費する必要のあることがわかる．

$$2\text{ピルビン酸} + 4\text{ATP} + 2\text{GTP} + 2\text{NADH} + 2\text{H}^+ + 6\text{H}_2\text{O}$$
$$\rightarrow \text{グルコース} + 6\text{P}_i + 4\text{ADP} + 2\text{GDP} + 2\text{NAD}^+$$

3）解糖系と糖新生の調節

解糖系と糖新生は正反対の目的をもった代謝経路であり，すでに説明したように，両方が同時に進行すると「無益サイクル」となってエネルギーを浪費してしまう．実際にはそうならないよう，一方が亢進しているときは他方は抑制される，といった具合に2つの過程は必要に応じて制御されている（図5-9）．調節段階としては，解糖系と糖新生で経路（酵素）が異なる2つの反応（図5-7 ❸❿）が重要な役割を果たしている．

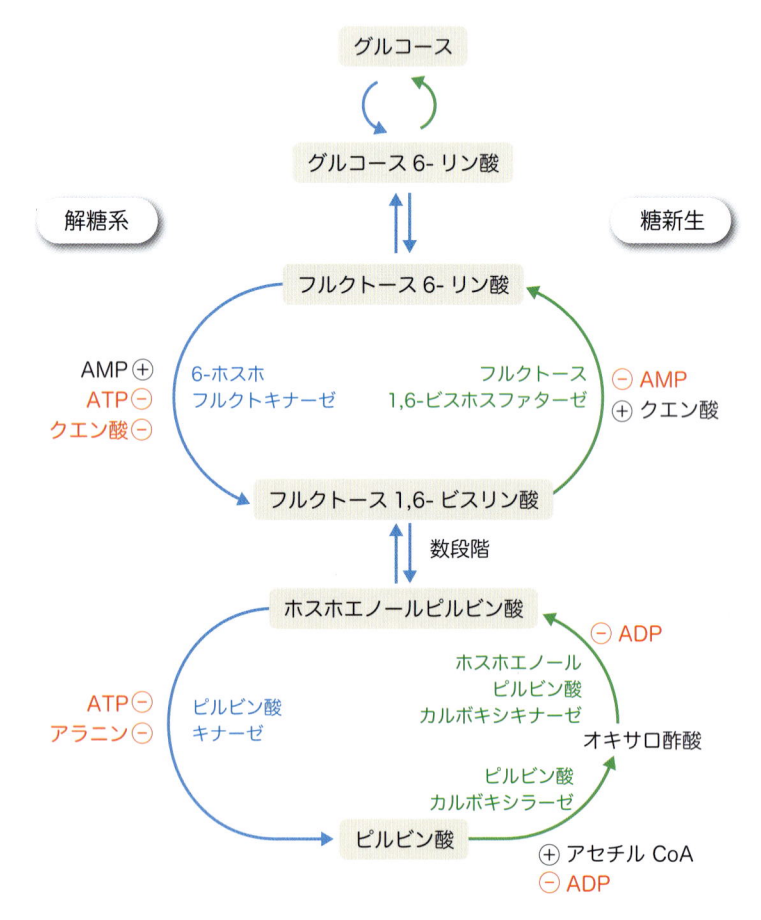

●図5-9　解糖系と糖新生の調節
解糖系と糖新生で異なる反応段階について，解糖系（青）と糖新生（緑）に影響する因子が描かれている．⊕は活性化，⊖は阻害を示す．「ストライヤー基礎生化学」（Tymoczko JL, 他/著），東京化学同人，2010を参考に作成

❶ **フルクトース6-リン酸とフルクトース1,6-ビスリン酸の相互変換**：ATPが不足しているとき，細胞内はAMPの濃度が高くなっている．AMPは6-ホスホフルクトキナーゼを活性化し，逆にフルクトース1,6-ビスホスファターゼを阻害するので，結果的に解糖系は亢進して糖新生は抑制される．一方，エネルギーが足りている場合，細胞内はATPやクエン酸の濃度が高くなっている．ATPとクエン酸は6-ホスホフルクトキナーゼを阻害し，逆にクエン酸はフルクトース1,6-ビスホスファターゼを活性化するので，解糖系が抑制されて糖新生が亢進する．クエン酸は6章で紹介するクエン酸サイクルの代謝中間体であり，クエン酸が高レベルで存在することはエネルギーが豊富なことを意味している．

❷ **ホスホエノールピルビン酸とピルビン酸の相互変換**：ATPが不足しているときはAMPだけでなくADPの濃度も高くなっており，ADPがピルビン酸カルボキシラーゼとホスホエノールピルビン酸カルボキシキナーゼを阻害して糖新生を阻害する．反対にエネルギーが足りているときは，ATPやアラニン，アセチルCoAが豊富に存在する．これらがピルビン酸キナーゼを阻害したり，ピルビン酸カルボキシラーゼを活性化する結果，解糖系が阻害されて糖新生が亢進する．

5-4 グリコーゲン代謝

先に述べたように，血中グルコース濃度（血糖値）の維持は重要である．グルコースの供給源は食事，糖新生，**グリコーゲン**分解の3種類があるが，食事の摂取は散発的である．一方，糖新生は持続的なグルコースの供給が可能だが，低血糖への応答は遅い．血糖値の過度な変動を防ぎ，血糖値を維持する**ホメオスタシス**のしくみとしてグリコーゲン代謝が存在している．グリコーゲンは主に肝臓と骨格筋で貯蔵されている．肝臓のグリコーゲンは前述のとおり，絶食時における血糖値の維持に関与しているのに対し，骨格筋のグリコーゲンは運動時の予備エネルギーとして働いている．

グリコーゲンは，**グリコゲニン**とよばれるタンパク質を核として多数のα-D-グルコースが重合した高分子で（図5-10A），グリコーゲン1分子の分子量が10^8（約60万個のグルコースに相当）に達することもある．グルコース同士の結合には直鎖状のα（1→4）グリコシド結合と枝分かれを生じるα（1→6）グリコシド結合の2種類があり，グリコーゲンは枝分かれをもった高分子構造をしている（図5-10B）．なお，グリコーゲンの末端のグルコシル基は還元性のない非還元末端である（⇒糖の還元性については3章を参照）．グリコーゲンの枝分かれ構造は，①グリコーゲンの溶解性を高め，②反応末端の数を増すことでグリコーゲンの合成・分解の速度を高めることに寄与している．

1）グリコーゲンの合成

先に述べたようにグリコーゲンの単量体はα-D-グルコースだが，単なる遊離のグルコースではなくウリジン二リン酸（UDP）-グルコースという活性化型の前駆体がグリコーゲンの合成には用いられている（図5-11）．グリコーゲン合成の全体像を図5-12に示した．以下で，その各段階について簡単に説明したい．

❶ **UDP-グルコースの合成**：まず解糖系の最初の代謝産物であるグルコース6-リン酸がホスホグルコムターゼによってグルコース1-リン酸に変換される．そしてUDP-グルコースピロホスホリラーゼによってグルコース1-リン酸とUTPからUDP-グルコースが合成される．

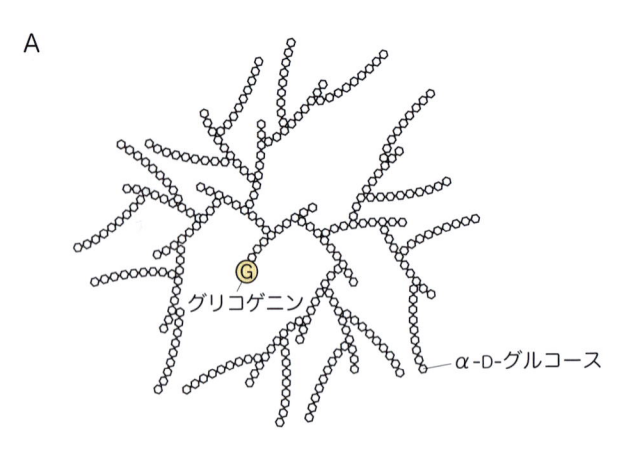

●図5-10 グリコーゲンの構造
非還元末端のグルコースが緑で示されている.「ストライヤー基礎生化学」(Tymoczko JL, 他/著), 東京化学同人, 2010を参考に作成

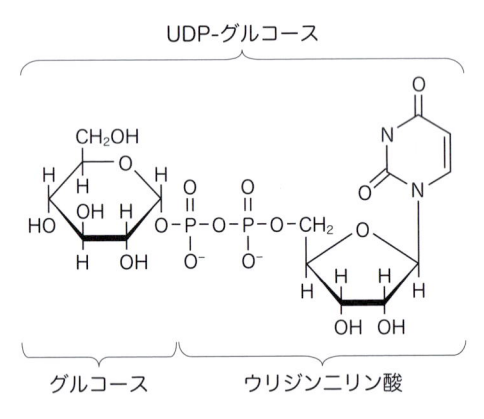

●図5-11 UDP-グルコースの構造

❷ **グリコーゲン鎖合成の開始と伸長**：グリコーゲン鎖の合成は，まずグリコゲニンというタンパク質がUDP-グルコース由来のグルコースを自身の特定のチロシン残基に付加するところから始まる．グリコゲニンは自身の糖転移酵素活性によって，さらに数個のグルコースを付加することができるが，グリコーゲンの合成を主に担っているのは**グリコーゲンシンターゼ**という別の酵素である．グリコーゲンシンターゼは，グリコーゲンの非還元末端にUDP-グルコース由来のグルコースをα(1→4) グリコシド結合で付加することで，グリコーゲン鎖を直鎖状に伸ばしていく．

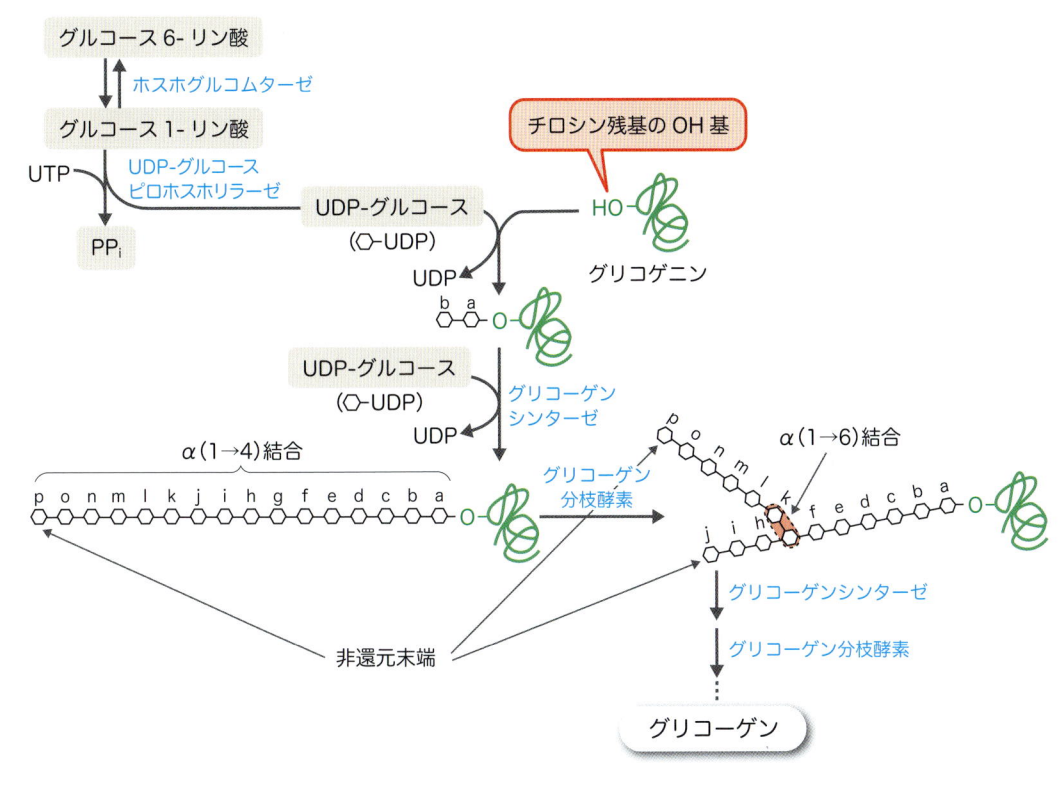

●図5-12 グリコーゲン合成の全体像
「イラストレイテッド生化学 原書5版」(Harvey RA, Ferrier DR/著), 丸善出版, 2011を参考に作成

❸ **グリコーゲンの分枝形成**：グリコーゲン鎖の分枝構造は, グリコーゲン分枝酵素によってつくられる. この酵素は, すでに合成されたグリコーゲンの非還元末端にある6〜8個程度のグルコース残基を切り出して, グリコーゲン内部のグルコース残基にα(1→6)グリコシド結合で付加する働きをする.

2) グリコーゲンの分解

貯蔵されたグリコーゲンは, 合成の逆反応とは異なる経路で分解される. グリコーゲンの分解はグリコーゲン鎖の短縮と枝分かれの除去（脱分枝）という2種類の反応によって行われる（図5-13）.

❶ **グリコーゲン鎖の短縮**：グリコーゲンの直鎖部分は**グリコーゲンホスホリラーゼ**という酵素によって分解される. グリコーゲンホスホリラーゼはグリコーゲンの非還元末端グルコースのα(1→4)グリコシド結合を加リン酸分解し, グルコース1-リン酸を与える（図5-14）. この反応は分枝から4つ離れたグルコース残基までは進行するが, それ以上は次に述べるグリコーゲン脱分枝酵素の助けなしには進まない.

❷ **グリコーゲンの脱分枝**：**グリコーゲン脱分枝酵素**はα(1→6)グリコシド結合で分枝した4つのグルコース残基を取り除くことで, グリコーゲンを直鎖化する. この反応は細かく見ると2つのステップからなっている. まずグリコーゲン脱分枝酵素の4-α-グルカノトランスフェラーゼ活性によって, 分枝した3個のグルコース残基が切り出され, α(1→4)グリコシド結合で隣の鎖に付加される. さらに残ったグルコース残基は, 同酵素のアミロ-α(1→6)グルコシダーゼ活性によって除去される（図5-13）.

5章 糖代謝1―解糖系と糖新生を中心に 103

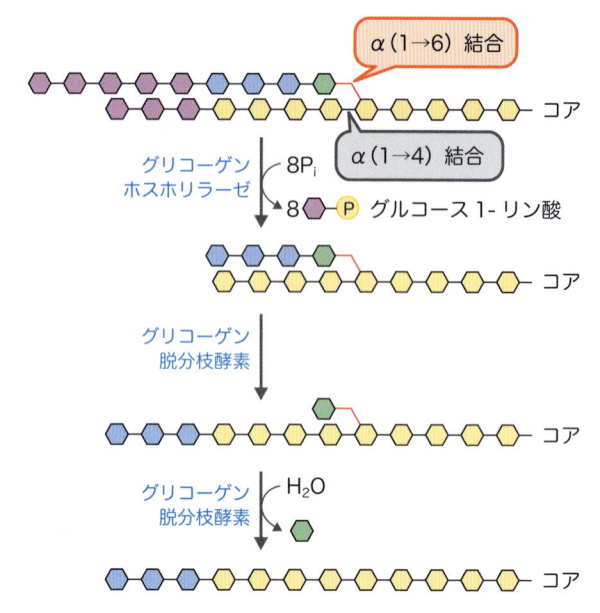

●図5-13　グリコーゲンの分解
「ストライヤー基礎生化学」（Tymoczko JL, 他/著），東京化学同人，2010を参考に作成

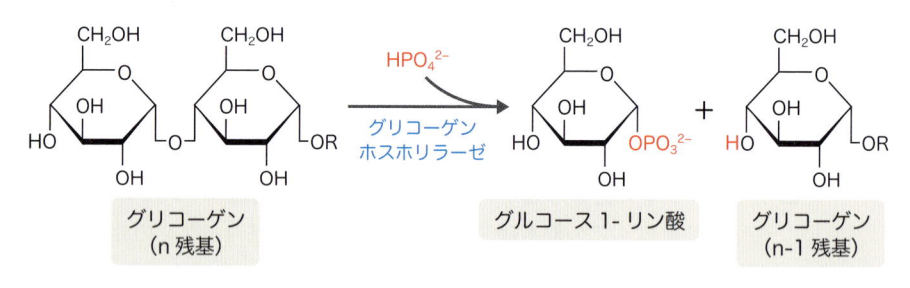

●図5-14　グリコーゲンの加リン酸分解

❸ **分解産物の代謝**：❶と❷の反応の結果，グルコース1-リン酸が分解産物として得られる．グルコース1-リン酸はホスホグルコムターゼによってグルコース6-リン酸に変換される．骨格筋ではグルコース6-リン酸は解糖系に入り（図5-7），筋収縮に必要なエネルギーを供給する．一方，肝臓ではグルコース6-リン酸はグルコース6-ホスファターゼによってグルコースに変換され（図5-8），血中に放出されて，血糖値を維持する働きをする．

3) グリコーゲンの合成と分解の調節

　血糖値を維持するため，グリコーゲンの合成と分解は厳密な制御を受けている．肝臓では食事の摂取後にグリコーゲン合成が促進され，絶食時にはグリコーゲン分解が促進される．一方，骨格筋ではグリコーゲン分解は活発に運動しているときに起こり，休息時にはすぐにグリコーゲン合成が始まる．グリコーゲンの合成と分解は2つのレベルで調節されている．1つはホルモンによる全身的な制御，もう1つは代謝産物やエネルギー分子の濃度による個々の細胞レベルでの制御である．以下で，それぞれの調節機構について説明する．

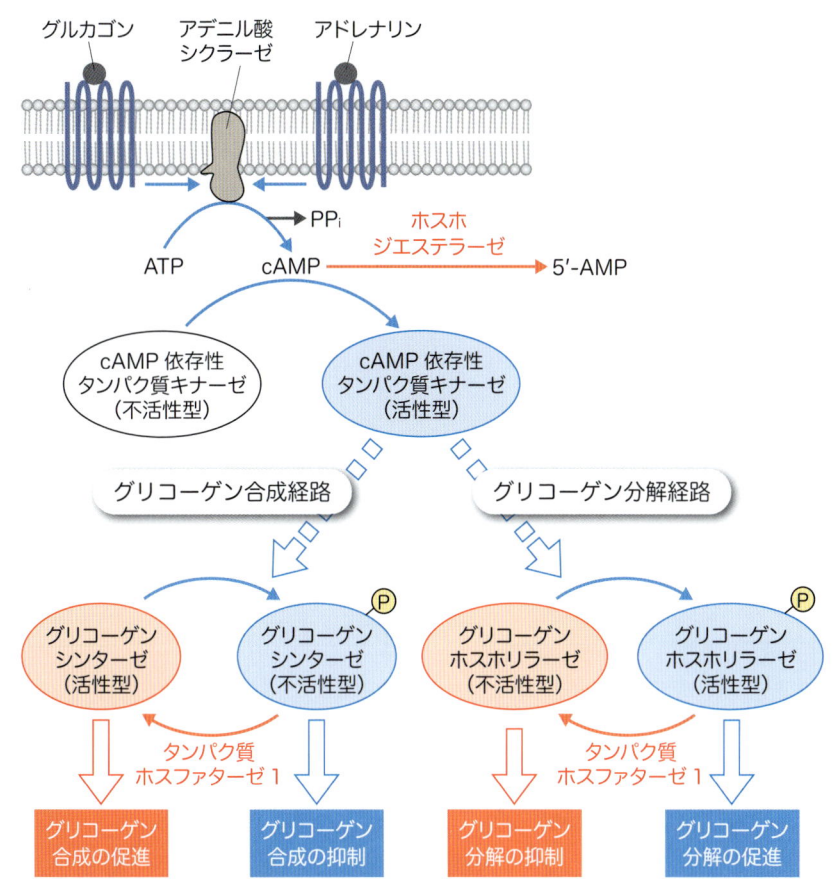

●図5-15　グリコーゲンの合成と分解の調節
　青：グルカゴン，アドレナリンシグナルで動く経路，赤：インスリンシグナルで動く経路

❶ **ホルモンによる制御**：グリコーゲン代謝を調節するホルモンとしては，グリコーゲンの分解を促進して血糖値を上げる**グルカゴン**や**アドレナリン**と，グリコーゲンの合成を促進して血糖値を下げる**インスリン**が知られている（p.107 コラム参照）．グルカゴンやアドレナリンのシグナルが細胞に伝わると，細胞内で**セカンドメッセンジャー**として働くサイクリックAMP（cAMP）（⇒13章）の濃度が上昇してcAMP依存性タンパク質キナーゼが活性化される（図5-15）．その結果，グリコーゲンホスホリラーゼが活性化されるとともにグリコーゲンシンターゼが不活性化されて，グリコーゲンの分解が促進される．反対に，インスリンのシグナルが細胞に伝わると，タンパク質ホスファターゼ1とホスホジエステラーゼ（cAMPをAMPに加水分解する酵素）が活性化される．その結果，グリコーゲンホスホリラーゼが不活性化されるとともにグリコーゲンシンターゼが活性化されて，グリコーゲンの合成が促進される．

❷ **個々の細胞レベルでの制御**：グリコーゲンシンターゼとグリコーゲンホスホリラーゼは，細胞内の代謝産物やエネルギー分子の濃度によっても制御される．肝臓と骨格筋では制御の様式が多少異なるが，細胞のエネルギーレベルが高いとき（グルコース6-リン酸やグルコース，ATPの濃度が高いとき）にはグリコーゲンの合成が促進され，逆にエネルギーレベルが低いとき（グルコース6-リン酸やグルコース，ATPの濃度が低く，AMPの濃度が高いとき）にはグリコーゲンの分解が促進される．

5-5 ペントースリン酸サイクル

本章では解糖系，糖新生，グリコーゲン代謝と説明してきたが，最後に糖代謝の別経路である**ペントースリン酸サイクル**を紹介したい．ペントースリン酸サイクルは解糖系から分岐する代謝経路であり，酸化的経路と非酸化的経路の2つで解糖系と接続している（図5-16）．なお，ペントースとはリボースのような五炭糖の総称である（⇒3章）．ペントースリン酸サイクルでは，生合成の前駆体として重要な2つの物質，すなわち**リボース5-リン酸**とNADPHがつくられる．リボース5-リン酸は核酸の構成成分であり（⇒2章），

● 図5-16 ペントースリン酸サイクル

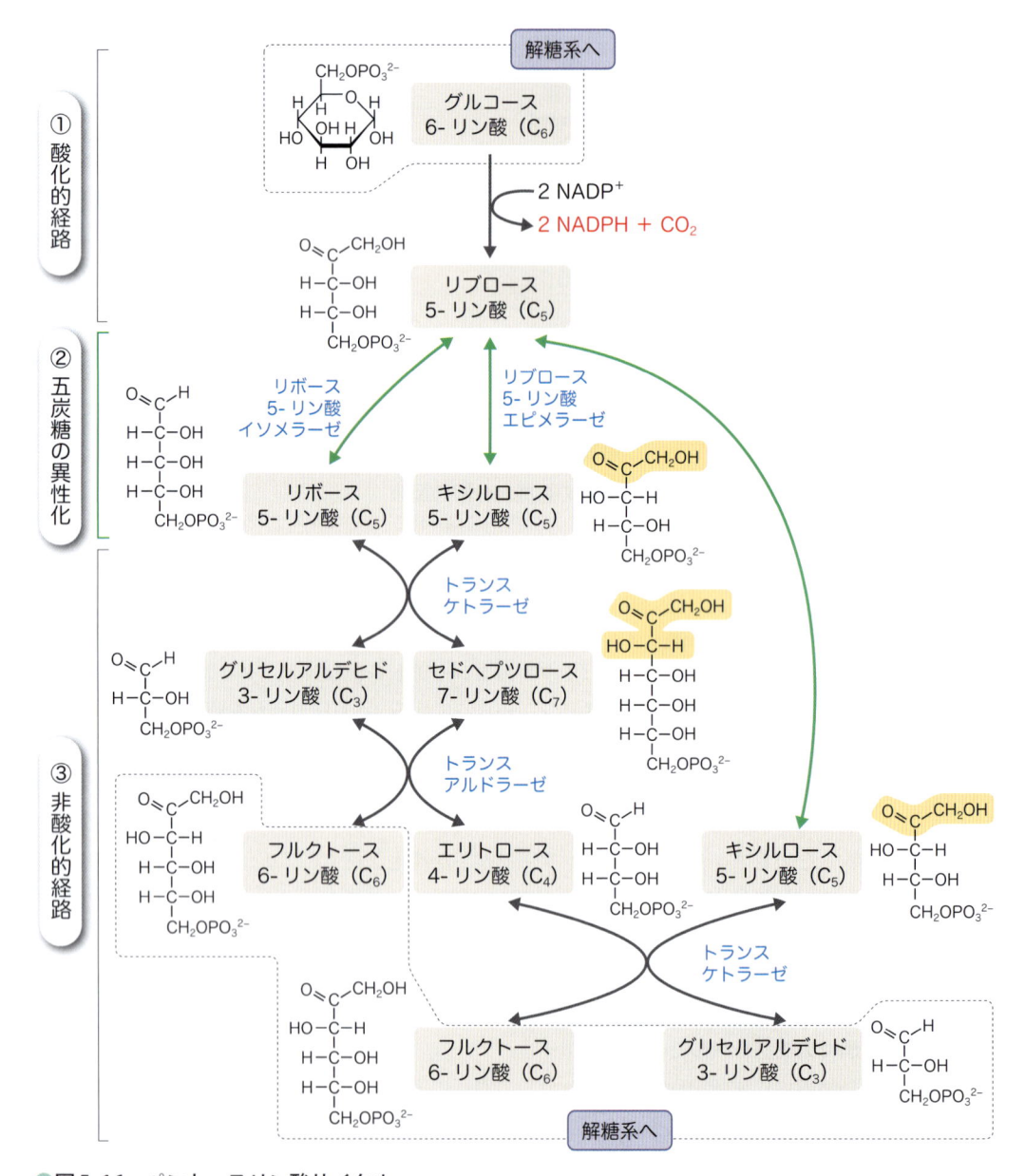

区別のため，②五炭糖の異性化の反応を緑で示す．また，③非酸化的経路で反応が上から下に進むとき，移動するC_2およびC_3単位を■で示す

106　基礎からしっかり学ぶ生化学

NADPHは脂肪酸の合成や植物の光合成などに必須の役割を果たしている．細胞の必要に応じて，ペントースリン酸サイクルによってリボース5-リン酸とNADPHのどちらか一方もしくは両方がつくり出される．

1）ペントースリン酸サイクルの各段階

❶ **酸化的経路**：ペントースリン酸サイクルの酸化的経路では，解糖系の代謝中間体であるグルコース6-リン酸が3段階の酵素反応によって酸化的脱炭酸を受け，五炭糖であるリブロース5-リン酸とCO_2，そして2分子のNADPHが生じる．これは不可逆的な反応である．

$$\text{グルコース6-リン酸}(C_6) + 2NADP^+ + H_2O$$
$$\rightarrow \text{リブロース5-リン酸}(C_5) + CO_2 + 2NADPH + 2H^+$$

❷ **五炭糖の異性化**：リブロース5-リン酸は，さらにリボース5-リン酸イソメラーゼやリブロース5-リン酸エピメラーゼによって同じ五炭糖のリボース5-リン酸やキシルロース5-リン酸と相互に変換される．

❸ **非酸化的経路**：これら五炭糖は非酸化的経路でも解糖系と接続されている．非酸化的経路では，糖のC–C結合の開裂と生成を触媒するトランスケトラーゼとトランスアルドラーゼという酵素が働く．トランスケトラーゼはC_2単位〔$CH_2(OH)CO-$〕の移動を，トランスアルドラーゼはC_3単位〔$CH_2(OH)COCH(OH)-$〕の移動を触媒する結果，3段階で以下の反応が起きる．炭素の個数が両辺で等しいことに注意してほしい．

$$3\text{リブロース5-リン酸}(C_5) \rightleftarrows$$
$$2\text{フルクトース6-リン酸}(C_6) + \text{グリセルアルデヒド3-リン酸}(C_3)$$

フルクトース6-リン酸とグリセルアルデヒド3-リン酸は，どちらも解糖系の代謝中間体である（図5-7）．この過程は可逆的であり，五炭糖はこの非酸化的経路によってもつくり出される．

Column　糖尿病と糖新生

11月14日が何の日かご存知だろうか．この日はインスリンの発見者フレデリック・バンティング（1923年ノーベル生理学・医学賞）の誕生日であり，毎年この日は「世界糖尿病デー」として，世界各地で糖尿病の予防や治療に関する啓発運動が行われている．裏を返せば，糖尿病はそれほど世界的に蔓延した深刻な疾患ということであり，日本だけでも疑いのある患者を含めると2,000万人以上が糖尿病に罹患していると推定されている．よく知られているように，糖尿病は血糖値が病的に高くなる疾患である．糖尿病は1型と2型に分けられ，1型は何らかの原因でインスリンを分泌する細胞自体が破壊されて引き起こされる．一方，2型はインスリンの分泌が低下したりインスリンの効きが悪くなることで引き起こされる．インスリンはさまざまなメカニズムで血糖値の低下を導くが，その1つが糖新生の酵素であるホスホエノールピルビン酸カルボキシキナーゼの発現抑制であり，それによってインスリンは糖新生を阻害する．しかしながら，2型糖尿病の患者ではインスリンが存在しても，このキナーゼの発現を抑制できず，糖新生が働き続けて血糖値が上昇する．糖尿病を治療するうえで糖新生は重要な標的の1つと考えられており，実際，抗糖尿病薬のメトホルミンは糖新生を阻害すると言われている．

2) 解糖系とペントースリン酸サイクルの協調的制御

　生合成の重要な前駆体であるリボース5-リン酸とNADPHがペントースリン酸サイクルでつくられるが，2つの物質が常に同程度必要なわけではない．以下で説明するように，解糖系とペントースリン酸サイクルの協調的制御によって，リボース5-リン酸とNADPHのどちらか一方もしくは両方を合成することができる．

❶ **リボース5-リン酸のみが必要な場合**：例えば分裂中の細胞では，DNA合成のために大量のリボース5-リン酸が必要である．そのような場合，ペントースリン酸サイクルの酸化的経路は用いられず，非酸化的経路によってフルクトース6-リン酸とグリセルアルデヒド3-リン酸からリボース5-リン酸のみがつくり出される．

❷ **リボース5-リン酸とNADPHがどちらも必要な場合**：この場合はペントースリン酸サイクルの酸化的経路が用いられて，1分子のグルコース6-リン酸から1分子のリボース5-リン酸と2分子のNADPHがつくり出される．

❸ **NADPHのみが必要な場合**：例えば肝臓が脂肪酸を合成する際には大量のNADPHが必要となる．そのような場合，まずペントースリン酸サイクルの酸化的経路によってリブロース5-リン酸とNADPHが生じる．生じたリブロース5-リン酸は，さらに非酸化的経路によってフルクトース6-リン酸とグリセルアルデヒド3-リン酸に変換され，解糖系に戻される．以上の結果，五炭糖の合成を伴わずにNADPHのみがつくり出される．

章末問題

➡ 解答は236ページ参照

問1　異化と同化について説明せよ．

問2　解糖系について記述した以下の文章の空欄を埋めよ．
　解糖系はすべての生物が行う代謝である．解糖系は大きく2つに分けることができ，まず前半の反応で，グルコースがATPを消費して2分子の（　ア　）に変換される．そして後半の反応では（　ア　）が（　イ　）に変換され，その過程でATPが合成される．解糖系全体の化学反応式は（　ウ　）のように表すことができ，ATPのほか（　エ　）という還元型の電子伝達体も産生される．

問3　糖新生の過程の多くは解糖系の逆反応だが，いくつかの段階は糖新生に固有である．その理由を説明せよ．

問4　哺乳類の体内で，グリコーゲンは主に2つの場所に貯蔵されている．2つの場所をあげ，それぞれの場所でグリコーゲンが果たす役割を説明せよ．

問5　解糖系に接続している代謝系としてペントースリン酸サイクルがあり，このサイクルは2つの重要な生体分子を合成するのにかかわっている．これら2つの分子の名称をあげ，それらが生体内で果たす役割を簡単に説明せよ．

第Ⅱ部　生体分子の代謝

6章 糖代謝2
—クエン酸サイクルと電子伝達

好気呼吸を行う好気性生物では，①解糖系で生じたピルビン酸は②アセチルCoAに変換され，アセチルCoAはさらに③クエン酸サイクルによって二酸化炭素へと分解される．この過程で還元型の酸化還元補酵素NADHとFADH$_2$が生じるが，それらは④電子伝達によって酸化型のNAD$^+$とFADに戻され，それと共役した⑤酸化的リン酸化によってATPが合成される．これら一連の過程により，好気性生物はグルコースから効率よくATPをつくり出すことができる．本章では，好気呼吸に特有な代謝過程である②〜⑤を順に紹介する．

6-1 好気呼吸の全体像

食物から摂取したグルコースは解糖系でピルビン酸に代謝され，その過程でATPやNADHが生じる．生じたピルビン酸やNADHがその後どうなるかは，生物の種類や生育環境によって異なる．**嫌気呼吸**とよばれる酸素を用いない代謝が進行した場合は，前章でも述べたように，ピルビン酸はアルコール発酵や乳酸発酵によってアルコールや乳酸に変換され，その過程でNADHはNAD$^+$にリサイクルされる．一方，酸素を消費する**好気呼吸**が行われた場合は，本章で述べる過程によってピルビン酸は二酸化炭素にまで完全に酸化される．そして，その過程で生じたNADHやFADH$_2$は電子伝達と酸化的リン酸化によってNAD$^+$やFADへとリサイクルされるとともに，ATPが合成される．

嫌気呼吸は単純であり，ほぼすべての生物に備わっているが，エネルギー（ATP分子）の産生効率は低い．一方，好気呼吸はより複雑な代謝のしくみを必要とし，原核生物の一部と真核生物のみが行うが，エネルギーの産生効率は嫌気呼吸と比べて遥かに高い．例えばヒトは嫌気呼吸と好気呼吸の両方を行いうるが，必要なATPのおよそ90％は好気呼吸によって得ている．

本章では，こうした好気呼吸の代謝過程を取り扱う．解糖系以降の過程は，大きく3つ（図6-1の分け方では4つ）のステップに分けることができる．

1）アセチルCoAの産生

解糖系の最終産物であるピルビン酸（C$_3$化合物）は，**ピルビン酸デヒドロゲナーゼ複合体**によって脱炭酸され（つまりCO$_2$が引き抜かれ），**アセチルCoA**が生じる（図6-1の②）．アセチルCoAは，アセチル基（C$_2$化合物）が補酵素A（コエンザイムA，CoA，⇒図5-6）と高エネルギーのチオエステル結合によって結びついた化合物である．アセチルCoAはピルビン酸と同じく重要な代謝中間体であり，本章で述べるエネルギー代謝のほか，脂質代謝にも関与している（⇒図5-1，8章）．

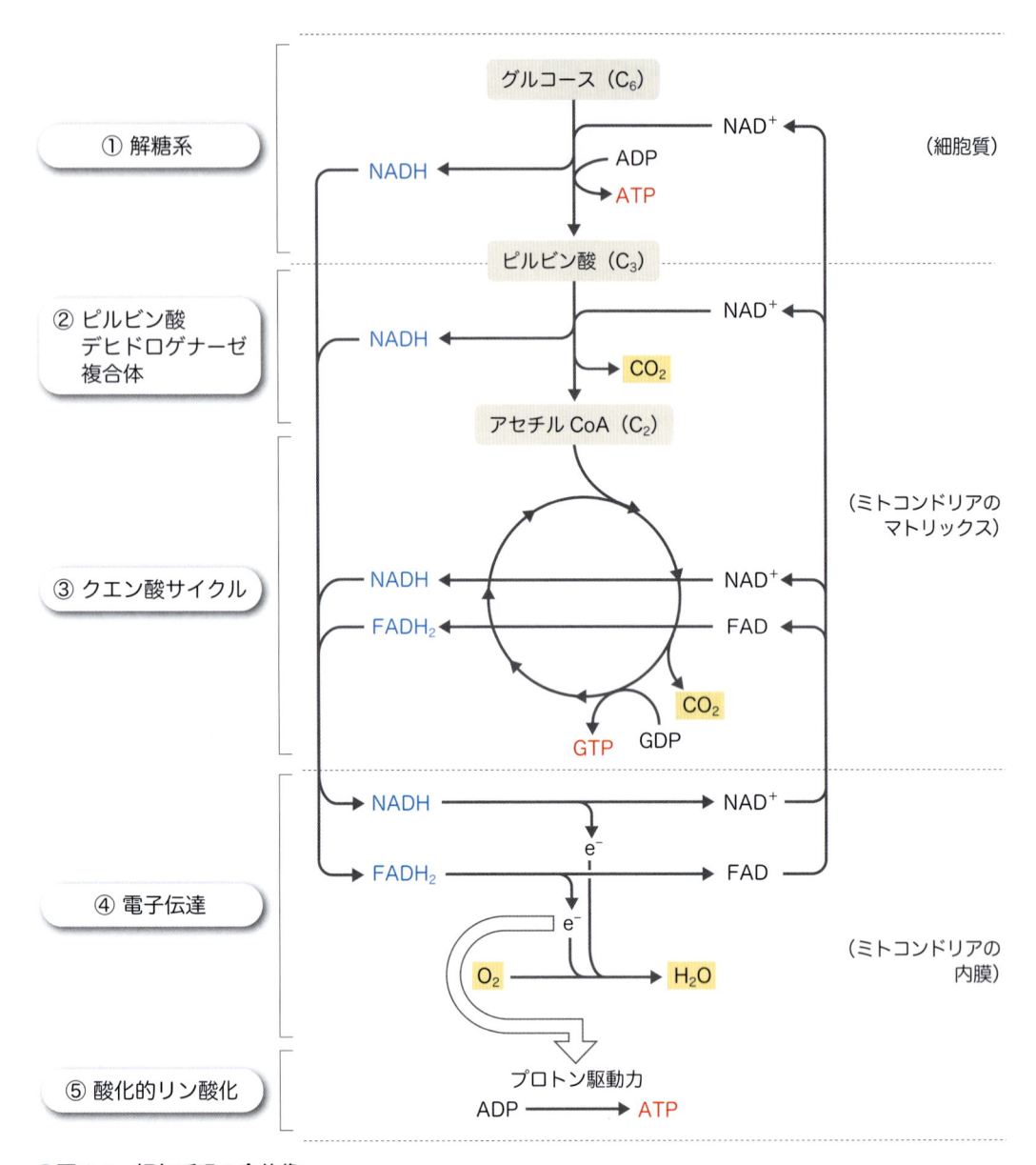

●図6-1　好気呼吸の全体像
各分子の分子数は省略した．数字については図6-12を参照．電子伝達にガス状酸素が必要なので，②〜⑤の過程は酸素なしには進まない．真核細胞においてこれらの過程が起こる場所を右に示した

2）クエン酸サイクル

　生じたアセチルCoAは**クエン酸サイクル**によってさらに酸化され，CO_2 2分子が生じる．
　ここまでの過程をグルコースの炭素骨格に注目して改めて整理してみよう．まず解糖系によってグルコース（C_6 化合物）がピルビン酸（C_3 化合物）2分子に変換される．次に，ピルビン酸デヒドロゲナーゼ複合体によってピルビン酸（C_3 化合物）2分子がアセチルCoA（C_2 化合物）2分子とCO_2 2分子に変換される．さらに，クエン酸サイクルによってアセチルCoAのアセチル基がCO_2 2分子に変換され，グルコース1分子から計6分子のCO_2が生じる．
　多くの水素原子と結びついて高い還元状態にあったグルコースの炭素原子は，こうした一連の過程によってCO_2にまで完全に酸化される．このグルコースの酸化と共役して，

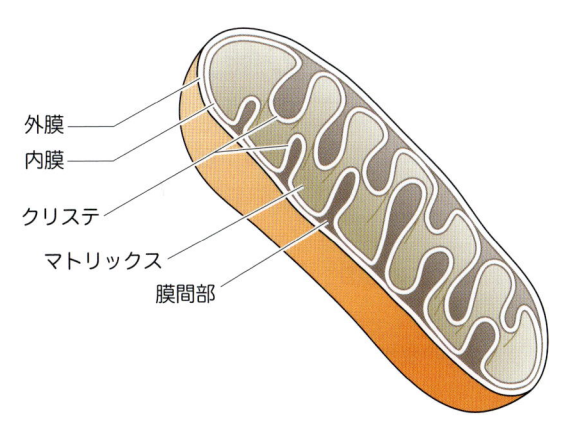

●図6-2 ミトコンドリアの模式図

NAD⁺やFADといった酸化還元補酵素が還元され，高エネルギー状態のNADHやFADH₂が生じる．

3) 電子伝達と酸化的リン酸化

生じたNADHやFADH₂は**電子伝達**と**酸化的リン酸化**によって酸化され，NAD⁺やFADにリサイクルされる（図6-1の④）．NADHやFADH₂から引き抜かれた電子は，呼吸によって細胞内に取り込まれたO_2と反応して水を与える．この酸化還元反応で生じた自由エネルギーは，最終的にATPシンターゼ（複合体Ⅴ，後述）がATPを合成するのに用いられる（図6-1の⑤）．これでようやく，5章でも紹介した以下の式が完成する．

$$C_6H_{12}O_6（グルコース）+ 6O_2 \rightarrow 6CO_2 + 6H_2O$$

両辺の1つ目の項は解糖系からクエン酸サイクルまでの代謝過程（①〜③）を表し，2つ目の項は電子伝達と酸化的リン酸化（④⑤）を表している．そして，この式では省略されているが，1分子のグルコースから約38分子のATPが産生される（この数字の導出については後述）．1分子のグルコースから2分子のATPしか産生されない嫌気呼吸（⇒5章）と比べて，好気呼吸のエネルギー産生効率は圧倒的に高いことがわかる．

真核細胞では，解糖系は細胞質で進行するのに対して，本章で取り扱うアセチルCoAの産生，クエン酸サイクル，電子伝達と酸化的リン酸化（②〜⑤）はすべて**ミトコンドリア**で進行する（p.121 コラム参照）．ミトコンドリアは真核生物のエネルギー代謝に重要な細胞内小器官なので，その構造についてここで説明しておく．ミトコンドリアは直径$0.5\,\mu m$，長さ$2\,\mu m$程度の大きさをもち，2つの脂質二重膜（**外膜と内膜**）によって隔てられた袋状の構造をしている（図6-2）．内膜は図6-2のように，ひだ状に入り組んでおり，この構造を特に**クリステ**とよぶ．また，外膜と内膜の間の空間は**膜間部**とよばれ，内膜の内側の空間は**マトリックス**とよばれる．本章で取り扱う代謝過程のうち，アセチルCoAの産生とクエン酸サイクルはマトリックスで進行する．一方，電子伝達と酸化的リン酸化にかかわるタンパク質複合体は内膜上に存在している．

以下では，アセチルCoAの産生，クエン酸サイクル，電子伝達と酸化的リン酸化の各ステップについてもう少し詳しく説明していく．電子伝達の理解に重要な酸化還元電位についても紙面を割いて説明したい．

6-2　アセチルCoAの産生

解糖系でつくられたピルビン酸は，まずピルビン酸輸送体によってミトコンドリアのマトリックスに輸送され，そこでピルビン酸デヒドロゲナーゼ複合体の働きによってアセチルCoAへと変換される．その反応式は以下のとおりである．

$$\text{ピルビン酸} + \text{CoA} + \text{NAD}^+ \rightarrow \text{アセチルCoA} + \text{CO}_2 + \text{NADH} + \text{H}^+$$

この反応は**酸化的脱炭酸**ともよばれ，ピルビン酸（C_3化合物）が酸化されてCO_2が脱離するとともにアセチル基（C_2化合物）が生じる．アセチル基は補酵素Aと結びつく一方，酸化還元反応の結果，NADHが生じる．ワンステップで起きるには複雑すぎる反応だが，この反応を触媒するピルビン酸デヒドロゲナーゼ複合体は，実は以下の3種類の酵素からなっている．これらの酵素が巨大な酵素複合体を形成して，酵素間で基質をスムースに受け渡すことで，上記の複雑な反応が効率よく進行する．

E1：ピルビン酸デヒドロゲナーゼ
E2：ジヒドロリポアミドアセチルトランスフェラーゼ
E3：ジヒドロリポアミドデヒドロゲナーゼ

ピルビン酸（C_3）からアセチルCoA（C_2）を生じる酸化的脱炭酸は不可逆的な反応であり，いったんアセチルCoAに変換されたらピルビン酸に戻ったり，糖新生経路によってさらにグルコースに戻ったりすることはない（図6-1）．そういった意味で，ピルビン酸からアセチルCoAへの変換は代謝の方向を決定づける重要なステップである．

6-3　クエン酸サイクル

クエン酸サイクルは糖のみならずアミノ酸や脂肪酸の代謝にも関係し，代謝系の中心とも言える過程である．クエン酸サイクルは後述するように，エネルギーを取り出す**異化**過程のみならず，**同化**過程にも関与しており，各種の生合成に必要な前駆体を供給するという重要な役割を果たしている．まずは，これまでの流れに沿って，糖代謝の一部としてクエン酸サイクルを説明しよう．

ピルビン酸デヒドロゲナーゼ複合体によって生じたアセチルCoAはクエン酸サイクルに入り，アセチル基がCO_2 2分子へと完全に酸化される．その過程で生じたエネルギーはGTP，NADH，$FADH_2$の合成に用いられる．反応全体をまとめると以下のようになる．

$$\text{アセチルCoA} + 3\text{NAD}^+ + \text{FAD} + \text{GDP} + P_i + 2H_2O$$
$$\rightarrow 2CO_2 + \text{CoA} + 3\text{NADH} + FADH_2 + \text{GTP} + 2H^+$$

クエン酸サイクルは文字どおりサイクル状の代謝過程であり，8種類の酵素が関与している（図6-3）．まず，アセチルCoAのアセチル基（C_2）は**オキサロ酢酸**（C_4）と結びついて**クエン酸**（C_6）を生じる．これがクエン酸サイクルの名前の由来となっている（クエン酸は3つのカルボキシ基を有しているのでトリカルボン酸＝TCAサイクル，あるいは発見者のハンス・クレブスにちなんでクレブスサイクルともよばれる）．続く3つの段階でク

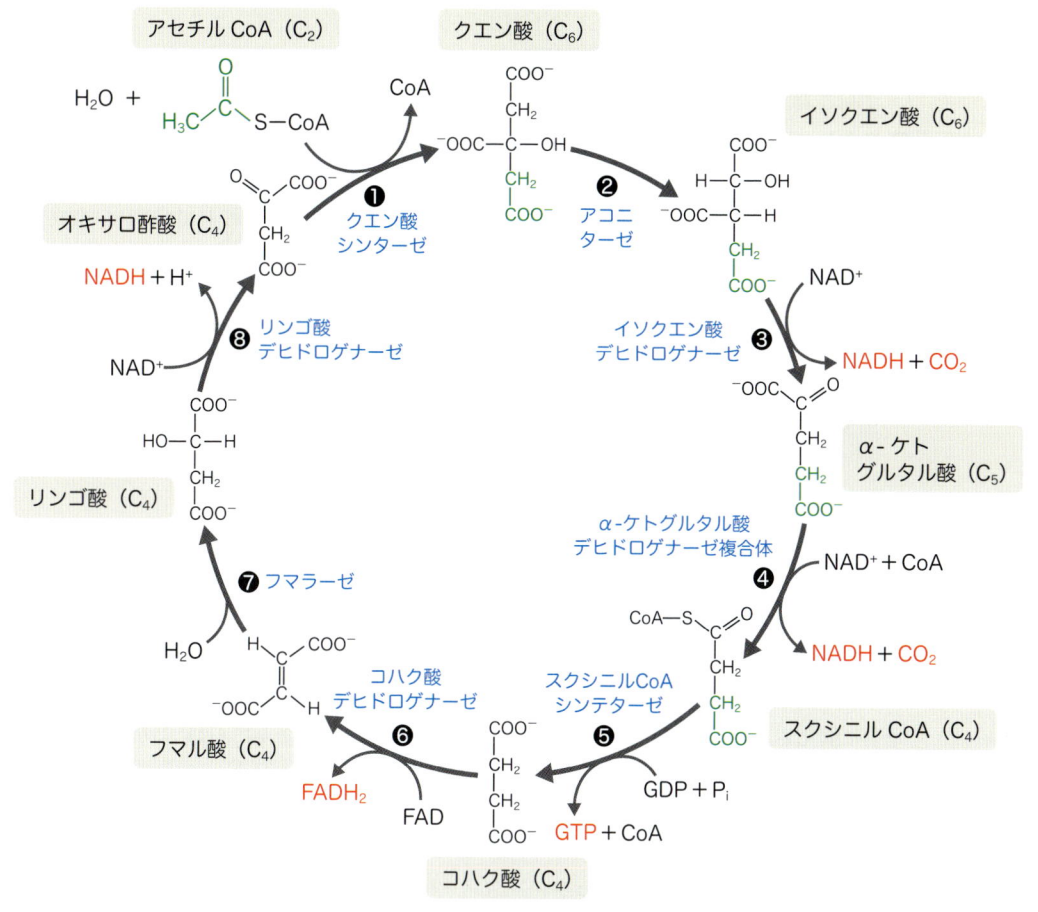

●図6-3 クエン酸サイクル
図中の❶〜❽は本文解説と対応している．アセチルCoAのアセチル基に由来する構造を緑色で示す．また，生じるエネルギー分子とCO₂を赤で示す

エン酸は2回の酸化的脱炭酸を受け，スクシニルCoA（C₄）とCO₂ 2分子を与える．スクシニルCoAはその後の一連の反応によってオキサロ酢酸へと再生される．クエン酸サイクルが回っても，図6-3に示されたオキサロ酢酸やクエン酸，コハク酸やリンゴ酸といった反応中間体は基本的に増えたり減ったりしない点に注意してほしい．

クエン酸サイクルの各反応を以下で簡単に説明する．

1）クエン酸サイクルの各反応

❶ **アセチルCoAとオキサロ酢酸からのクエン酸の合成**：アセチルCoA（C₂）とオキサロ酢酸（C₄）は，クエン酸シンターゼによって縮合してクエン酸（C₆）を与える．

❷ **クエン酸の異性化**：クエン酸はアコニターゼによって異性化され，イソクエン酸になる．

❸ **イソクエン酸の酸化的脱炭酸**：イソクエン酸（C₆）はイソクエン酸デヒドロゲナーゼによって酸化的脱炭酸を受け，α-ケトグルタル酸（C₅）とCO₂を生じる．この酸化還元反応に伴いNADH 1分子も生じる．

❹ **α-ケトグルタル酸の酸化的脱炭酸**：α-ケトグルタル酸（C₅）はα-ケトグルタル酸デヒドロゲナーゼ複合体によって酸化的脱炭酸を受け，スクシニルCoA（C₄）とCO₂

6章　糖代謝2—クエン酸サイクルと電子伝達　113

を生じる．ここでもNADH 1分子が生じる．この酵素反応は，ピルビン酸をアセチルCoAに変換する過程と類似した機構によって，すなわち巨大な酵素複合体の働きによって起こり，酸化的脱炭酸によって生じたスクシニル基は補酵素Aと結びつく．

❺ **スクシニルCoAの開裂**：スクシニルCoAのチオエステル結合はスクシニルCoAシンテターゼによって加水分解され，コハク酸と補酵素Aが生じる．スクシニルCoAのチオエステル結合は高エネルギーの結合なので，その加水分解と共役してGTPが合成される．スクシニルCoAシンテターゼ（合成酵素）という名前と反応が対応していないと思われるかもしれないが，酵素は逆反応も促進するので，逆反応に対して命名されることもある．

❻ **コハク酸の酸化**：コハク酸はコハク酸デヒドロゲナーゼによって酸化され，フマル酸になる．それと共役して（NAD^+ではなく）FADが還元されて$FADH_2$になる．コハク酸デヒドロゲナーゼは複合体Ⅱという別名でも知られ，電子伝達にも直接関与している（後述）．

❼ **フマル酸の水和**：フマラーゼによってフマル酸に水が添加されて，リンゴ酸になる．

❽ **リンゴ酸の酸化**：リンゴ酸はリンゴ酸デヒドロゲナーゼによって酸化され，オキサロ酢酸になる．この酸化還元反応に伴いNADH 1分子も生じる．

以上をまとめると，クエン酸サイクルが1回転することでアセチルCoAのアセチル基が完全に酸化されてCO_2 2分子を生じるほか，エネルギー分子としてGTP 1分子，NADH 3分子，そして$FADH_2$ 1分子が生じる．このうちGTPは以下の反応によってエネルギーのロスなくATPに変換される．

$$GTP + ADP \rightleftarrows GDP + ATP$$

NADHと$FADH_2$は後述する電子伝達と酸化的リン酸化によって酸化型のNAD^+とFADに変換され，それと共役してATPが産生される．

2) クエン酸サイクルの調節

クエン酸サイクルは，いくつかの段階で調節されている．ここでは特に重要な3つの段階——クエン酸サイクルの入り口となるアセチルCoAを産生する段階，イソクエン酸の酸化的脱炭酸，α-ケトグルタル酸の酸化的脱炭酸——について説明する（図6-4）．これらの反応はいずれも，主にATP/ADP比とNADH濃度によって調節されている．ATP/ADP比やNADH濃度が高い場合，すなわちエネルギーが充足している場合は，上記の反応はいずれも抑制されてクエン酸サイクルは阻害される．反対にエネルギーが不足していると，これらの反応は促進される．

3) クエン酸サイクルと生合成

本章ではこれまで，エネルギー産生のための代謝経路としてクエン酸サイクルを説明してきたが，クエン酸サイクルは各種の生合成に必要な中間体を供給するという重要な役割も担っている．例えば，前章で紹介した糖新生の経路ではオキサロ酢酸が代謝中間体として登場する（⇒5章）．オキサロ酢酸のほかにもクエン酸，α-ケトグルタル酸，スクシニルCoAなどが脂肪酸やコレステロール，アミノ酸，ポルフィリン，ヌクレオチド等の生合成の前駆体物質として働いている（⇒図5-1，図6-5）．これらの代謝経路は8, 9章で詳し

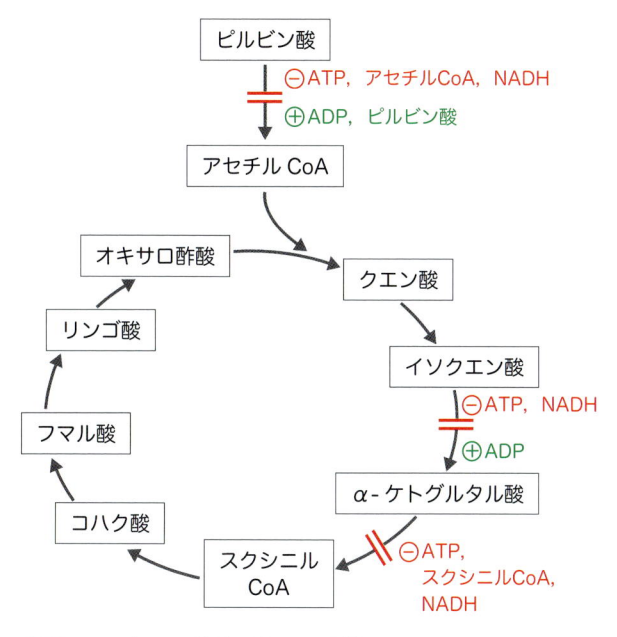

●図6-4　クエン酸サイクルの調節
正に制御する因子を緑とプラス記号で，負に制御する因子を赤とマイナス記号で示す

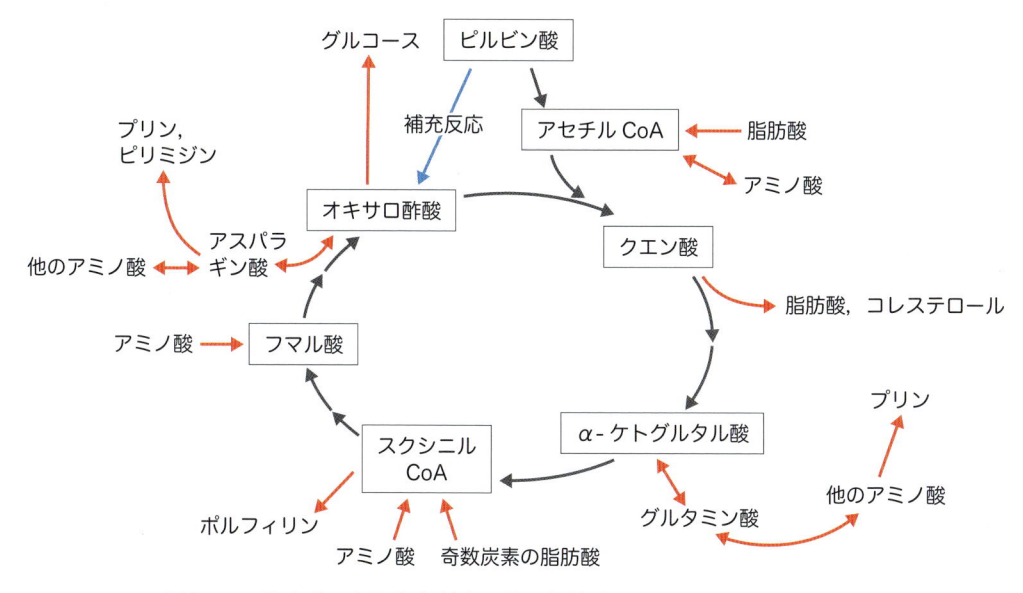

●図6-5　生合成に必要な各種中間体を供給するためのクエン酸サイクル
クエン酸サイクルは生合成に必要な各種中間体を供給する役目も果たす

く紹介することになる．
　これらの生合成によってクエン酸サイクルを構成する代謝中間体の物質濃度が低下すると，クエン酸サイクルが効率よく回らなくなってしまう．そういった場合，**補充反応**（アナプレロティック反応）によってクエン酸サイクルの中間体が外から供給される．補充反応の主な経路は，ピルビン酸カルボキシラーゼによるオキサロ酢酸の合成である（図6-5）．

6章　糖代謝2―クエン酸サイクルと電子伝達　115

この反応は糖新生の一部としても登場し，以下の反応式で表される．

> ピルビン酸 ＋ CO_2 ＋ ATP ＋ H_2O → オキサロ酢酸 ＋ ADP ＋ P_i

クエン酸やα-ケトグルタル酸，スクシニルCoAなどが枯渇した場合でも，このようにして合成されたオキサロ酢酸とアセチルCoAによってクエン酸サイクルが回ることで，代謝中間体は補充される．

6-4 電子伝達と酸化的リン酸化

好気呼吸の最終段階は，解糖系からクエン酸サイクルまでの過程で取り出したNADHやFADH₂の電気化学ポテンシャル（⇒3章）を使ってATPを合成する電子伝達と酸化的リン酸化である．まず電子伝達とよばれる一連の酸化還元反応によって，還元型のNADHやFADH₂はNAD⁺やFADへと再酸化される．この過程で生じる自由エネルギーを用いて，ミトコンドリア内膜の内外にプロトン（水素イオン）の濃度勾配がつくり出される．次に，このプロトンの濃度勾配（プロトン駆動力）を利用してATPが合成される（酸化的リン酸化）．

以下では，まず酸化還元反応の基本事項について説明した後，電子伝達と酸化的リン酸化について説明していく．

1）酸化還元反応の基本事項

酸化還元反応は電子の授受と言い換えることができる．電子（e⁻）を吸収する反応が**還元**であり，電子を放出する反応が**酸化**である．以下にいくつかの酸化還元の半反応式を示したが（式①〜⑦），これらが右向きに進む反応が還元であり，左向きに進む反応が酸化である．各式には**標準還元電位** $E°'$ も示している．標準還元電位とは，各物質の酸化や還元のされやすさを表しており，標準水素電極（$2H^+ + 2e^- \rightleftarrows H_2$，ただし標準状態において）を基準にして測定される値である．

例えば，式①のように $Cu^{2+} + 2e^- \rightleftarrows Cu$ の標準還元電位 $E°'$ は＋0.34 Vである．つまり，この反応を行う半電池と標準水素電極を図6-6Aのように銅線でつなぐと，＋0.34 Vの電位差が生じる．電子は電位の低い方から高い方に流れるので，電子は銅線の右から左に流れ，$Cu^{2+} + 2e^- \rightleftarrows Cu$ の反応は右に進んで Cu^{2+} はCuに還元される．一方，式②のように $Zn^{2+} + 2e^- \rightleftarrows Zn$ の標準還元電位 $E°'$ は−0.76 Vなので，この半電池と標準水素電極を図6-6Bのように銅線でつなぐと，電子は銅線の左から右に流れる．したがって Zn^{2+} ＋

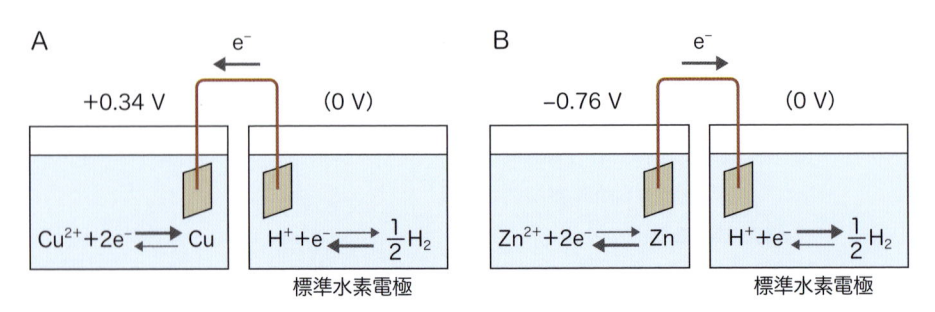

●図6-6　半電池と標準水素電極
上図は模式図である．電流が定常的に流れるには塩橋が必要だし，実際の水素電極はもっと複雑な形をしている．

$2e^-$ ⇄ Zn の反応は左に進んで Zn は Zn^{2+} に酸化される．以上をまとめると，標準還元電位が正の値をとるときは順反応が進みやすく（酸化還元物質は電子受容体として働いて還元されやすく），標準還元電位が負の値をとるときは逆反応が進みやすい（酸化還元物質は電子供与体として働いて酸化されやすい）．

それでは，これら2つの半電池を直接，銅線でつなぐとどうなるだろうか．式①から式②を差し引くと，式①－②のようになる．このようにして，任意の酸化還元反応の標準還元電位を求めることができる．

①	$Cu^{2+} + 2e^-$ ⇄ Cu	$E^{\circ\prime} = +0.34$ V
②	$Zn^{2+} + 2e^-$ ⇄ Zn	$E^{\circ\prime} = -0.76$ V
①－②	$Cu^{2+} + Zn$ ⇄ $Cu + Zn^{2+}$	$\Delta E = +1.10$ V

ところで，標準還元電位の電位差 ΔE と自由エネルギー変化 ΔG の間には以下の関係式が成り立つ．

$$\Delta G = -n \cdot F \cdot \Delta E$$

ここでnは酸化還元反応によって授受される電子の数であり，Fはファラデー定数（96.485 $kJ \cdot V^{-1} \cdot mol^{-1}$）である．$\Delta E$ が正であれば ΔG は負なので，例えば式①－②では右向きの反応が自発的に進むことがわかる．

2）電子伝達

電子伝達では，リレーのバトンのように電子が種々の酸化還元物質によって文字どおり受け渡される．最初の電子供与体となるのはNADHと$FADH_2$であり，最後の電子受容体となるのはO_2である．つまり，NADHと$FADH_2$は電子を放出して（酸化されて）NAD^+とFADになり（式③と式④の左向きの反応），O_2は電子を吸収して（還元されて）水になる（式⑤の右向きの反応）．

③	$NAD^+ + H^+ + 2e^-$ ⇄ NADH	$E^{\circ\prime} = -0.315$ V
④	$FAD + 2H^+ + 2e^-$ ⇄ $FADH_2$	$E^{\circ\prime} = -0.040$ V
⑤	$½O_2 + 2H^+ + 2e^-$ ⇄ H_2O	$E^{\circ\prime} = +0.815$ V

それらの間では，**複合体Ⅰ**（NADH:CoQオキシドレダクターゼ），**複合体Ⅱ**（コハク酸:CoQオキシドレダクターゼ），**複合体Ⅲ**（CoQ:シトクロムcオキシドレダクターゼ），**複合体Ⅳ**（シトクロムcオキシダーゼ）というミトコンドリアの内膜上に存在する酸化還元酵素複合体が働いている（図6-7）．NADHから電子を受け取るのは複合体Ⅰであり，電子は複合体Ⅰからさらに複合体Ⅲ，複合体Ⅳを通って流れていく．一方，$FADH_2$の電子は複合体Ⅱから複合体Ⅲ，複合体Ⅳへと流れていく．そして電子は，最終的に複合体ⅣからO_2へと受け渡される．なお前述したように，複合体Ⅱは$FADH_2$の生成にかかわるクエン酸サイクルの酵素，コハク酸デヒドロゲナーゼそのものである．

複合体Ⅰ～Ⅳのほかに，**補酵素Q**（**CoQ**）ならびに**シトクロムc**という可動性の電子伝達体も重要な役割を果たしている．CoQはミトコンドリア内膜に存在する低分子の酸化還元補酵素であり，複合体ⅠとⅢの間もしくは複合体ⅡとⅢの間を往復して電子を伝達して

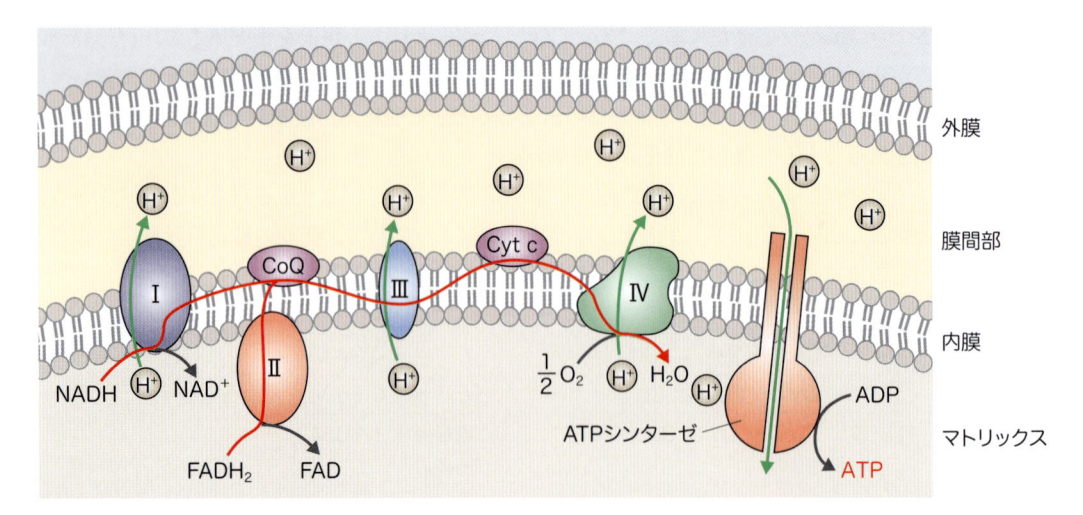

●図6-7　ミトコンドリア内膜での電子伝達
→は電子の動き，→はプロトン（H⁺）の動きを示す．Ⅰ：複合体Ⅰ，Ⅱ：複合体Ⅱ，Ⅲ：複合体Ⅲ，Ⅳ：複合体Ⅳ，Cyt c：シトクロムc

●図6-8　補酵素Qの構造

いる．CoQは酸化されたユビキノン型と，還元され水素が付加されたユビキノール型（CoQH$_2$）をとり，以下の酸化還元反応によって電子を吸収したり放出したりする（図6-8）．

⑥　$CoQ + 2H^+ + 2e^- \rightleftarrows CoQH_2$　　　$E°' = +0.045$ V

一方，シトクロムcは**ヘム**を補因子としてもつヘムタンパク質であり，複合体ⅢとⅣの間を往復して電子を伝達している．ヘムはヘモグロビンやミオグロビンなどのタンパク質にも含まれるポルフィリン環を有する平板な分子で，その中心には鉄イオンが配位している（図6-9）．この鉄イオンは2価と3価の状態をとりうるので，以下の酸化還元反応によって電子を運搬することができる．

⑦　シトクロムc（Fe^{3+}）$+ e^- \rightleftarrows$ シトクロムc（Fe^{2+}）　　　$E°' = +0.235$ V

NADHからの電子の流れとFADH$_2$からの電子の流れは，それぞれ模式的に図6-10のように表すことができる．NADHの場合，複合体Ⅰ，Ⅲ，Ⅳすべての段階で電位差ΔEが充分に大きく，ATP合成のためのエネルギーを取り出すことができる．それに対してFADH$_2$の場合は複合体Ⅱが仲介する段階の電位差ΔEが小さいため，複合体ⅢとⅣからのみATP合成のためのエネルギーを取り出せる．

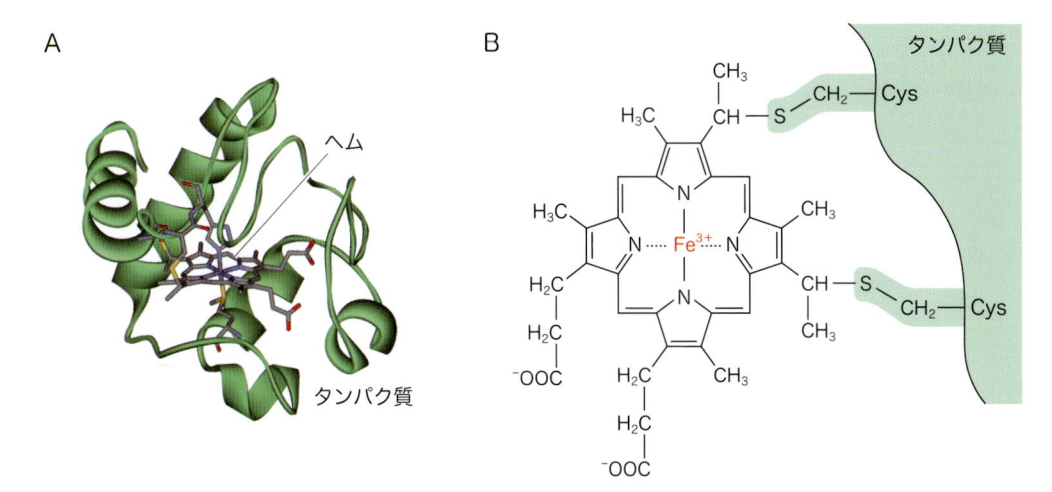

●図6-9 シトクロム c の構造
A) ウマ由来シトクロム c のX線結晶構造（PDB番号1HRC）．タンパク質はリボンモデルで表されている．
B) シトクロム c と共有結合したヘム c の構造式

　とは言うものの，複合体Ⅰ，Ⅲ，ⅣはATPを直接，合成するわけではない．これらの複合体は電子伝達と共役してミトコンドリア内膜の内外にプロトンの濃度勾配をつくり出す働きをもっており，そうすることで間接的にATPの合成に寄与している（図6-7）．プロトンの濃度勾配を形成するしくみは2種類あると考えられている．その1つは**プロトンポンプ機構**である．複合体ⅠとⅣは能動輸送（⇒3章）によって，つまり濃度勾配に逆らいエネルギーを使って，プロトンを文字どおりマトリックス側から膜間部側に汲み出している．もう1つは**Qサイクル機構**であり，複合体Ⅲはこの機構で働いている．この機構はCoQが可動性の電子伝達体であること，そしてその酸化還元反応（式⑥）が電子のみならずプロトンの放出・吸収を伴うことに基づいている．CoQの還元がマトリックス側で起こり，酸化が膜間部側で起こることで，結果的にプロトンの濃度勾配が形成される．一説によると，NADHから O_2 に2個の電子が伝達されるごとに計10個のプロトンが汲み出され，$FADH_2$ から O_2 に2個の電子が伝達されるごとに計6個のプロトンが汲み出される．

3）酸化的リン酸化

　複合体Ⅰ，Ⅲ，Ⅳの活発な働きによって，ミトコンドリア内膜の内外には通常，非常に大きなプロトン（水素イオン）の濃度勾配がつくり出されている．正に荷電するプロトンの濃度勾配のため，通常，膜間部の電位はマトリックス側よりも0.14 V高く，pHも1.4低くなっている．こうした電気化学ポテンシャル（**プロトン駆動力**）が，これから説明する酸化的リン酸化によってATPの高エネルギーリン酸結合に変換される．

　ATPを実際に合成するのは，ミトコンドリアの内膜上に存在するもう1つのタンパク質複合体，**ATPシンターゼ**（複合体Ⅴ）であり，ATPシンターゼはプロトンの濃度勾配の解消と共役してATPを合成する（図6-7）．ATPシンターゼは F_1 と F_o という2つの構成要素からなっている（図6-11）．リング状の構造をした F_o 部分はミトコンドリア内膜を貫通し，プロトンチャネルを形成している．一方，F_o のマトリックス側に結合した F_1 部分はATP合成の触媒部位を有している．膜間部からマトリックスへのプロトンの流入によってATPシンターゼの一部が回転し，その回転エネルギーによってADP＋P_i → ATPという反応が触

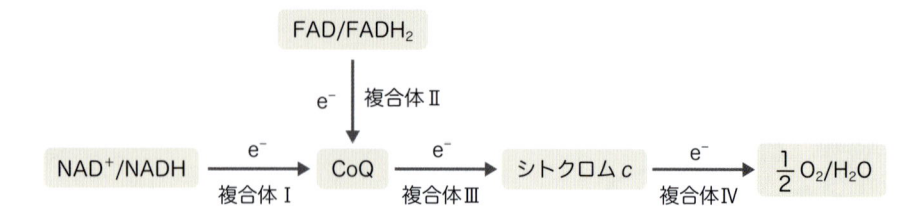

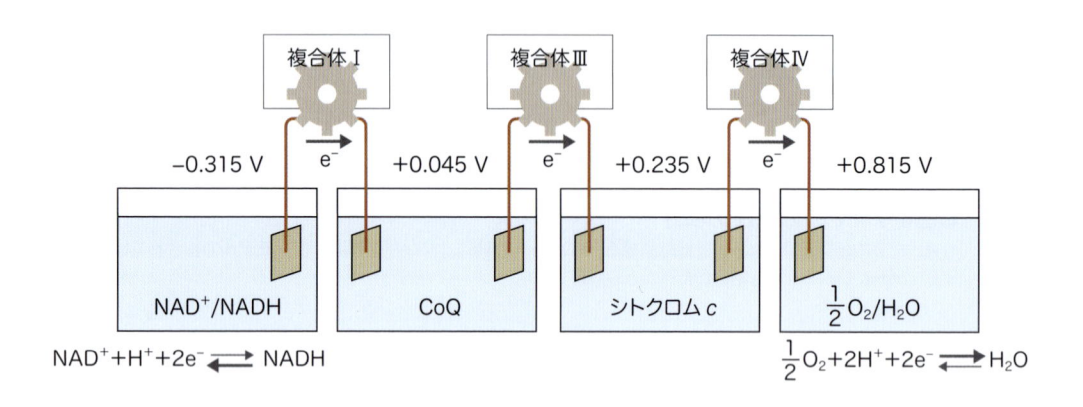

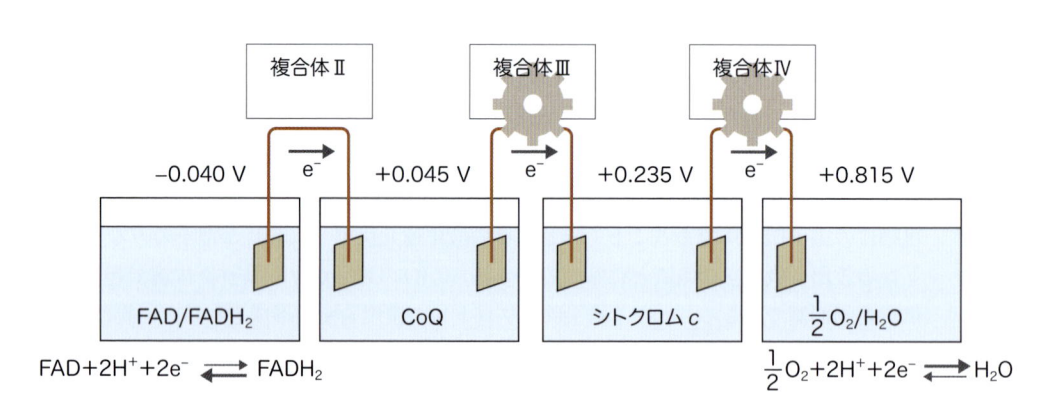

●図6-10　NADH，FADH₂からの電子の流れ
歯車は，プロトンの濃度勾配をつくり出すステップを表す

媒される．プロトン約3個の流入につきATP 1分子が合成されると見積もられている．
　電子伝達と酸化的リン酸化を合わせると，酸化還元反応の自由エネルギーがプロトン駆動力を介してATPの高エネルギーリン酸結合に変換される，という流れを理解することができる．電子伝達によって汲み出されるプロトンの個数と，ATP合成に伴って流入するプロトンの個数から，概数ではあるが以下のような関係を導くことができる．

> NADH 1分子の酸化に伴ってATP約2.5分子が合成される．
> FADH₂ 1分子の酸化に伴ってATP約1.5分子が合成される．

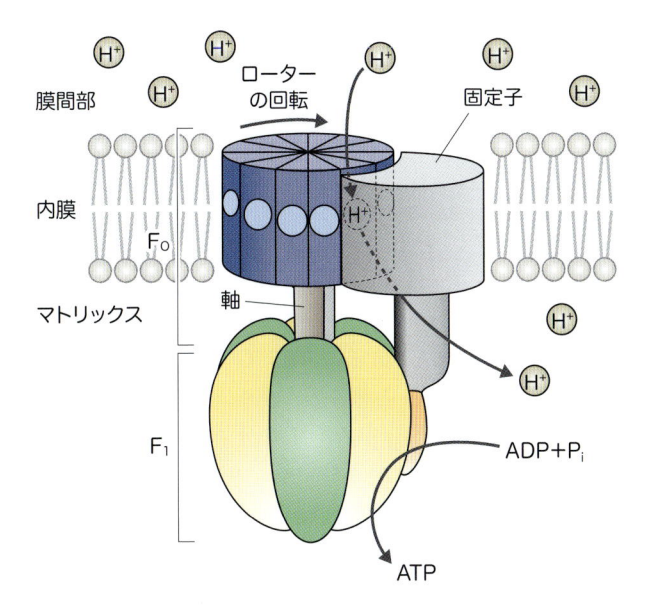

●図6-11　ATPシンターゼ
「理系総合のための生命科学 第3版」（東京大学生命科学教科書編集委員会／編），羊土社，2013を参考に作成

ところで式③と式⑤から，以下の式を導くことができる．

⑤-③　½O_2 + NADH + H^+ ⇌ H_2O + NAD^+　　　$\Delta E = +1.130$ V

この式には現れていないが，O_2とNADHの間には2個の電子の授受があることが式③と式⑤からわかる．前掲の$\Delta G = -n \cdot F \cdot \Delta E$という関係式から，この反応の自由エネルギー変化$\Delta G$は$-2 \times 96.485 \times 1.130 = -218$ kJ・mol^{-1}と求まる．一方，ADPからATPを合成する反応の自由エネルギー変化は30.5 kJ・mol^{-1}である（⇒図5-2）．NADH1分子からATP 2.5分子がつくられるとすると，この反応全体のエネルギー変換効率は$30.5 \times 2.5/218 = 0.35$，つまり35％であり，系の複雑さの割に効率よくATPを合成できていることがわかる．

Column　ミトコンドリアの細胞内共生説

ミトコンドリアの起源は酸素呼吸能力をもった古代の細菌である，とする細胞内共生説が提唱され，現在幅広い支持を集めている．この説によると約15億年前，すべての真核生物の共通の祖先は，酸素呼吸の能力をもった細菌を細胞内に取り込むことによって，真核生物の重要な特徴の1つを獲得した．共生の証拠はたくさんある．ミトコンドリアは独自のゲノムDNAと独自の転写・翻訳系をもっており，それらは細菌型である．また，ミトコンドリアの外膜と内膜の組成は大きく異なっており，内膜の組成は細菌型である．興味深いことに，ミトコンドリアで働く細菌型タンパク質の多くはミトコンドリアゲノムではなく核ゲノムにコードされており，そこから転写・翻訳されて，ミトコンドリアに運ばれる．進化の結果，このように切っても切れない共生関係が築かれたのである．

6-5 糖代謝のエネルギー収支

最後に，解糖系に始まって酸化的リン酸化で終わる糖代謝全体のエネルギー収支について考えてみたい（図6-12）．グルコース1分子が解糖系に入ると，ピルビン酸2分子が生じる．また，この過程でATP 2分子とNADH 2分子も合成される．次に，ピルビン酸がピルビン酸デヒドロゲナーゼ複合体によってアセチルCoAに変換される．このときグルコース1分子につき（ピルビン酸2分子につき）NADH 2分子がつくられる．さらに，アセチルCoAはクエン酸サイクルによってCO_2へと完全に酸化される．この過程でグルコース1分子につき（アセチルCoA 2分子につき）GTP 2分子，NADH 6分子，そしてFADH$_2$ 2分子がつくられる．以上をまとめると，グルコース1分子の完全酸化によってATP 2分子，GTP 2分子，NADH 10分子，FADH$_2$ 2分子が生じる．

先に議論したようにNADH 1分子からATP 2.5分子が，FADH$_2$ 1分子からATP 1.5分子がそれぞれつくられるとすると，これらのNADHおよびFADH$_2$から合わせて28分子のATPがつくられることになる．GTP 2分子は前述したようにATP 2分子とカウントすることができるので，全体としてATP 32分子がグルコース1分子からつくり出される計算となる．1分子のグルコースから2分子のATPしか産生されない嫌気呼吸（⇒5章）と比べて，好気呼吸のエネルギー産生効率は圧倒的に高いことがわかる．

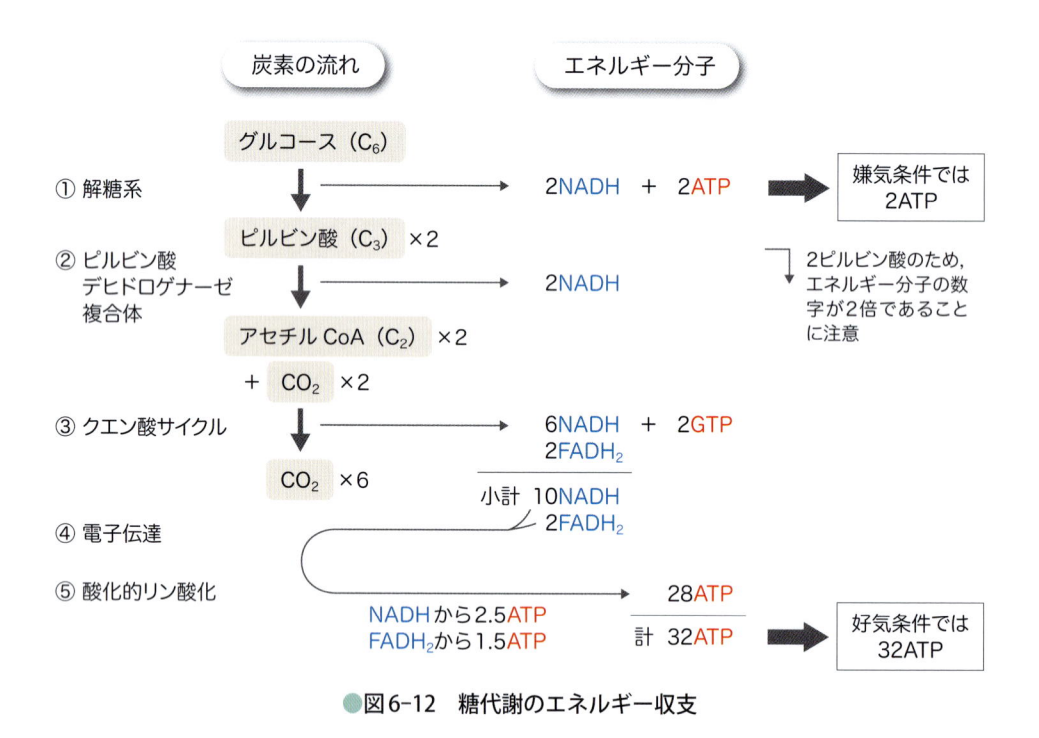

●図6-12 糖代謝のエネルギー収支

章末問題

➡ 解答は236ページ参照

問1 ミトコンドリアの構造を模式的に描き，膜や空間の名称を記せ．また，クエン酸サイクルと電子伝達・酸化的リン酸化が進行するのはそれぞれミトコンドリアのどの部分か，答えよ．

問2 クエン酸サイクルは異化のみならず同化にもかかわる両方向性の代謝経路だと言われる．これについて説明せよ．また，このことに関連して，クエン酸サイクルの補充反応（アナプレロティック反応）について説明せよ．

問3 電子伝達にかかわる複合体Ⅰ，複合体Ⅱ，複合体Ⅲ，複合体Ⅳが果たす役割をそれぞれ簡単に説明せよ．

問4 電子伝達と酸化的リン酸化によって，NADH 1分子からは約2.5分子のATPが，$FADH_2$ 1分子からは約1.5分子のATPが合成される．このような違いが生じる理由を説明せよ．

問5 酸化的リン酸化にかかわるATPシンターゼ（複合体Ⅴ）は，どのようにしてプロトン駆動力を利用しATPを合成しているのか．ATPシンターゼを構成するF_o部分とF_1部分の機能分担を明らかにしつつ説明せよ．

第Ⅱ部 生体分子の代謝

7章 光合成

　5章と6章を通じて，生物がどのように糖を分解してエネルギーを得たり代謝物を利用しているのかを説明してきた．また，解糖系の逆反応である糖新生の過程も紹介した．本章では，植物や光合成細菌のみが有する糖の生合成経路である光合成について説明する．地球上の生命活動は，太陽からの光によって駆動されるこの反応に大きく依存している．すなわち，二酸化炭素の固定によって得られる糖はエネルギーとして利用されるだけでなく（異化），炭素を基盤とする生物の体の一部となり（同化），食物連鎖を介してエネルギーと炭素が生態系全体を循環している．

7-1　光合成の全体像

　よく知られているように，**光合成**は光エネルギーを使って水と二酸化炭素から酸素と糖をつくる反応であり，環境中の炭素である二酸化炭素が糖 $(CH_2O)_n$ として「固定」される．正味の反応は以下のとおりである．

$$H_2O + CO_2 \xrightarrow{\text{光}} O_2 + (CH_2O)$$

　地球上の生命活動を支えるエネルギーの大部分は，元をたどれば太陽からの光によって駆動されるこの反応に由来している．**植物**や**光合成細菌**は自身が必要とする糖やエネルギーを，水や二酸化炭素といった無機化合物から自らつくり出すことが可能で，**独立栄養生物**とよばれる．一方，私たちヒトのように，有機化合物を外部から摂取することが生育に必要な生物は**従属栄養生物**とよばれる．ヒトを含む生物にも糖新生の過程は存在しているが（⇒5章），糖新生によってグルコースのような C_6 化合物に変換できるのはピルビン酸のような C_3 化合物までである点に注意が必要である．6章でも説明したように，ピルビン酸をアセチルCoA（C_2 化合物）に変換する反応は不可逆であり，これを逆行したり迂回して C_1，C_2 化合物から糖をつくる代謝経路は，ヒトを含む多くの生物には存在しない（p.132 **コラム**参照）．C_1 化合物である二酸化炭素から糖をつくり出す光合成は，その点できわめて特殊なのである．

　光合成は**明反応**と**暗反応**という2つの段階に分けることができる（図7-1）．文字どおり，明反応は太陽光を必要とする反応であり，光エネルギーを利用してATPやNADPHといったエネルギー分子を合成する．一方，暗反応では光を必要とせず，ATPとNADPHを使って二酸化炭素から糖を合成する．後者は特に発見者であるメルヴィン・カルビンの名前をとって**カルビンサイクル**ともよばれる．以下では植物の光合成のしくみを明反応と暗反応に分けて順に見ていく．

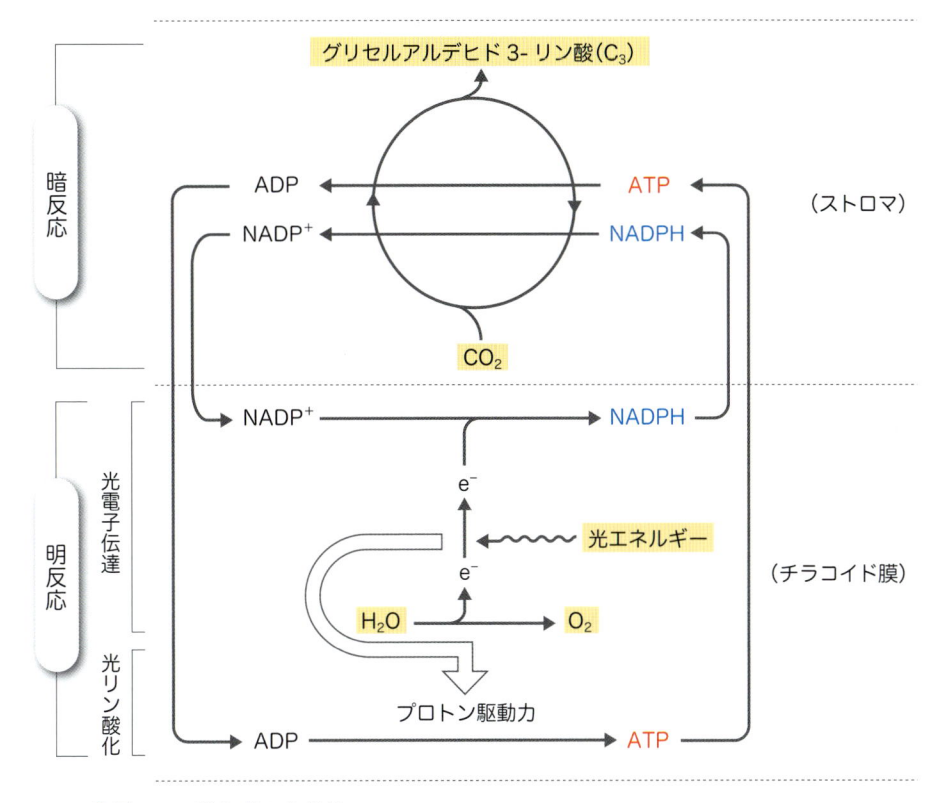

●図7-1 光合成の全体像
各分子の分子数は省略した．植物の葉緑体においてこれらの過程が起こる場所を右に示した

7-2 明反応

　明反応は，光エネルギーを利用してATPやNADPHといったエネルギー分子を合成する過程であり，**光電子伝達**と**光リン酸化**という2つのステップからなる．その名前からもわかるように，明反応は6章で説明した電子伝達・酸化的リン酸化と非常によく似ている．真核生物の電子伝達・酸化的リン酸化がミトコンドリアで進行するのと同様に，植物の光電子伝達・光リン酸化も専用の細胞内小器官である**葉緑体**で進行する．ただし，電子伝達・酸化的リン酸化では，NAD^+/NADHの酸化（エネルギー的に有利な反応）とATPの合成（エネルギー的に不利な反応）が共役して自発的に進むのに対して，光電子伝達・光リン酸化では，$NADP^+$/NADPHの還元とATPの合成という，ともにエネルギー的に不利な反応が起こる．それを可能にしているのが光エネルギーである．

　本節ではまず葉緑体について説明した後，光エネルギーがどのようにして生体内で利用できる形のエネルギーに変換されていくかを見ていく．

1) 葉緑体

　葉緑体は直径 5 μm 程度の円盤状の細胞内小器官で，**外膜**，**内膜**，**チラコイド膜**という3種類の膜系をもっている（図7-2）．ミトコンドリアと比べると，ミトコンドリアの内膜が入り組んだ構造をしているのに対して，葉緑体の内膜はそうではない．一方，葉緑体にしか存在しないチラコイド膜は袋状の形をとり，それらがいくつも積み重なってグラナとよばれる構造体を形成している．ただ，チラコイド膜は発達した内膜が陥入してできたも

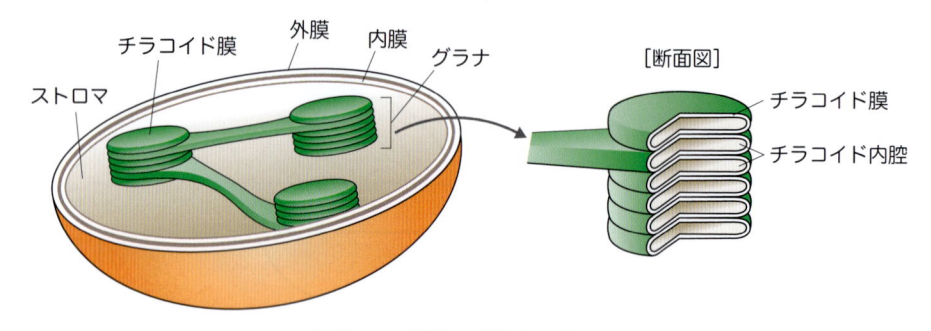

●図7-2　植物の葉緑体の模式図

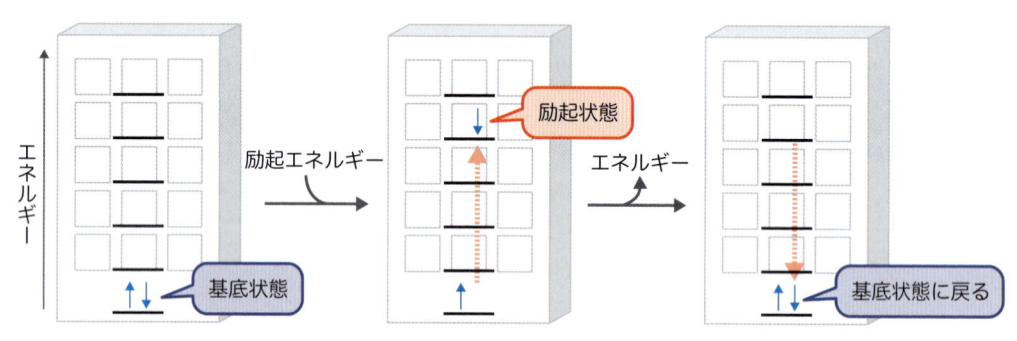

●図7-3　電子の基底状態と励起状態
青の矢印1つ1つが電子を示す

のと考えられるので，ミトコンドリアと葉緑体は，細かな差異はあるものの対比して理解することができる（p.135 コラム参照）．内膜の内部の空間は**ストロマ**とよばれ（ミトコンドリアのマトリックスに相当），チラコイド膜の内部は**チラコイド内腔**とよばれる．

葉緑体のチラコイド膜上には光電子伝達・光リン酸化にかかわるタンパク質複合体が存在し，明反応を担っている．これは，ミトコンドリアの内膜上に電子伝達・酸化的リン酸化にかかわるタンパク質複合体が存在し，呼吸を担っているのと類似しており，複雑な膜構造によって大きな表面積を確保して，反応効率を高めている点も一緒である．一方，暗反応はストロマで進行する．

2）電子のエネルギー準位

光合成において，光は電子のエネルギー状態の変化を引き起こすことで明反応を駆動する．光合成の詳しい反応機構に入る前に，まず電子のエネルギー準位について説明したい．

電子は原子核の周りに存在するマイナスの電荷をもった粒子で，通常はエネルギー的に最も安定な**基底状態**とよばれる電子配置をとっている．電子のエネルギー状態をビルのエレベーターにたとえると，基底状態はエレベーターが1階や2階で停まった状態である（図7-3）．電子のエネルギーは量子化されているので，エレベーターの停車階のようにとびとびの値をとる．ただし，物質によって停車階の高さは異なるので，ある物質の3階の高さが，別の物質の2階の高さに近い，ということもありうる．ここで電子が熱や光などのエネルギーを外部から受け取ると，電子は基底状態から上層階へと移動，つまり励起される．**励起状態**の電子は不安定なので，通常は時間の経過とともに光子を放出して，電子は元の基底状態に戻る．この原理を利用した身近な例に，時計の文字盤などに塗布される蓄光塗

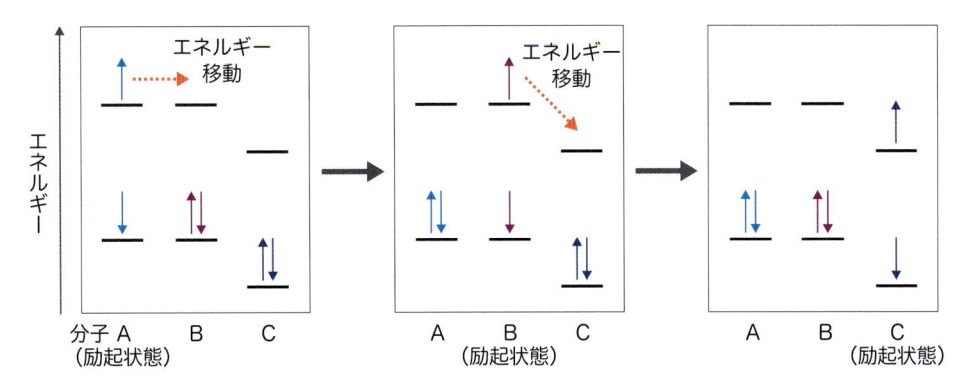

●図7-4　共鳴エネルギー移動
分子Aの励起状態の電子はエネルギーを放出して基底状態に戻る．放出されたエネルギーは分子Bに吸収され，基底状態にあった電子を励起する．この繰り返しによって励起エネルギーが分子間を次々と移動する

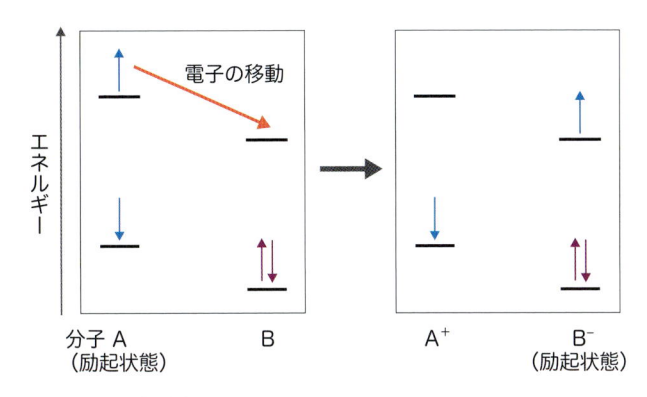

●図7-5　光酸化
分子Aの励起状態の電子は分子Aを飛び出して分子Bに移動する．その結果，酸化された陽イオンのA^+と還元された陰イオンのB^-が生じる

料がある．太陽や蛍光灯などの光を吸収して励起された電子がゆっくり基底状態に戻るときに光（燐光）を放出するので，暗闇の中で光を放って見える．

　前述のように，励起された電子は通常，光を放出して基底状態に戻るが，励起エネルギーが周囲の分子に伝達される場合もある．**共鳴エネルギー移動**と**光酸化**という2通りの伝達機構が光合成には重要な役割を果たしている．まず，共鳴エネルギー移動では，放出される励起エネルギーが，近くの別の分子がもつ電子を励起するのに用いられる（図7-4）．移動先の電子の励起エネルギーは元の電子が放出するエネルギーと同じかそれよりも小さい必要はあるが，条件が揃えば励起エネルギーは共鳴エネルギー移動によって分子間を次々と伝わっていく．一方，光酸化では，励起された電子そのものが周辺の分子に移動する（図7-5）．その結果，元の分子は電子を失って酸化され，移動先の分子は逆に電子を獲得して還元される．励起された電子は基底状態の電子よりも放出されやすい性質をもっているので，通常の基底状態では起こりえないエネルギー的に不利な酸化還元反応が起こりうる．**光励起によって分子の還元力（電子の放出のされやすさ）が高まる**——これこそが，光が明反応を駆動する根本のしくみである．

7章　光合成　127

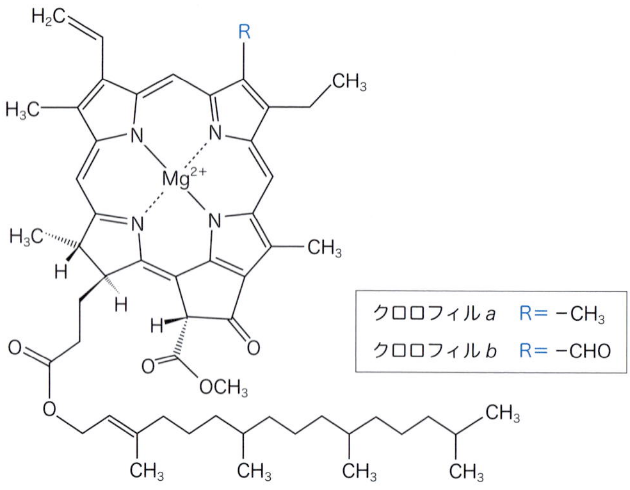

●図7-6　クロロフィルの構造

クロロフィル a　R= –CH₃
クロロフィル b　R= –CHO

3）集光性複合体と反応中心

　それでは実際，どのような分子が光エネルギーを捕集し，明反応を駆動しているのだろうか．その鍵は葉緑体に含まれる**クロロフィル**とよばれる分子が握っている．クロロフィルはわずかに構造の異なる数種類が知られており，植物で働いているのはクロロフィル a とクロロフィル b の2種類である．クロロフィルはヘム（⇒図6-9）に似たポルフィリン環をもつ化合物で，その中心には Mg^{2+} イオンが配位している（図7-6）．こうした構造によってクロロフィル a は429 nmと659 nmの光を，クロロフィル b は455 nmと642 nmの光を最も効率よく吸収する（図7-7）．

　詳しい構造はまだよくわかっていないが，多数のクロロフィル分子（主にクロロフィル b）や他の補助色素（カロテノイド類），そしてタンパク質成分からなる巨大な**集光性複合体**（アンテナ複合体）がチラコイド膜上に存在し，光を捕集している（図7-8）．多数並んだクロロフィル分子の一部（クロロフィル a）は**反応中心**として特別な役割を果たしており，それ以外の周囲の色素分子は光を効率よく捕集するために存在している．集光性複合体によって捕集された光の励起エネルギーは，共鳴エネルギー移動によって色素の間を移動し，最終的に反応中心のクロロフィルへと流れ込む（図7-8）．

　反応中心の励起されたクロロフィルは，先に述べた光酸化の機構によって励起電子を隣接する電子受容体に受け渡す．この電子は光電子伝達を流れていき，最終的に $NADP^+$ をNADPHに還元するのに用いられる．実は，集光性複合体と反応中心は，より大きな光化学系（後述）とよばれるタンパク質複合体の一部であり，光電子伝達を進めるエンジンとして働いている．

4）光電子伝達

　光のエネルギーがどのように吸収され，利用されるのかがわかったので，次にこの励起された電子がどのようにしてNADPHやATPの合成を導くのかを説明したい．光電子伝達は，ミトコンドリアで起こる電子伝達のほぼ逆反応である．まず以下の式を見てもらいたい．

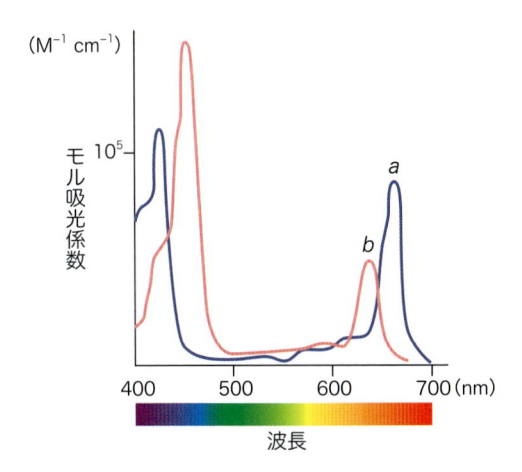

● 図7-7 クロロフィルa, bの吸収スペクトル
モル吸光係数が大きいということは，その波長の光をよく吸収することを意味する．「ストライヤー基礎生化学」(Tymoczko JL, 他/著)，東京化学同人，2010を参考に作成

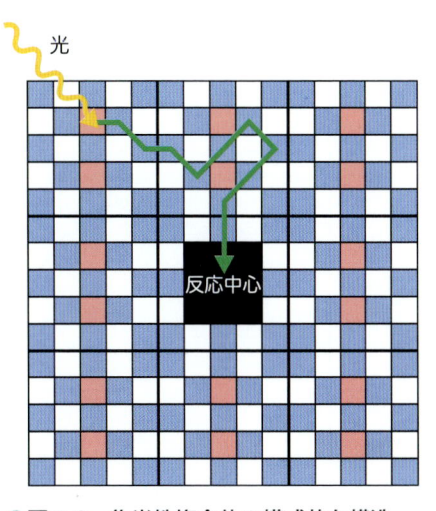

● 図7-8 集光性複合体の模式的な構造
吸収された光子1個のエネルギーが，共鳴エネルギー移動によるランダムウォークを経て反応中心に流れ込む様子が描かれている．■：補助クロロフィル分子，■：カロテノイド分子，□：タンパク質．「ストライヤー基礎生化学」(Tymoczko JL, 他/著)，東京化学同人，2010を参考に作成

①	$NAD^+ + H^+ + 2e^- \rightleftarrows NADH$	$E°' = -0.315$ V
②	$NADP^+ + H^+ + 2e^- \rightleftarrows NADPH$	$E°' = -0.320$ V
③	$½O_2 + 2H^+ + 2e^- \rightleftarrows H_2O$	$E°' = +0.815$ V
③-①	$½O_2 + NADH + H^+ \rightleftarrows H_2O + NAD^+$	$\Delta E = +1.130$ V
③-②	$½O_2 + NADPH + H^+ \rightleftarrows H_2O + NADP^+$	$\Delta E = +1.135$ V

　6章で学んだように，ミトコンドリアでは式③-①の右向きの反応，すなわちNADHのNAD$^+$への酸化とO$_2$のH$_2$Oへの還元が共役して進行するのに対し，葉緑体では式③-②の左向きの反応，すなわちNADP$^+$のNADPHへの還元とH$_2$OのO$_2$への酸化が共役して進行する．式③-①と式③-②はほぼ等しい正の標準還元電位差をもち，どちらも右方向に反応が進むはずだが，葉緑体ではその逆反応が起こっている．それを可能にしているのが，**光化学系Ⅰ**（PSⅠ）および**光化学系Ⅱ**（PSⅡ）という2つのタンパク質複合体による2段階の光励起のステップである．縦軸に標準還元電位をとって光電子伝達における電子の流れを模式的に書き表すと，2段階の光励起によってZ形になることから，この電子伝達のしくみは**Z機構**ともよばれる（図7-9）．

　光電子伝達は，チラコイド膜上に存在する3種類のタンパク質複合体，すなわち光化学系Ⅱ，**シトクロムb_6f複合体**，そして光化学系Ⅰが関与している（図7-10）．さらに，ミトコンドリア電子伝達のCoQ（ユビキノン）に似た**プラストキノン**という分子が光化学系Ⅱとシトクロムb_6f複合体の間をつなぐ電子伝達体として働き，プラストシアニンという銅タンパク質がシトクロムb_6f複合体と光化学系Ⅰの間をつなぐ電子伝達体として働いている（図7-10）．これらの装置を通ってH$_2$OからNADPHに電子が流れる．

　光化学系Ⅱから説明すると，光照射によって光化学系Ⅱの反応中心にあるクロロフィルP680が励起状態のP680*になる（図7-9）．このクロロフィルは680 nmより短い波長の

7章　光合成　129

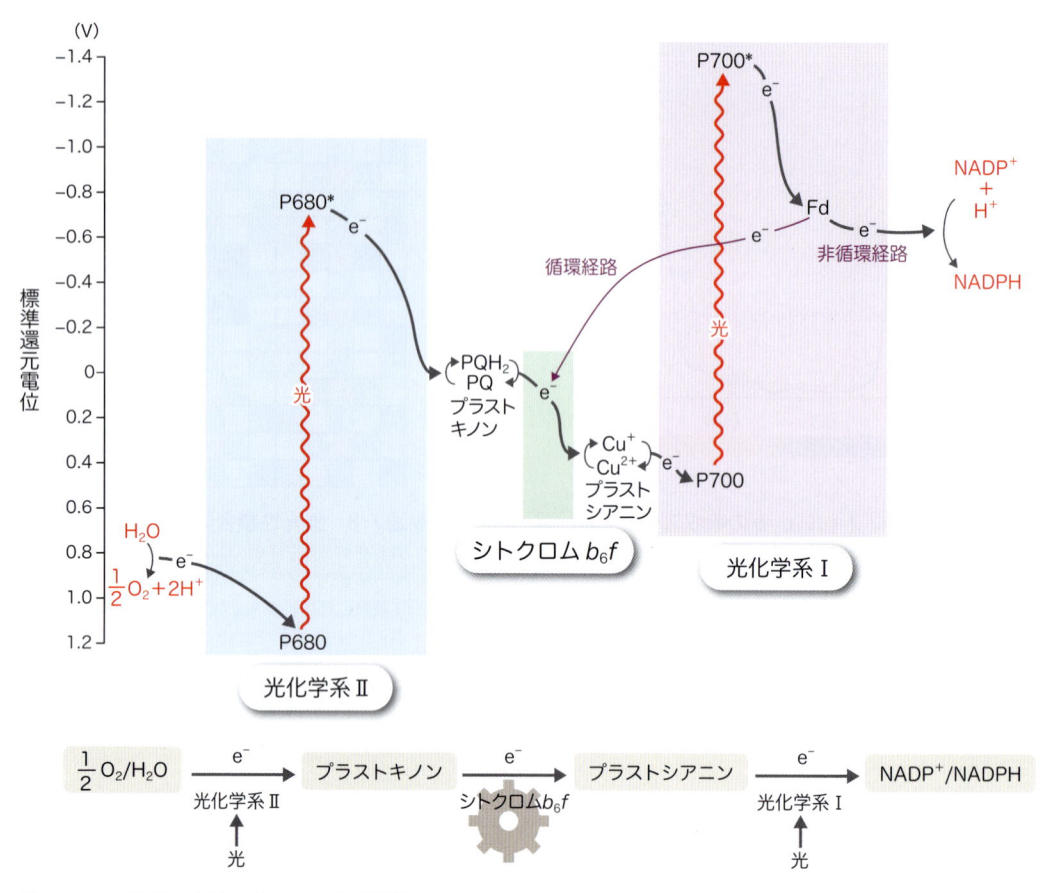

●図7-9　光電子伝達のしくみ（Z機構）
明反応における電子の流れを示している．この過程にかかわる各物質の標準還元電位を縦軸にとっている．歯車は，プロトンの濃度勾配をつくり出すステップを表す．Fd：フェレドキシン

光に反応するので，そうよばれる．還元力の高いP680*は近傍のフェオフィチンという分子に励起電子を渡して，自身は酸化型のP680$^+$に変わる（光酸化）．電子を失ったP680$^+$は今度は強力な酸化剤となり，近傍の水分子から電子を引き抜いて酸素を発生させる（③の逆反応）．この反応は**水分解**ともよばれる．P680$^+$はこの電子を吸収して基底状態のP680に戻る．

　P680*から生じた電子はいくつかの電子伝達体を経て，可動性の電子伝達体であるプラストキノン（PQ）に受け渡される．還元型のプラストキノール（PQH$_2$）はシトクロムb_6f複合体に移動して，そこでプラストキノンに再酸化される．放出された電子は銅タンパク質であるプラストシアニンに吸収される．配位した銅イオンは1価と2価の状態をとりうるので，以下の酸化還元反応によって電子を運搬することができる．還元型のプラストシアニンは光化学系Iに電子を受け渡して，自身は再酸化される．

$$PQ + 2H^+ + 2e^- \rightleftarrows PQH_2$$
$$プラストシアニン（Cu^{2+}）+ e^- \rightleftarrows プラストシアニン（Cu^+）$$

　光化学系Iはもう1段階の光励起を担っている（図7-9）．光化学系Iの反応中心には

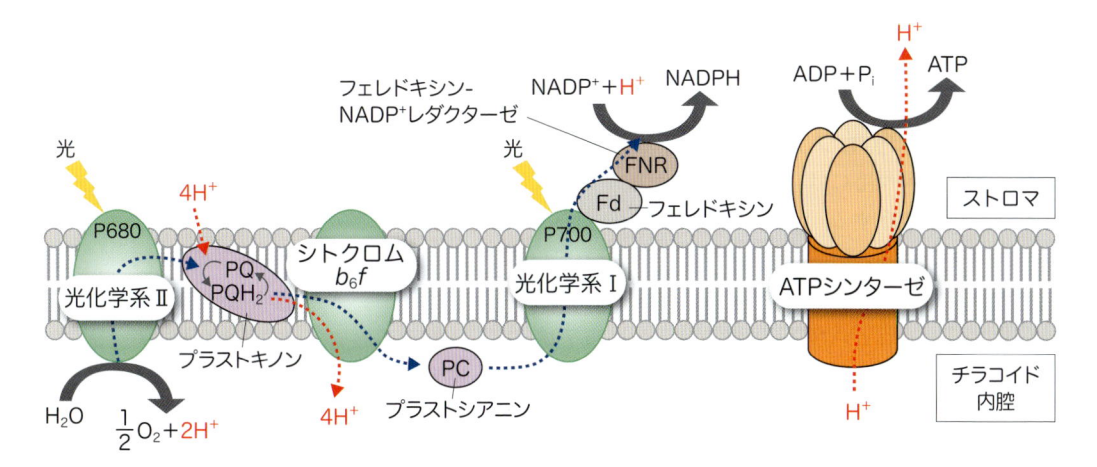

●図7-10 チラコイド膜上での光電子伝達と光リン酸化
----▶はH$^+$，----▶は電子の動きを示す

P700というクロロフィルが存在しており，このクロロフィルは700 nmより短い波長の光が当たると励起状態のP700*になる．P700*はP680*以上に強い還元剤として働き，最終的にNADP$^+$をNADPHに還元する．すなわちP700*から放出された電子はいくつかの電子伝達体を経てフェレドキシンというタンパク質に受け渡され，最後はフェレドキシン–NADP$^+$レダクターゼという酵素がフェレドキシンとNADP$^+$/NADPHの間の酸化還元反応を触媒する．一方，電子を放出したP700$^+$は，プラストシアニンから電子を受け取って基底状態のP700に戻る．

5) 光リン酸化

葉緑体におけるATPの合成，すなわち光リン酸化は，6章で紹介したミトコンドリアの酸化的リン酸化とほぼ同じ機構で起こる．つまり，光電子伝達によってチラコイド膜で隔てられたストロマとチラコイド内腔の間にプロトンの濃度勾配が形成され，この濃度勾配の解消と共役してATPが合成される（図7-10）．

まず，プロトンの濃度勾配が形成されるしくみについて確認したい．シトクロム$b_6 f$複合体はミトコンドリアの電子伝達で働く複合体Ⅲといくつかの点で類似しており，複合体Ⅲと同様，Qサイクル機構によってプロトンの濃度勾配をつくり出している．つまり，プロトンの放出や吸収を伴うプラストキノンの酸化と還元がチラコイド膜の両側で非対称に起こり，結果的にプロトンがストロマ側からチラコイド内腔側に汲み出される（図7-10）．

さらに，NADPHが生じる反応はチラコイド膜のストロマ側で起こってストロマ側のプロトンが消費される．一方，光化学系Ⅱによる水分解はチラコイド膜の内腔側で起こり，発生したプロトンはチラコイド内腔に放出される（図7-10）．これらの反応の結果，ストロマ側のプロトンがチラコイド内腔側に移動する．

このようにして生じたプロトンの濃度勾配はプロトン駆動力として働き，濃度勾配の解消と共役してATPが合成される．この反応を触媒する**葉緑体ATPシンターゼ**はCF$_o$とCF$_1$という2つのユニットを有している．ミトコンドリアATPシンターゼのF$_o$やF$_1$と同様，CF$_o$はプロトンチャネルを形成し，CF$_1$はADPとP$_i$からATPを合成する触媒部位をもつ．葉緑体ATPシンターゼはプロトン約4個の通過につきATP 1分子を合成すると見積もられている．CF$_1$はチラコイド膜のストロマ側にあるので，ATPはストロマでつくられる．こ

のATPは，やはりストロマ側でつくられたNADPHとともにストロマで起こる暗反応に用いられる．

6）循環的光リン酸化

明反応には，これまで説明してきたのとは少し異なる**循環的光リン酸化**という反応経路も存在する．NADPHが豊富なとき（NADP$^+$が少ないとき）はZ機構（非循環経路）ではなく，この循環経路が進行し，NADPHをつくることなくATPのみが生成される．この経路にはシトクロムb_6f複合体と光化学系Iのみが関与している（図7-9）．光化学系IのシトクロムP700が光酸化によって電子を放出し，還元型のフェレドキシンが生じるところは非循環経路と一緒だが，その電子は不足するNADP$^+$ではなくシトクロムb_6f複合体に受け渡され，プラストシアニンを経て再び光化学系Iに供給される．こうして，光によって駆動される電子伝達のサイクルが完結するが，その過程で，シトクロムb_6f複合体はプロトンの濃度勾配を形成する．したがって，循環的光リン酸化ではNADPHはつくられず，ATPのみが合成される．また，光化学系IIはこの過程に関与しないので，酸素は発生しない．

7-3 明反応のエネルギー収支

明反応のエネルギー収支をまとめると以下のようになる．まず光電子伝達によって，H$_2$O 1分子の分解につき（電子2個の伝達につき）O$_2$ ½分子とNADPH 1分子がつくられ，6個のプロトンがチラコイド内腔に汲み出される（図7-10）．

（光電子伝達）H$_2$O ＋ NADP$^+$ ＋ 5H$^+_{ストロマ}$ → ½O$_2$ ＋ NADPH ＋ 6H$^+_{内腔}$

ここで，葉緑体ATPシンターゼが約4個のプロトンの通過につきATP 1分子を合成するとの推定を加えると，次の式が得られる．

（光リン酸化）ADP ＋ P$_i$ ＋ 4H$^+_{内腔}$ → ATP ＋ 4H$^+_{ストロマ}$
（全　　　体）2H$_2$O ＋ 2NADP$^+$ ＋ 3ADP ＋ 3P$_i$ → O$_2$ ＋ 2NADPH ＋ 3ATP ＋ 2H$^+_{ストロマ}$

つまり，水2分子の分解につき，エネルギー分子としてATP 3分子とNADPH 2分子がつくられる見積もりとなる．

Column　体脂肪は運動しなければ減らない？

脂肪の代謝は8章で説明するが，脂肪の主要な代謝中間体として働くのはアセチルCoAである．本章の冒頭で紹介したように，私たちヒトはアセチルCoAをグルコースやグリコーゲンに変換する代謝系をもっておらず，アセチルCoAを消費するにはクエン酸サイクルから電子伝達・酸化的リン酸化に至る経路，すなわち好気呼吸によって二酸化炭素に変換するしかない．一方，空腹・絶食時に主に利用されるエネルギー源は血中や組織内のグルコースならびに肝臓や筋肉に蓄えられたグリコーゲンである（⇒5章）．こうしたことから，体脂肪を減らすには食事制限を行うだけでは駄目であり，有酸素運動を行う必要のあることがわかる．

7-4 暗反応（カルビンサイクル）

　明反応でつくられたATPとNADPHはストロマで起こる暗反応に利用される．NADPHは二酸化炭素を糖に還元するための還元力として用いられ，ATPはこの反応を進めるエネルギーとして用いられる．なお，ここでいう糖とは，グルコースのような六炭糖ではなく，解糖系の主要中間体でもあるグリセルアルデヒド3-リン酸である．グリセルアルデヒド3-リン酸と六炭糖は，すでに学んだ解糖系や糖新生によって容易に相互変換が可能である（⇒5章）．暗反応全体で，ATP 9分子とNADPH 6分子を消費してグリセルアルデヒド3-リン酸1分子がつくられる（後述）．

　暗反応はカルビンサイクルともよばれ，環状の反応である．暗反応は大きく分けて，
　①ルビスコによる二酸化炭素の固定
　②3-ホスホグリセリン酸からのグリセルアルデヒド3-リン酸の合成
　③グリセルアルデヒド3-リン酸からのリブロース1,5-ビスリン酸の再生
という3つの段階に分けることができる（図7-11）．以下でこれらを順に説明していく．

❶ **ルビスコによる二酸化炭素の固定**：これは光合成を特徴づける重要な段階であり，リブロース1,5-ビスリン酸カルボキシラーゼ/オキシゲナーゼという長い名前の酵素によって触媒される．この酵素は**ルビスコ（RuBisCO）**という略称でも知られており，この酵素の働きによって二酸化炭素はリブロース1,5-ビスリン酸というC_5の糖と縮合する．C_6の不安定な反応中間体ができた後，速やかに開裂して，以下の式のように2分子の3-

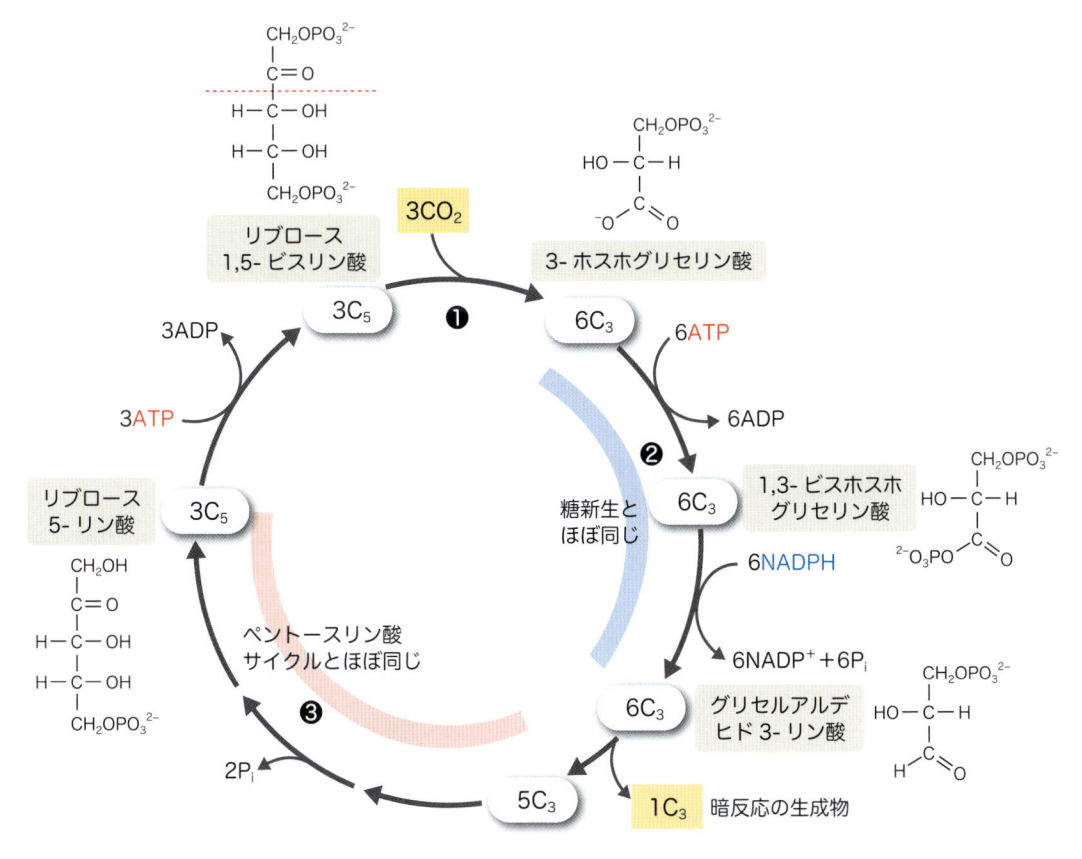

●図7-11　暗反応（カルビンサイクル）
図中の❶〜❸は本文解説と対応している．赤の破線は，❶の段階でリブロース1,5-ビスリン酸が開裂する位置を表している

ホスホグリセリン酸（C₃化合物）が生じる．

> C₅（リブロース1,5-ビスリン酸）＋C₁（CO₂）→ 2C₃（3-ホスホグリセリン酸）

　この反応は効率が低く，光合成の律速段階となっている．それを代償するため，ルビスコは葉緑体に大量に存在している．ルビスコは葉の全タンパク質量の50％を占めると見積もられており，地球上でおそらく最も豊富に存在するタンパク質である．この酵素の反応効率を高めることができれば光合成の効率が改善されるため，グリーンテクノロジーの観点からの研究が進められている．

❷ **グリセルアルデヒド3-リン酸の合成**：ルビスコの産物である3-ホスホグリセリン酸は，解糖系や糖新生にも登場する中間代謝物であり（⇒5章），ここからグリセルアルデヒド3-リン酸に至る反応は基本的に糖新生の経路に沿って進行する（図7-11）．ただ，その際に用いられるのはNADHではなくNADPHであり，その点が糖新生とは異なっている．すなわち，3-ホスホグリセリン酸はATP依存的にリン酸化されて1,3-ビスホスホグリセリン酸となり，それがさらにNADPH依存的に還元されてグリセルアルデヒド3-リン酸となる．

❸ **リブロース1,5-ビスリン酸の再生**：❷で生じたグリセルアルデヒド3-リン酸のうち，暗反応の正味の生成物と言えるのは1/6である（C₃化合物2分子のうち，二酸化炭素に由来する炭素は1個にすぎないため）．残りの5/6は次のカルビンサイクルを回すため，リブロース1,5-ビスリン酸に変換される（図7-11）．この過程は5章で学んだペントースリン酸サイクルの一部とよく似ている．すなわち，イソメラーゼやエピメラーゼといった糖の異性化を引き起こす酵素と，トランスケトラーゼやトランスアルドラーゼといったC-C結合の開裂と生成を触媒する酵素が働いて，エネルギー分子を一切消費することなくグリセルアルデヒド3-リン酸はリブロース5-リン酸にまで変換される．この過程をまとめると以下のようになる．

> 5C₃（グリセルアルデヒド3-リン酸）→ 3C₅（リブロース5-リン酸）

　こうして生じたリブロース5-リン酸は，さらにATP依存的にリン酸化されて，リブロース1,5-ビスリン酸が再生される．

7-5　暗反応のエネルギー収支

　最後に暗反応のエネルギー収支について考えたい．図7-11のように，3分子のリブロース1,5-ビスリン酸と3分子のCO₂が縮合して6分子の3-ホスホグリセリン酸が得られるものとする（段階①）．6分子の3-ホスホグリセリン酸は，6分子のATPと6分子のNADPHを費やして6分子のグリセルアルデヒド3-リン酸に変換される（段階②）．6分子のグリセルアルデヒド3-リン酸のうち1分子は，サイクルが1回転するごとに得られる正味の生成物である．残る5分子のグリセルアルデヒド3-リン酸は，前述した反応経路により3分子のリブロース5-リン酸に変換される（段階③）．さらに3分子のリブロース5-リン酸は，3分子のATPを消費して3分子のリブロース1,5-ビスリン酸に変換され，これでカルビンサイクルが完結する．暗反応全体をまとめると，ATP 9分子とNADPH 6分子を消費して，CO₂（C₁化合物）3分子からグリセルアルデヒド3-リン酸（C₃化合物）1分子がつくられ

る（図7-11）．反応物と生成物の炭素数が保存されていることを確認してほしい．

（暗反応）$3CO_2 + 9ATP + 6NADPH$
$\rightarrow C_3$（グリセルアルデヒド3-リン酸）$+ 9ADP + 6NADP^+ + 8P_i$

なお，グルコース6-リン酸のような六炭糖を生成するにはグリセルアルデヒド3-リン酸が2分子必要なので，この2倍量のATPとNADPHが必要となる．このように，暗反応における糖の合成には大量のエネルギー分子が必要だが，明反応のエネルギー源は日光なので，ATPとNADPHは無尽蔵に供給することができる．

明反応では前述したようにATPとNADPHが約3：2の割合で生成されると見積もられる．一方，暗反応ではATPとNADPHが3：2の割合で消費されるので，ATPとNADPHの需要と供給はおおよそ一致していると言える．

Column　葉緑体の細胞内共生

6章p.121のコラムで，ミトコンドリアは酸素呼吸能力をもった細菌が細胞内に取り込まれた，という細胞内共生説を紹介した．これと同じように，葉緑体も光合成細菌が共生した結果，生じたものと考えられている．ミトコンドリアと葉緑体という，どちらもエネルギー代謝の根幹にかかわる細胞内小器官が細胞内共生の結果，生まれたというのは興味深い事実である．

章末問題

解答は236ページ参照

問1 生物が光エネルギーを利用する際に重要な物理現象である共鳴エネルギー移動と光酸化について説明せよ．

問2 植物の葉緑体の構造を模式的に描き，膜や空間の名称を記せ．また，明反応と暗反応が進行するのはそれぞれ葉緑体のどの部分か，答えよ．

問3 明反応について記述した以下の文章の空欄を埋めよ．
明反応は光のエネルギーを利用してATPや（　ア　）を合成する反応で，（　イ　）と（　ウ　）という2つの過程から成り立っている．（　イ　）の過程には（　エ　），（　オ　），（　カ　）という3つのタンパク質複合体が関与しており，（　ア　）を合成するとともにプロトンの濃度勾配を形成する．（　エ　）と（　カ　）にはポルフィリン環をもつ（　キ　）という分子が存在し，これが光を吸収してエネルギー的に不利な明反応を駆動する．一方，（　ウ　）ではプロトン駆動力を用いて（　ク　）がATPを合成する．

問4 循環的光リン酸化とは何かを説明せよ．

問5 暗反応とはどのような反応かを，明反応で合成されるエネルギー分子の役割を明らかにしつつ説明せよ．

第Ⅱ部　生体分子の代謝

8章 脂質代謝

3章で述べたように，脂質はさまざまな形で存在している．エネルギーとして使われる脂肪酸やその貯蔵型であるトリアシルグリセロール，膜を構成するリン脂質や糖脂質やコレステロール，ホルモンとして働くステロイドはすべて脂質の一種である．本章では，これら多様な脂質分子がどのように合成・分解され，それらの過程がどのように調節されているのかを見ていく．特に，脂肪酸の合成と分解について紙面を割いて詳しく紹介するが，脂肪酸の合成と分解は全くの別経路であり，真核細胞ではそれらの反応が進行する場所も異なっていることを覚えておいてほしい．

8-1　脂肪酸とトリアシルグリセロールの分解

脂肪酸は，長い炭化水素鎖（炭素数12〜24個程度が一般的）の末端にカルボキシ基を有する化合物の総称である．図8-1に示したように，脂肪酸は**トリアシルグリセロール**やリン脂質，糖脂質の構成成分として働いたり，プロスタグランジンの前駆体として働いている．

脂肪酸は，以下のように系統的に命名される．脂肪酸の炭素原子は，カルボキシ基の炭素原子から順番に1，2，3…とカウントする（図8-2）．また，2番目の炭素を α，3番目の炭素を β…ともよぶ．炭化水素鎖にはしばしば二重結合が存在するが，その位置は Δ という文字に炭素番号を添えて表現される．例えば trans-Δ^2 は，炭素番号2（α）と3（β）の間に trans 型の二重結合がある，という意味である．表8-1には，代表的な脂肪酸をこうした体系的な命名法で名付けた名前が示されているが，実際には，慣用名でよばれることも多い．鎖長や二重結合の有無によって脂肪酸の融点は異なっている（⇒3章）．

トリアシルグリセロールは1分子のグリセロールと3分子の脂肪酸がエステル結合により結びついたもので，電荷をもたず，**中性脂肪**として脂肪組織に蓄積される（図8-3）．なお，カルボン酸からOHが抜けた官能基（R–CO–）をアシル基とよぶ．トリアシルグリセロールは高度に濃縮された熱源であり，例えばグリコーゲンと比べて単位重量あたり何倍ものエネルギーを蓄えることができる（⇒3章）．

脂質は水に溶けにくいので，体液中ではアポリポタンパク質とよばれるタンパク質（A，B48，B100，C，Eなどさまざまな種類がある）と結合し，**リポタンパク質**とよばれる形で存在している．リポタンパク質は各組織に運ばれ，そこでエネルギー源として利用される．リポタンパク質はさらに密度に基づいて分類される．トリアシルグリセロールが主成分の超低密度リポタンパク質（VLDL），コレステロールエステルが主成分の低密度リポタンパク質（LDL）や高密度リポタンパク質（HDL）などがある（表8-2，p.138コラム参照）．

以下ではトリアシルグリセロールとその主要成分である脂肪酸がどのように分解され利用されるかをまず説明した後，それらの生合成過程を説明していく．

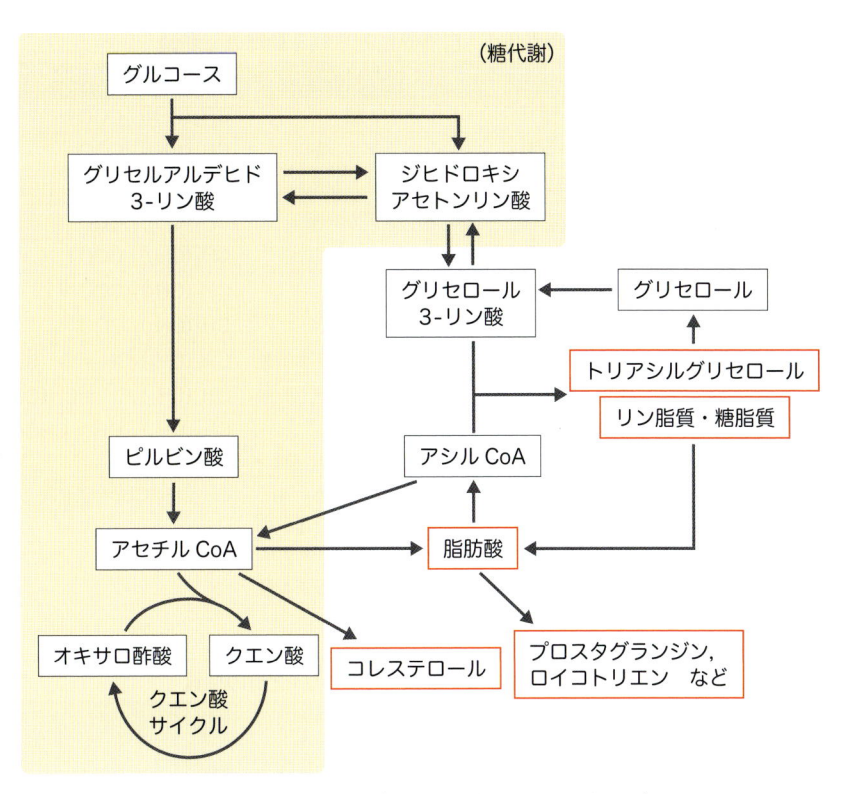

●図8-1　代謝マップにおける脂質分子の位置づけ
本章で扱う脂質分子を赤四角で示す

●図8-2　脂肪酸の炭素番号

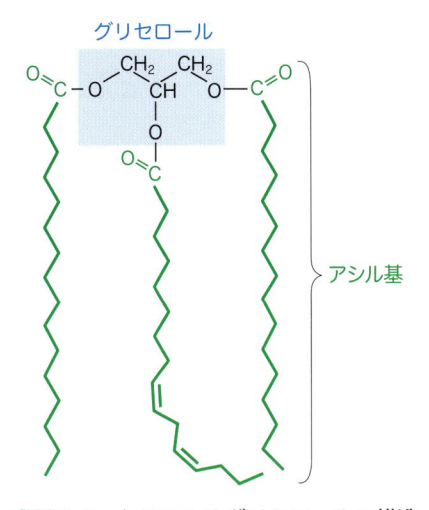

●図8-3　トリアシルグリセロールの構造

8章　脂質代謝　137

● 表8-1　自然界にみられる動物の脂肪酸

炭素の数	二重結合の数	慣用名	体系名	構造式
12	0	ラウリン酸	n-ドデカン酸	$CH_3(CH_2)_{10}COO^-$
14	0	ミリスチン酸	n-テトラデカン酸	$CH_3(CH_2)_{12}COO^-$
16	0	パルミチン酸	n-ヘキサデカン酸	$CH_3(CH_2)_{14}COO^-$
18	0	ステアリン酸	n-オクタデカン酸	$CH_3(CH_2)_{16}COO^-$
20	0	アラキジン酸	n-エイコサン酸	$CH_3(CH_2)_{18}COO^-$
22	0	ベヘン酸	n-ドコサン酸	$CH_3(CH_2)_{20}COO^-$
24	0	リグノセリン酸	n-テトラコサン酸	$CH_3(CH_2)_{22}COO^-$
16	1	パルミトレイン酸	cis-Δ^9-ヘキサデセン酸	$CH_3(CH_2)_5CH=CH(CH_2)_7COO^-$
18	1	オレイン酸	cis-Δ^9-オクタデセン酸	$CH_3(CH_2)_7CH=CH(CH_2)_7COO^-$
18	2	リノール酸	cis, cis-Δ^9, Δ^{12}-オクタデカジエン酸	$CH_3(CH_2)_4(CH=CHCH_2)_2(CH_2)_6COO^-$
18	3	リノレン酸	全cis-$\Delta^9, \Delta^{12}, \Delta^{15}$-オクタデカトリエン酸	$CH_3CH_2(CH=CHCH_2)_3(CH_2)_6COO^-$
20	4	アラキドン酸	全cis-$\Delta^5, \Delta^8, \Delta^{11}, \Delta^{14}$-エイコサテトラエン酸	$CH_3(CH_2)_4(CH=CHCH_2)_4(CH_2)_2COO^-$

● 表8-2　血漿リポタンパク質の性質

血漿リポタンパク質	密度 (g mL^{-1})	直径 (nm)	アポリポタンパク質	生理機能	成分（％） TAG	CE	C	PL	P
キロミクロン	<0.95	75～1,200	B48, C, E	食事性の脂肪の輸送	84～89	3～5	1～3	7～9	2
超低密度リポタンパク質（VLDL）	0.95～1.006	30～80	B100, C, E	内因性の脂肪の輸送	50～65	10～15	5～10	15～20	5～10
中間密度リポタンパク質（IDL）	1.006～1.019	25～35	B100, E	LDLの前駆体	22	30	8	22	15～20
低密度リポタンパク質（LDL）	1.019～1.063	18～25	B100	コレステロールの輸送	7～10	35～40	7～10	15～20	20～25
高密度リポタンパク質（HDL）	1.063～1.21	5～12	A	コレステロールの逆輸送	3～5	12	3～4	20～35	40～55

TAG：トリアシルグリセロール，CE：コレステロールエステル，C：遊離コレステロール，PL：リン脂質，P：タンパク質
「Essential Biochemistry, 3rd Edition」(Pratt CW & Cornely K)，Wiley，2013を参考に作成

Column　善玉コレステロールと悪玉コレステロール

　テレビの健康番組などで善玉コレステロールと悪玉コレステロールという言葉を聞いたことがあるだろうか．そのようなよび方をする理由は，コレステロールの輸送と関係している．コレステロールやトリアシルグリセロールは主に肝臓で合成され，全身の組織で利用される．これらの脂質が血液中を輸送される際にはタンパク質と結合してリポタンパク質の形をとるが，リポタンパク質は密度によって5種類に分類される（表8-2）．コレステロールの輸送にかかわるのは低密度リポタンパク質（LDL）と高密度リポタンパク質（HDL）で，LDLは肝臓で合成されたコレステロールを各組織に運び，HDLは逆に各組織から肝臓にコレステロールを運ぶ．血中のLDLの濃度が高すぎると，血管内で沈着しアテローム性動脈硬化を引き起こすので，LDLは「悪玉コレステロール」とよばれる．反対に，HDLは血管内に沈着したコレステロールを取り除く働きをするので「善玉コレステロール」とよばれる．ただし，この善玉・悪玉という分類は一面的な見方に過ぎない．コレステロールには生理学的な役割があり，適切な濃度で体になくてはならない．

1) トリアシルグリセロールの分解

　　トリアシルグリセロールはリパーゼによって加水分解され，1分子のグリセロールと3分子の脂肪酸を生じる（図8-4）．リパーゼは1種類ではなく，働く場所や基質特異性が異なるさまざまな種類が存在している．例えば，膵臓でつくられて腸管に放出される**膵リパーゼ**は，食事で摂取したトリアシルグリセロールの1位と3位を加水分解して，2-モノアシルグリセロールと2分子の脂肪酸を与える．一方，脂肪細胞で働く**ホルモン感受性リパーゼ**は，アドレナリンやグルカゴンといった空腹時に分泌されるホルモンによって活性化されて，脂肪の分解を誘導する．この酵素は，脂肪細胞内に脂肪滴として蓄えられたトリアシルグリセロールの1位もしくは3位を加水分解する．この反応で生じたジアシルグリセロールは，さらに別種のリパーゼによってグリセロールと脂肪酸にまで分解される．

　　リパーゼによって生じたグリセロールは，2段階の反応でジヒドロキシアセトンリン酸に変換される（図8-5）．ジヒドロキシアセトンリン酸は解糖系の中間体であり，糖代謝の経路に入る（⇒図5-8）．一方，長い炭化水素鎖をもつ脂肪酸はC_2単位で分解されて，アセチルCoAとエネルギー分子であるNADHやFADH$_2$を与える．これらの分子はすべて6章で登場したが，再確認すると，アセチルCoAはクエン酸サイクルに入ってさらに多くのNADHとFADH$_2$をつくるのに用いられ，NADHとFADH$_2$は電子伝達と酸化的リン酸化によってATPの合成に用いられる．以下で脂肪酸の分解過程を詳しく説明していきたい．

2) 脂肪酸の分解（β酸化）

　　脂肪酸の分解はミトコンドリアのマトリックスで起こるので，分解に先立って，脂肪酸を細胞質からマトリックスに輸送する必要がある．脂肪酸の膜輸送には**カルニチン**という

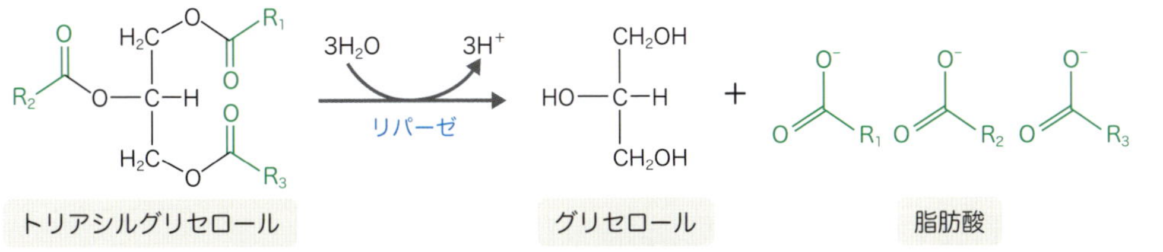

●図8-4　トリアシルグリセロールの分解

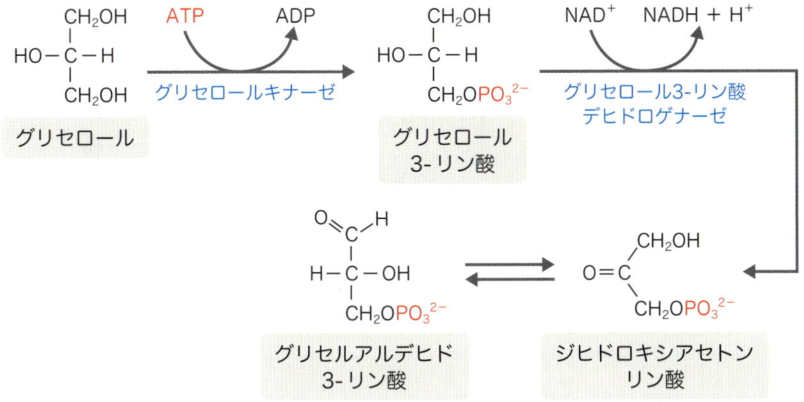

●図8-5　グリセロールの代謝

アミノ酸誘導体がかかわっており，脂肪酸はカルニチンと結合したアシルカルニチンの形で輸送される．

脂肪酸は，活性化型である**アシルCoA**の形で分解を受ける．脂肪酸の活性化にはアシルCoAシンテターゼがかかわっており，ATP依存的に脂肪酸とCoA（補酵素A）からアシルCoAがつくられる（図8-6）．

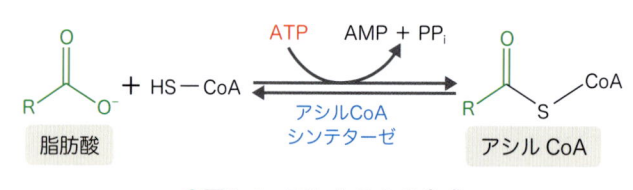

アシルCoAの炭化水素鎖は，**β酸化**という反応によってC_2単位で分解される（図8-7）．この反応にはβ位の炭素の酸化が関係しているため，β酸化とよばれる．この過程のステップを以下で詳しく見ていく．

❶ **アシルCoAの酸化**：アシルCoAはアシルCoAデヒドロゲナーゼによって酸化され，α炭素とβ炭素の間にtrans型の二重結合が形成される．その結果，アシルCoAはtrans-Δ^2-エノイルCoAに変換され，その際に1分子の$FADH_2$が生じる．なお，二重結合を有するアシル基を特にエノイル基とよぶ．

❷ **エノイルCoAへの加水**：エノイルCoAヒドラターゼの働きによってエノイルCoAの二重結合に水が加わり，3-ヒドロキシアシルCoAへと変換される．

❸ **3-ヒドロキシアシルCoAの酸化**：次に，3-ヒドロキシアシルCoAデヒドロゲナーゼがβ位の炭素を酸化して，カルボニル基（R–CO–R′）に変換する．その結果，3-ケトアシルCoAと1分子のNADHが生じる．

❹ **チオール開裂によるアセチルCoAの遊離**：3-ケトアシルCoAチオラーゼの働きによって，3-ケトアシルCoAのα炭素とβ炭素の間が開裂する．その結果，アセチルCoAが

●図8-6　アシルCoAの合成

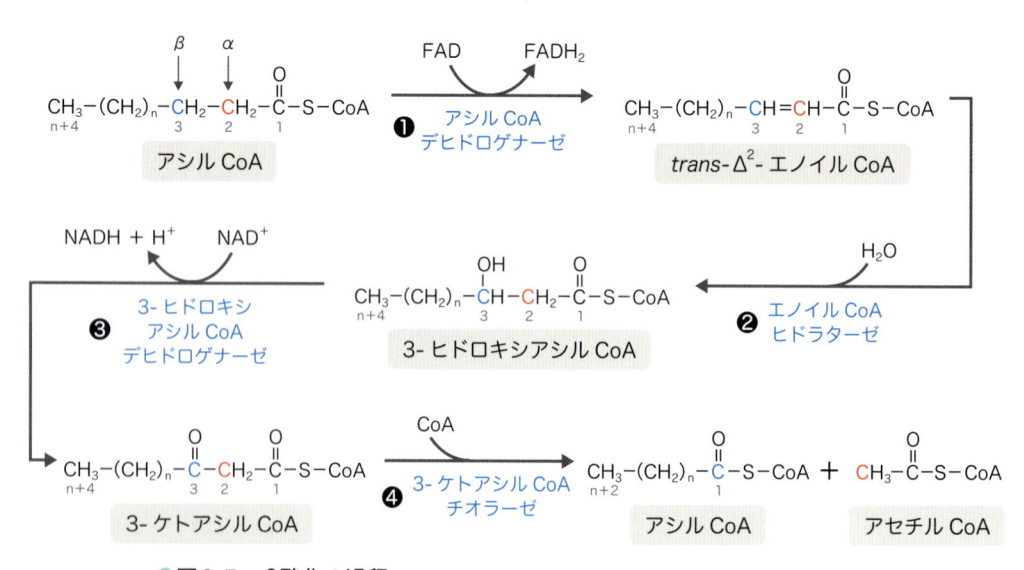

●図8-7　β酸化の過程
元のα炭素を赤で，β炭素を青で表す．図中の❶〜❹は本文解説と対応している

遊離する一方，残ったアシル基は新しいCoAと反応して，2炭素分短いアシルCoAになる．

以上をまとめると，n個の炭素をもつアシルCoAのカルボキシ末端側からC_2単位が脱離して，n−2個の炭素をもつアシルCoAとアセチルCoAが生じる．そして，その過程でエネルギー分子の$FADH_2$とNADHが1つずつつくられる．この繰り返しによってアシルCoAの炭化水素鎖は短縮していく．偶数個の炭素をもち，二重結合をもたない**飽和脂肪酸**は，❶〜❹の繰り返しによってアセチルCoAへと完全に分解される．

3）不飽和脂肪酸や奇数鎖脂肪酸の分解

生物がつくる脂肪酸の大部分は偶数個の炭素をもつが（表8-1），奇数個の炭素をもつ脂肪酸もわずかながら存在する．そのような奇数鎖脂肪酸や，炭素鎖に二重結合を含む**不飽和脂肪酸**は，上述したβ酸化のサイクルでは完全に分解することができない．

奇数鎖脂肪酸の場合，偶数鎖脂肪酸と同様にβ酸化を受け，最後のβ酸化でアセチルCoAとプロピオニルCoA（C_3単位）が生じる．プロピオニルCoAは3段階の酵素反応によってスクシニルCoAに変換され，クエン酸サイクルに入る（⇒図5-1）．

不飽和脂肪酸の場合，炭化水素鎖に含まれる二重結合によってβ酸化の進行が妨げられる．不飽和脂肪酸の分解を助けるため，二重結合の位置を移動するイソメラーゼや，二重結合を解消するレダクターゼが働いている．9位と10位の炭素の間に二重結合を有するパルミトレイン酸（*cis*-Δ^9-ヘキサデセン酸）を例に考えてみよう（図8-8）．パルミトレイン酸は活性化されてパルミトレオイルCoA（*cis*-Δ^9-ヘキサデセノイルCoA）になった後，β酸化を3回受けて*cis*-Δ^3-デセノイルCoAになる．次のβ酸化の第1段階は，2位と3位の間に二重結合（*trans*-Δ^2）を導入する脱水素反応だが，*cis*-Δ^3-デセノイルCoAは3位と4位の間にすでに二重結合をもっているため，この反応を進めることができない．そこで，このステップを迂回するため，*cis*-Δ^3-エノイルCoAイソメラーゼが働いて，*cis*-Δ^3結合を*trans*-Δ^2結合に変換する（図8-8）．その結果，β酸化の❷の段階から反応を再開することができる．

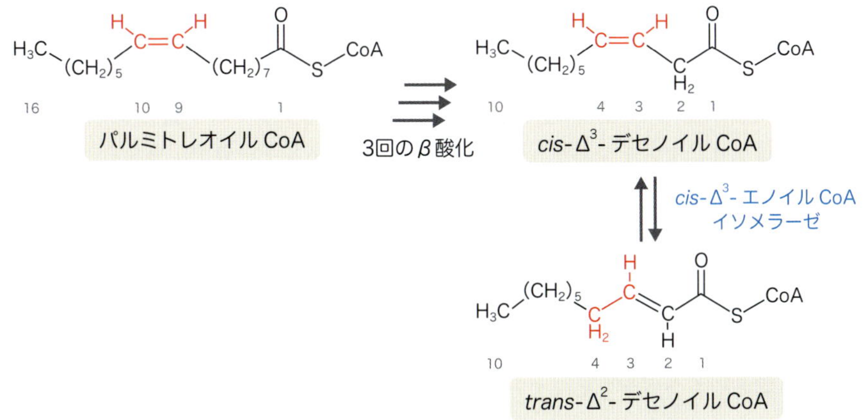

●図8-8 不飽和脂肪酸の分解（パルミトレイン酸を例に）

4）脂肪酸分解のエネルギー収支

脂肪酸の分解によってどれほどのエネルギーが生み出されるのだろうか．代表的な脂肪酸の1つである**パルミチン酸**が分解される際のエネルギー収支を考えてみよう．

16個の炭素をもつ飽和脂肪酸であるパルミチン酸（表8-1）は，活性型のパルミトイルCoAに変換された後，7回（8回ではない！）のβ酸化によって完全にアセチルCoAへと分解される．β酸化1回につきFADH$_2$とNADHが1分子ずつつくられるので，全体でパルミトイルCoA 1分子からアセチルCoAが8分子，FADH$_2$とNADHが7分子ずつ生じる．

6章で説明したように，アセチルCoA 1分子がクエン酸サイクルに入るとFADH$_2$ 1分子，NADH 3分子，GTP 1分子が生じる．したがって，パルミトイルCoA 1分子が二酸化炭素16分子にまで完全酸化されるとFADH$_2$ 15分子（＝7＋8×1），NADH 31分子（＝7＋8×3），GTP 8分子が得られる計算となる．さらに，6章で説明した，

- FADH$_2$ 1分子の酸化に伴ってATP約1.5分子が合成される
- NADH 1分子の酸化に伴ってATP約2.5分子が合成される
- GTPはエネルギーのロスなくATPに変換される

という関係からATPの合成量を求めると，1分子のパルミトイルCoAから約108分子（＝15×1.5＋31×2.5＋8）のATPがつくられる計算となる．パルミチン酸がパルミトイルCoAに活性化される際にATP 2個分のエネルギーが消費されるので（図8-6），その分を差し引いても，パルミチン酸1分子からATP 106個分のエネルギーが取り出せることになる．好気呼吸によって，グルコース1分子から約32分子のATPが産生されるのと比べても，脂肪酸には多くのエネルギーが蓄えられていることがわかる．

8-2　脂肪酸とトリアシルグリセロールの合成

1）脂肪酸の合成

脂肪酸の合成過程は分解過程に似ている点もあるが，基本的には別経路である．まず両者の類似点と相違点を指摘した後，脂肪酸合成の各ステップを説明していく．

脂肪酸はC$_2$単位が逐次的に付加されることによってつくられ，新しいC$_2$単位は脂肪酸のカルボキシ末端側に付加される．この点で脂肪酸の合成は分解の逆反応に似ているが，それ以外の点は異なっている．第一に，脂肪酸の合成にアセチルCoAが関与している点は一緒だが，アセチルCoAが直接付加されるのではなく，アセチルCoAがカルボキシル化された**マロニルCoA**という分子が縮合の前駆体として働く．第二に，合成中間体として働くのは，アシル基にCoAではなく**アシルキャリアタンパク質（ACP）**というタンパク質が付加された分子である．第三に，関与するエネルギー分子が異なる．マロニルCoAの合成でATPが消費されるのに加えて，炭素鎖伸長のサイクルを進めるためにNADPHが消費される（還元的生合成）．一方，前節で説明したようにβ酸化ではFADH$_2$とNADHがつくられ，ここでもNADHとNADPHの代謝における役割の違いが現れている．第四に，脂肪酸の分解がミトコンドリアのマトリックスで起こるのに対して，脂肪酸の合成は細胞質で起こる．アセチルCoAは主にミトコンドリアのマトリックスに存在しているので（⇒6章），脂肪酸を合成するにはアセチルCoAをミトコンドリアから細胞質に輸送する必要がある．

脂肪酸の合成は以下の3つのステップで進行する．

❶ **アセチルCoAの輸送**：脂肪酸合成の出発分子であるアセチルCoAをミトコンドリアから，脂肪酸合成の場である細胞質まで輸送したいが，アセチルCoA自体はミトコンドリアの膜系を通過できない．そのため，アセチルCoAのアセチル基とオキサロ酢酸が

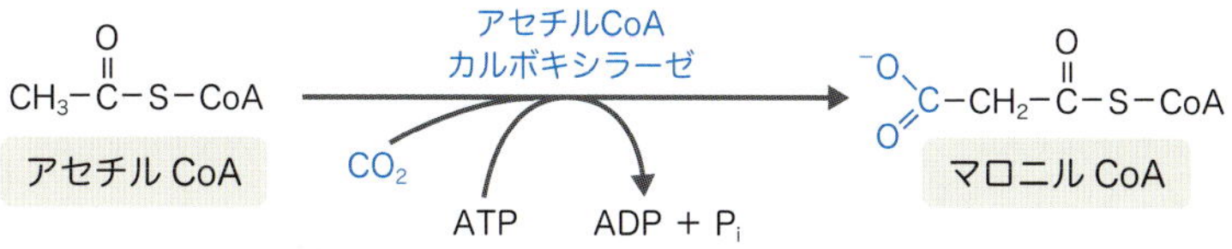

●図8-9　マロニルCoAの合成

縮合してできたクエン酸が代わりに細胞質へと輸送される．細胞質でクエン酸は再びアセチルCoAとオキサロ酢酸に分解され，見かけ上，アセチルCoAは細胞質に運ばれたことになる．細胞質のオキサロ酢酸は複数のステップを経て，再びミトコンドリアに運び込まれる．このサイクルはATPの加水分解によって駆動される．

❷ **マロニルCoAの合成**：細胞質のアセチルCoA（C_2化合物）はカルボキシル化されて（CO_2の付加），脂肪酸合成の主な前駆体であるマロニルCoA（C_3化合物）がつくられる．この反応は，**アセチルCoAカルボキシラーゼがATP依存的に触媒する**（図8-9）．この反応は不可逆的であり，脂肪酸代謝の調節段階として生理学的に重要である（後述）．

❸ **脂肪酸鎖の伸長**：脂肪酸の合成は，真核生物では**脂肪酸合成酵素**（脂肪酸シンターゼ）とよばれる多機能な酵素によって触媒される．この酵素は7種類もの酵素活性をもち，以下のすべての反応を一手に担っている．のみならず，脂肪酸合成酵素はアシル基を運搬するアシルキャリアタンパク質（ACP）としても働く（図8-10）．アシル基は，長い柔軟な鎖状構造であるパンテテイン4'-リン酸（同じ構造はCoAにも存在する，⇒図5-6）を介して酵素とチオエステル結合を結ぶので，アシル基は複数の触媒部位と無理なく相互作用することができる．以下でパルミチン酸（C_{16}化合物）の合成過程を示す．以下の数字は図8-10の番号と対応している．

[1] アセチルCoAのアセチル基が脂肪酸合成酵素のACPドメインに転移する．
[2] ACPドメインのアセチル基が酵素中の別のシステイン残基に転移する．
[3] マロニルCoAのマロニル基がACPドメインに転移する．
[4] アセチル基（C_2化合物）とマロニル基（C_3化合物）が縮合する．その際，マロニル基のカルボキシ基が脱炭酸されて，CO_2が遊離する．この脱炭酸はエネルギー的に有利な不可逆反応であり，それにより脂肪酸の伸長が促進される．縮合反応の結果，ACPドメインにアセトアセチル基（C_4化合物）が残る形となる．
[5～7] アセトアセチル基中のカルボニル基（R-CO-R'）が3段階の反応で還元され，ブチリル基（C_4の飽和アシル基）に変わる．この過程で2分子のNADPHが消費される．

ここまでをおさらいすると，C_2単位とC_3単位が縮合した結果，CO_2が脱離してC_4の直鎖状アシル基（ブチリル基）が得られた．ここに別のマロニルCoA（図8-10の緑色）が加わって[2]～[7]の過程が繰り返されると，C_6の直鎖状アシル基（ヘキサノイル基）が得られる．ここまででわかるように，この過程が1サイクル進むごとに，伸長中のアシル基のカルボキシ末端側にC_2単位が逐次的に付加される．このサイクルがあと5回繰り返されると，C_{16}のパルミトイル基が生成される．パルミトイルACPにパルミトイルチオエステラーゼが作用すると加水分解され，パルミチン酸が遊離する．このチオエステラーゼはパルミトイル基特異的に働き，脂肪酸鎖の長さを決める役割を果たしている．

脂肪酸合成酵素の通常の生成物はこのパルミチン酸である．より長鎖の脂肪酸や不飽和

8章　脂質代謝　143

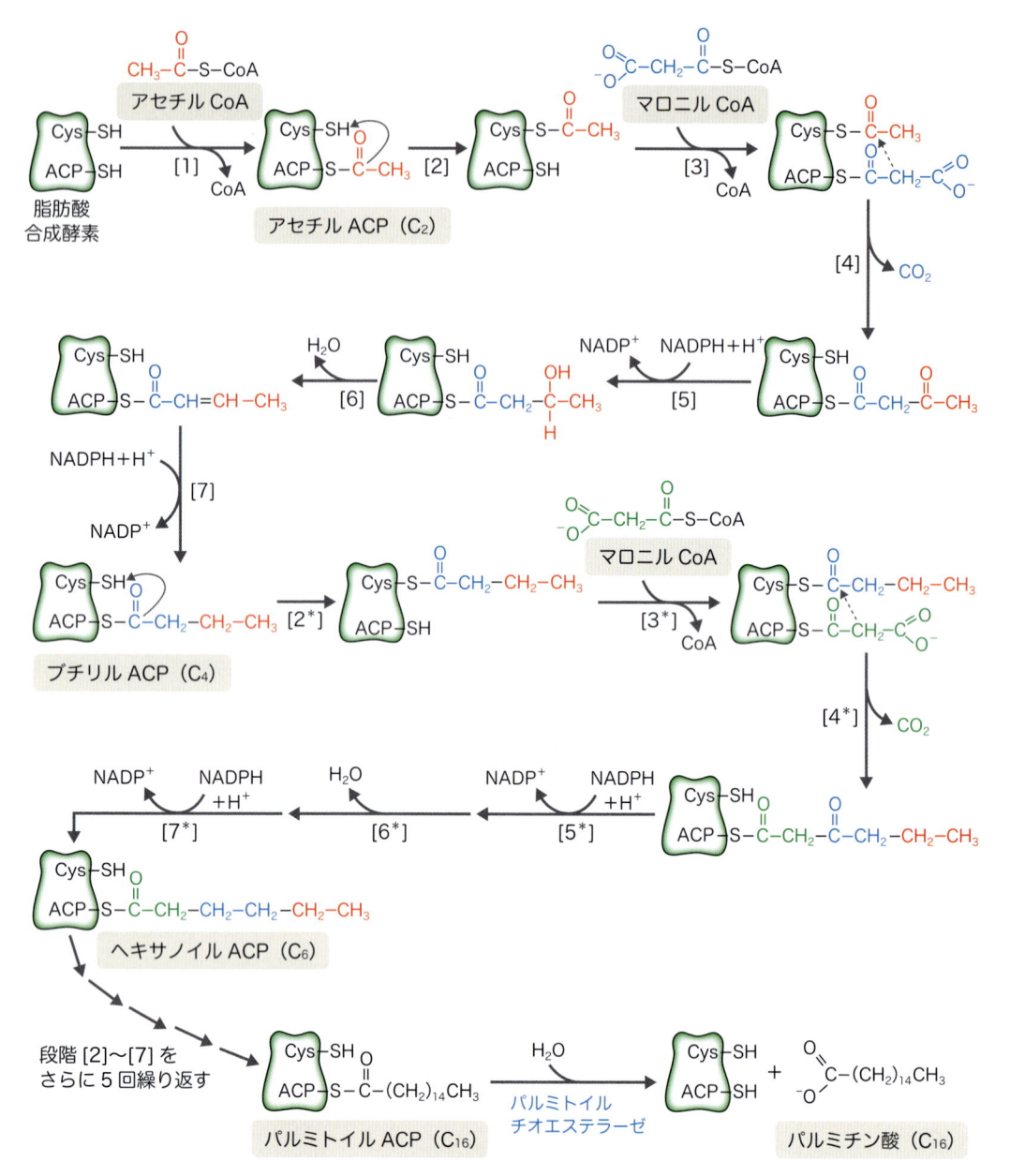

●図8-10 脂肪酸の生合成経路（パルミチン酸を例に）
繰り返される過程には数字に＊を付けた．「イラストレイテッド生化学 原書5版」（Harvey RA, Ferrier DR/著），丸善出版，2011を参考に作成

　脂肪酸の合成は，小胞体やミトコンドリアに局在する別の酵素群によって触媒されることになる．脂肪鎖の伸長はエロンガーゼによってC_2単位で行われ，不飽和化（二重結合の導入）はデサチュラーゼによって部位特異的に行われる．
　ところで，哺乳類は9位の炭素よりも先に二重結合を導入する酵素をもっていないため，リノール酸（cis-Δ^9, Δ^{12}）やリノレン酸（cis-Δ^9, Δ^{12}, Δ^{15}）のような脂肪酸を体内で合成することはできない．これらは食事から摂取する必要があるので，**必須脂肪酸**とよばれる．そもそも成人は必要な脂肪酸の大部分を食事から摂取できているので，脂肪酸を新規に合成する必要はあまりない．しかし，食物として摂取した過剰な糖やタンパク質をトリ

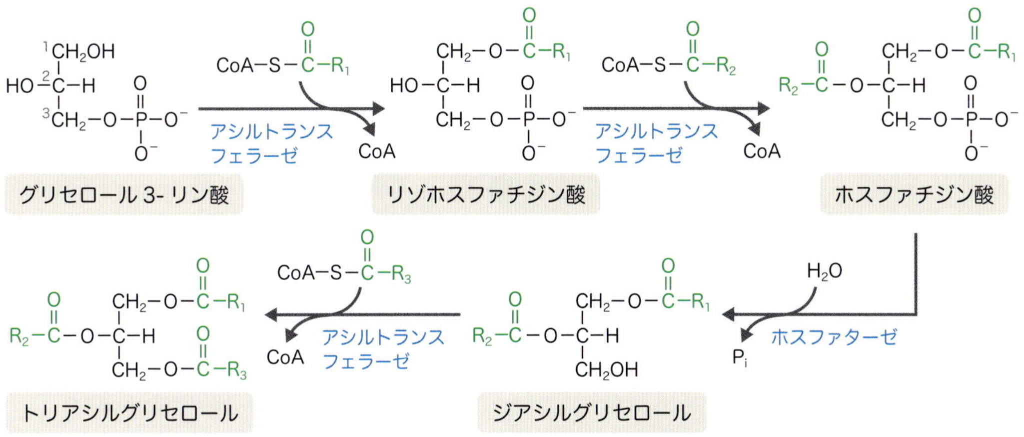

●図8-11　トリアシルグリセロールの生合成経路

アシルグリセロールとして貯蔵するためや，母乳を分泌するために脂肪酸が合成される．したがって，脂肪酸の合成は肝臓や授乳期の乳腺で活発に行われる．

2) パルミチン酸合成のエネルギー収支

脂肪酸のC_2単位の伸長には2分子のNADPHが必要である．パルミチン酸を合成するには，アセチルCoAにマロニルCoAが7回縮合する必要があるので，合計14分子のNADPHが消費される．また，そもそもマロニルCoAの合成にはアセチルCoA 1分子とATP 1分子が必要なので（図8-9），パルミチン酸の合成にはNADPH 14分子とアセチルCoA 8分子，そしてATP 7分子が必要となる．NADPHはペントースリン酸サイクル（⇒5章）などから供給される．

3) トリアシルグリセロールの合成

脂肪酸を貯蔵するためには，脂肪酸をトリアシルグリセロールに変換する必要がある．この反応の基質となるのはグリセロールと脂肪酸ではなく，解糖系の中間代謝物であるジヒドロキシアセトンリン酸もしくはグリセロール3-リン酸とアシルCoAである．アシル基はアシルトランスフェラーゼによって1つずつ付加されていく（図8-11）．1位にのみアシル基が付加され，3位にリン酸基が付加されたものをリゾホスファチジン酸，1位と2位にアシル基が付加され，3位にリン酸基が付加されたものを**ホスファチジン酸**とよぶが，これらの中間体を経てトリアシルグリセロールは合成される．アシルトランスフェラーゼはアシルCoAに対する特異性が低く，さまざまな鎖長や不飽和度をもったトリアシルグリセロールが合成される．とはいえある程度の傾向はあり，ヒトの脂肪組織ではグリセロールの1位の炭素にはパルミチン酸のような飽和脂肪酸が，2位の炭素にはオレイン酸のような不飽和脂肪酸が取り込まれることが多い（図8-3）．

4) 脂肪酸代謝の調節

脂肪酸の代謝は他の代謝経路と同様，厳密に調節されている．「脂肪酸の合成」の項で触れたように，アセチルCoAをカルボキシル化してマロニルCoAに変換する段階は，脂肪酸代謝の調節に重要である．なぜならば，この反応は不可逆的で，脂肪酸合成を決定づけるとともに，脂肪酸合成の律速段階にもなっているからである．この反応を触媒するアセ

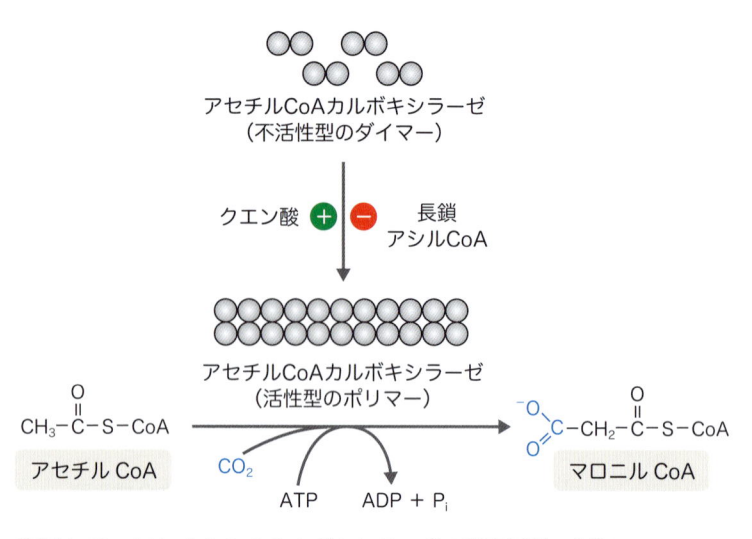

●図8-12 アセチルCoAカルボキシラーゼの酵素活性の制御
「イラストレイテッド生化学 原書5版」(Harvey RA, Ferrier DR/著), 丸善出版, 2011 を参考に作成

チルCoAカルボキシラーゼは代謝産物やホルモンによる調節を受け，エネルギーが豊富な場合や脂肪酸が不足している場合には脂肪酸合成を促進する方向に制御され，逆の場合には脂肪酸合成を阻害する方向に制御される．分子レベルでは，以下で説明するように多量体化と翻訳後修飾によってアセチルCoAカルボキシラーゼの酵素活性は制御されている（図8-12）．

❶ **酵素の多量体化による制御**：アセチルCoAカルボキシラーゼは，多数の分子が会合して繊維状の多量体構造を形成し，このときのみ酵素活性を示す．多量体化はクエン酸によって促進され，逆に最終産物である長鎖アシルCoAによって阻害される．つまり，エネルギーが豊富なときに脂肪酸合成は促進され，脂肪酸が充分あるときは阻害される．

❷ **酵素のリン酸化による制御**：アセチルCoAカルボキシラーゼの酵素活性は，AMP依存性タンパク質キナーゼ（AMPK）によるリン酸化によっても制御されている．リン酸化された酵素は不活性であり，非リン酸化型の酵素のみが活性を有する．AMPKのタンパク質リン酸化活性はAMP（つまり低エネルギー状態）によって活性化され，ATP（高エネルギー状態）によって阻害されるので，結局，細胞内のエネルギーが豊富なときだけ脂肪酸の合成が促進される．

8-3 リン脂質と糖脂質の代謝

リン脂質と**糖脂質**はどちらも脂肪酸を含む両親媒性分子であり，生体膜の主要な構成成分である．そこで，以下ではこれらの脂質をまとめて取り上げる．

1) リン脂質の合成

3章でも述べたように，リン脂質は構造中にリン酸エステル結合をもつ脂質の総称であり，グリセロール骨格にもつ**グリセロリン脂質**と，スフィンゴシン骨格にもつ**スフィンゴリン脂質**とに分けることができる．

グリセロリン脂質は，グリセロールの1位と2位の炭素に脂肪酸が，3位の炭素にリン酸

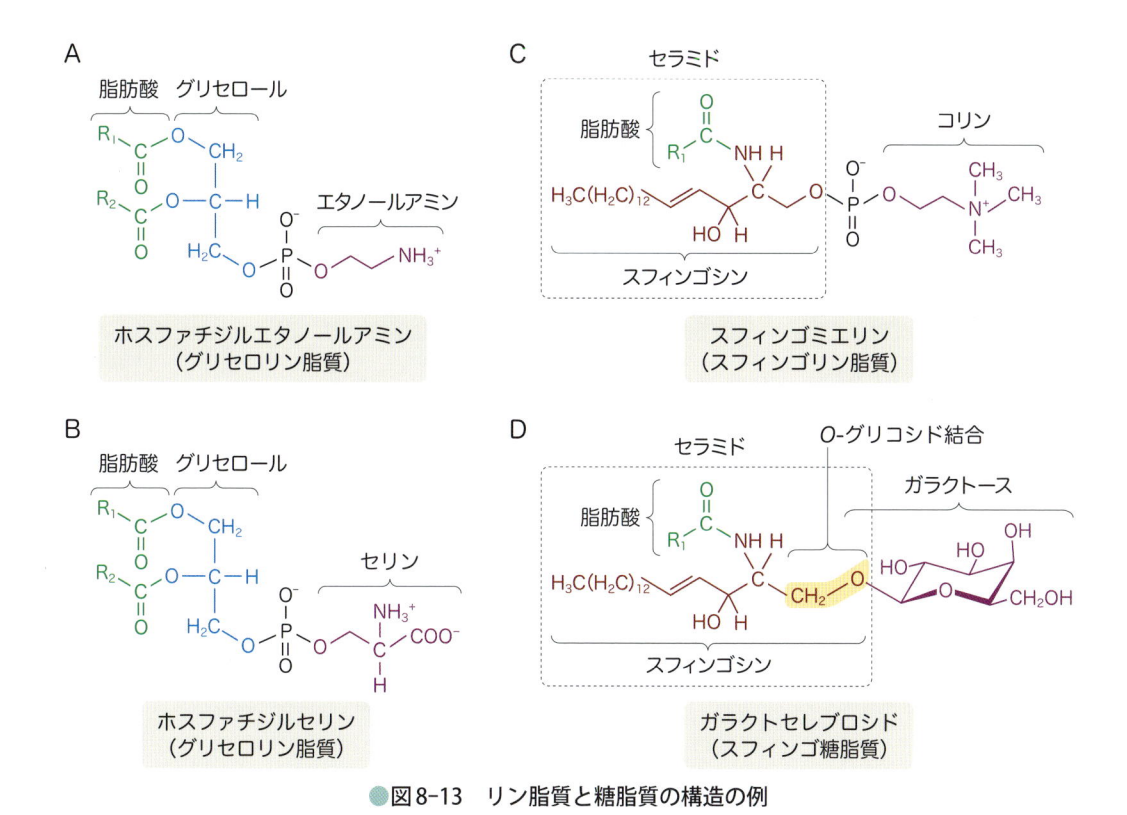

●図8-13　リン脂質と糖脂質の構造の例

エステルがそれぞれ結合した分子である．リン酸エステルの部分が脂質二分子膜の極性頭部を形づくる（⇒図3-15）．基本形はホスファチジン酸であり（図8-11），リン酸部分にさらにエタノールアミンが結合した分子を**ホスファチジルエタノールアミン**，セリンが結合した分子をホスファチジルセリンなどとよぶ（図8-13A,B）．これらのリン酸エステル結合の形成は，CTPの加水分解によって駆動される．グリコーゲンの合成にグルコースではなくUDP-グルコースが用いられるのと同じく（⇒5章），CDP結合型の活性化中間体を経てホスファチジルエタノールアミンやホスファチジルセリンなどがつくられる．

一方のスフィンゴリン脂質だが，その基本骨格である**スフィンゴシン**はアミノ基とヒドロキシ基をもっている（図8-13C）．そのアミノ基に脂肪酸がアミド結合したものを**セラミド**とよぶ．セラミドは皮膚の主要な構成成分であり，皮膚の水透過性を決定する脂質として知られている．セラミドのヒドロキシ基にさらにリン酸エステルが付加されたものがスフィンゴリン脂質であり，グリセロリン脂質と同じく2つの炭化水素鎖と1つの極性分子団をもっている（図8-13C）．代表的なスフィンゴリン脂質であるスフィンゴミエリンは，ホスファチジルコリンのホスホコリン部分をセラミドに転移することによって合成される（図8-14）．なお，スフィンゴミエリンは神経細胞の細胞膜に多く含まれ，ミエリン鞘の主要な構成成分として知られている．

2) リン脂質の分解

グリセロリン脂質はさまざまな**ホスホリパーゼ**によって分解されるが，その種類ごとにリン脂質の特異的な部位が切断される（図8-15）．ホスホリパーゼはリン脂質を分解するだけでなく，シグナル伝達物質を制御する役割も果たしている．例えばホスホリパーゼA2

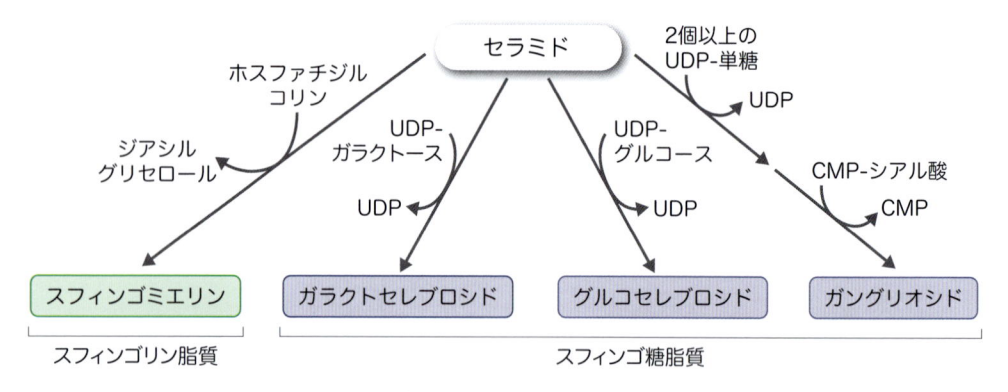

●図8-14　スフィンゴリン脂質とスフィンゴ糖脂質の生合成経路

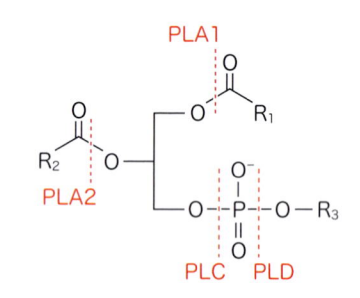

●図8-15　ホスホリパーゼの切断位置
PL：ホスホリパーゼ

はリン脂質からアラキドン酸という脂肪酸を切り出すが，アラキドン酸は以下で述べるように炎症反応などにかかわる生理活性物質の前駆体である．また，ホスホリパーゼCはホスファチジルイノシトール二リン酸のリン酸エステル結合を切断して，イノシトール三リン酸とジアシルグリセロールを与える．これらはセカンドメッセンジャーとして細胞内シグナル伝達にかかわっている（⇒13章）．

　一方，スフィンゴミエリンは，スフィンゴミエリナーゼによってホスホコリン部分が除去されてセラミドになる．セラミドはさらにセラミダーゼによってスフィンゴシンと脂肪酸に分解される．

3）糖脂質の合成と分解

　スフィンゴミエリンはセラミドのヒドロキシ基にリン酸エステルが付加されたもの（スフィンゴリン脂質）だが，この部分に代わりに単糖もしくはオリゴ糖が O-グリコシド結合すると**スフィンゴ糖脂質**になる（図8-13D）．結合する糖の種類によって，グルコセレブロシドやガラクトセレブロシド，ガングリオシドなどさまざまな糖脂質がつくられる（図8-14）．これらの糖脂質は脳の神経組織に多量に含まれているので，それにちなんだ名前がつけられており，セレブロシドは大脳（セレブラム）に，ガングリオシドは神経節（ガングリオン）にそれぞれ由来している．一方，糖脂質の分解は，細胞内小器官であるリソソームに存在する酵素群が担っている．

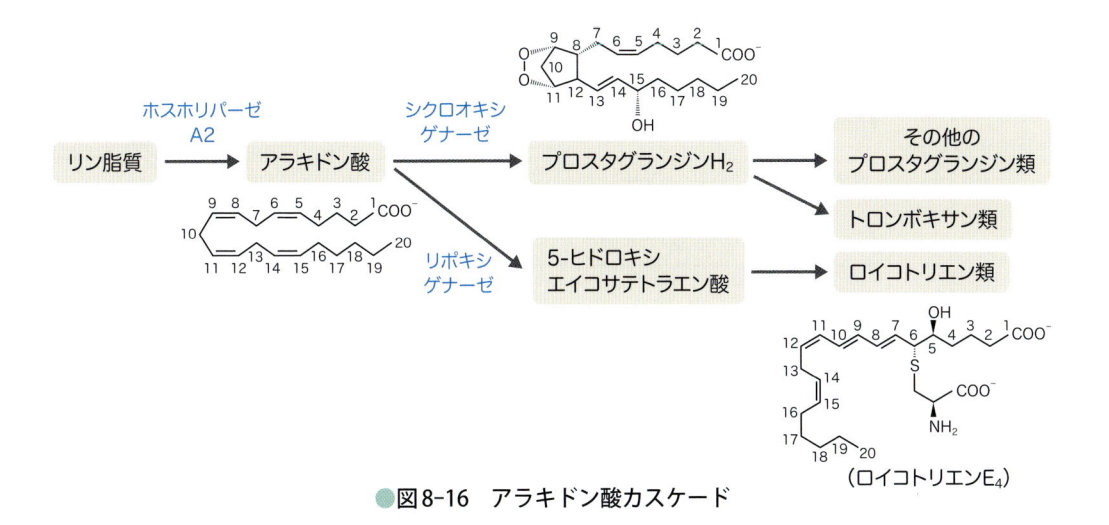

●図8-16　アラキドン酸カスケード

4) アラキドン酸カスケード

アラキドン酸という脂肪酸は，**プロスタグランジン**，ロイコトリエン，トロンボキサンといった生理活性物質（特に脂質メディエーターともよばれる）の前駆体である．アラキドン酸はリン脂質の形で細胞膜に貯蔵されているが，ホスホリパーゼA2によって放出され，さらにアラキドン酸カスケード（図8-16）によってプロスタグランジンなどに変換される．これらの脂質メディエーターは炎症反応やアレルギー反応，血液凝固など生体内におけるさまざまな生理機能に関与しており，その合成経路を阻害する化合物が医薬品として開発されてきた．例えば消炎鎮痛剤のアスピリンは，アラキドン酸からプロスタグランジンH_2をつくるシクロオキシゲナーゼの働きを阻害している．

8-4 コレステロールの代謝

本章の最後では，コレステロールとその誘導体について説明する．**コレステロール**は生体膜の構成成分や胆汁酸，**ステロイドホルモン**の前駆体などとして働いている．コレステロールはこれまで見てきた脂質と異なり，六員環3つと五員環1つからなる特徴的なステロイド骨格を有している．

1) コレステロールの合成

コレステロールの基本構造は27個の炭素原子からなるが，これはアセチルCoAのみからつくられる．以下でコレステロールの合成過程を簡単に説明する（図8-17）．

❶ **HMG CoAの合成**：まずアセチルCoA 3分子から3-ヒドロキシ3-メチルグルタリル（HMG）CoA（C_6単位）が合成される．

❷ **HMG CoAの還元**：HMG CoAは**HMG CoAレダクターゼ**によってメバロン酸に還元される．この反応は不可逆的であり，コレステロール合成の律速段階となっている（後述）．

❸ **イソプレン単位の合成**：C_6化合物のメバロン酸は，リン酸化と脱炭酸によってC_5化合物のイソペンテニル二リン酸に変換される．この化合物は次の反応で，イソプレン単位（p.151 コラム参照）として働く．

❹ **ファルネシル二リン酸の合成**：3分子のイソペンテニル二リン酸が縮合して，C_{15}化合物であるファルネシル二リン酸がつくられる．

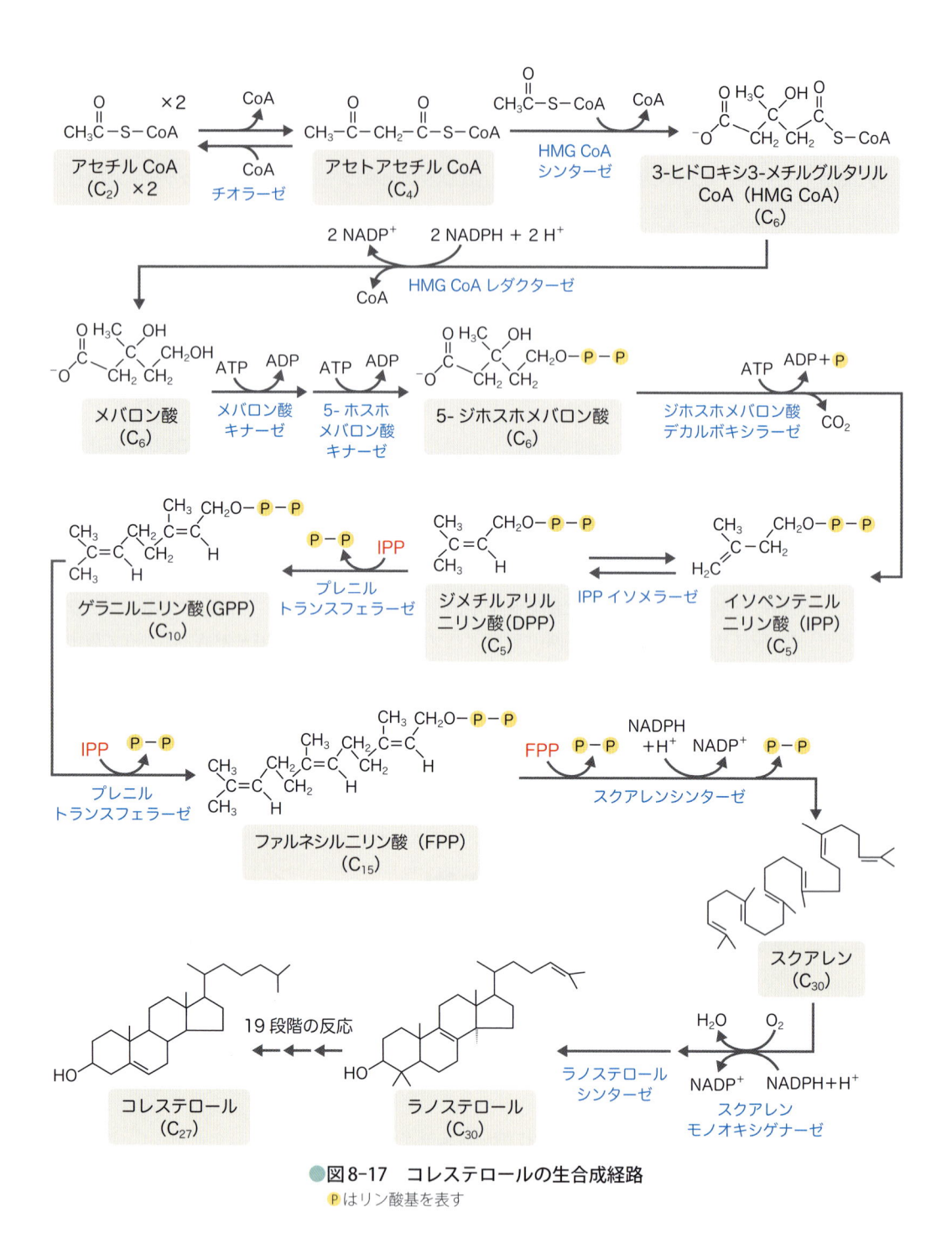

●図8-17　コレステロールの生合成経路
Ⓟはリン酸基を表す

❺ **スクアレンの合成**：2分子のファルネシル二リン酸が縮合して，C_{30} 化合物のスクアレンがつくられる．

❻ **スクアレンの環化**：スクアレンは酸素とNADPHを使う一連の反応によってヒドロキシル化と環状化が行われ，ステロールの基本型とも言えるラノステロールが生成する．

❼ **コレステロールの合成**：ラノステロールは19段階に及ぶ複雑な反応を経て一部の炭素が除かれるなどし，C_{27} 化合物のコレステロールがつくられる．

2）コレステロール合成の制御

コレステロール合成の制御にはHMG CoAレダクターゼによるメバロン酸の合成段階が重要である．以下で説明するように，HMG CoAレダクターゼの活性は生体内で複雑かつ厳密に制御されている．また，高コレステロール血症（血中のコレステロールレベルが高すぎる生活習慣病の一種）の治療薬として，スタチンというHMG CoAレダクターゼ阻害剤が用いられている．

❶ **ステロール依存的な遺伝子発現制御**：HMG CoAレダクターゼ遺伝子の発現は，ステロール濃度によって転写段階で制御されている．HMG CoAレダクターゼ遺伝子の上流にはステロール調節エレメント（SRE）とよばれる領域が存在する．SREに結合するSREBPという転写因子は，ステロール濃度が低いときにHMG CoAレダクターゼ遺伝子の転写を活性化し，コレステロールの合成を誘導する．

❷ **ステロール依存的なタンパク質分解**：HMG CoAレダクターゼはタンパク質の分解レベルでも制御されている．ステロール濃度が上昇するとHMG CoAレダクターゼの構造の一部が変化し，タンパク質分解を受けやすくなる．これは負のフィードバック制御機構として働いている．

❸ **リン酸化/脱リン酸化制御**：HMG CoAレダクターゼは非リン酸化型が活性型で，AMPKによってリン酸化されると不活性型となる．したがって，細胞内が低エネルギー状態（高AMP濃度）のとき，HMG CoAレダクターゼは不活性化され，コレステロール合成が阻害される．このとき脂肪酸の合成も同様に阻害される（p.146参照）．

3）コレステロールの排出

コレステロールはヒトの体内でその環状構造が分解されることはなく，胆汁酸の形で排出される．その流れを簡単に整理する．

コレステロールは肝臓に存在するシトクロムP450という酵素群によって酸化され，複数のステップを経て胆汁酸（主成分はコール酸とケノデオキシコール酸）に変換される．図8-18からわかるように，胆汁酸はカルボン酸をもつ両親媒性分子であり，界面活性剤として働く．すなわち胆汁酸は胆汁として腸管に分泌され，そこで食べ物に含まれる脂肪をミセル化して，消化を助ける働きをする．腸管に分泌された胆汁酸の一部は再吸収され（腸肝循環），一部はそのまま体外へと排泄される．

Column　多様なイソプレノイド

イソプレンはCH$_2$=C（CH$_3$）CH=CH$_2$という分枝と二重結合をもつ炭化水素である．このC$_5$単位が6つ組み合わさってコレステロールができることを本章で紹介したが，他にもさまざまな分子がイソプレン単位から生合成され，それらを総称してイソプレノイドとよぶ．イソプレン単位が2つつながってできたC$_{10}$化合物はリモネン（柑橘類の香り）やメントール（ミントの香り）のように芳香をもつことが知られている．イソプレン単位が4つつながってできたC$_{20}$化合物の1つにレチナール（ビタミンAの一種）があるが，これは動物の視覚を支える重要な物質である（⇒13章）．また，以前に登場した補酵素Q（⇒6章）やクロロフィル（⇒7章）にもイソプレン単位が含まれており，これらの分子を膜に係留する役割を果たしている．さらに，多数のイソプレンが重合して高分子になったものが天然ゴムである．ゴムノキの樹液から集めたポリイソプレンに硫黄を少量加えて加熱すると，高分子が架橋されて，強度的に優れた素材ができる．

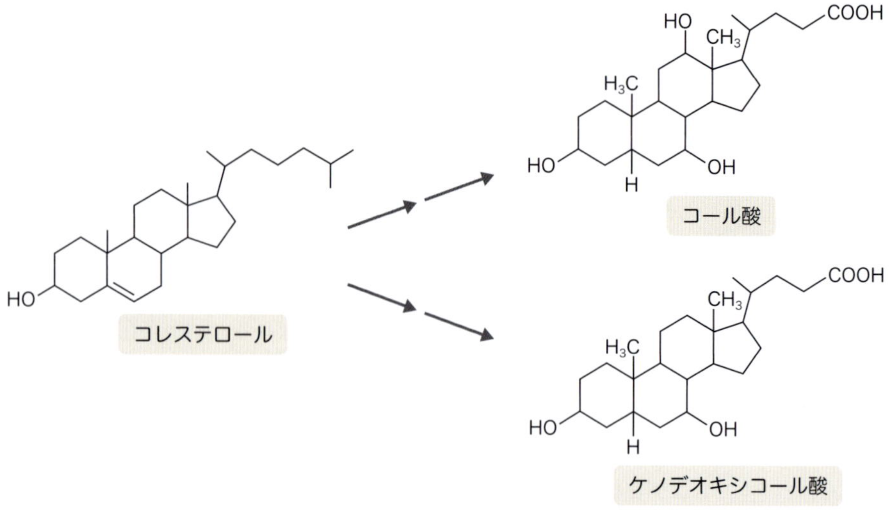

●図8-18　胆汁酸の生合成経路

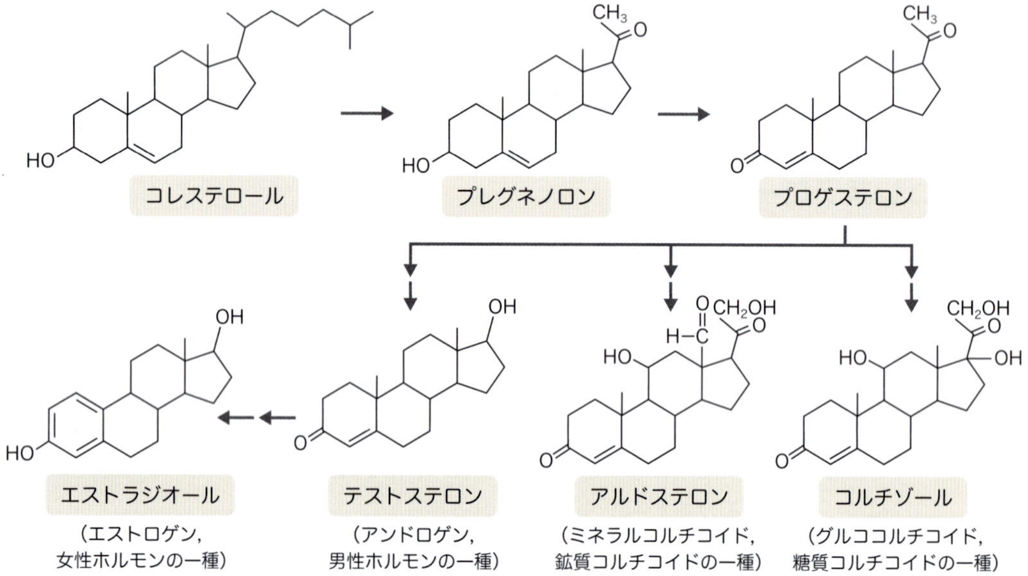

●図8-19　代表的なステロイドホルモンの生合成経路

4）ステロイドホルモンの合成

　コレステロールの重要な働きの1つは，ステロイドホルモンの前駆体となることである（図8-19）．コレステロールから黄体ホルモンである**プロゲステロン**が合成され，ここからさらにアンドロゲンやエストロゲンといった**性ホルモン**が合成される．また，グルココルチコイドやミネラルコルチコイドといった**副腎皮質ホルモン**もここから合成される．これらステロイドホルモンは核内で転写因子として働くホルモン受容体と結合し，標的遺伝子の転写を直接活性化する（⇒13章）．

章末問題

→ 解答は236ページ参照

問1 脂肪酸の分解を行うβ酸化の概要を説明せよ．

問2 飽和脂肪酸と不飽和脂肪酸が分解されるときの過程の違いを説明せよ．

問3 本章の説明に基づいて，ステアリン酸（C_{18}）1分子が完全に分解されたときに得られるATPの個数を計算せよ．また，この数字を，同じ炭素数の糖（グルコース3分子）の完全酸化によって得られるATPの個数と比較せよ．

問4 アセチルCoAカルボキシラーゼは脂肪酸代謝の調節に重要な酵素である．この酵素が触媒する反応を説明し，この酵素がどのように制御されているかを述べよ．

問5 HMG CoAレダクターゼはコレステロール合成の調節に重要な酵素である．この酵素が触媒する反応を説明し，この酵素がどのように制御されているかを述べよ．

第Ⅱ部　生体分子の代謝

9章　アミノ酸とヌクレオチドの代謝

5章の糖代謝から8章の脂質代謝にかけて，生物を構成するさまざまな物質の代謝を学んできた．その締めくくりとなる本章では，タンパク質を構成するアミノ酸の代謝と，核酸（DNAやRNA）を構成するヌクレオチドの代謝について見ていく．アミノ酸とヌクレオチドには，糖や脂質にない共通の特徴がある．それは，ともに窒素を主要な構成要素としてもつ，という点である．

9-1　アミノ酸代謝の全体像

タンパク質は20種類のアミノ酸が遺伝情報に従ってペプチド結合したもので，アミノ酸の側鎖の性質がタンパク質の機能に重要であることを1章で説明した．本章ではまず，20種類のアミノ酸の合成と分解について説明したい．

タンパク質を構成していない遊離のアミノ酸は，糖や脂質とは異なり体内に大量に貯蔵しておくことができない．こうした遊離のアミノ酸は，細胞内や血液中など体のさまざまな場所に少しずつ存在しており，それらをまとめて「**アミノ酸プール**」とよぶことにする（図9-1）．成人の平均的なアミノ酸プールは90〜100 gであり，体を構成するタンパク質量（成人男子で12 kg程度）と比べてずっと少ない．しかし，アミノ酸プールは全身の窒素代謝において中心的な役割を果たしている．

アミノ酸プールに供給されるアミノ酸の由来は，大別して以下の3つがある（図9-1）．

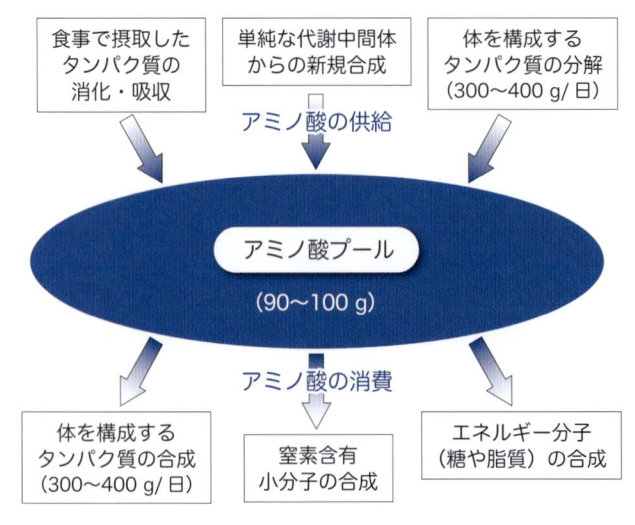

●図9-1　アミノ酸の供給と消費

第一に，食事で摂取したタンパク質に由来するアミノ酸，第二に，単純な代謝中間体から新規に合成されるアミノ酸，第三に，体を構成するタンパク質の分解によって得られるアミノ酸である．一方，アミノ酸プールのアミノ酸が消費される経路も主に3つある（図9-1）．第一に，体を構成するタンパク質の合成，第二に，重要な生理機能をもった窒素含有小分子の合成，第三に，糖や脂質といったエネルギー分子の合成である．栄養状態がよい場合，アミノ酸の供給と消費はバランスがとれており，アミノ酸プールの量は一定に保たれている．供給と消費の各経路について以下で見ていこう．

9-2 アミノ酸プールへのアミノ酸の供給

1）食事によるアミノ酸の供給

アミノ酸プールにアミノ酸を供給する最も単純な方法は，食事に含まれるタンパク質の消化・吸収である．タンパク質は大きすぎてそのままでは吸収できないので，胃や膵臓，小腸から分泌されるタンパク質分解酵素が働いて，タンパク質のペプチド結合を切断する．こうして生じた遊離アミノ酸が腸管上皮細胞に取り込まれ，血流に乗って全身に運ばれる．

2）アミノ酸の新規合成

地球上の生物の一部は，20種類すべてのアミノ酸を単純な代謝中間体から合成することができる．しかし，私たちヒトを含む多くの生物はその能力を失っており，例えばヒトは9種類ものアミノ酸を体内でつくり出すことができない．そのようなアミノ酸は**必須アミノ酸**とよばれ，食事から摂取する必要がある（図9-2）．非必須アミノ酸と比べて，必須アミノ酸の生合成にはより多くの反応段数が必要なことが，研究からわかっている．多くの生物は，進化の過程で複雑なアミノ酸合成経路を捨て，アミノ酸を外界から取り込む道を選んだのだろう．

アミノ酸の新規生合成経路を図9-3に模式的に示した．20種類すべてのアミノ酸が糖代謝——解糖系，クエン酸サイクル，ペントースリン酸サイクルいずれか——の代謝中間体を

	糖原性	糖原性かつケト原性	ケト原性
非必須	アラニン アルギニン アスパラギン アスパラギン酸 システイン グルタミン酸 グルタミン グリシン プロリン セリン	チロシン	
必須	ヒスチジン メチオニン バリン	イソロイシン フェニルアラニン トリプトファン トレオニン	ロイシン リジン

●図9-2 ヒトの必須アミノ酸と非必須アミノ酸
糖原性，ケト原性についてはp.158参照

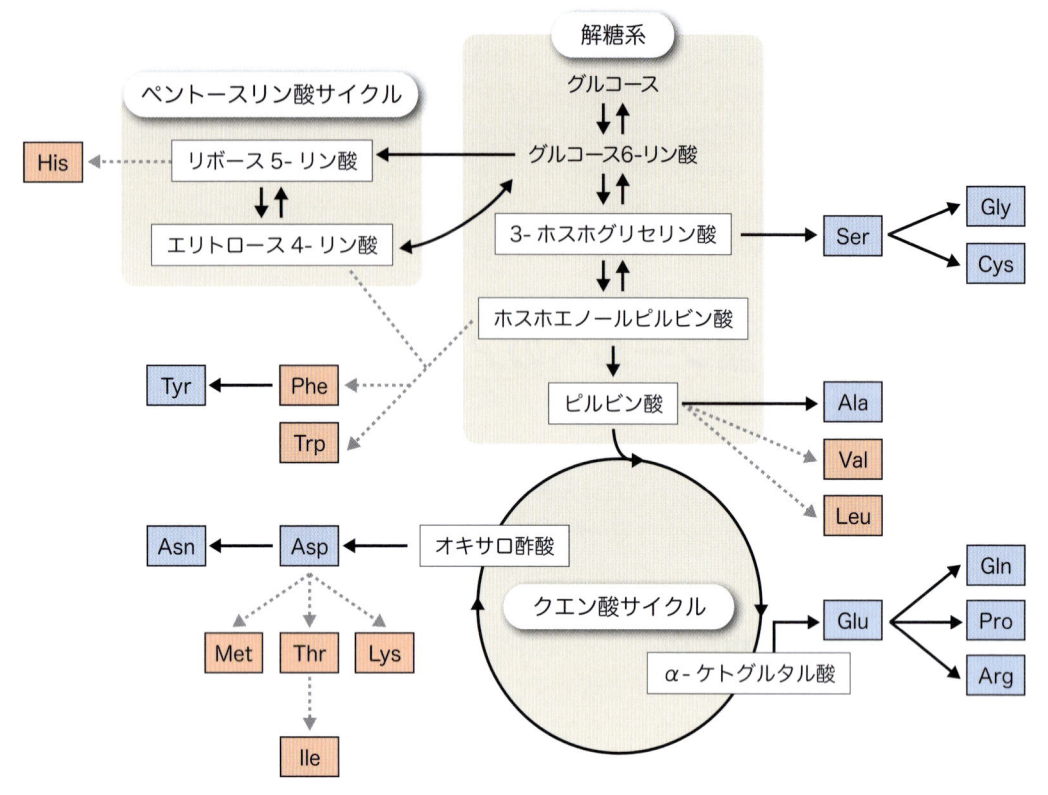

●図9-3　アミノ酸の新規生合成経路
- - ▶：ヒトに存在しない代謝経路，□：必須アミノ酸，□：非必須アミノ酸，□：アミノ酸合成の出発物質となる代謝中間体

　出発材料として合成される点に注意してほしい．一部のアミノ酸が他のアミノ酸を経由してつくられている点も特筆に値する．図9-3の破線の矢印はヒトに存在しない代謝経路を表しており，その先は必須アミノ酸となっている．ただし，チロシンは例外である．チロシンは必須アミノ酸のフェニルアラニンからつくられる（図9-3）．私たちはフェニルアラニン自体をつくり出すことはできないが，摂取したフェニルアラニンをチロシンに変換することはできるので，チロシンは非必須アミノ酸に分類されている．
　20種類のアミノ酸の生合成経路は多様なので詳細は省くが，アラニン，アスパラギン酸，グルタミン酸の生合成経路についてのみ図9-4に示した．アラニンはピルビン酸から，アスパラギン酸はオキサロ酢酸から，グルタミン酸は**α-ケトグルタル酸**から，それぞれ1段階で合成される．これらの反応の類似性に注目してほしい．1章で説明したように，生体のタンパク質を構成するアミノ酸はα-アミノ酸であり，カルボキシ基が結合するα位の炭素にアミノ基も結合している．一方，ここで例としてあげた前駆体のピルビン酸，オキサロ酢酸，α-ケトグルタル酸はいずれもα位がカルボニル基に変わっており，これらに共通な-COCOOHという構造をもつ物質を**α-ケト酸**とよぶ．図9-4の反応を触媒する**トランスアミナーゼ**という酵素は，別のアミノ酸のアミノ基をα-ケト酸に転移することで新しいアミノ酸を与える．

基礎からしっかり学ぶ生化学

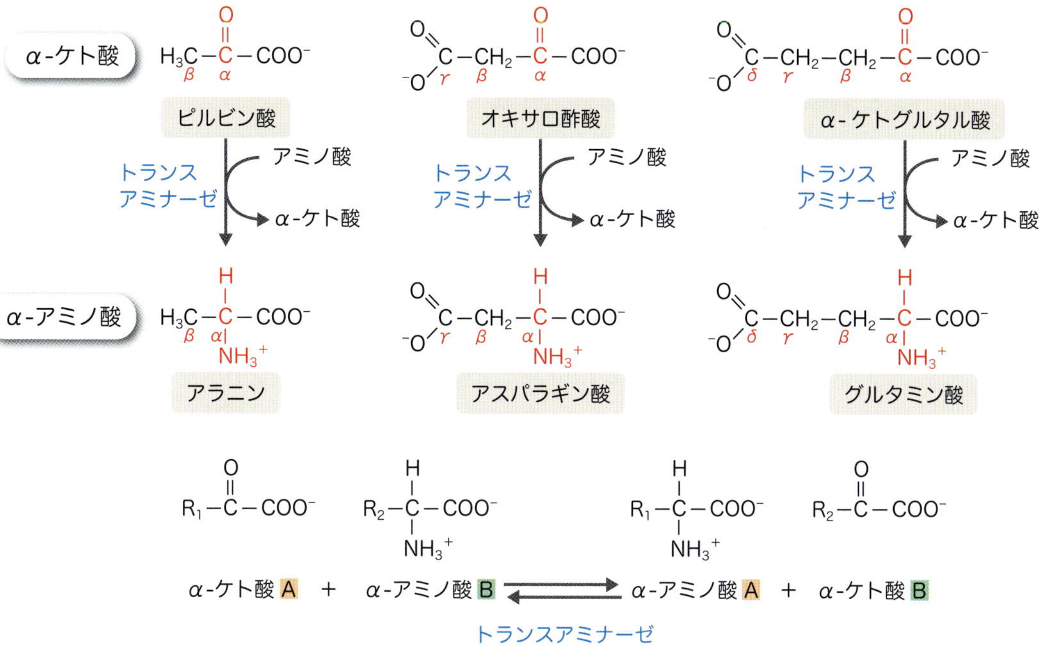

●図9-4 アミノ酸の生合成経路の例

3) 体を構成するタンパク質の分解

　体を構成する大量のタンパク質はゆっくりと分解されており，そこからアミノ酸プールにアミノ酸が供給されている．栄養状態がよければタンパク質の合成と分解は釣り合い，総タンパク質量は一定している．これを**タンパク質の代謝回転**といい，成人では毎日300～400 gのタンパク質が合成・分解されている（図9-1）．

　タンパク質の分解は，タンパク質の種類によって異なる速度で進行し，また，外界のシグナル等によっても制御されている．数分～数時間程度の半減期をもつ短命なタンパク質が存在している一方で，月～年単位の半減期をもつタンパク質も存在する．一般に，コラーゲン等の構造タンパク質はきわめて安定である．

　タンパク質の分解には，**ユビキチン-プロテアソーム経路**と**リソソーム経路**という2つの経路がかかわっている．詳しくは12章で紹介するが，ここでも簡単に説明しておこう．ユビキチン-プロテアソーム経路では，分解されるべきタンパク質にまずユビキチンという低分子タンパク質が目印として付加される．ユビキチン化されたタンパク質は，プロテアソームというタンパク質分解工場において短いペプチド単位に分解される．ペプチドはさらにアミノ酸単位にまで分解されて，アミノ酸プールに入る．一方，リソソーム経路での分解はタンパク質に対する特異性が低く，リソソームというプロテアーゼ（タンパク質分解酵素）を大量に含んだ細胞内の膜小胞にタンパク質が輸送されて，そこで分解を受ける．これに関連して，**オートファジー**（自食）という現象が知られている．生物は飢餓状態に陥るとリソソーム経路を活性化して，細胞の構成成分をどんどん分解することでエネルギーを生み出そうとする．

9-3 アミノ酸の消費

1）体を構成するタンパク質の合成

アミノ酸プールを消費する第一の経路はタンパク質の合成である．DNAの遺伝情報に基づいて，20種類のアミノ酸が指定された順序で重合し，さまざまな機能をもったタンパク質がつくられる．この後の11章と12章で詳しく説明するが，これは高度に制御された過程である．

2）窒素含有小分子の合成

アミノ酸プールのアミノ酸は，重要な生理機能をもった窒素含有小分子の合成にも用いられる．具体的には**ポルフィリン**，**カテコールアミン**，**プリン**，**ピリミジン**などがアミノ酸から合成される（図9-5）．ポルフィリンはグリシンやグルタミン酸からつくられる環状化合物の総称で，ヘモグロビンやシトクロムcに含まれるヘム（⇒1, 6章），葉緑体に含まれるクロロフィル（⇒7章）等が含まれる．一方，カテコールアミンはチロシンからつくられる分子で，ドーパミンやアドレナリンといった神経伝達物質の基本骨格となっている．同様に，核酸塩基のプリンとピリミジンも複数のアミノ酸から合成される．ヌクレオチドの合成については，本章の後半で説明する．

3）エネルギー分子の合成

アミノ酸プールの余剰なアミノ酸はエネルギー分子の合成に用いられる．アミノ酸を糖や脂質に変換するうえでアミノ酸の窒素原子は「邪魔」なので，まずアミノ酸を脱アミノ化して，窒素を含まないα-ケト酸に変換する．この反応には，先ほども登場したトランスアミナーゼが関与している．トランスアミナーゼはアミノ基を転移するだけ，つまり奪ったアミノ基を他のα-ケト酸に付加してアミノ酸に変えるだけなので，アミノ基の総量は変わらない（図9-4）．しかし，この酵素の働きによってグルタミン酸が生じると，今度は**グルタミン酸デヒドロゲナーゼ**という別の酵素がグルタミン酸を酸化的に脱アミノ化して，α-ケトグルタル酸と**アンモニア**を生じる（図9-6）．この段階が正味の脱アミノ化であり，発生したアンモニアは体外に排泄される（次節「尿素サイクル」を参照）．つまり，すべてのα-アミノ酸はグルタミン酸を介して脱アミノ化され，それぞれ対応するα-ケト酸とアンモニアに変わる，とみなすことができる．

こうして生じたα-ケト酸は，アミノ酸の種類ごとに異なる経路で代謝され，糖や脂質の代謝中間体に変換される．具体的には，ピルビン酸，α-ケトグルタル酸，スクシニルCoA，フマル酸，オキサロ酢酸，アセチルCoA，そしてアセト酢酸がアミノ酸分解の最終産物となっている（図9-7）．これら7種類の化合物のうち，ピルビン酸とクエン酸サイクルの代謝中間体は糖新生（⇒5章）によってグルコースに変換される．一方，アセチルCoAとアセト酢酸は糖新生には向かわず，脂肪酸の合成（⇒8章）やATPの産生等に利用される．このように，後の代謝経路が異なることから，グルコースに再利用されうるアミノ酸を**糖原性アミノ酸**，アセチルCoAやアセト酢酸を与えるアミノ酸を**ケト原性アミノ酸**とよんで区別する（図9-2）．複数の代謝経路をもち，両方に分類されるアミノ酸も何種類か存在する．

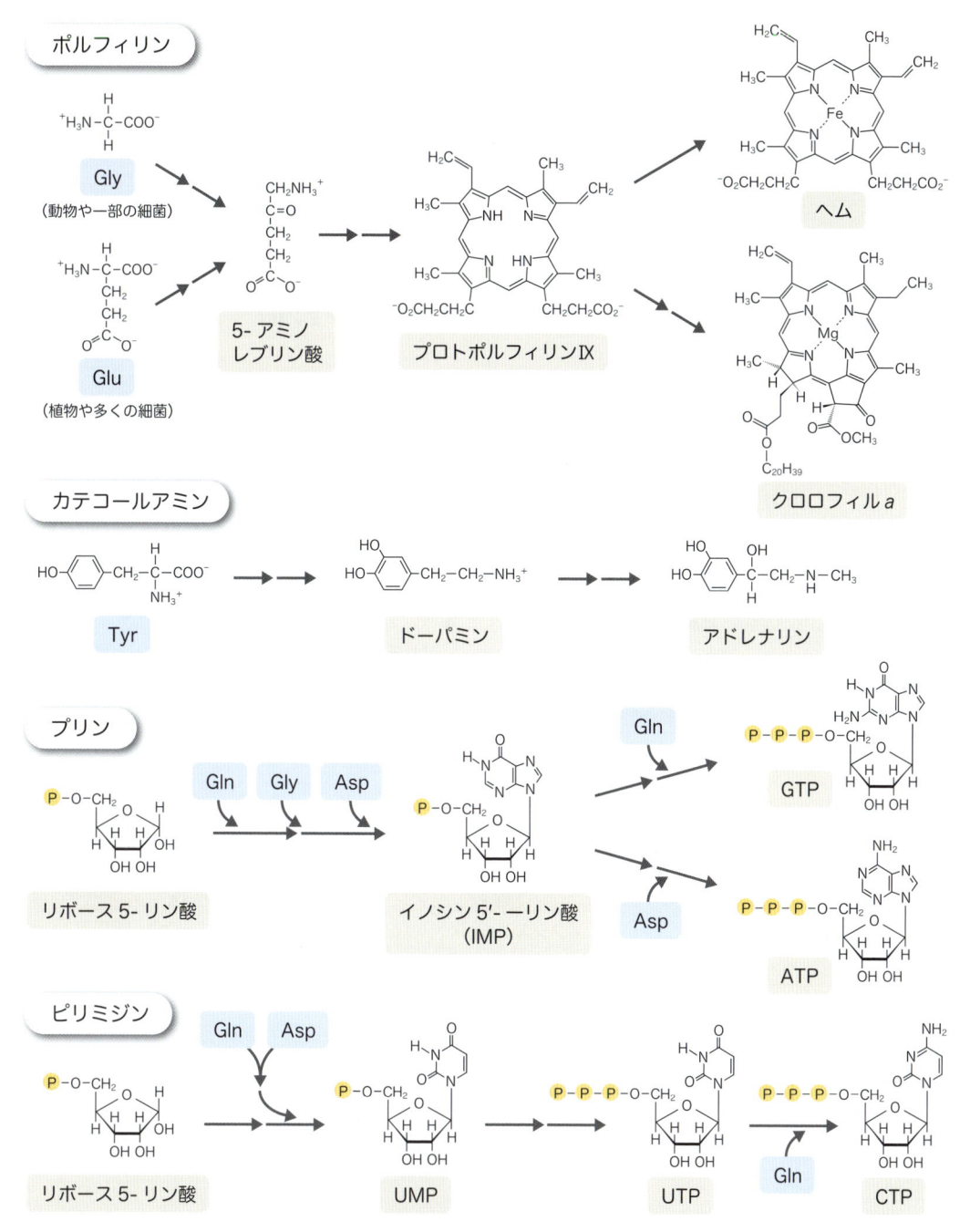

●図9-5 アミノ酸から合成される窒素含有小分子
連続する2つの矢印は，複数の酵素反応の存在を表す．Ⓟ：リン酸基

9-4 尿素サイクル

　アミノ酸代謝の最後では，余剰なアミノ酸の分解によって生じる窒素の排出方法について取り上げる．前節で説明したように，グルタミン酸はグルタミン酸デヒドロゲナーゼによって酸化的に脱アミノ化され，α-ケトグルタル酸とアンモニア（NH_3）に変わる．ところでアンモニアは毒性が高く，体内で濃縮することができないので，アンモニアをその

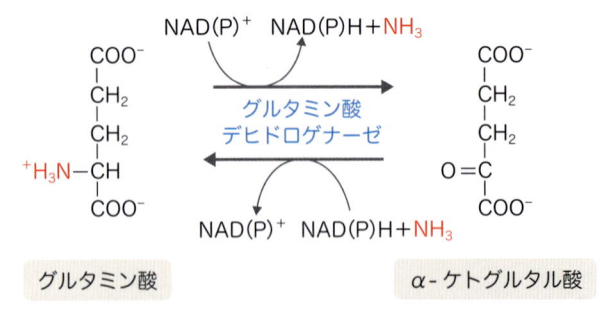

●図9-6　グルタミン酸の脱アミノ化

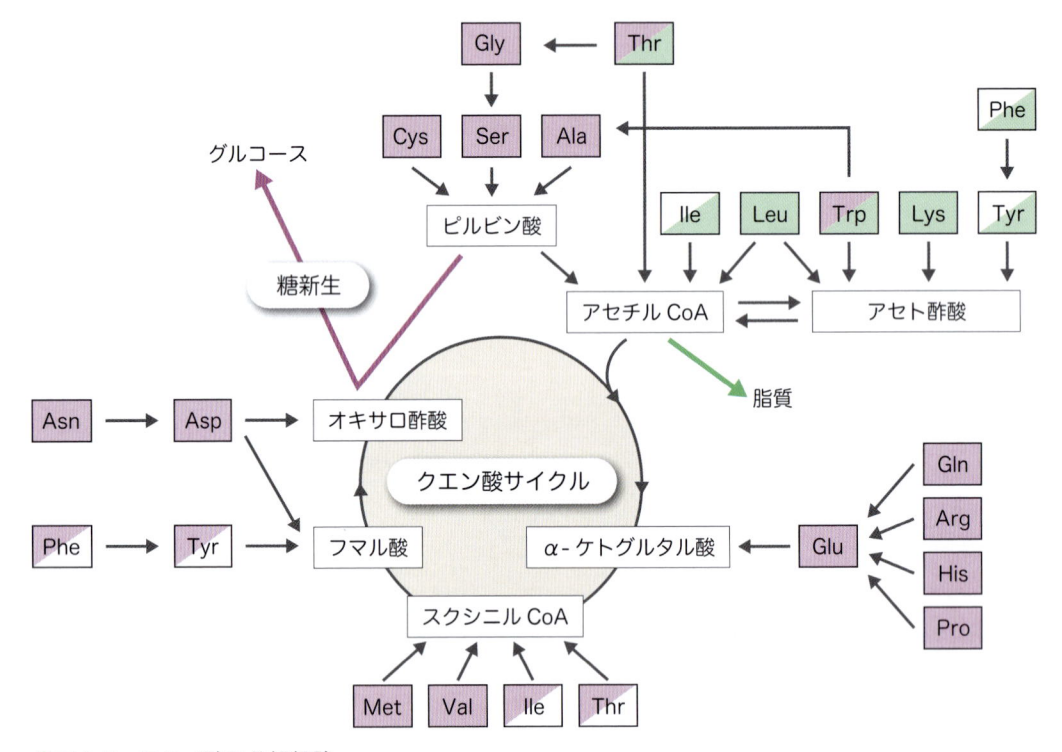

●図9-7　アミノ酸の分解経路
　　■：糖原性アミノ酸，■：ケト原性アミノ酸，■■：糖原性かつケト原性のアミノ酸．■と■で示されたアミノ酸は図中2カ所に登場していることに注意

ままの形で排泄するには大量の水とともに行う必要がある．陸生動物にとって水は貴重なので，陸生動物はアンモニアをさらに尿素（CH_4N_2O）や尿酸（$C_5H_4N_4O_3$）へと変換する（図9-8）．尿素や尿酸は毒性が低いため，体内で濃縮したうえで少量の水とともに排泄できるからである．

　動物は**アンモニア排泄性，尿素排泄性，尿酸排泄性**の3種類に分けることができる．アンモニア排泄性動物（原生動物や魚類を含む水生動物の多く）は1グラムの窒素の排泄に500 mLの水を必要とする．一方，尿素排泄性動物（哺乳類や両生類等）はその1/10，すなわち50 mLの水があれば1グラムの窒素を排泄できる．さらに，尿酸排泄性動物（昆虫，爬虫類，鳥類等）は1グラムの窒素の排泄にわずか1 mLの水しか必要としない．

　以下では，尿素排泄性動物がアンモニアを尿素に変換する**尿素サイクル**の過程について

●図9-8 アンモニア，尿素，尿酸の構造

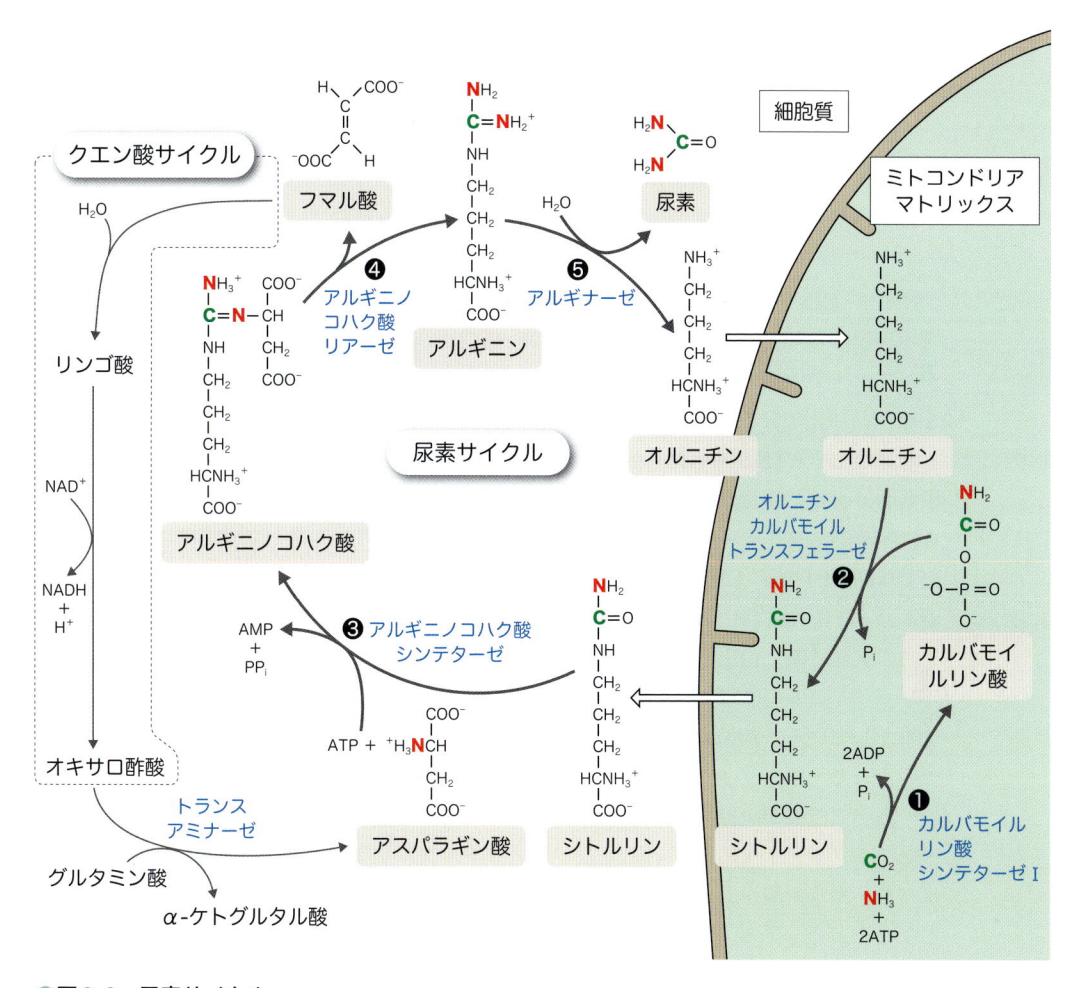

●図9-9 尿素サイクル
図中の❶〜❺は本文解説と対応している．「イラストレイテッド生化学 原書5版」（Harvey RA, Ferrier DR/著），丸善出版，2011を参考に作成

説明する（図9-9）．なお，この反応は主に肝臓で進行する．肝臓でつくられた尿素は腎臓に運ばれ，尿として排泄される．

❶ **カルバモイルリン酸の合成**：まず，アンモニアと二酸化炭素，そしてATPから**カルバモイルリン酸**が合成される．この反応はミトコンドリアのマトリックスで起こり，カルバモイルリン酸シンテターゼⅠによって触媒される．この反応は尿素合成の律速段階として働いている（後述）．

9章 アミノ酸とヌクレオチドの代謝 161

❷ **カルバモイル基の転移**：カルバモイルリン酸のカルバモイル基（-CO-NH$_2$）は，オルニチンカルバモイルトランスフェラーゼによってオルニチンという非標準アミノ酸に転移され，シトルリンを与える．

❸ **アスパラギン酸との縮合**：ミトコンドリアから細胞質に輸送されたシトルリンは，アスパラギン酸と縮合してアルギニノコハク酸を与える．この反応はアルギニノコハク酸シンテターゼによって触媒され，ATPの加水分解を必要とする．

❹ **アルギニノコハク酸の分解**：アルギニノコハク酸は，アルギニノコハク酸リアーゼによってアルギニンとフマル酸に分解される．フマル酸はクエン酸サイクルの代謝中間体であり，再利用される．

❺ **アルギニンの分解**：一方のアルギニンはアルギナーゼによって分解され，オルニチンと尿素が生じる．オルニチンはミトコンドリアに運ばれて❷の反応に再利用される．これで尿素サイクルが1周する．

以上の反応をまとめると，

$$NH_3 + CO_2 + アスパラギン酸 + 3ATP + H_2O$$
$$\rightarrow 尿素 + フマル酸 + 2ADP + 2P_i + AMP + PP_i$$

となり，尿素1分子をつくるのに高エネルギーリン酸結合4個分のエネルギーが必要なことがわかる（ATPからAMPへの変換は高エネルギーリン酸結合2個分とみなす）．ただ，尿素サイクルで生じたフマル酸はクエン酸サイクルを通ってオキサロ酢酸に変換され，さらにトランスアミナーゼによってアスパラギン酸にリサイクルされるが（図9-9），その過程でNADH 1分子（ATP約2.5分子に相当）が生じるので，正味のエネルギー消費量は尿素1分子あたりATP 1.5分子程度である．尿素の2つの窒素原子はアンモニアとα-アミノ酸のアミノ基に由来し，尿素の炭素原子は二酸化炭素に由来する．

尿素サイクルの制御には，**N-アセチルグルタミン酸**という特殊なアミノ酸が重要な役割を果たしている．前節で説明したように，グルタミン酸はアミノ酸分解の「窓口」となっているので，尿素サイクルが律速となってアミノ酸の分解が間に合わないと，グルタミン酸の細胞内濃度が上昇する．そうすると，グルタミン酸はアセチルCoAと結びついてN-アセチルグルタミン酸がつくられる．N-アセチルグルタミン酸は，上記❶の段階で働くカルバモイルリン酸シンテターゼⅠをアロステリックに活性化し，尿素サイクル全体を活性化することで，アミノ酸の分解を促す．

尿素サイクルにかかわる酵素の遺伝子が欠損したり，肝硬変などで肝機能が低下すると，窒素の排泄がうまくいかずに血中のアンモニア濃度が高まり（高アンモニア血症），意識障害などの症状が出る．

9-5 ヌクレオチド代謝

ヌクレオチドはDNAやRNAの構成要素というだけでなく，エネルギー通貨（ATP）や補酵素（CoA，NAD，NADPなど），セカンドメッセンジャー（cAMPなど）といったさまざまな役割を果たしている（⇒5～8章）．ヌクレオチドを構成する核酸塩基にはプリン（アデニン，グアニンなど）とピリミジン（シトシン，ウラシル，チミンなど）の2種類があるが（⇒2章），それらの代謝経路は異なっている．また，ヌクレオチドの合成には，新

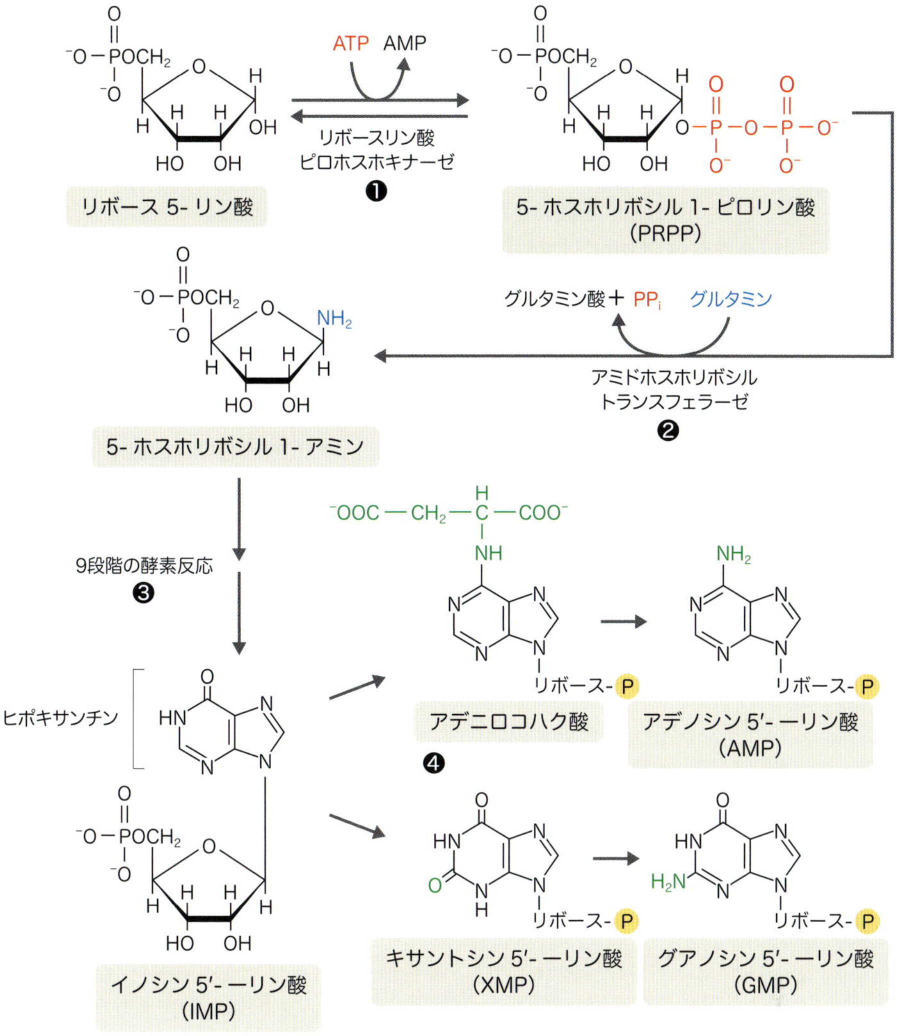

●図9-10 プリンヌクレオチドの de novo 合成経路
図中の❶〜❹は本文解説と対応している

たに塩基を合成する**新規（*de novo*）合成経路**と，すでにある塩基を再利用する**サルベージ経路**の2つがある．以下でそれらを順に説明していく．

1）プリンヌクレオチドの *de novo* 合成

プリンヌクレオチドの *de novo* 合成経路では，ペントースリン酸サイクルの中間代謝物である**リボース5-リン酸**が足場として働く．リボース5-リン酸にさまざまな分子団が逐次的に付加されて，プリン塩基が組み立てられていく（図9-10）．以下でその概略を説明する．

❶ **活性化型ペントースの合成**：まず，リボース5-リン酸はさらにリン酸化されて活性化型の **5-ホスホリボシル1-ピロリン酸（PRPP）** に変換される．PRPPはピリミジン合成経路やサルベージ経路にも関与しており，ヌクレオチドの代謝全般に重要な役割を果たしている．

❷ **5-ホスホリボシル1-アミンの合成**：グルタミンの側鎖のアミノ基がPRPPの活性化された1

9章 アミノ酸とヌクレオチドの代謝 163

位の炭素と反応し，5-ホスホリボシル1-アミンがつくられる．

❸ **イノシン5′−一リン酸の合成**：イノシン5′−一リン酸（IMP）はアデノシンとグアノシンに共通な前駆体であり，**ヒポキサンチン**という基本的なプリン骨格の塩基を有している．9段階の酵素反応によって，グルタミン，グリシン，アスパラギン酸といったアミノ酸やギ酸（ホルミル基）が5-ホスホリボシル1-アミンに逐次的に付加されて，IMPがつくられる．ギ酸の付加には，**テトラヒドロ葉酸**という補酵素が関与している．なお余談だが，IMPはイノシン酸ともよばれ，鰹節に多く含まれるうま味成分としても知られている（p.164 コラム参照）．

❹ **AMPやGMPへの変換**：IMPから先の合成経路は分岐している．AMPとGMPはそれぞれ異なる2段階の反応によってIMPからつくられる．

❺ **三リン酸化**：AMPはADPを経てATPに変換される．同様にGMPはGDPを経てGTPに変換される．一リン酸化物からの二リン酸化物の合成は，塩基特異的な**ヌクレオシド一リン酸キナーゼ**によって触媒され，以下のように進行する．

$$AMP + ATP \rightleftarrows 2ADP$$
$$GMP + ATP \rightleftarrows GDP + ADP$$

一方，三リン酸化物の合成は**ヌクレオシド二リン酸キナーゼ**によって触媒される．この酵素は，塩基の種類にも糖の種類（リボースとデオキシリボース）にも無関係に働いて，例えば以下のような交換反応を触媒する．

$$GDP + ATP \rightleftarrows GTP + ADP$$
$$CDP + ATP \rightleftarrows CTP + ADP$$

これらの反応の自由エネルギー変化はほぼゼロなので，反応はどちらの方向にも進みうる．ATPはこの経路とは別に，解糖系や酸化的リン酸化によってもADPからつくられるので（⇒5，6章），ATPが駆動力となってATP以外の三リン酸化物がつくられる．

Column　うま味

味覚は何種類あるのだろうか．古代ギリシャの哲学者デモクリトスは，味の基本は甘味，酸味，塩味，苦味の4種類であり，すべての味はその組み合わせだと考えた．一方，中国では，これに辛味を加えたものを五味とよぶ．これら以外に「うま味」という味覚があることを，20世紀初頭に日本の科学者が発見した．1908年に池田菊苗は，だし昆布からうま味成分を抽出し，それがグルタミン酸であることを突き止めた．さらに1913年，小玉新太郎は鰹節から別のうま味成分としてイノシン酸（イノシン一リン酸：IMP）を同定した．このように，食品に含まれるアミノ酸やヌクレオチドがうま味成分として働いている．この発見は世界が認めるところとなり，欧米でうま味はumamiと訳されている．最近になって，甘味，酸味，塩味，苦味，そしてうま味に対応する5種類の味覚受容体が舌の味蕾に存在していることが明らかとなり，味覚の分子レベルでの理解が進んだ．ところで辛味はどうなっているのだろうか．辛味を感知するカプサイシン受容体は，味覚受容体ではなく痛覚神経の受容体として働き，痛みの伝達にかかわっているという．納得いく人も多いのではないだろうか．

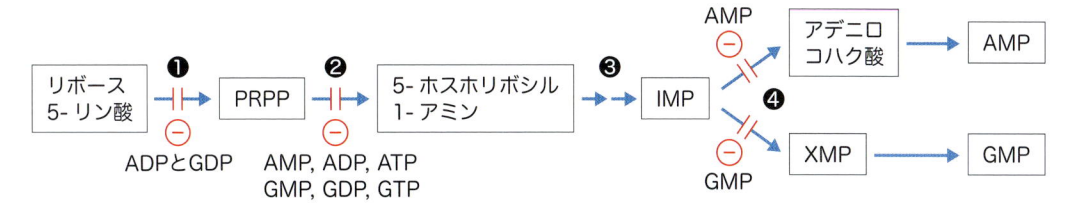

●図9-11 プリンヌクレオチド合成の制御

　プリンヌクレオチドの合成は❶❷❹の段階で制御されている（図9-11）．❶と❷の段階を触媒する酵素は生成物であるプリンヌクレオチド（AMP，ADP，ATP，GMP，GDP，GTP）によって阻害され，過剰なヌクレオチドが合成されないようになっている．さらに，❹の段階でもIMPからのAMPの合成がAMPによって阻害され，IMPからのGMPの合成がGMPによって阻害される．これらは，いわゆる生成物によるフィードバック阻害である．その結果，IMPはAMPとGMPのうち，より不足している方の合成経路に進むことになる．

2）プリンヌクレオチドの分解とサルベージ経路

　ヌクレオチドもタンパク質と同じように代謝回転しており，新規に合成される一方で分解もされる．AMPとGMPが分解される経路を図9-12に示す．AMPのアデニン塩基部分はデアミナーゼによって脱アミノ化されてヒポキサンチンに変わり，リボース5-リン酸の部分は2段階の反応で脱離する．GMPも同様に2段階の反応でリボース5-リン酸が外れてグアニンに変わる．ヒポキサンチンとグアニンは，どちらもキサンチンを経由して尿酸に変換され，尿中へと排泄される．

　ヒトの体液中の尿酸濃度は通常低く保たれているが，何らかの原因で尿酸の過剰生産や排泄低下が起こると尿酸値が上がり，尿酸ナトリウムの結晶が関節などに沈着して炎症を引き起こす．これが痛風であり，尿酸合成阻害薬や尿酸排泄薬などで治療を行う．

　プリンヌクレオチドの*de novo*合成には多くのエネルギーが必要なので，省エネのため，分解経路の中間代謝物である塩基を再利用するサルベージ経路が存在している．なお，サルベージとは，沈没船や火事の家から貴重品を回収する，といった意味合いの言葉である．プリンヌクレオチドのサルベージ経路には，主に2種類の酵素が関与している．アデニンホスホリボシルトランスフェラーゼは，アデニンをリボース5-リン酸の活性化型であるPRPPと反応させて，AMPを1段階で合成する．同様に，ヒポキサンチン-グアニンホスホリボシルトランスフェラーゼはヒポキサンチンからIMPを，グアニンからGMPをそれぞれ1段階で合成する．

3）ピリミジンヌクレオチドの*de novo*合成

　プリンヌクレオチドと同様，ピリミジンヌクレオチドの*de novo*合成にも，リボース5-リン酸の活性化型であるPRPPが関与している．ただし，プリンヌクレオチドのプリン塩基がリボース上で組み立てられていくのに対して，ピリミジン塩基はほぼ完成してからPRPPと反応する，という順序の違いがある（図9-13）．以下でその概略を説明する．

　❶ **カルバモイルリン酸の合成**：まず，グルタミンと二酸化炭素からカルバモイルリン酸が合成される．この段階はカルバモイルリン酸シンテターゼIIという酵素によって触媒さ

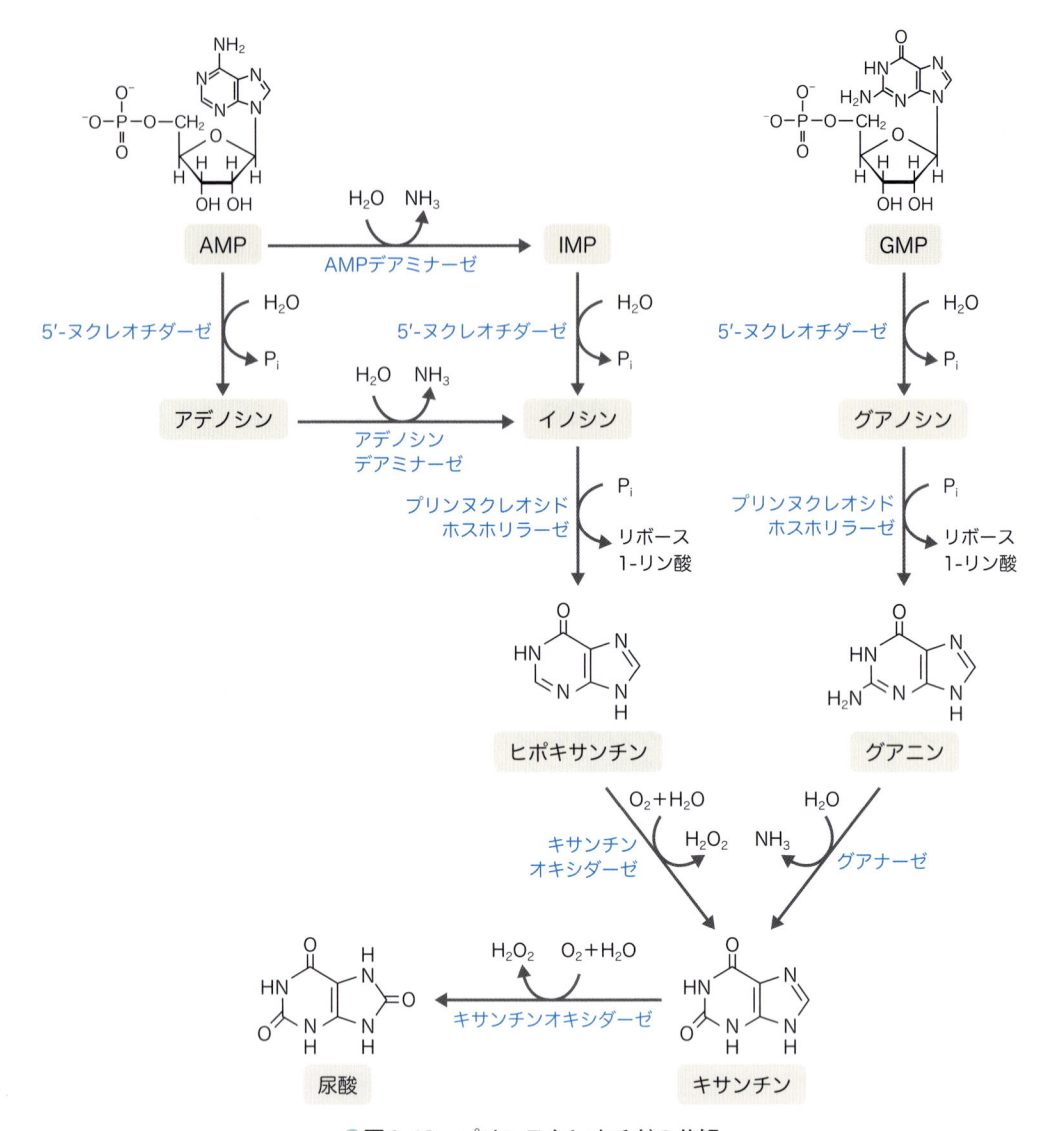

●図9-12　プリンヌクレオチドの分解

れ，ピリミジンヌクレオチド合成経路の調節に重要な役割を果たしている．カルバモイルリン酸は尿素サイクルの最初の段階にも登場するが（図9-9），その反応を触媒するのはカルバモイルリン酸シンテターゼⅠであり，ヌクレオチド合成に関与するカルバモイルリン酸シンテターゼⅡとは異なる性質をもっている．

❷ **オロト酸の合成**：カルバモイルリン酸はアスパラギン酸と縮合・環化し，3段階の酵素反応によってピリミジン環をもったオロト酸に変わる．つまり，基本的なピリミジン骨格はグルタミン，アスパラギン酸，二酸化炭素の3つから形成されるのである．

❸ **UMPの合成**：オロト酸はリボース5-リン酸の活性化型であるPRPPと反応して，オロチジン5′-一リン酸になる．さらに，オロト酸部分のカルボキシ基が外れて，オロチジン5′-一リン酸はUMPに変わる．

❹ **UTPやCTPへの変換**：UMPは，プリンヌクレオチド合成の❺（p.164）で説明したしくみによってUTPに変わる．一方，CTPは，**UTPのアミノ化**によってUTPから1段階でつくられる（図9-14）．この反応はCTPシンテターゼによって触媒される．

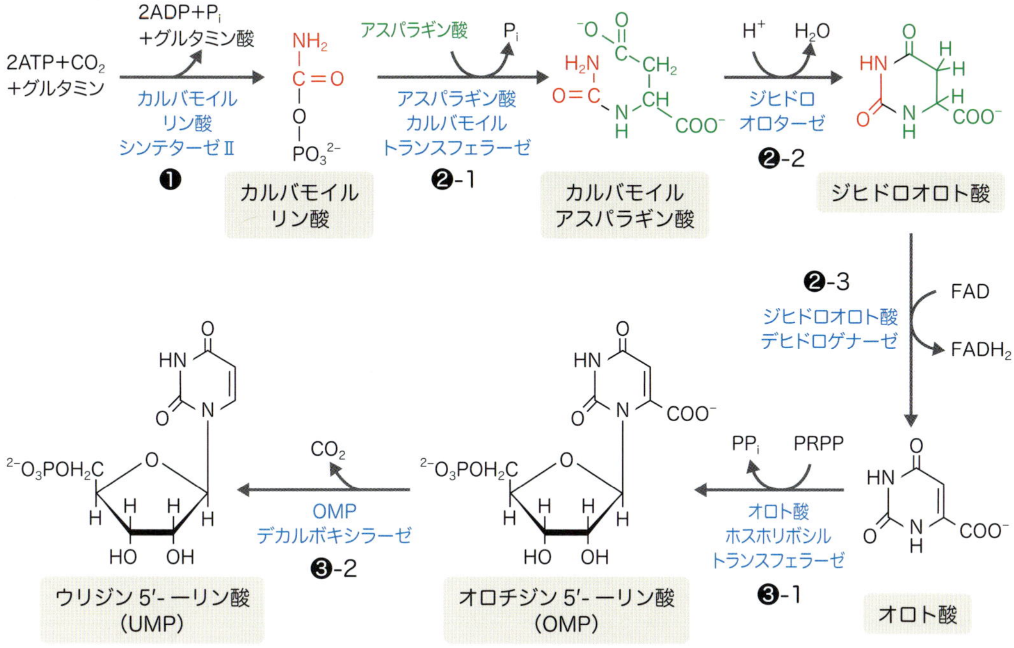

●図9-13 ピリミジンヌクレオチドの*de novo*合成経路
図中の❶〜❸は本文解説と対応している

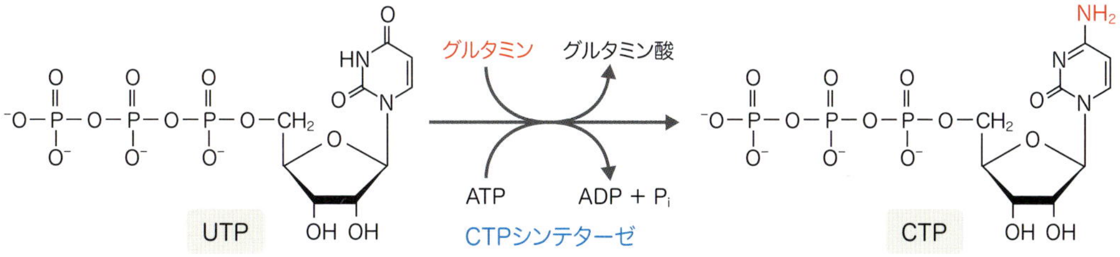

●図9-14 UTPからCTPへの変換

4）ピリミジンヌクレオチドの分解とサルベージ経路

　ピリミジンヌクレオチドの分解に際しては，プリンヌクレオチドと同様，リボース5–リン酸の脱離がまず起こる（図9-15）．シチジンの塩基部分については，シチジンデアミナーゼによってウラシルに変換される．これらの反応の結果，生じたピリミジン塩基（ウラシルやチミン）は3段階の反応で開環してβ–アラニンやβ–アミノイソ酪酸に変換され，それらはアミノ酸として代謝される．

　ピリミジン塩基にも*de novo*合成とは異なるサルベージ経路が存在している．例えばウラシルは，ウラシルホスホリボシルトランスフェラーゼの働きでPRPPと反応してUMPに変わる．

9章　アミノ酸とヌクレオチドの代謝　167

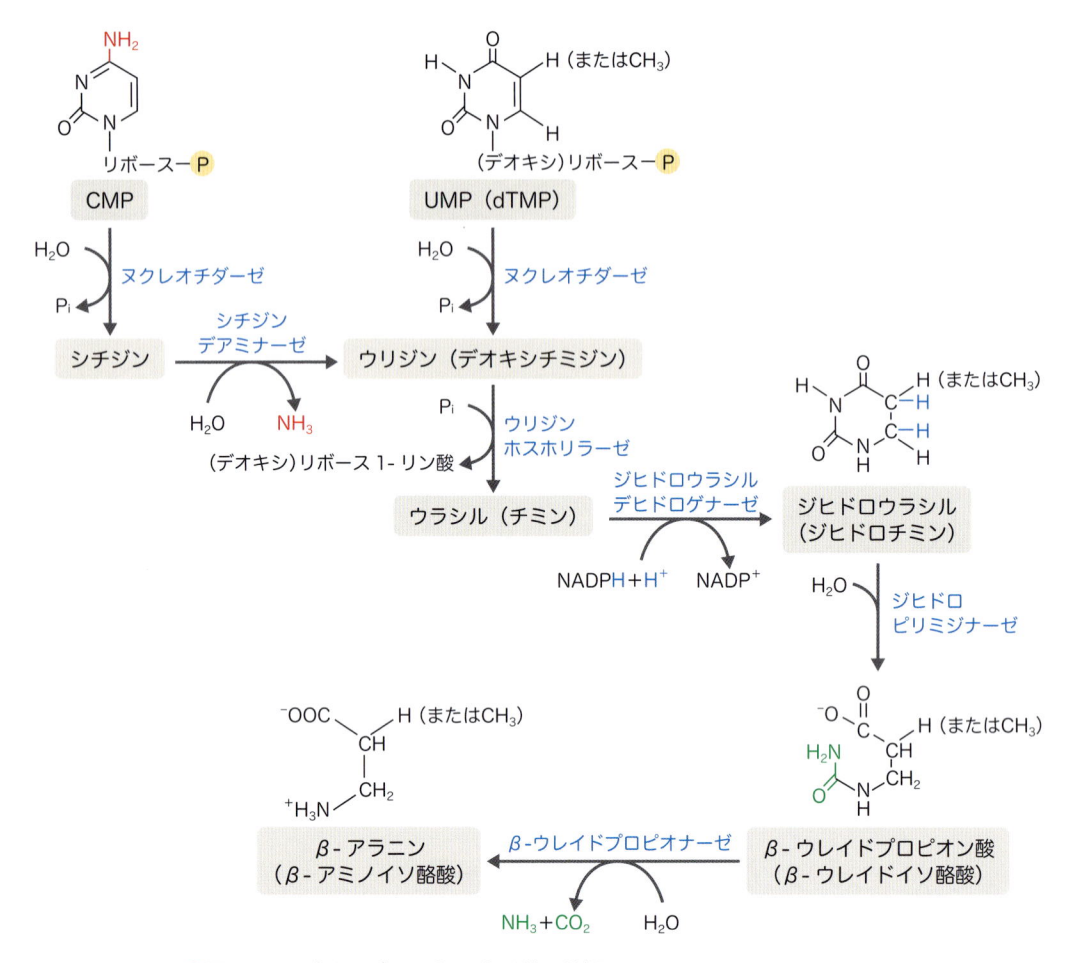

●図9-15　ピリミジンヌクレオチドの分解
dTMPに由来する代謝物の名前は括弧内に示され，構造式の違いも括弧で表されている

5）デオキシリボヌクレオチドの合成

　これまでリボヌクレオチドの代謝を中心に説明してきたが，DNAの構成要素であるデオキシリボヌクレオチドは2つの点でリボヌクレオチドと異なっている．第一に，リボースの2′位のヒドロキシ基が水素に置き換わっており，第二に，ピリミジン塩基の1つとしてウラシルの代わりにチミンが用いられている（⇒2章）．デオキシリボヌクレオチドは，以下で説明するようにリボヌクレオチドから派生してつくられる．このことは，地球上の生命進化の初期段階でRNAを基盤とする生物が存在した，とするRNAワールド仮説（⇒11章）を支持する証拠の1つとされている．

　デオキシリボヌクレオチドの合成には，**リボヌクレオチドレダクターゼ**という酵素が関与している．この酵素は，リボヌクレオシド二リン酸のリボースの2′位の炭素を還元してデオキシリボースに変える（図9-16A）．その結果，リボヌクレオシド二リン酸（ADP，GDP，CDP，UDP）はそれぞれ対応するデオキシリボヌクレオシド二リン酸（dADP，dGDP，dCDP，dUDP）へと変換される．この還元反応によってリボヌクレオチドレダクターゼ自身は酸化されるが，酸化型の酵素はチオレドキシンというレドックス（酸化還元）タンパク質から電子を受け取って還元型に戻る．一方，酸化型のチオレドキシンはチオレドキシンレダクターゼを介してNADPHから電子を受け取って還元型に戻る（図9-16B）．

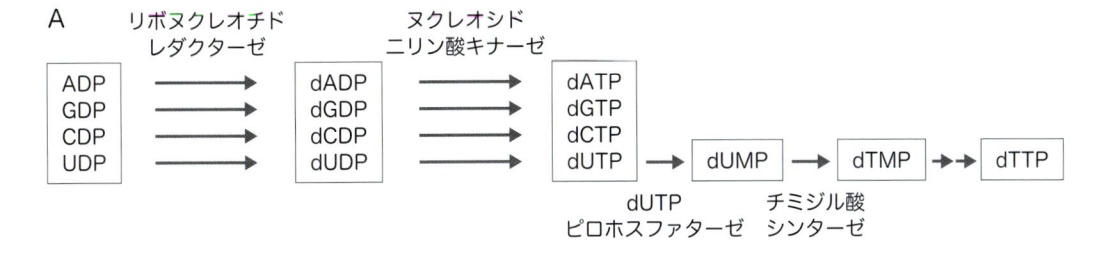

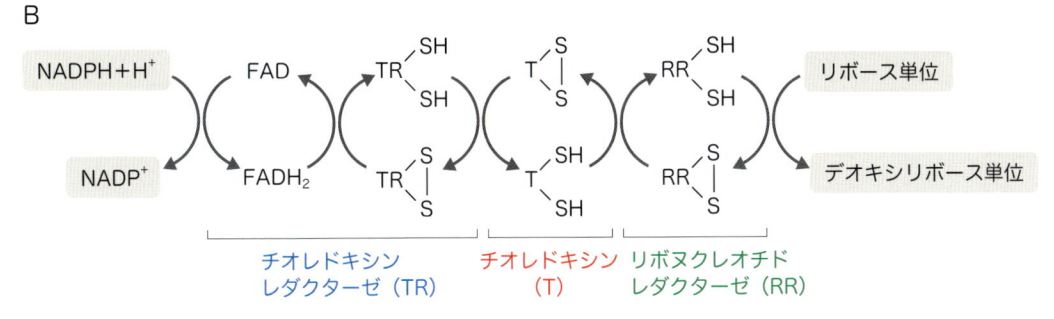

●図9-16 デオキシリボヌクレオチドの合成
A) デオキシリボヌクレオチド合成の全体像，B) リボヌクレオチドレダクターゼの反応機構

したがって，実質的に還元力を提供しているのはNADPHである．リボヌクレオチドレダクターゼの反応で生じたデオキシリボヌクレオシド二リン酸は，すでに説明したヌクレオシド二リン酸キナーゼの働きによってデオキシリボヌクレオシド三リン酸（dATP, dGTP, dCTP, dUTP）に変換される．

これらの三リン酸化物のうちdUTPは，DNA合成の本来の基質ではない．ウリジンがチミジンの代わりにDNAに取り込まれると都合が悪いが（⇒2章），DNAポリメラーゼ（DNA合成酵素）はdTTPとdUTPを区別することができない．そこで，dUTPが誤ってDNAに取り込まれないよう，せっかく合成されたdUTPはdUTPピロホスファターゼによって速やかにdUMPへと加水分解される（図9-16A）．そして，この一リン酸化物がチミジンに変換される．dUMPはまず**チミジル酸シンターゼ**によってメチル化されてdTMPに変わり，さらに2回リン酸化されてdTTPになる．チミジル酸シンターゼの阻害剤である5-フルオロウラシルはポピュラーな抗がん剤の1つである（p.170コラム参照）．

デオキシリボヌクレオチドの合成は，リボヌクレオチドレダクターゼの反応段階でフィードバック制御を受けている．この酵素は4種類すべてのリボヌクレオシド二リン酸を基質とする．デオキシリボヌクレオチドが1種類でも不足すると細胞にとって不都合だが，4種類のデオキシリボヌクレオチドがバランスよく合成されるよう，リボヌクレオチドレダクターゼの活性は巧みに調節されている．

Column　抗がん標的としてのヌクレオチド代謝

　これまでに何十種類という抗がん剤が開発されている．それらの作用メカニズムはさまざまだが，ヌクレオチドの代謝は重要な抗がん標的の1つである．細胞増殖が盛んな，すなわちDNA合成が活発ながん細胞では，デオキシリボヌクレオチドが大量に必要とされており，デオキシリボヌクレオチドの合成を阻害すれば，ある程度の選択性をもってがん細胞にダメージを与えられると考えられるからである．抗がん剤としてポピュラーな5-フルオロウラシルは，チミジン合成の最終段階で働くチミジル酸シンターゼを阻害する．また，メトトレキサートという抗がん剤は，ジヒドロ葉酸レダクターゼを阻害することで，テトラヒドロ葉酸というヌクレオチド合成に必須な補酵素をつくれなくする．他にも，IMPの類似体としてプリンヌクレオチドの合成を阻害する6-メルカプトプリン，NDPからdNDPをつくるリボヌクレオチドレダクターゼを阻害するヒドロキシカルバミド，アデノシンの分解経路を阻害するペントスタチンなどがある．これらの薬剤はがん細胞以外の細胞分裂が盛んな細胞，例えば骨髄の造血細胞や消化管粘膜などにもダメージを与え，その影響が副作用として現れてしまう．そのため最近では，がん細胞により高い特異性をもつ分子標的薬の開発が進められている．

章末問題　　　　　　　　　　　　　　　　→解答は237ページ参照

問1　アミノ酸の新規合成は，どのような代謝系の中間体を出発物質として行われるか，いくつか具体例をあげて説明せよ．また必須アミノ酸とは何かを説明せよ．

問2　アミノ酸の糖原性とケト原性についてそれぞれ説明せよ．

問3　アミノ酸の分解により生じた窒素をヒトではどのように排出しているか．以下の語句をすべて用いて説明せよ．
【トランスアミナーゼ，グルタミン酸デヒドロゲナーゼ，アンモニア，尿素サイクル】

問4　ヌクレオチドの生合成経路には新規 (de novo) 合成経路とサルベージ経路が存在する．それらの違いを簡単に説明せよ．

問5　デオキシリボヌクレオチドとリボヌクレオチドは2つの点で異なっている．第一に，リボース環の2′位の炭素にデオキシリボヌクレオチドでは水素が，リボヌクレオチドではヒドロキシ基が付いている．第二に，ピリミジン塩基の1つとしてデオキシリボヌクレオチドではチミンが，リボヌクレオチドではウラシルが用いられている．ヌクレオチドの新規 (de novo) 合成経路において，これらの違いはどのようにして生じるのだろうか．一方が先につくられて他方はそこから派生するのか，それとも完全に別経路なのか．分岐があるとすれば，それは合成経路のどの段階であり，何という酵素が分岐に関与するのか．説明せよ．

第Ⅲ部　遺伝情報の維持と発現

10章　DNAの複製，修復，組換え

　第Ⅲ部では，遺伝情報の維持と発現のしくみを紹介する．遺伝情報はDNAによって運ばれ，複製・維持される．DNAにはアデニン（A）がチミン（T）と，グアニン（G）がシトシン（C）と対をつくる性質があり，DNAはこのルールに基づいて，2本の相補的な鎖が塩基対を形成した状態で存在している（⇒2章）．このように2本のDNA鎖が実質的に同一の情報をもっているからこそ，遺伝情報を安定に運び，増やして，子孫に伝えることができる．本章ではセントラルドグマについてまず概説する．その後，DNAの複製，修復，組換えのメカニズムを順に紹介していく．これら3つに次章で紹介する転写を合わせた4つが，DNA上で繰り広げられる主要な生化学的過程である．

10-1　セントラルドグマ

　生命の定義の1つは**自己複製能**をもつことである（⇒序章）．生命を自動車にたとえれば，1台の自動車が自動車製造工場全体を内包しているようなものであり，自己複製能は生命の驚くべき特徴の1つである．自らのコピーを生み出すには体の構成成分——タンパク質，核酸，糖，脂質など——すべてを生合成する必要があり，そこでは第Ⅱ部で解説した複雑な代謝経路が働いている．ただ，第Ⅱ部ではDNA，RNA，タンパク質の生合成経路の説明を意図的に省いた．それらは本章（DNAの合成）と11章（RNAの合成），12章（タンパク質の合成）で順に説明していくことになる．

　それらをまとめて説明する理由は，それらが**セントラルドグマ**（中心教義）とよばれる生命の基本原理を構成しているからである（図10-1）．セントラルドグマはフランシス・クリック（二本鎖DNAの構造モデルの共同発見者としても有名）が1958年に提唱したもので，遺伝情報の担い手であるDNAからまずRNAがつくられ（**転写**），RNAからタンパク質がつくられる（**翻訳**），というものである．さらにDNAは**複製**によって再生産される．ドグマとは，疑ってはならない宗教上の教義といった意味であり，科学の用語として似つかわしくないが，クリックはどうやら言葉の意味を勘違いしていたらしい．幸い，その後の解析によってセントラルドグマの正しさは証明され，この基本原理は21世紀の現在も揺

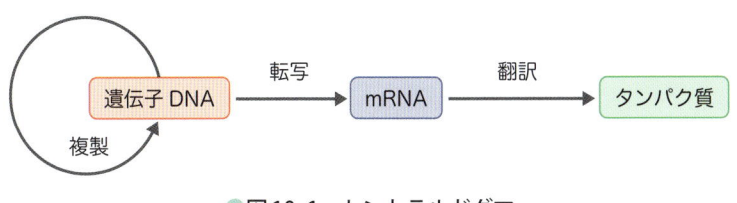

●図10-1　セントラルドグマ

るぎなく存在している．

　1章で説明したように，タンパク質は生物のしなやかな体をつくるうえで重要である．また，第Ⅱ部で紹介した複雑な代謝経路や第Ⅲ部で紹介するDNA，RNA，タンパク質の生合成経路にはさまざまな酵素が登場するが，それらのほとんどもタンパク質である．すなわちタンパク質は，生命という分子機械が働くうえで最も重要な部品だということができる．詳しい説明は次章以降に譲るが，セントラルドグマによって生命の設計図たるDNAから，最も重要な機能分子たるタンパク質がつくられるのである．これを遺伝子の**発現**とよぶ．

　自己複製能の観点から改めて整理すると，DNAはそれ自身が複製能を潜在的にもっている（後述）．一方，遺伝子発現の結果，DNAからタンパク質がつくり出され，タンパク質＝酵素の手助けによって糖や脂質その他，さまざまな生体成分もつくり出される．これらすべてが適切な制御下で進行することで，生命は自らのコピーをつくり出すことができる．

10-2　ゲノムの形と大きさ

　2章の内容と一部重なるが，**ゲノム**の基本構造をおさらいしておきたい．例えば，研究材料としてよく用いられる大腸菌は1本の環状DNAをゲノムとしてもっており，そのサイズは約4.6×10^6塩基対である（図10-2A）．細菌は，大腸菌のように1本の環状DNAをゲノムとしてもっているものが多い．一方，真核生物のゲノムは直鎖状で，分節化している．ゲノムを構成する1本1本のDNAを**染色体**とよび，例えばヒトの細胞核内には23対の染色体（22対の常染色体と1対の性染色体）が存在している．それらの合計は約3.2×10^9塩基対（1倍体あたり）であり，大腸菌ゲノムより1,000倍近くも大きい．なお，真核生物のヒトの場合，ゲノムは両親から1セットずつ受け継がれるので，体を構成する細胞の大部分（体細胞）は各染色体を2本ずつもっており，いわゆる2倍体として存在している．ただし，卵子や精子といった生殖細胞は例外で，各染色体を1本ずつもった1倍体である．

　真核生物の染色体1本1本には，**テロメア**および**セントロメア**という特殊な配列をもった領域が存在している（図10-3）．テロメアは，直鎖状の染色体の両末端に存在する反復配列であり，ゲノムDNAの保護に関与している（後述）．一方，セントロメアは，DNA複製で生じた1対の染色体（**姉妹染色分体**）を細胞分裂時に2つの娘細胞に分配するのにかかわっている．

　ゲノムのサイズを測定する実験は比較的容易なので，さまざまな生物のゲノムサイズが決定された．その結果，ゲノムのサイズと生物の複雑さには相関がほとんどみられないことがわかった．具体的には，ある種の両生類や植物のゲノムは，ヒトのゲノムより数十倍も大きい（図10-2B）．ゲノムが大きければ，生物の部品である遺伝子をより多く含み，より複雑な体の構造をもっているはずだと考えられていたため，この不思議な現象は**C値のパラドックス**（C値は1倍体あたりのDNAの質量）と名付けられた．ゲノム配列の解読によってこの謎はおおよそ解決したが，明らかとなったのは，細菌や下等な真核生物のゲノムには遺伝子が密に存在しているのに対して，高等真核生物では遺伝子密度がきわめて低く，ゲノムの大部分が繰り返し配列などのジャンクDNAだということである（p.173コラム参照）．そのため，ゲノムサイズと遺伝子数の間に単純な比例関係は存在しない．

　ゲノムDNAはとても大きい．簡単な計算から，大腸菌の環状ゲノムは長さが約1.5 mmであることがわかる．ヒトゲノムにいたっては，23本の染色体を1本につなぎ合わせると約1.0 mとなる．このようなゲノムが1 μm（大腸菌）〜20 μm（ヒト）程度の細胞内に

A)

学名（一般名）	ゲノムサイズ／10^6 塩基対
【細菌】	
Escherichia coli（大腸菌）	4.64
【古細菌】	
Methanocaldococcus jannaschii（メタン菌）	1.74
【真核生物】	
Saccharomyces cerevisiae（出芽酵母）	12.1
Caenorhabditis elegans（線虫）	100
Drosophila melanogaster（ショウジョウバエ）	165
Arabidopsis thaliana（シロイヌナズナ）	119
Oryza sativa（イネ）	420
Danio rerio（ゼブラフィッシュ）	1,400
Xenopus tropicalis（ネッタイツメガエル）	1,400
Gallus gallus（ニワトリ）	1,000
Homo sapiens（ヒト）	3,200

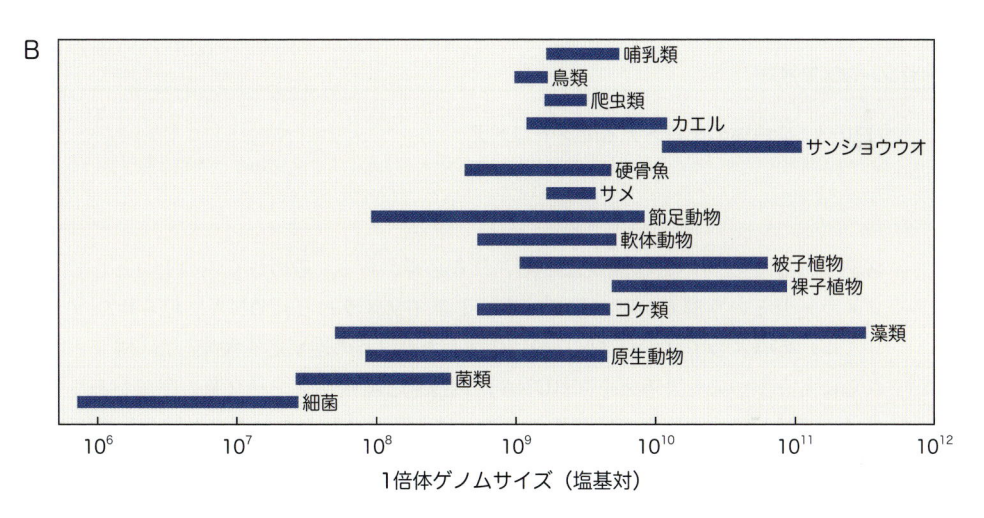

B)

●図10-2 さまざまな生物種のゲノムサイズ
A）ゲノム解読が完了した生物種のゲノムサイズの例．B）ゲノムサイズの推定値．Bは「Embryos, Genes, and Evolution」（Raff RA & Kaufman TC），Macmillan, 1983より作成

Column　ゲノムのジャンクDNAとトランスポゾン（転移因子）

　今世紀に入り，ヒトをはじめ多くの生物のゲノム配列が解読されたが，その結果，ヒト（やその他の哺乳類）のゲノムには驚くべき量のゴミ（ジャンクDNA）が存在していることが明らかとなった．ヒトゲノムの約32億塩基対のうち実に約半分がゴミにしか見えない反復配列だったのである．それに対して，タンパク質をコードしているのはヒトゲノムの約1.5％に過ぎない．反復配列にはさまざまな種類があり，LINE，SINE，LTRレトロトランスポゾン，DNAトランスポゾンという4種類が大きな割合を占めているが，これらはみなトランスポゾン（転移因子）の仲間である．トランスポゾンとは，ゲノム上をジャンプしたり，自らのコピーをゲノムの別の領域に挿入したりする寄生性のDNA断片であり，タンパク質の殻をもたないウイルスのような存在である．こういった配列が生物進化の過程で何億年もかけてゲノムに拡がっていった結果，現在のようなゲノム配列になったと考えられている．こうしてゲノムに拡がったジャンクDNAはその名のとおり全くの役立たずなのか，というと必ずしもそうではなく，遺伝子の進化や生物の進化に一定の役割を果たしてきたと考えられている．

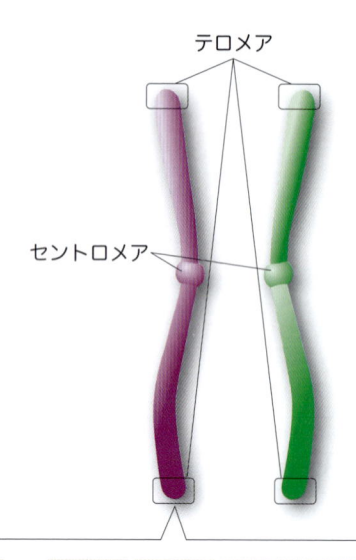

……TTAGGG TTAGGG TTAGGG …… TTAGGG TTAGGG TTAGGG TTAGGG TTAGGG …… TTAGGG TTAGGG -3'
……AATCCC AATCCC AATCCC …… AATCCC AATCCC-5'

← セントロメア方向

● 図10-3　染色体のテロメアとセントロメア
染色体の末端にはテロメアの反復配列が存在し，その最末端は図のようにDNAが一本鎖となっている

格納されるため，DNAは高度に圧縮される必要がある．そのしくみの1つとして，**トポイソメラーゼ**という酵素が存在している．トポイソメラーゼはDNAに超らせん（スーパーコイル）を導入してコンパクトな形に変換したり，その逆反応を触媒したりする（⇒2章）．さらにもう1つのしくみとして，DNAに結合する塩基性タンパク質の存在がある．細菌のゲノムDNAは，細胞内で塩基性のアミノ酸を多く含むタンパク質と結合して，**核様体**とよばれる構造をとっている．同様に，真核生物のゲノムDNAは，細胞の核内で塩基性の**ヒストンタンパク質**と結合して，クロマチン構造を形成している（⇒2章）．DNAは核酸ともよばれるようにリン酸基を多数含む酸性物質なので，単独では静電的な反発のため圧縮することができない．ヒストンのような塩基性タンパク質は，酸性のDNAと結合して電荷を中和する働きをしている．さらに塩基性タンパク質は，DNAが超らせん構造をとるのを助ける働きもしている．

10-3　DNA複製

自己複製能は生命の驚くべき特徴の1つだが，これを分子レベルで体現しているのがDNAである．二本鎖DNAは一本鎖に開裂し，それぞれの一本鎖DNAを鋳型として相補的なDNA鎖が合成される．この合成は，Aに対してT，Tに対してAといった**ワトソン-クリック塩基対**（⇒2章）のルールに従って進むので，2本の同一な二本鎖DNAがつくられることになる．2本の同一な二本鎖DNAは細胞分裂時に2つの娘細胞に分配され，その繰り返しによって世代を越えて継承されていく．

1）DNAポリメラーゼ

1950年代，アーサー・コーンバーグはDNA複製を担う酵素を大腸菌から精製・同定し

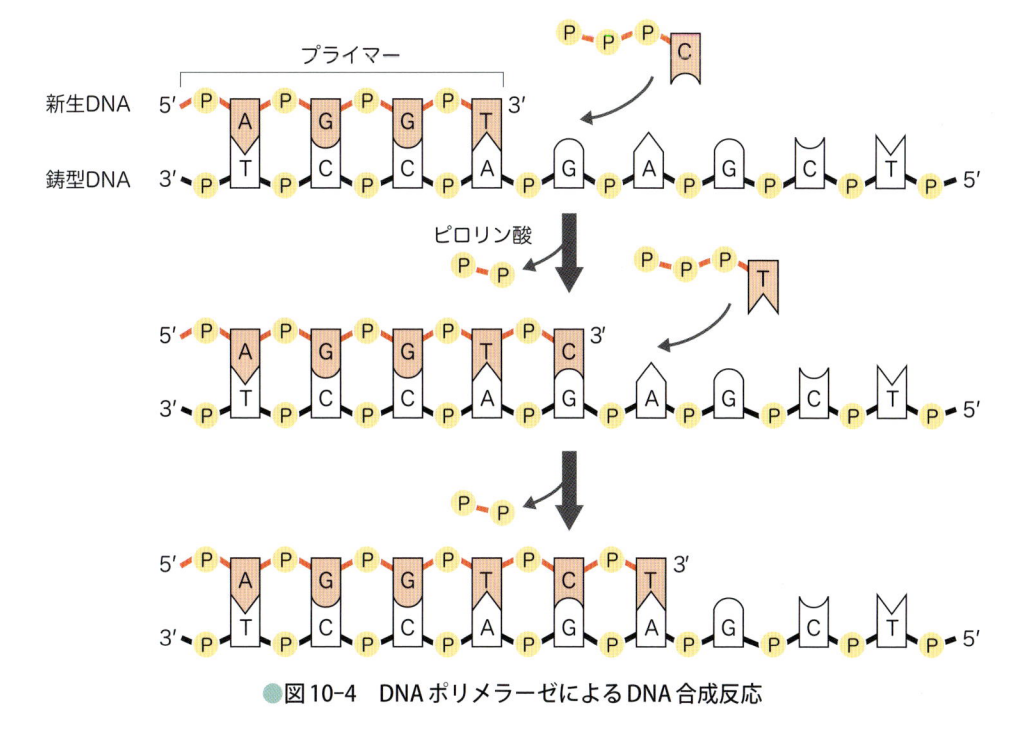

●図10-4　DNAポリメラーゼによるDNA合成反応

た（1959年ノーベル生理学・医学賞受賞）．コーンバーグが発見した酵素は**DNAポリメラーゼⅠ**と名付けられたが，現在までにⅠ～Ⅴの5種類が大腸菌から見つかっている．ヒトでは何と15種類ものDNAポリメラーゼが見つかっている．これらはDNA複製やDNA修復（後述）のさまざまな局面で使い分けられているらしい．大腸菌のDNAポリメラーゼのうち，DNA複製で最も重要な働きをしているのはDNAポリメラーゼⅠではなく，後に見つかった**DNAポリメラーゼⅢ**であることがわかっている．

　これらのDNAポリメラーゼはすべて，①**鋳型依存的**に，②**プライマー依存的**に，③**5′→3′方向**にDNAを合成する（図10-4）．これらは3つともきわめて重要なキーワードである．まず1点目だが，DNAポリメラーゼは鋳型DNA依存的に働いて，高い正確性でゲノムを複製することができる．2点目の**プライマー**は，そのまま訳せば「開始するもの」という意味になる．DNAポリメラーゼは，相補鎖が何もないところから相補鎖を合成し始める能力はもっておらず，すでに存在する相補鎖（＝プライマー）を伸ばす能力しかない．それではDNA複製は一体どのように始まるのか，という疑問が生じるが，それについては後で説明したい．3点目はDNA合成の方向性に関してである．すでに存在する相補鎖を伸ばすには，5′→3′方向と3′→5′方向の2つが考えられるが，知られているDNAポリメラーゼはすべて5′→3′方向にのみDNAを合成する．

　以上を踏まえてDNA合成の化学反応をもう少し細かく見ていくと，DNAポリメラーゼの基質となるのは4種類のデオキシリボヌクレオシド三リン酸（dATP，dCTP，dGTP，dTTP）である．これらのピロリン酸が外れて，ヌクレオシド一リン酸の部分が合成途中のDNAの3′-OH基にリン酸エステル結合で付加される（図10-4）．高エネルギーリン酸結合の加水分解が駆動力となって，この反応は進行する．

　DNAポリメラーゼの多くは，ここで紹介した5′→3′DNAポリメラーゼ活性以外に，**3′→5′エキソヌクレアーゼ活性**も有している．これは二本鎖DNAの3′末端側からDNAを

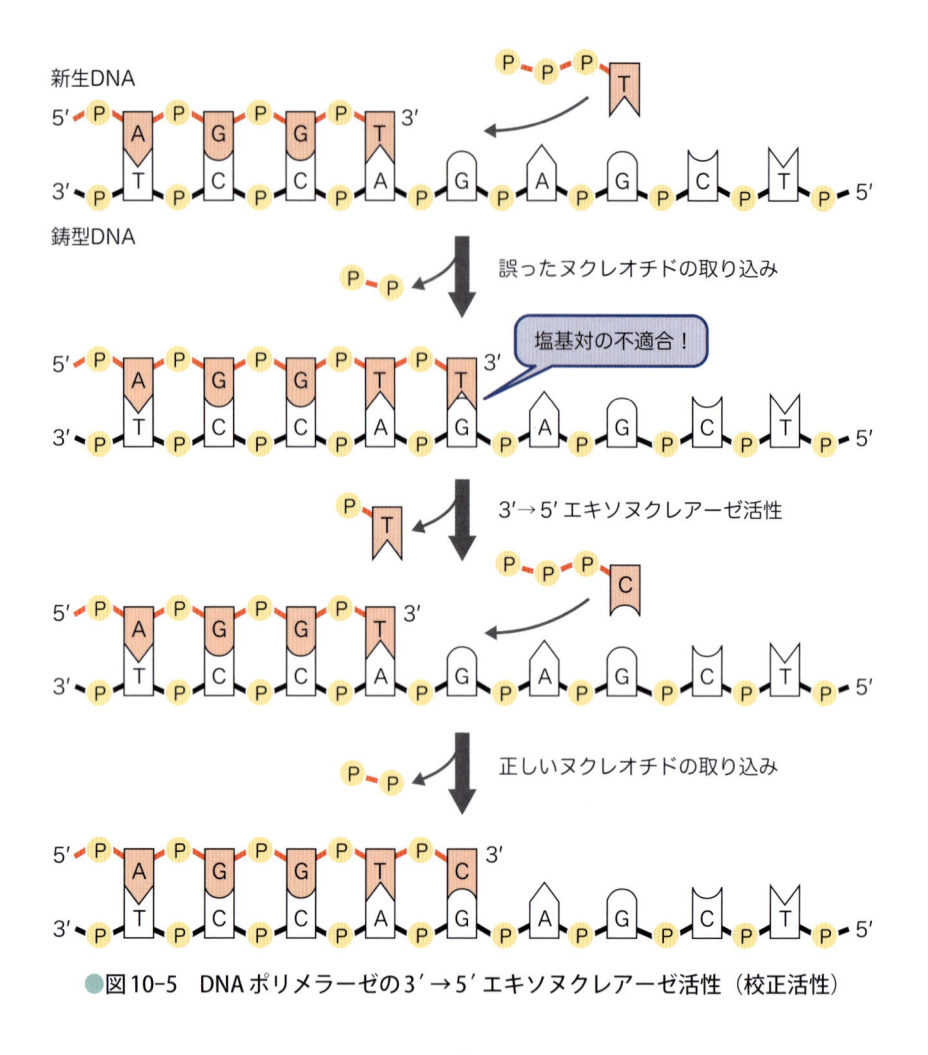

●図10-5　DNAポリメラーゼの3′→5′エキソヌクレアーゼ活性（校正活性）

削り込む活性であり，DNA合成の逆反応のような反応を触媒する．これは別名，**校正活性**ともよばれ，DNA合成の高い正確さ（忠実度）に寄与している．すなわち，合成したばかりのDNAが正しいかどうかをDNAポリメラーゼ自身がチェックし，間違っていた場合はそれを削って合成しなおすことで，誤りを正すことができる（図10-5）．さらにDNAポリメラーゼⅠなど一部のDNAポリメラーゼは，**5′→3′エキソヌクレアーゼ活性**も有している（後述）．

2）メセルソンとスタールの実験

複製の結果，生じたDNAの一方の鎖は元から存在したDNAに由来し，他方の鎖は新たに合成されたものなので，これを**半保存的複製**という（図10-6A）．DNA複製が半保存的に進むことを示した**メセルソンとスタールの実験**（1958年）を簡単に紹介しよう．彼らは，窒素の安定同位体^{14}Nと^{15}Nを用いた．^{14}Nを含む培地では「軽い」DNAが，^{15}Nを含む培地では「重い」DNAがつくられ，それらは密度勾配遠心法によって区別できる．^{15}N中で培養していた大腸菌を^{14}Nを含む培養液に移して経時変化を追跡したところ，一度複製されたDNAは，^{14}Nのみを含む軽いDNAと^{15}Nのみを含む重いDNAの中間の位置に現れた．さらにもう一度複製された後では，中間のDNAと軽いDNAが1：1の割合で含まれていた（図10-6B）．これは，半保存的複製のモデルと見事に一致する結果である．

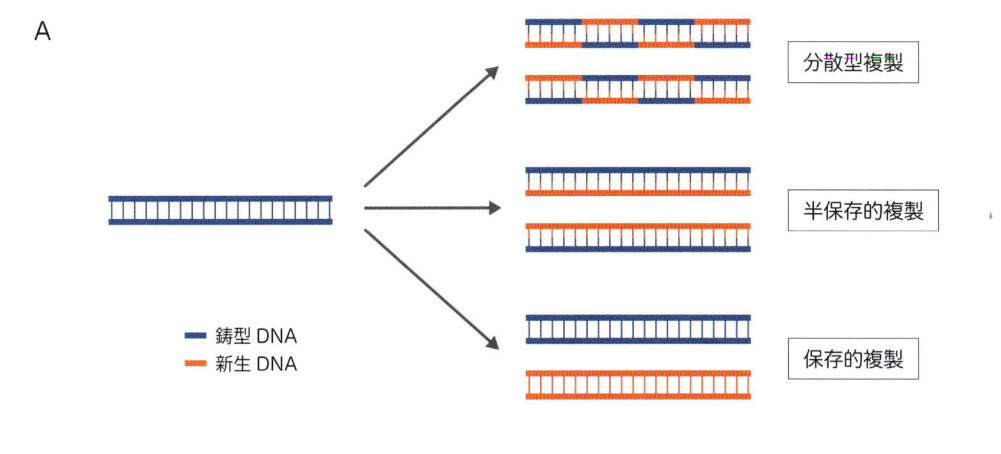

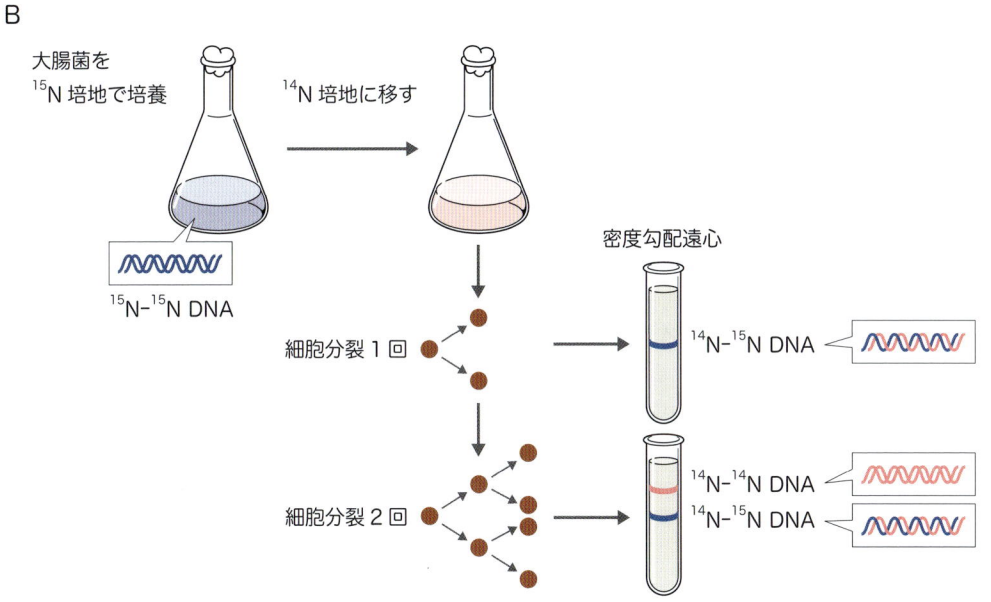

●図10-6　考えられる複製のタイプ（A），メセルソンとスタールの実験（B）
「ゲノム第3版」（村松正實，木南 凌/訳），メディカル・サイエンス・インターナショナル，2007を参考に作成

3) ゲノムレベルでのDNA複製

　次に，ゲノムレベルでのDNA複製について考えていきたい．複製は，**複製起点**とよばれるゲノムの特定の場所から始まる（図10-7）．大腸菌の場合，複製起点は*oriC*という1カ所のみだが，ゲノムの大きな真核生物には無数の複製起点が存在している．さもないと，DNA複製に膨大な時間を要してしまうからである．大腸菌の*oriC*を例に説明すると，複製起点はA・T塩基対が多く，もともと開裂しやすい性質をもっている．ここにDnaA，DnaB，DnaCといったいくつかの複製因子が結合し，それらがもつ**DNAヘリカーゼ活性**によってDNAは一本鎖に巻き戻される．そこにすかさず一本鎖DNA結合タンパク質が結合して，開いた構造を安定化する．次に，一本鎖DNAに対して**プライマーゼ**というRNA合成酵素が働いて，短い相補的RNAを合成する．このRNAがプライマーとして働き，そこからDNAポリメラーゼによってDNAが合成される．RNAがプライマーとして働くというのは意外な感じもするが事実そうであり，RNAとDNAのキメラ分子が複製産物として得

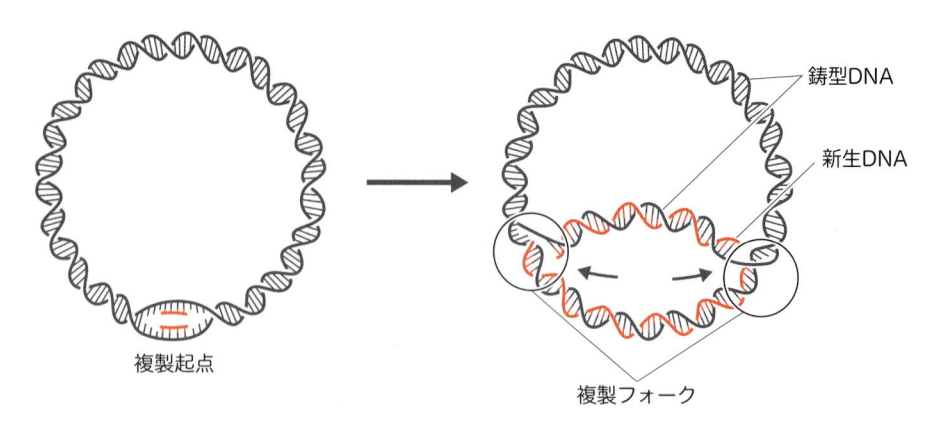

●図10-7　大腸菌の複製起点と複製フォーク

られる．ただし，RNAの部分はDNA複製が完了する前にゲノムから取り除かれる（後述）．
　DNAポリメラーゼがプライマー非依存的に相補鎖を合成する能力をもっていれば，こんな面倒な手順を踏まなくて済むのに，なぜプライマーは必要なのだろうか．それは，DNA合成の高い正確さと関係していると考えられる．DNAポリメラーゼは，連続した塩基対の立体構造からミスマッチの有無を判断しており，それにより高い正確さを実現しているので，プライマーを必要とする．一方，プライマーゼはプライマー非依存的に相補鎖を合成できるが，DNAポリメラーゼと比べて不正確である．このように性質の異なるプライマーゼとDNAポリメラーゼが適材適所で使い分けられている．DNAではなくRNAがプライマーとなっているおかげで，プライマーゼが合成した配列は，あとで見つけて取り除くことができる．このこともまた，DNA合成の高い正確さに寄与している．
　複製の進行に伴って二本鎖DNAはDNAヘリカーゼの働きによって開裂し，それぞれの一本鎖に対する相補鎖が合成される．開裂の分岐点は**複製フォーク**とよばれ，複製フォークにおいてDNAの巻き戻しと相補鎖の合成が共役して進行する（図10-8）．複製は複製起点から両方向に進んでいくので，1つの複製起点から2つの複製フォークが生じて，反対方向に進んでいくことになる（図10-7）．ここで複製フォークの1つに注目すると，複製フォークの進行方向と相補鎖の合成方向が一致するDNA合成と，一致しないDNA合成の2種類が存在することに気づく（図10-8）．これらの反応でつくられる相補鎖をそれぞれ**リーディング鎖**，**ラギング鎖**とよぶ．ちなみにリーディングは「先行する」の動名詞，ラギングは「遅れをとる」の動名詞である．リーディング鎖の合成は連続的に進むが，ラギング鎖の合成は不連続的に進行する．ラギング鎖は数百〜2,000塩基程度の多数のDNA断片（発見者の岡崎令治にちなんで**岡崎フラグメント**とよばれる）として合成され，それらが後で連結されるのである．そのため，ラギング鎖の合成は，微視的にみれば複製フォークの進行と逆方向だが，巨視的にみれば複製フォークの進行と同方向に進む．
　ラギング鎖の合成について，もう少し詳しく見ていこう．リーディング鎖のみならずラギング鎖1本1本の合成にもRNAプライマーが関与している．隣接する岡崎フラグメント同士は**DNAリガーゼ**によって連結されるが，それに先立って，RNAプライマーはRNアーゼHによって分解され，分解で生じたギャップはDNAポリメラーゼによって埋められる（図10-8）．大腸菌では，アーサー・コーンバーグが発見したDNAポリメラーゼIがこの反応に関与しており，自身が有する5′→3′エキソヌクレアーゼ活性によって進行方向のプライマーを分解しながらDNAを新たに合成することで，ギャップを埋める．

●図10-8 DNA複製の進行

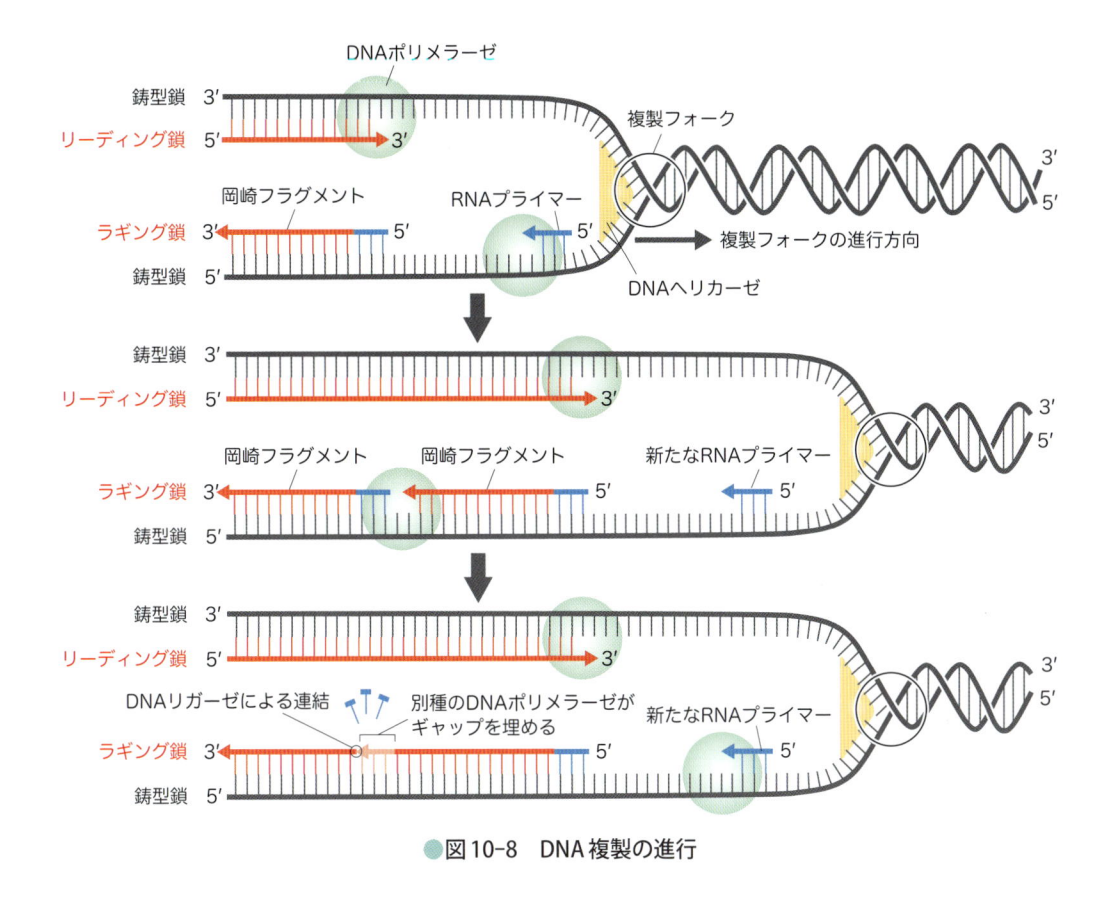

　ところで，ラギング鎖の合成のような面倒なことが一体なぜ行われているのだろうか．原理的には，リーディング鎖の合成だけでもゲノムを複製できるはずである（説明は省くので考えてみてほしい）．ラギング鎖合成の目的は，一本鎖DNAの露出を抑えることにあると考えられる．複製フォークの進行と共役してリーディング鎖とラギング鎖を合成することで，一本鎖DNAの露出を極力抑えることができる．一本鎖DNAは二本鎖DNAに比べてDNA損傷に対して脆弱なので，これはゲノム保護の観点から重要である．

4）DNA複製の問題点1：トポロジー問題

　複製フォークにおいてDNAヘリカーゼは鋳型となる二本鎖DNAをATP依存的に巻き戻すが，ここでトポロジカルな問題が生じる．複製フォークの進行に従って，複製フォークの進行方向にあるDNA親鎖によじれ（正の超らせん構造）が蓄積するか（図10-9A），さもなければ，2本のDNA娘鎖が密に絡み合った状態になるのである（図10-9B）．さらに，環状ゲノムをもつ細菌の場合，複製が完了しても2本の娘鎖が知恵の輪のように離れられない関係（**カテナン**とよぶ）になってしまい，娘細胞にそれらを分配することができない（図10-9C）．こうした事態を一挙に解決するため，**トポイソメラーゼ**（⇒2章）という酵素が働いている．

　トポイソメラーゼには反応機構の異なる2種類の酵素が存在する．Ⅰ型トポイソメラーゼはDNAに一本鎖切断（ニック）を導入し，DNAの自由回転を可能にすることで，超らせん構造のDNAを弛緩した状態に変化させる．一方，Ⅱ型トポイソメラーゼはDNAを二本鎖切断し，別の二本鎖DNAに切れ目の間を通過させることで，DNAのトポロジーを変

10章　DNAの複製，修復，組換え　179

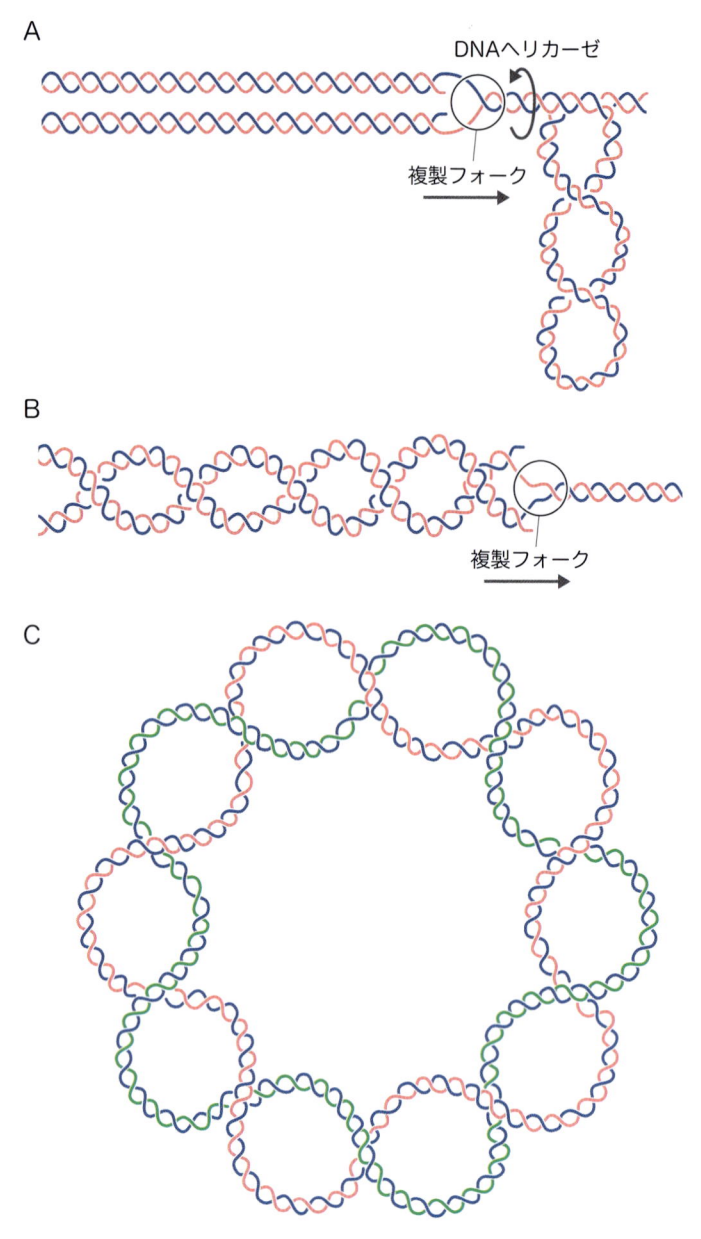

●図10-9 DNA複製におけるトポロジー問題
A）DNA親鎖によじれが蓄積した状態，B）DNA娘鎖が密に絡み合った状態，C）カテナンの状態．A, BはNitiss JL：Nat Rev Cancer, 9：327-337, 2009を参考に作成．Cはhttp://openi.nlm.nih.govより作成

える．後者の反応はATP要求性である．絡み合った2本の娘鎖を分離する脱カテナン化は，II型の酵素でなければ不可能な反応であり，II型の酵素が担っている．

5) DNA複製の問題点2：末端複製問題

真核生物の直鎖状ゲノムにはさらに別の問題──**末端複製問題**が存在する．DNA複製は5′→3′方向にのみ進行し，またプライマーにも依存しているため，直鎖状DNAの両末端を完全に複製することはできない．これを放置すると，DNA複製のたびにDNAの両末端

は少しずつ短くなってしまうだろう．この問題によってゲノム情報が失われるのを防ぐため，各染色体の両末端には**テロメア**とよばれる特殊な反復配列が存在している（図10-3）．生物種によってテロメアの構造は少しずつ異なっているが，例えばヒトではTTAGGGという6塩基が通常，1,000回以上繰り返されている．DNA複製によってテロメアが短縮してしまっても，**テロメラーゼ**という逆転写酵素（DNA合成酵素）が独自の機構によってテロメアを伸長することができる．テロメアを研究したエリザベス・ブラックバーン，キャロル・グライダー，ジャック・ショスタクの3氏には2009年，ノーベル生理学・医学賞が贈られた．

テロメアは細胞の老化やがん化との関連で注目されている．1960年代，レオナルド・ヘイフリックは，正常な哺乳類細胞の分裂可能回数がおおよそ決まっており，一定回数分裂すると細胞はそれ以上増殖しなくなることを見出した．これを細胞レベルの老化とみなして，**細胞老化**とよぶ．このことから，細胞の分裂回数をカウントする因子の存在が予見され，後になってテロメアの短縮が細胞の分裂回数を制限していることが明らかとなった．実際，正常な体細胞ではテロメラーゼはほとんど発現しておらず，テロメアは伸びない．一方，多くのがん細胞ではテロメラーゼが発現しており，無限に増殖することができる．

10-4　DNA修復

DNAの損傷は特別なイベントではなく，常に起こっている．ある見積りによると，ヒトの細胞は1個あたり，そして1日あたり10^4〜10^6回のDNA損傷を受けているという．細胞内のDNA修復装置は，これらの損傷がゲノム構造の永続的な変化として固定されないよう働き，遺伝情報の維持に重要な役割を果たしている．以下ではまず，DNA損傷を引き起こすさまざまな内在ならびに外来の要因について説明する．

1）DNA損傷を引き起こす要因

DNAを傷つける内在の要因として，まず「水」があげられる．プリン塩基と糖の間のグリコシド結合は自発的に加水分解されやすいが，加水分解が起きてしまうと遺伝情報を担う塩基が抜け落ち，糖とリン酸のバックボーンだけになってしまう．このような部位を**AP部位**とよぶ（図10-10A）．加水分解は核酸塩基のアミノ基に対しても起こりやすく，例えばシトシンが**脱アミノ化**されて，ウラシルに変わる（図10-10B）．ウラシルが修復される前にDNA複製が起きると，ウラシルはチミンと同様アデニンと塩基対を形成するので，C・G塩基対がT・A塩基対に変わってしまう（⇒2章p.44コラム参照）．

細胞内の代謝で生じる**活性酸素**もDNA損傷の主な原因である．活性酸素は核酸塩基と反応してさまざまな酸化物を生じるが，とりわけグアニンの酸化によって生じる8-オキソグアニンは影響が大きい（図10-10C）．8-オキソグアニンはアデニンと塩基対を形成する性質をもっているので，G・C塩基対がT・A塩基対に変異してしまうのである．活性酸素はDNAのデオキシリボースを攻撃して，DNAの一本鎖切断を引き起こすこともある．

DNAポリメラーゼの複製エラーも変異の原因となる．DNAポリメラーゼの校正活性をもってしても複製のミスを完全になくすことはできず，複製の最中に塩基の置換や挿入，欠失が引き起こされる．

DNA損傷を引き起こす外来の要因としては，紫外線や放射線，変異原性物質などがある．紫外線は，ピリミジン塩基が連続したDNA配列に作用して，隣り合うピリミジン塩基の間を架橋してしまう（図10-10D）．これを**ピリミジン二量体**とよぶが，このような異

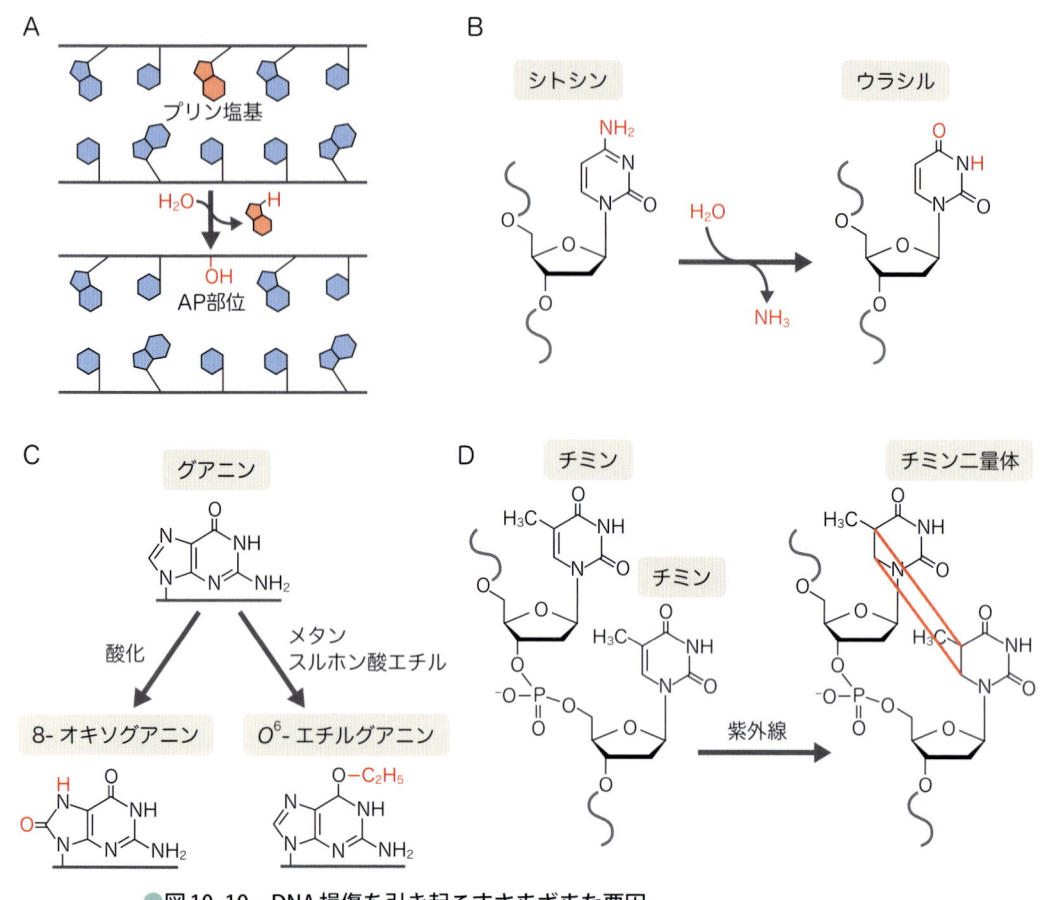

●図10-10　DNA損傷を引き起こすさまざまな要因
A, B) 加水分解による損傷, C) 活性酸素や変異原性物質による損傷, D) 紫外線による損傷

常な構造がDNA中にあると，DNA複製がそこで止まってしまう．一方，紫外線よりも高エネルギーの電離放射線は，DNA損傷の中で最も深刻な**二本鎖切断**を引き起こす．変異原性物質には多くの種類があるが，例えばメタンスルホン酸エチルは塩基のアルキル化を引き起こし，点変異を誘発する（図10-10C）．

2）さまざまなDNA修復機構

このようなさまざまな変異を修復するため，以下で紹介するように複数のDNA修復経路が細胞には備わっており，それぞれの経路で異なるタンパク質群が働いている．修復機構の複雑さから，生物にとってこの問題がいかに重要かを垣間みることができる．

❶ **損傷の直接修復**：最初に取り上げるのは，損傷を受けた塩基を正しい塩基に直接戻す過程であり，以下で2つの例を紹介する．まず，紫外線で生じたピリミジン二量体に対しては，フォトリアーゼ（光回復酵素）という酵素が働いて，元のピリミジン塩基に戻す．また，アルキル化修飾を受けた塩基に対しては，O^6-アルキルグアニン-DNAアルキルトランスフェラーゼという酵素がアルキル鎖を除去して，元の塩基に戻す．

❷ **塩基除去修復**：塩基除去修復と次に紹介する**ヌクレオチド除去修復**は，文字どおり，損傷塩基を除去して修復する過程である．脱アミノ化を受けた塩基や酸化された塩基は，主に塩基除去修復の経路で修復される．また，意外かもしれないが，一本鎖切断も塩基

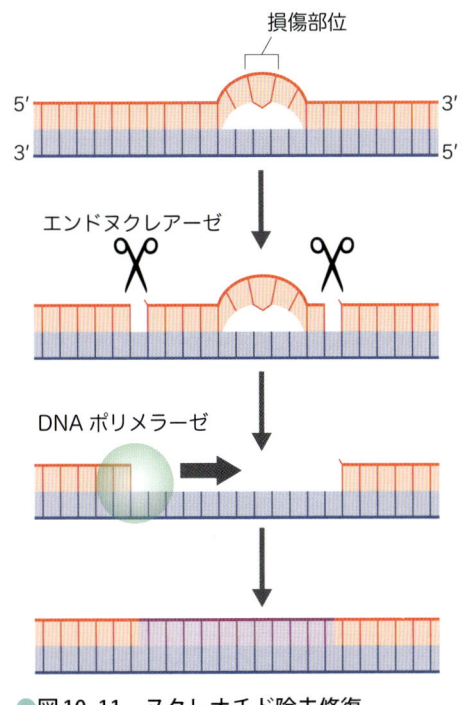

●図10-11　ヌクレオチド除去修復
「ヴォート生化学（下）第4版」（Voet D, Voet JG/著），東京化学同人，2013を参考に作成

除去修復によって修復される．一方，嵩高い置換基がつくなどして構造的に大きく変化した塩基は，主にヌクレオチド除去修復によって修復される．

　塩基除去修復の過程は，DNAグリコシラーゼが損傷塩基を認識してこれを切り出す反応で始まる．その結果，塩基のないAP部位が生じるが（図10-10A），次に，AP部位に対して特異的に作用するAPエンドヌクレアーゼがDNAの一本鎖切断を引き起こし，さらに，DNAポリメラーゼが一本鎖切断で生じたDNAの3'末端に働く．損傷を受けていない方の鎖を鋳型にしてDNAを合成することで，損傷塩基を正しく修復することができる．

❸ **ヌクレオチド除去修復**：ヌクレオチド除去修復には，損傷によって引き起こされるDNA二重らせんの歪みを認識するタンパク質が関与している．このタンパク質によってピリミジン二量体のような損傷部位が「発見」されると，損傷部位の上流と下流の2カ所で一本鎖切断が誘導され，損傷部位が除去される（図10-11）．さらに，そのギャップをDNAポリメラーゼが埋めることで，修復が完了する．

❹ **ミスマッチ修復**：複製エラーによって生じた塩基の置換や挿入，欠失は，**ミスマッチ修復**の経路で修復される．複製エラーの結果，DNAの2本の鎖が正しく対合できないミスマッチの状態となるので，これを認識するタンパク質が修復を行うわけだが，活性酸素や紫外線などで引き起こされるDNA損傷と異なり，複製エラーの場合，問題があることは明白であっても一体どちらの鎖が間違っているのかはっきりせず，そのことが修復を困難なものにしている．ミスマッチ修復にかかわる因子は巧妙なしくみによって，元から存在するDNAの鋳型鎖と，最近合成されたばかりの相補鎖のわずかな構造的差異を検出し，複製エラーを正しく修復することができるようだ．

❺ **二本鎖切断修復**：二本鎖切断はゲノム維持に対する深刻な脅威である．二本鎖切断が起きた場合，2通りの修復経路——**相同組換え修復**と**非相同末端連結**——が働く．相同組換え修復はDNAの複製後に起こる過程である．DNA複製で生じた1対の姉妹染色分体のうち無傷のものが修復の鋳型として働き，相同組換え（後述）によって二本鎖切断が正確に修復される．一方，非相同末端連結は高等真核生物で発達したメカニズムであり，切断されたDNAの末端同士が姉妹染色分体の助けなしに連結される．ただし，相同組換え修復と比較して非相同末端連結は不正確であり，連結後のつなぎ目には塩基の挿入や欠失がみられることが多い．

❻ **SOS応答**：SOS応答は大腸菌でよく研究されたDNA損傷に対する応答であり，真核生物にも類似の系が存在している．大腸菌は紫外線やアルキル化剤などに曝露されると，DNA修復や細胞周期に関係する一群の遺伝子の発現が誘導される．細胞周期をいったん停止し，その間にDNA修復を行うためである．

SOS応答で誘導される遺伝子の中にはDNAポリメラーゼIVとDNAポリメラーゼVが含まれている．これらはDNAポリメラーゼIIIなどと異なり3′→5′エキソヌクレアーゼ活性（校正活性）をもっておらず，DNA合成の忠実度が低い．しかし，ピリミジン二量体のような嵩高いDNA損傷を乗り越えてDNAを合成することができる．ふだん，複製を担っているDNAポリメラーゼIIIは損傷部位に行き当たると止まってしまうが，DNAポリメラーゼIVとVはそこでDNAポリメラーゼIIIと置き換わり，**損傷乗り越え複製**を行う．損傷乗り越え複製は不正確であり，変異を固定することにもつながるが，DNA複製が停止し続けることの方が細胞にとっては有害なので，他の経路による修復が進まないときは次善の策として損傷乗り越え複製が用いられる．

10-5　DNA組換え

DNA組換えは，2つのDNA分子の間で起きる遺伝情報の交換である．前節で説明したように，DNA修復機構の一部として相同組換えが用いられるほか，真核生物の生殖細胞が減数分裂する際には，両親から継承した相同染色体の間で組換えが起こる．後者は，子孫の遺伝的多様性を増すために重要な過程である．これらの例が示すように，組換えの大部分は相同な配列を有するDNA分子の間で起きる．

1）ホリデイ構造を介した相同組換え

相同組換えは，図10-12に示したようなχ字形の中間体を介して起こる．この構造は，相同組換えに関する先駆的な研究を行ったロビン・ホリデイにちなんで**ホリデイ構造**とよばれている．この構造をよく見ると，相同な1組の二本鎖DNAが互いに一本鎖DNAを交換して，不思議な四本鎖の構造になっている．

相同組換えは，①ホリデイ構造の形成，②分岐点の移動，③ホリデイ構造の解消という3つのステップに分けて考えることができる．以下では，ホリデイが1964年に提唱したモデル（図10-12）に従って，相同組換えの流れを説明する．

❶ **ホリデイ構造の形成**：ホリデイ構造の形成は，DNAの一本鎖または二本鎖切断によって始まる．状況によっていくつかのバリエーションがあるが，共通しているのは，切断によって生じたDNAの末端部分が，無傷の相同二本鎖DNAの間に侵入するようにして新たな塩基対（ヘテロ二本鎖）を形成する，という点である．

❷ **分岐点の移動**：次に，ホリデイ構造の分岐点が移動し，DNA鎖が交換される．分岐点

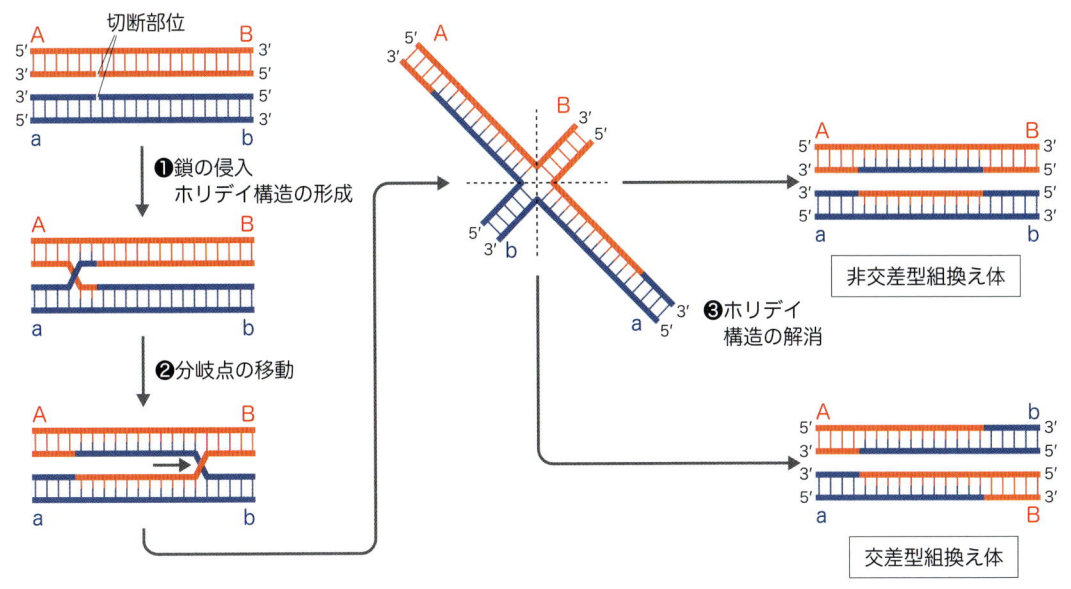

● 図10-12　ホリデイ構造を介した相同組換え
同一の塩基配列をもつ2本のDNA鎖を赤と青で表す．図中の❶〜❸は本文解説と対応している．「ゲノム第3版」（村松正實，木南 凌/訳），メディカル・サイエンス・インターナショナル，2007を参考に作成

の移動に伴い同数の塩基対が開裂・対合するので，この移動にエネルギーは不要のはずである．しかし，実際にはATPのエネルギーを使って分岐点を一定方向に動かすRuvABという分子モーターが存在しており，その働きにより，ときには数千塩基対ものDNA鎖が交換される．

❸ **ホリデイ構造の解消**：分岐点の移動後，ホリデイ構造は解消されて，2つの二本鎖DNAに戻る．この反応は，分岐点のDNAの2カ所が切断され，再結合することにより行われるが，ホリデイ構造が図10-12に示した横の線で分離した場合と，縦の線で分離した場合とで，異なる最終産物が得られることに注意してほしい．縦の線で分離した場合，2本の相同染色体の間で大規模な乗り換え（交差）が起こった交差型の組換え体が得られる．一方，横の線で分離した場合，部分的にDNA配列を交換した非交差型の組換え体が得られる．

2）相同組換えによる二本鎖切断修復

相同組換えが活躍する場面の1つである二本鎖切断修復のしくみを最後に紹介したい．ここでは大腸菌の話をするが，基本的なしくみは真核生物でもおおむね同じである．大腸菌が電離放射線などにさらされ，二本鎖切断が引き起こされると，RecBCDという酵素複合体がDNAの切断末端に結合し自身が有するエキソヌクレアーゼ活性によって，切断末端を図10-13のような形に削り込んでしまう．この一本鎖部分が，無傷な姉妹染色分体の相同な領域に侵入してヘテロ二本鎖を形成する．次に，RecAというリコンビナーゼ（組換え酵素）が鎖交換反応を促進して，ホリデイ構造の形成を導く．損傷を受けたDNAの3'末端は，こうしてそれぞれ無傷な相補鎖を見つけることができたので，次に修復のためのDNA合成が進行する．最終的にホリデイ構造は解消され，修復が完了する．

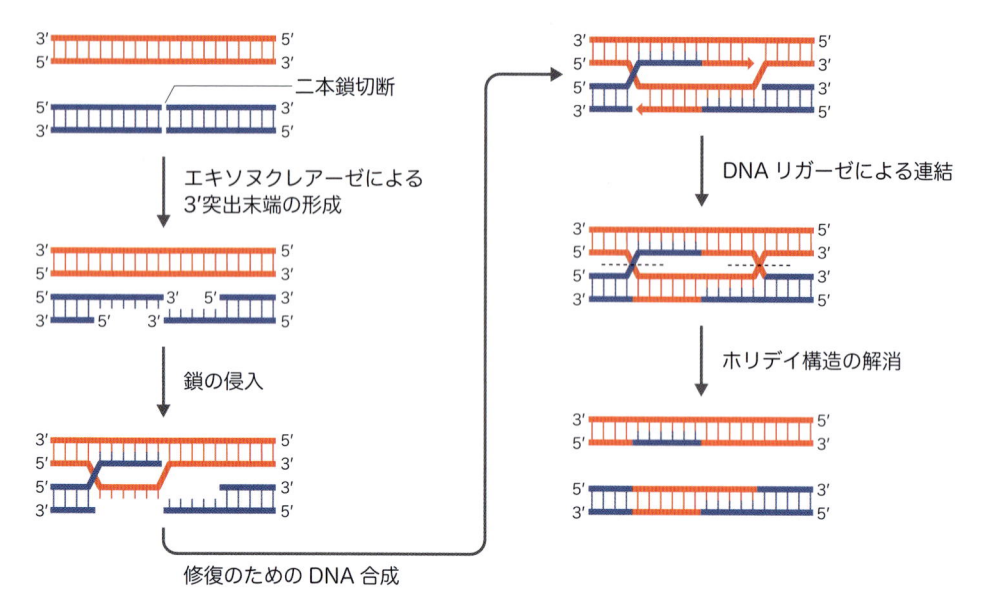

●図10-13　相同組換えによる二本鎖切断修復
「ゲノム第3版」（村松正實，木南 凌/訳），メディカル・サイエンス・インターナショナル，2007を参考に作成

章末問題

→解答は237ページ参照

問1 DNAの複製機構として半保存的複製のほか，分散型複製や保存的複製も想定された（図10-6）．分散型複製や保存的複製が正しかった場合，メセルソンとスタールの実験でどのような結果が得られたかを考察せよ．

問2 本章で説明したDNAポリメラーゼの3つの重要な性質を列挙せよ．

問3 DNA複製の反応機構について，以下の語句をすべて用いて説明せよ．
【複製起点，複製フォーク，リーディング鎖，ラギング鎖，岡崎フラグメント】

問4 ゲノムの安定性を維持するためのDNA修復にはさまざまな経路がある．修復経路を3つあげ，それぞれの特徴を簡単に説明せよ．

問5 DNA組換えの生物学的な役割について説明せよ．

第Ⅲ部　遺伝情報の維持と発現

11章　転写とRNAプロセシング

　本章と次章では遺伝子発現——DNA上の遺伝子からメッセンジャーRNA（mRNA）が転写され，mRNAからタンパク質が翻訳される過程——について取り上げる．これは生命という分子機械を構成する最も重要なパーツであるタンパク質を生合成する過程であり，生命機能と直結している．生物は生物種ごとに決まった数（数千から数万種類）の遺伝子をもっているが，それらはすべて等しく発現しているわけではなく，特定の時期だけ発現する遺伝子や，特定の場所でのみ発現する遺伝子などが存在している．つまり，遺伝子発現は時空間的に適切に制御されており，生物を構成するタンパク質の組成は絶え間なく変化している．そしてそれを反映して，生物の（あるいは生物を構成する細胞の）機能も絶え間なく変化しているのである．本章では，セントラルドグマの最初のステップである遺伝子から成熟したRNAがつくられる過程——転写とRNAプロセシング——がどのように進行し，どのように制御されるのかを紹介する．

11-1　遺伝子の定義

　転写のしくみを考えるうえで重要な，遺伝子の定義についてまず確認したい．遺伝子はそもそも，メンデルの法則で想定された，粒子のような性質をもった遺伝の単位である．後年の分子生物学的な研究に基づいて，遺伝子は「1種類のタンパク質分子（もしくは機能的なRNA分子）を合成するのに必要な染色体のDNA配列」と定義することができる（図11-1）．

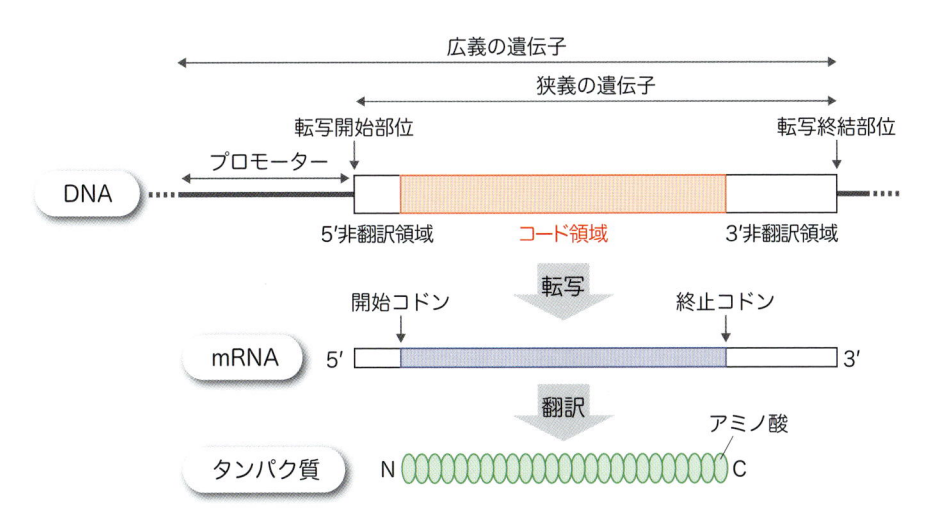

● 図11-1　遺伝子の構造と遺伝子発現
真核生物の遺伝子では，コード領域が図11-10に示すように非コード領域のイントロンによって分断されていることがある

DNAにはタンパク質のアミノ酸配列情報を含んだ部分が存在し，**コード領域**とよばれる（図11-1）．さらにコード領域に隣接して，転写はされるが翻訳はされない非コード領域（**非翻訳領域**）が存在する．さらにその周辺には，転写すらされないが，RNAやタンパク質の産生に必要な**調節領域**が存在する（転写の開始に必要なプロモーターなど）．遺伝子は，広義にはこれらすべてを合わせたものを指し，狭義には転写される領域のみを指す．

11-2 転写の基本的なしくみ

1）転写反応の概要

転写とは，RNAポリメラーゼ（RNA合成酵素）によるDNA依存的なRNA合成である．転写反応は，RNAポリメラーゼが**転写開始部位**に結合して転写を開始する段階（**転写開始**），RNA鎖を実際に合成する段階（**転写伸長**），**転写終結部位**に到達して転写を終結する段階（**転写終結**），という少なくとも3つの段階からなる．

転写反応の基本的なメカニズムを，転写（RNAポリメラーゼ）と複製（DNAポリメラーゼ）の類似点と相違点に注意しながら見ていきたい．RNAポリメラーゼは，鋳型DNAに相補的な配列を**5′→3′方向**に合成する活性をもつ．つまり，相補的なヌクレオシド三リン酸（NTP）はRNAポリメラーゼの活性部位に取り込まれ，新生RNA鎖の3′末端にヌクレオシド一リン酸（NMP）が付加される（残りのピロリン酸は放出される）．この反応が繰り返されることで，RNA鎖は5′→3′方向に伸長していく（図11-2A）．この点で転写と複製は類似している．一方，塩基配列の情報を読み取るため二本鎖DNAは一本鎖に開裂する必要があるが，転写と複製では開裂したDNAの運命が異なっている．つまり，複製の場合は鋳型DNAと新生DNAが新しい長鎖の二本鎖DNAを形成するのに対して，転写の場合はRNAポリメラーゼの進行方向で開裂した一本鎖DNAがRNAポリメラーゼの後方で再び元の二本鎖DNAを形成する．一本鎖DNAとなった部分のうち9塩基程度のみが，RNAと一過的に塩基対を形成するのである（図11-2B）．このDNA–RNAハイブリッドは，RNAの側から見ればRNAの最も3′側の数塩基に相当し，RNAの3′末端（成長末端）はこの塩基対形成を介してRNAポリメラーゼの活性部位に保持される．RNAと塩基対を形成し，RNA合成の鋳型となるDNA鎖を**鋳型鎖**とよび，もう1つのDNA鎖を**非鋳型鎖**とよぶ．二本鎖DNAのどちらの鎖が鋳型鎖として働くかは，遺伝子ごとに決まっている．

ここでRNAポリメラーゼの種類や構造について補足したい．大腸菌をはじめとする細菌のRNAポリメラーゼは1種類であり，1種類のポリメラーゼが全遺伝子を転写する．ただし，細菌のRNAポリメラーゼにはα，β，β′，ω（オメガ）という4種類のサブユニットからなる**コア酵素**と，これにσ（シグマ）サブユニットが結合した**ホロ酵素**という2つの形がある（図11-3）．σサブユニットは転写開始部位周辺の塩基配列を認識し，残りのサブユニットを転写開始部位にもたらすが，転写開始後にはコア酵素から解離すると言われている．したがって，ホロ酵素とコア酵素はそれぞれ転写開始と転写開始後の過程に関与しているらしい．

一方，真核生物には少なくとも3種類のRNAポリメラーゼが存在し，**RNAポリメラーゼⅠ**は主にリボソームRNA（rRNA）を，**RNAポリメラーゼⅡ**は主にmRNAと低分子核内RNA（snRNA）を，**RNAポリメラーゼⅢ**は主に**転移RNA（tRNA）**を転写している．これら3種類のRNAポリメラーゼは構造的に類似した12個以上のサブユニットからなっており，細菌のRNAポリメラーゼと共通の起源をもっている．真核RNAポリメラーゼと細菌RNAポリメラーゼの違いの1つは，前者が単独では転写開始部位に結合できないという点

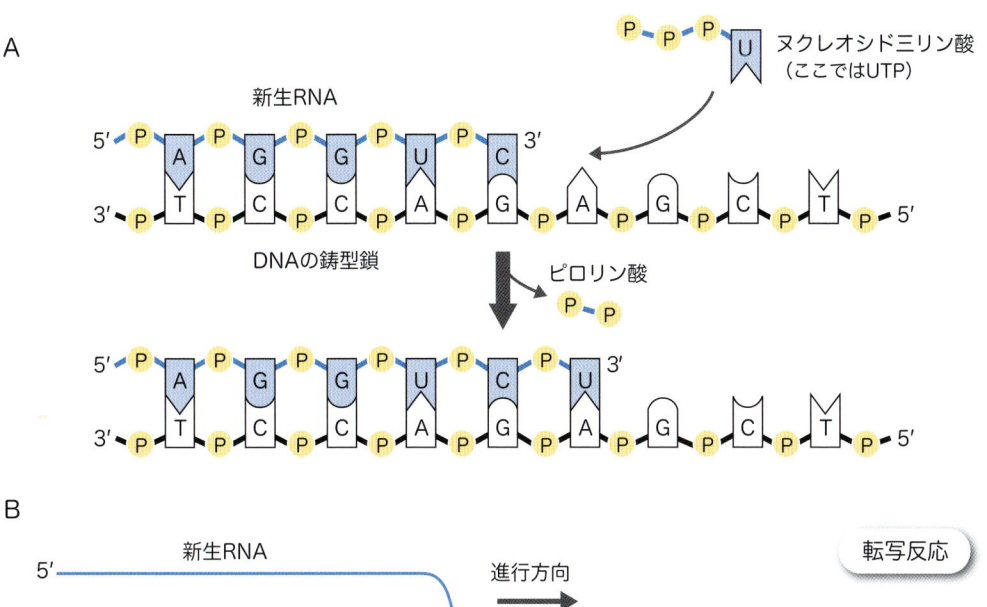

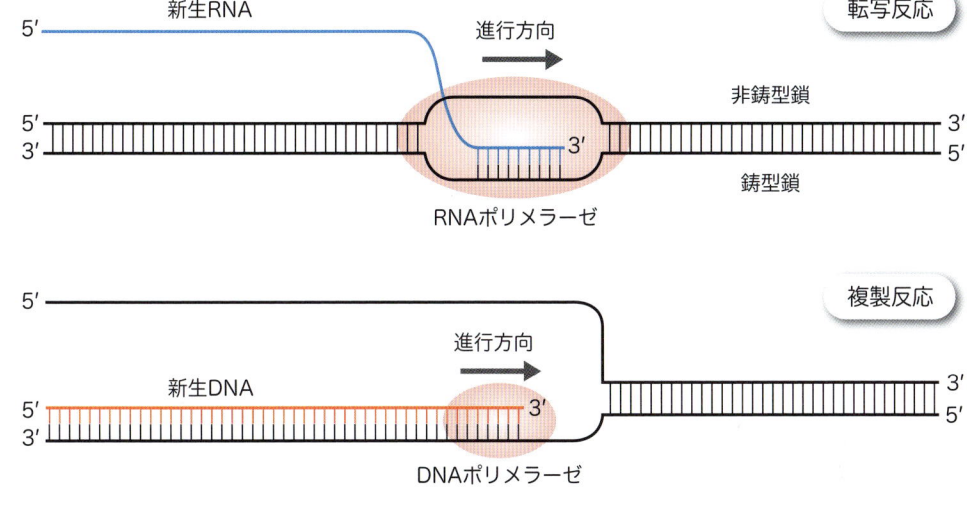

●図11-2 転写反応の基本的なしくみ

である．真核RNAポリメラーゼが転写開始部位に結合するには，基本転写因子とよばれる一群の因子が必要であり，それらは細菌のσサブユニットに相当する働きをしている（後述）．

2) 転写開始

次に，転写反応の各段階について，転写開始から順に見ていこう．まず最初のステップとして，RNAポリメラーゼが転写開始部位に結合する．そのために必要なDNA配列を**プロモーター**とよび，転写開始部位周辺の数十から数百塩基対程度がプロモーターとして働く．細菌には−10エレメントや−35エレメントとよばれる保存された塩基配列が存在し，それらをRNAポリメラーゼのσサブユニットが認識している（図11-3）．ところで−10エレメントや−35エレメントの数字は転写開始部位からの距離を表しており，−35エレメントというのは転写開始部位の上流35塩基対のところにある保存配列という意味である．約束事として，転写開始部位に結合したRNAポリメラーゼの進行方向を下流，反対方向を上流とよび，転写開始部位を基準点（＋1）として下流を正符号で，上流を負符号で表す．

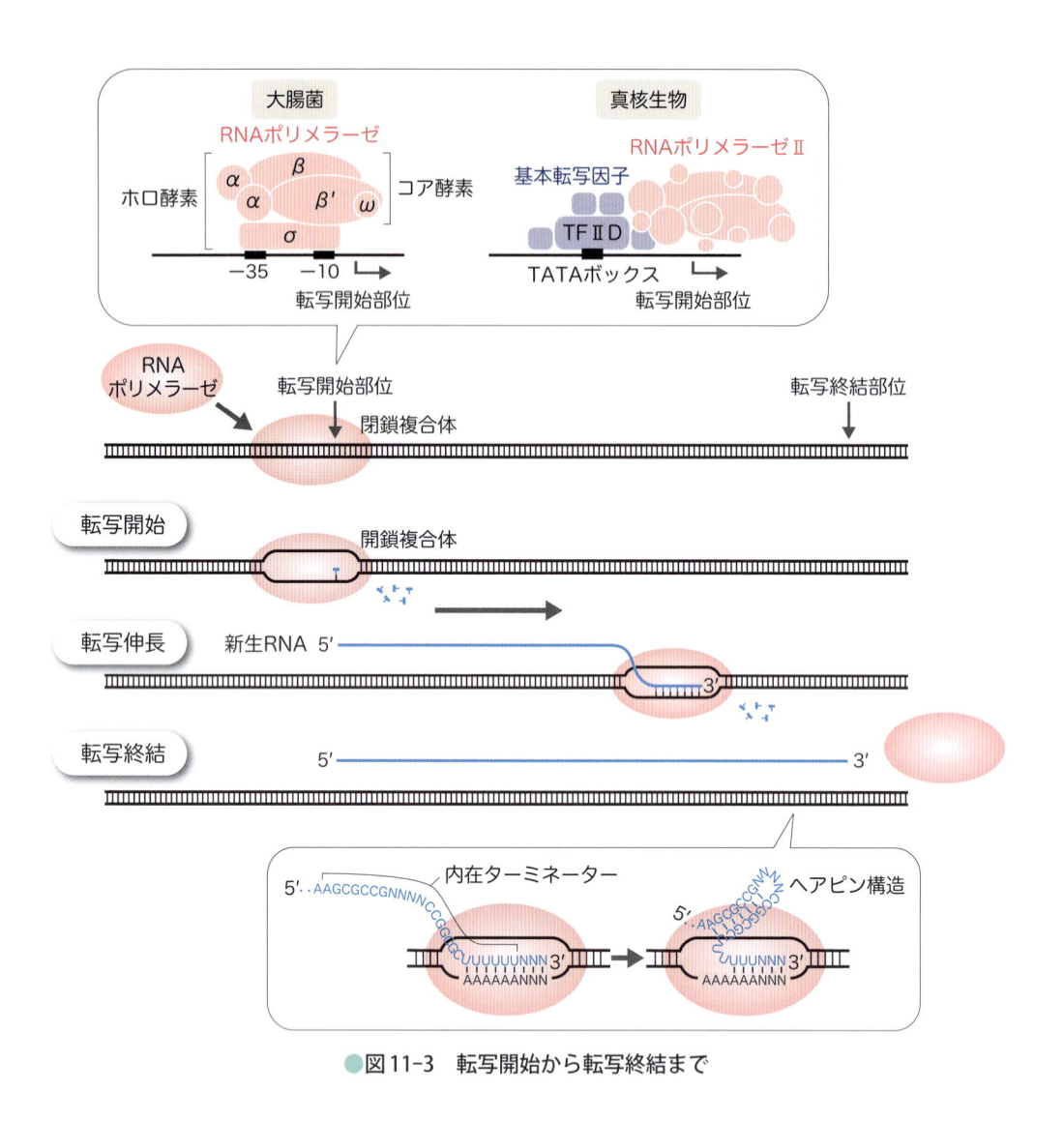

●図11-3 転写開始から転写終結まで

　真核生物のプロモーターにも**TATAボックス**をはじめとする何種類かの保存配列が存在している．RNAポリメラーゼⅡによって転写される遺伝子のプロモーター配列を比較すると，5′-TATAAA-3′で代表される塩基配列（コンセンサス配列）が転写開始部位の上流25塩基対くらいの場所に見つかることが多く，この配列をTATAボックスとよぶのである．TATAボックスは**基本転写因子**の1つであるTFⅡDによって認識される（図11-3）．真核生物のRNAポリメラーゼは，TFⅡDを含む複数の基本転写因子によって転写開始部位にもたらされる．

　しかし，RNAポリメラーゼがDNAに結合しただけの**閉鎖複合体**では，まだRNA合成は起こらない．RNAポリメラーゼの結合に引き続いて，結合領域の10数塩基対の二本鎖DNAが一本鎖に開裂し，**開鎖複合体**とよばれる構造に変わる（図11-3）．このように，転写反応に伴ってDNAの一部が一本鎖になった構造を**転写バブル**とよぶ．この状態のRNAポリメラーゼの活性部位に，鋳型DNAに相補的なNTPが結合することで転写は開始する．ここに転写と複製のもう1つの違いがある．それは，複製にはプライマーが必要（⇒10章）だが，転写はプライマーなしにゼロからRNA合成を開始できるという点である．

3）転写伸長

　転写伸長段階では，前述したようにRNAポリメラーゼがDNA上を移動しながら5′→3′方向にRNAを合成していく．RNAポリメラーゼに伴って転写バブルもDNA上を移動する．細菌か真核生物かを問わず，転写伸長は基本的にRNAポリメラーゼのみで起こる．しかし，転写される領域の塩基配列やクロマチン構造（真核生物の場合）などによって転写伸長が妨げられ，RNAポリメラーゼが一時停止する場合もあり，転写伸長速度は一定でない．真核生物では**転写伸長因子**とよばれる一群のタンパク質因子がRNAポリメラーゼの働きを補助している．

4）転写終結

　転写終結のしくみは，細菌と真核生物で異なっている．細菌では，転写終結因子であるρ（ロー）に依存した転写終結と，依存しない転写終結の2種類が存在する．**ρ依存性終結**では，ρ因子が新生RNAに結合し，RNAヘリカーゼ活性によってRNAポリメラーゼ伸長複合体のDNA–RNAハイブリッドを解消することで，転写終結を誘導する．それに対し，**ρ非依存性終結**では内在ターミネーターとよばれる新生RNAの特異的塩基配列が転写終結を直接引き起こす．内在ターミネーターは，塩基対を形成してヘアピン型の二次構造をとる配列と，それに引き続く連続したU塩基からなる（図11-3）．ヘアピン構造の形成はRNAポリメラーゼからRNAを引き抜く力として働き，かつA・U塩基対は弱いので，どちらもDNA–RNAハイブリッドを不安定化する．そのため，内在ターミネーターが転写されると転写終結が引き起こされる．一方，真核生物の転写過程では，詳細な機構はまだよくわかっていないものの，3′プロセシングに伴う新生RNAの切断が転写終結を引き起こすと考えられている．

11-3　細菌の転写制御機構

　ここまで転写の基本的なしくみについて見てきたが，これからは転写制御のしくみについて考えていきたい．転写制御を考えるうえで基本となるアイディアは，**フランソワ・ジャコブとジャック・モノー**が1961年に提唱した**オペロン説**である．まず**オペロン**という用語から説明すると，これは細菌や古細菌に特徴的な遺伝子のクラスターである．細菌では，特定の糖やアミノ酸の代謝にかかわるなど，機能的に関連した酵素群の遺伝子はゲノム上でクラスターを形成して長い1本のmRNAとして転写されることが多い．そうすると，それらの遺伝子の転写は必然的に同調して制御される．この複数遺伝子の単位を，ジャコブとモノーはオペロンと名付けた．さらに彼らは，大腸菌のラクトース代謝系酵素をコードする遺伝子群（*lac*オペロン）の解析結果に基づいて「すべてのオペロンは，調節領域に**リプレッサータンパク質**（それ自体は別の遺伝子にコードされる）が結合することによって，転写が負に調節される」とするオペロン説を提唱した．数年後，**アクチベータータンパク質**も発見されたことから「転写は，調節領域に結合するアクチベーターとリプレッサー（両者を合わせて転写制御因子）によって正負に制御される」と修正・一般化された．オペロン説は，オペロン構造をもたない真核生物の遺伝子でも成り立つ重要な概念である．

　ここで，オペロン説と深く関係するシスとトランスの概念について補足しておきたい．シスとトランスという言葉は有機化学でよく用いられるが，分子生物学の分野では少し異なる意味合いで用いられることがある．標的遺伝子と同じDNA分子上に隣接して存在し，転写制御に働くものを**シス作動性エレメント**とよび，これは転写調節領域と同義である．

●図11-4 *lac* オペロンの転写制御
CAP：異化活性化タンパク質，RNAP：RNAポリメラーゼ

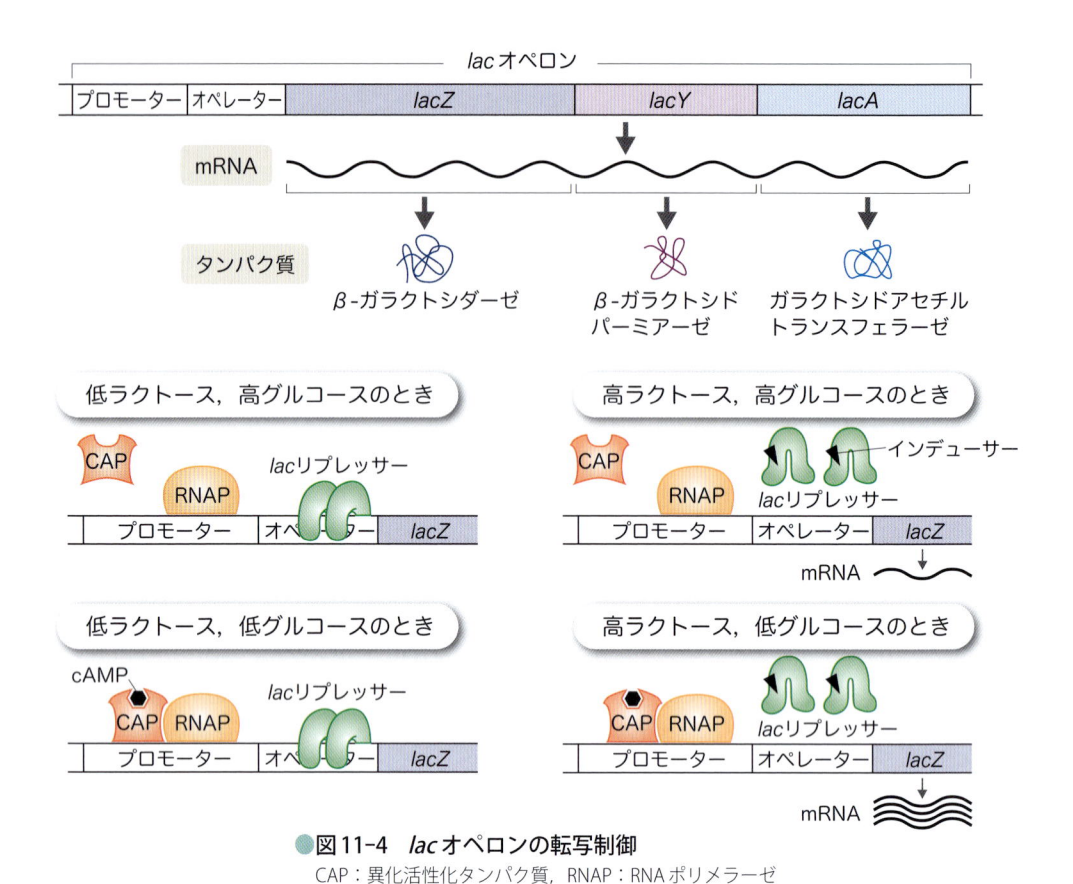

　一方，転写制御に働く拡散性の因子を**トランス作動性因子**とよび，これは転写因子と同義である．シス作動性エレメントはトランス作動性因子が結合する足場として働き，両者の協調的な働きによって転写は制御される．こうしたシスとトランスの概念は，転写に限らず，DNAやRNAに関係する他の過程，例えばDNA複製やRNAプロセシング，翻訳などにも適用できる普遍性の高い概念である．

　次に，大腸菌 *lac* オペロンの転写制御機構をより詳しく見ていきたい．*lac* オペロンにはラクトースの代謝（分解）にかかわる3つの酵素遺伝子（*lacZ*，*lacY*，*lacA*）が存在しており，それらの発現は大腸菌の栄養状態によって制御されている（図11-4）．まず，基質となるラクトースが存在しないとき，*lac* オペロンの転写は抑制されている．また，仮にラクトースが存在しても，大腸菌の主要な炭素源であるグルコースが充分にあれば，*lac* オペロンの転写はやはり低レベルに抑えられる．ラクトースが存在し，グルコースが不足しているときのみ，*lac* オペロンの転写は強く活性化される．

　lac オペロンの転写制御には，*lac* リプレッサーとアクチベーターであるCAPという2種類のタンパク質がかかわっている（図11-4）．ラクトースがないとき，*lac* リプレッサーは *lac* オペロンのプロモーターに隣接する**オペレーター**配列に結合する．そして，プロモーターに結合するRNAポリメラーゼの働きを邪魔することで転写を阻害する．しかしラクトースが存在すると，ラクトースの代謝物（例えばアロラクトース）が**インデューサー**として働き，*lac* リプレッサーに結合する．それに伴う構造変換によって *lac* リプレッサーはDNAに結合できなくなり，転写抑制は解除される．一方，CAPはグルコース濃度が高いとき，不活性な状態にある．しかしグルコース濃度が下がると，サイクリックAMP（cAMP）

とよばれる環状ヌクレオチドの細胞内濃度が上昇し，CAPはcAMPと結合するようになる．活性化型のCAP-cAMP複合体は，*lac*オペロンのプロモーター上流配列に結合し，RNAポリメラーゼのプロモーターへの結合を促進することで転写を活性化する．こうしたしくみによって，ラクトースが存在し，グルコースが不足しているときのみ，*lac*オペロンの転写は強く活性化されるのである．

以上説明した*lac*オペロンは転写開始段階で制御されるケースだが，他に，転写伸長や終結の段階で制御されるケースも知られている．例えば，トリプトファンの生合成酵素群をコードする大腸菌*trp*オペロンでは**転写減衰**（アテニュエーション）とよばれるメカニズムが働く．詳細には立ち入らないが，その結果，転写終結がごく早期に起こるか，起こらずに全長のmRNAが合成されるかの選択が，生合成産物であるトリプトファンの細胞内濃度によってなされる．

11-4 真核生物の転写制御機構

細菌でみられる転写制御の多くは真核生物でも起こる．以下では，真核生物に特徴的な転写制御について説明する．

まず，真核生物では，細菌で一般的なオペロンは基本的に存在せず，ほとんどすべての遺伝子が個別のプロモーターから転写される．また，これは質的な違いではないが，高等真核生物ではゲノムの大きさを反映して，遺伝子のサイズが細菌と比べて概して大きい．これにおそらく関連して，高等真核生物には**エンハンサー**とよばれる転写調節領域が存在している．エンハンサーは，標的遺伝子の転写開始部位から数千塩基対以上も離れた場所にあり，離れた場所から標的遺伝子の転写を活性化する働きがあるのでプロモーターとは区別して理解されている．

真核生物のゲノムの大きな特徴の1つは，クロマチン構造を形成していることである（⇒10章）．クロマチンはDNA上で起こる反応の障害物として働き，転写因子が標的DNA配列に結合したり，RNAポリメラーゼがDNA上を進んだりするのを妨げる．したがって，クロマチン構造は転写制御の重要な標的となっている．クロマチンレベルでの転写制御の2つの様式について以下で説明していく．

様式の1つは，**クロマチンリモデリング因子**やヒストンシャペロンとよばれるタンパク質による制御である（図11-5右）．これらの因子はDNA上のヒストンの結合位置をずらしたり，DNAから引きはがしたり，逆にDNA上に配置したりすることでクロマチン構造を変化させる．様式のもう1つは，**ヒストンの翻訳後修飾**を介した制御である（図11-5左）．ヒストンは，リン酸化，アセチル化，メチル化，ユビキチン化などさまざまな翻訳後修飾を受ける（図11-6）．ある種の翻訳後修飾は，塩基性のヒストンタンパク質の表面電荷を変えることで，クロマチンの凝集状態に直接影響する．また，修飾を受けたヒストンが，さまざまな他の因子が結合する足場として働いて，間接的にクロマチンの凝集・脱凝集や転写の抑制・活性化を導くこともある．

真核生物では転写因子の機能も多様化している．大腸菌の*lac*オペロンで働くリプレッサーとアクチベーターがRNAポリメラーゼに直接作用することは説明したとおりだが，真核生物のリプレッサーとアクチベーターは，それぞれ**コリプレッサー**，**コアクチベーター**とよばれる因子を標的遺伝子上に呼び込む働きをしていることが多い．コリプレッサーやコアクチベーターの多くは，先に述べたクロマチンに関係する酵素活性をもっており，クロマチン構造の局所的な構造変換を誘導する（図11-5）．

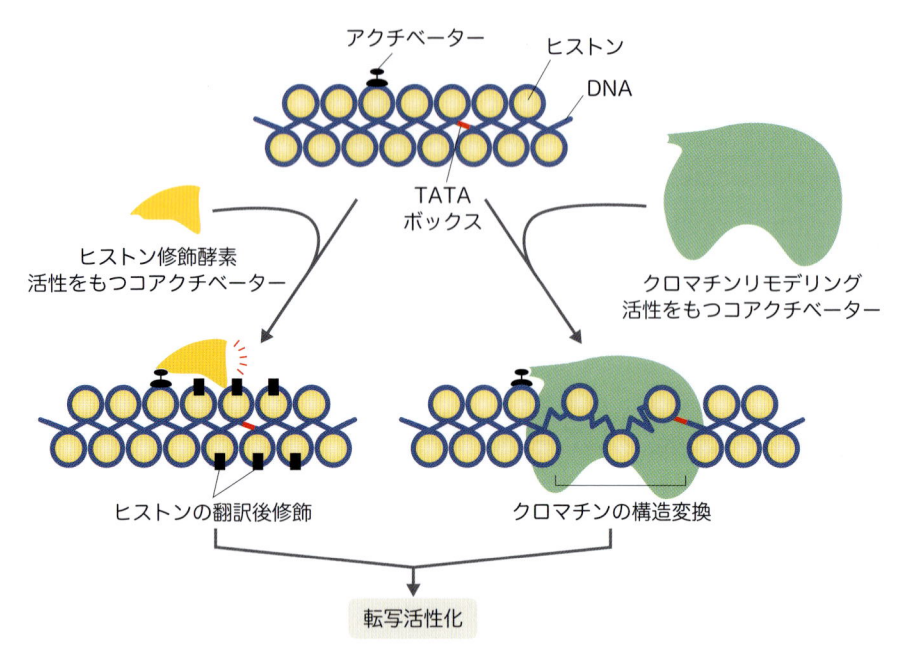

●図11-5 クロマチンレベルでの転写制御
「Essential 細胞生物学 原書第3版」(中村桂子, 松原謙一/監訳), 南江堂, 2011を参考に作成

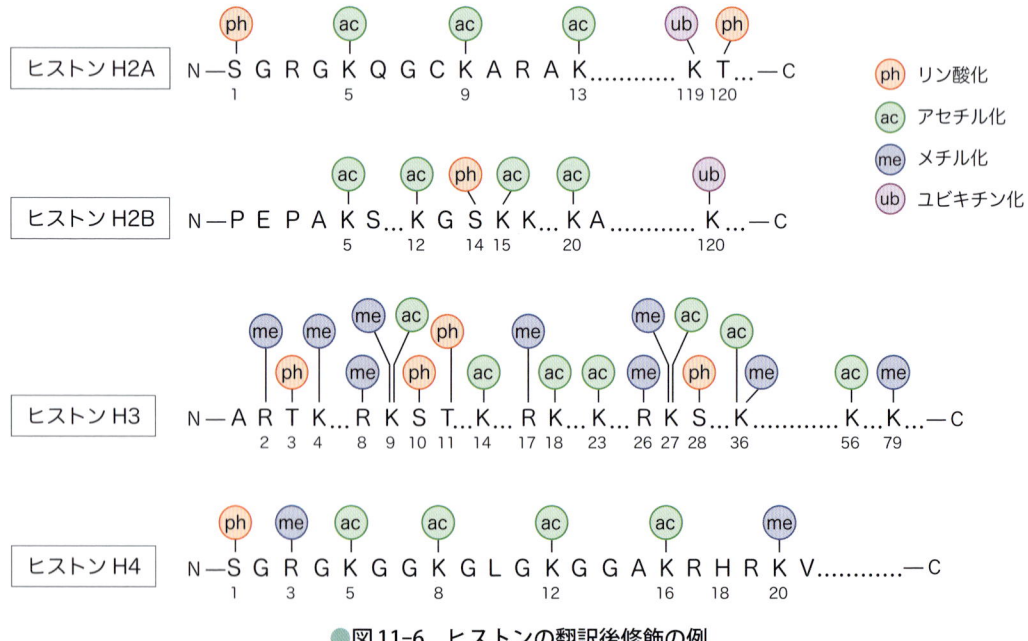

●図11-6 ヒストンの翻訳後修飾の例
アミノ酸は1文字表記で示した

ph リン酸化
ac アセチル化
me メチル化
ub ユビキチン化

11-5 全ゲノムの視点から見た転写制御

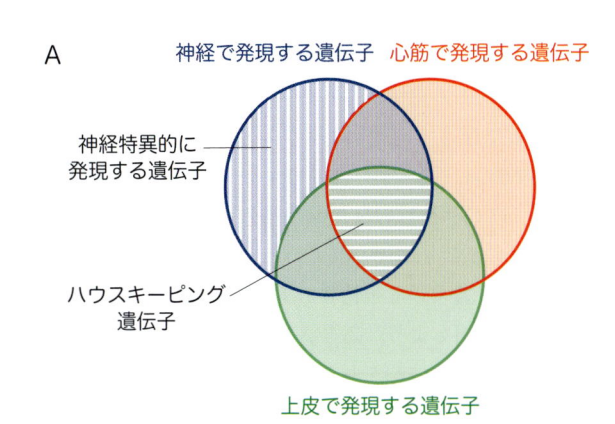

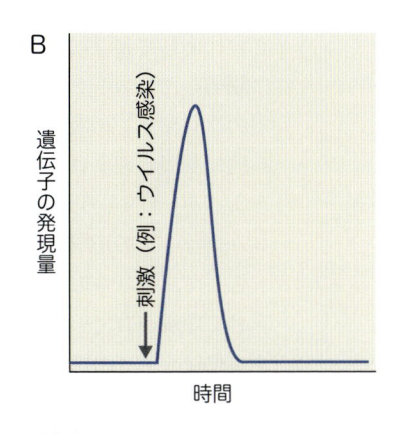

1) ハウスキーピング遺伝子と誘導性遺伝子

　　遺伝子は，その発現パターンによって**ハウスキーピング遺伝子**（構成的遺伝子）と**誘導性遺伝子**の2種類に分類することができる．ハウスキーピング遺伝子は常に発現し，細胞の生存や維持に欠かせない役割を果たしているため，ハウスキーピングつまり「家事」遺伝子とよばれる．解糖系をはじめとするエネルギー代謝系の酵素や，遺伝子発現を担うRNAポリメラーゼなどの遺伝子はハウスキーピング遺伝子に属している．一方，誘導性遺伝子は特定の時期や特定の場所でのみ発現する遺伝子である．図11-7Aを例に説明すると，脳の神経細胞，皮膚の上皮細胞，心臓の心筋細胞で発現している遺伝子を比べたとき，特定の細胞種でのみ発現している遺伝子は誘導性遺伝子である．これらの誘導性遺伝子は**組織特異的遺伝子**ともよばれ，それぞれの細胞種「らしさ」のもとになっている．一方，これらの細胞種で共通して発現している遺伝子はハウスキーピング遺伝子である．

　　誘導性遺伝子は他にも，受精卵から成体に至る発生・分化過程の特定の時期にのみ発現する遺伝子や，ウイルス感染などの外来の刺激に応答して発現する遺伝子などがある（図11-7B）．前者は発生・分化プログラムの原動力となっており，後者は環境に応じた生体調節に重要な役割を果たしている．このように，遺伝子発現の制御は，生命現象の根幹をなす重要な過程なのである．

2) トランスクリプトームとプロテオーム

　　ゲノムは基本的に一定不変である．細胞が異なる環境にさらされたり，分化して表現型を変化させても，ゲノムは基本的に変化しない．では何が変わるかというと，**トランスクリプトーム**であり**プロテオーム**である（図11-8）．トランスクリプトームは細胞がある瞬間に発現している全RNAを指す言葉である．同様に，プロテオームは細胞がある瞬間に発現している全タンパク質を意味し，細胞の性質を特徴づけるものである．語尾のオーム（-ome）は「すべての構成要素」を意味し，トランスクリプトームはトランスクリプト（転写産物）＋オーム，プロテオームはプロテイン（タンパク質）＋オームから来ている．なお，ゲノム（genome）の英語の発音はジーノム，すなわちジーン（遺伝子）＋オームである．プロテオームの形成は転写のみならず，後述するRNAプロセシングやRNA分解，12章で説明する翻訳，翻訳後修飾，タンパク質分解といったさまざまなステップで制御さ

●図11-7　ハウスキーピング遺伝子と誘導性遺伝子

●図11-8　トランスクリプトームとプロテオーム

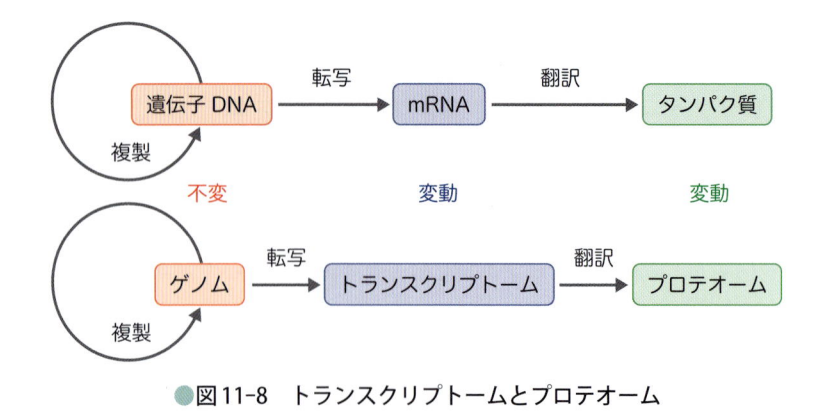

れうる．これらすべてのステップが実際に制御を受けているが，なかでも転写制御の役割は非常に大きい．

3）エピジェネティックな継承

　転写制御の締めくくりとして，高等真核生物の発生・分化過程などで重要な**エピジェネティック（後成遺伝学的）な継承**について説明したい．これは，遺伝子発現の状態を細胞自らが覚えているという性質——細胞の記憶——に関係したもので，「DNA配列の変化を伴わずに，細胞分裂を経て受け継がれる遺伝子機能の変化」と定義される．例えば，マウスの肝細胞と筋肉細胞を採取し，培養皿の中，同一条件下で培養すると，それぞれ元の細胞の性質，つまり元の細胞がもっていた遺伝子発現のパターンをかなり残したまま長期間にわたって培養することができる．この観察結果はこれまで説明した転写制御のしくみでは説明することができない．なぜならば，肝細胞と筋肉細胞は同一の遺伝子セットをもっている．ハウスキーピング遺伝子はどちらの細胞種でも同様に発現しているはずである．一方，大腸菌の*lac*オペロンのような誘導性遺伝子は，単純な電子回路のように与えられた条件によってオン・オフが切り換えられ，同一の条件下では同じ発現パターンを示すはずである．しかし実際は，いったん分化した細胞の性質はたやすく変化しない．分化した細胞がES細胞やiPS細胞のような未分化な状態に「先祖がえり」するためには，再プログラミングとよばれる特別な過程が必要なのである．私たちの生殖細胞ではこの再プログラミングが起こっているため，発生のプログラムがまた一からスタートする．

　こうしたことから「細胞の記憶」は，細胞分裂を超えてある程度安定に受け継がれるが，必要に応じて書き換えられることがわかる．分子レベルでそれにかかわっているのは，先に説明したヒストンの翻訳後修飾とDNAのメチル化である．ヒストンやDNAの修飾は周辺のクロマチンの凝集状態に影響し，そこに存在する遺伝子の転写活性に影響を及ぼす．高度に凝集したクロマチンを**ヘテロクロマチン**，脱凝集したクロマチンを**ユークロマチン**とよぶが，DNAのメチル化や，ヒストンH3の9番目のリジン残基のメチル化などはヘテロクロマチンの形成を誘導し，転写を抑制することが知られている．そして重要なポイントとして，これらの修飾がDNA複製や細胞分裂を経て維持されるしくみが存在している．詳しく理解されているDNAメチル化を例に説明しよう．高等真核生物においてDNAのメチル化は5′-CG-3′という配列のシトシンに特異的に起こり，その結果，両方のDNA鎖がメチル化される（図11-9左）．このDNAが複製すると，片方の鎖だけがメチル化された状態になり，エピジェネティックな情報が「希釈」されるが，DNMT1というDNAメチル化

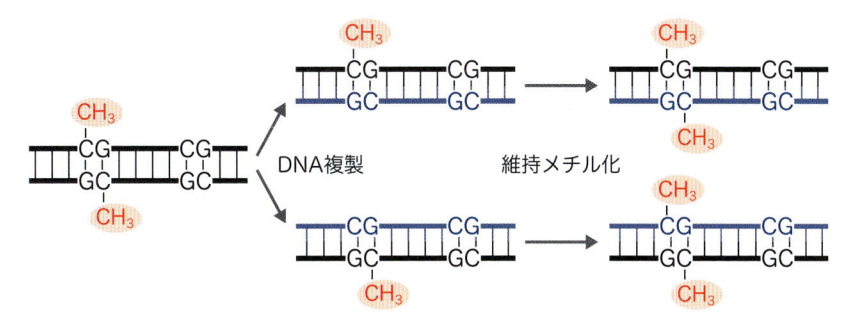

●図11-9　DNAメチル化のパターンが継承されるしくみ

　酵素はこの状態のメチル化部位に作用して，再び両方の鎖がメチル化された状態にする（図11-9右）．おおむね同様なことが，ヒストンの翻訳後修飾でも起こっていると考えられる．
　以上のように，DNAの塩基の並びだけでなく，DNAという化学物質の化学修飾のパターンや，DNAが巻き付くヒストンの翻訳後修飾のパターンが細胞分裂を経て受け継がれる．これがエピジェネティックな継承の分子的実態である．ゲノムの塩基配列を本のテキストにたとえると，DNAのメチル化は，「ここは重要だから覚えておこう」と本に鉛筆で書き込むアンダーラインやメモのようなものである．本のコピーを繰り返すと鉛筆の文字は薄くなり消えてしまうので，なぞり書きする必要がある．また，鉛筆の書き込みは不要になれば消しゴムで消したり，新たに書き込むことができるが，生物にもそういったしくみが備わっている．

11-6　mRNAのプロセシング

　2章で述べたように，細胞内にはmRNA，rRNA，tRNAなどさまざまな種類のRNAが存在しているが，それらの多くは，DNAから転写されたままの姿のRNA（一次転写産物）としては機能せず，**RNAプロセシング**と総称される加工処理を経て機能を獲得する．まずmRNAのプロセシングを説明し，それからrRNAとtRNAのプロセシングを説明する．
　細菌のmRNAはプロセシングを受けず，一次転写産物が翻訳の基質として働く．実際，転写が完了しないうちから翻訳は始まるようである．一方，真核生物のmRNAは，主に3種類のプロセシング——5′末端に起こる**キャッピング**，配列内部で起こる**スプライシング**，3′末端に起こる**3′プロセシング**——を経て一次転写産物（mRNA前駆体）から成熟mRNAとなる（図11-10）．ほかにmRNA編集というプロセシングもある（p.201 コラム参照）．これらを順に説明していく．

1）キャッピング

　新生RNAの5′末端にはもともと，ヌクレオシド三リン酸に由来する三リン酸が存在しているが，キャッピング酵素の働きによって，そこにいわゆる**キャップ構造**が付加される．図11-11のように7位がメチル化されたグアノシンとRNAが5′-5′結合したのが標準的なキャップ構造である．キャップ構造は翻訳開始因子の1つであるeIF4Eと特異的に結合し，それにより翻訳が起こるので，キャップ構造は翻訳に必要である（⇒12章）．キャップ構造はまた，mRNAが分解されるのを保護する役割も果たしている（後述，p.202）．

11章　転写とRNAプロセシング

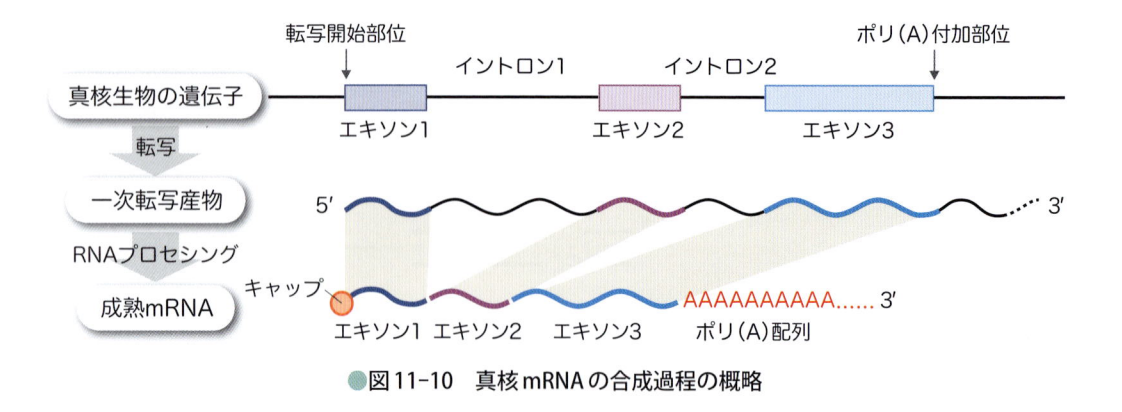

●図11-10　真核mRNAの合成過程の概略

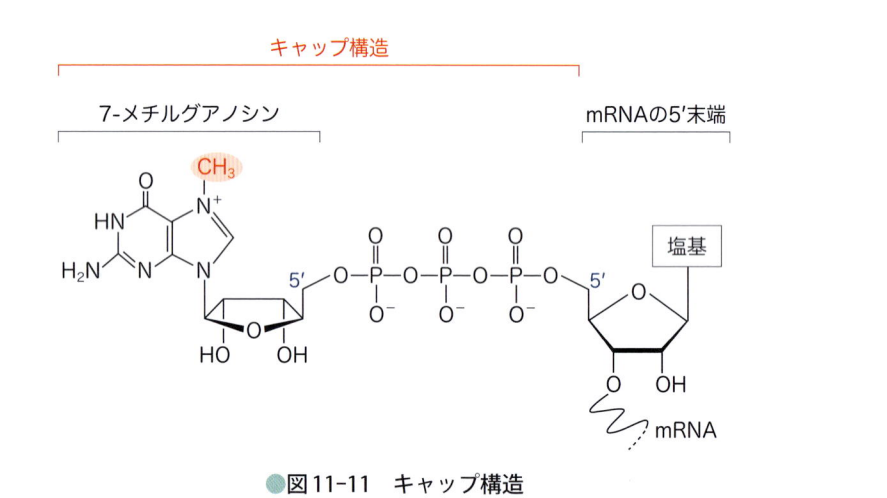

●図11-11　キャップ構造

2) スプライシング

　真核生物の遺伝子に関する最大の驚きは，遺伝子が**イントロン**によって分断されていることだろう．一次転写産物であるmRNA前駆体にはイントロンとよばれる配列が不特定の個数（0〜100個以上）含まれており，それらはスプライシング反応によって成熟mRNAから除去される（図11-10）．イントロン以外の，つまり成熟mRNAに保持される配列は**エキソン**とよばれる．スプライシングの必要性の1つは明らかである．つまり，スプライシングが起こらず，タンパク質のコード領域がイントロンによって分断されたままでは全長のタンパク質がつくられないので，スプライシングは適切な翻訳に重要である．

　しかしそもそもなぜ，わざわざ転写したRNA配列を後で除去する，などという面倒なことをするのだろうか．イントロンの進化的起源については諸説あってはっきりしないが，イントロンがトランスポゾンのような利己的なDNA（⇒10章）として真核生物のゲノムに広まった，とする考え方がある．つまり生物側からみれば，イントロンは意図せざる邪魔ものであり，それを取り除いている，という考え方である．それはおそらく一面的には正しいだろうが，それ以外にイントロンが存在する積極的意義もあると考えられる．それは，後述する**選択的スプライシング**である．選択的スプライシングによって，1つの遺伝子から複数種のmRNA，ひいては複数種のタンパク質がつくられるので，イントロンは遺伝情報の「拡張」に寄与している，と言うことができる．さらに，イントロンには進化的

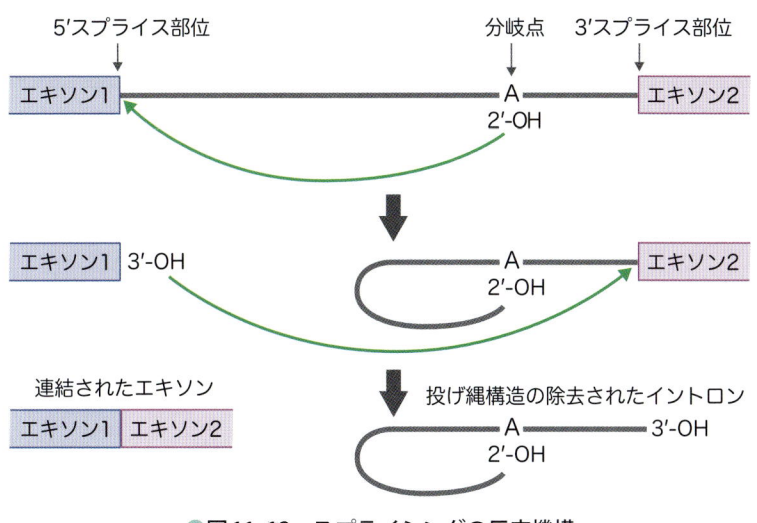

●図11-12　スプライシングの反応機構

な意義もあると考えられる．イントロンが存在するために，ゲノムの再編成（組換え，重複，欠失など）に伴って遺伝子はエキソン単位で混ぜ合わされ（**エキソンシャッフリング**），新たな遺伝子が生じる可能性がある．

　以下でスプライシングの反応機構を概説する．スプライシングには，mRNA前駆体上のシス作動性エレメントとトランス作動性因子（**スプライシング因子**）が関与している．RNAエレメントとしては，5′スプライス部位（5′-GU-3′），3′スプライス部位（5′-AG-3′），分岐点（Aを含む）という少なくとも3つが重要である（図11-12）．一方，スプライシング因子としては，数種類の低分子核内リボヌクレオタンパク質（snRNP）が重要である．なお，リボヌクレオタンパク質とはRNAとタンパク質からなる複合体のことであり，snRNPはsnRNAと複数のタンパク質から構成されている．図11-12のように，スプライシングは2回のエステル交換反応によって起こる．まず，分岐点に存在するアデノシン残基の2′-OH基が5′スプライス部位を攻撃し，その結果，投げ縄構造が形成される．次に，5′スプライス部位の3′-OH基が3′スプライス部位を攻撃し，その結果，イントロンが放出され，隣り合うエキソンが連結される．snRNPのRNA成分であるsnRNAはmRNA前駆体の保存配列と塩基対を形成し，多数のタンパク質−タンパク質，タンパク質−RNA相互作用を介して**スプライソーム**とよばれる巨大な複合体を形成する．その中で5′スプライス部位，3′スプライス部位，分岐点の3つが接近し，2段階の反応が連続的に起こると考えられる．

　選択的スプライシングは，先に述べたように1つのmRNA前駆体から2種類以上の成熟mRNAが生じる過程であり，異なる組み合わせの5′スプライス部位と3′スプライス部位が連結されることにより起こる．これは高等真核生物ではごく一般的な現象である．どのスプライス部位が選ばれるかは，しばしばRNA上のシス作動性エレメント（スプライシングエンハンサーなど）と，そこに結合するスプライシング因子によって組織特異的・刺激依存的に制御されており，遺伝子発現の制御段階の1つとなっている．

　選択的スプライシングによって驚くべき多様性が生じる例として，ショウジョウバエの*Dscam*遺伝子を紹介したい．Dscamタンパク質は，神経細胞に特異的に発現し，神経ネットワークの形成に重要な細胞接着因子である．*Dscam*遺伝子は12個の選択的な第4エキソン，48個の選択的な第6エキソン，33個の選択的な第9エキソン，そして2個の選択的

な第17エキソンをもち，理論上12×48×33×2＝38,016種類の異なる構造をもったタンパク質が生じうる（図11-13）．そしてそれらが少しずつ異なる機能をもっていることが示されている．

3）3′プロセシング

真核生物のほとんどすべての成熟mRNAには，3′末端に100〜250塩基程度の連続したアデノシン残基，いわゆる**ポリ(A) 配列**が存在している（図11-10）．ポリ(A)配列は鋳型DNAにコードされているわけではなく，プロセシング反応によって後から付加される．ポリ(A)配列は，キャップ構造と同様，翻訳の促進やmRNAの分解からの保護に働いている．

3′プロセシングにはmRNA前駆体上のシス作動性エレメントとトランス作動性因子（**3′プロセシング因子**）が関与しており，2段階の反応で起こる．図11-14のようにまず，保存された5′-AAUAAA-3′配列〔**ポリ(A) 付加シグナル**〕にCPSFなどの3′プロセシング因子が結合し，RNAを切断する．次に，切断で生じたRNAの3′末端に対して，ポリ(A)ポリメラーゼが鋳型非依存的にアデノシンを重合していく．以上のように，3′プロセシングは切断とポリ(A)付加という2段階の反応により起こる．

真核生物の転写は細胞の核内で起こるが，上記3種類のプロセシングもやはり核内で起こる．そして成熟mRNAが核外に輸送されて，細胞質で翻訳が起こることになる．本項の

●図11-13 選択的スプライシングの例：ショウジョウバエの*Dscam*遺伝子

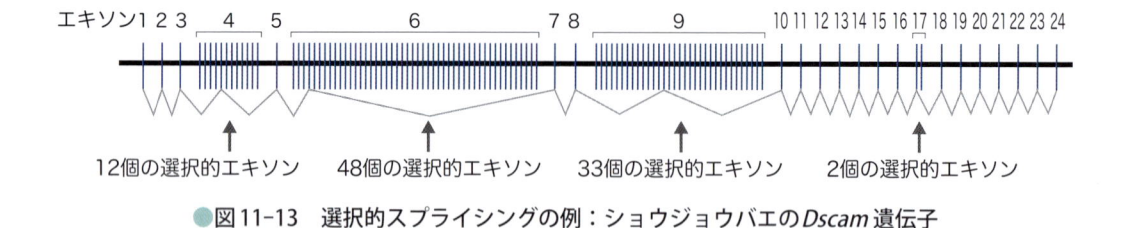

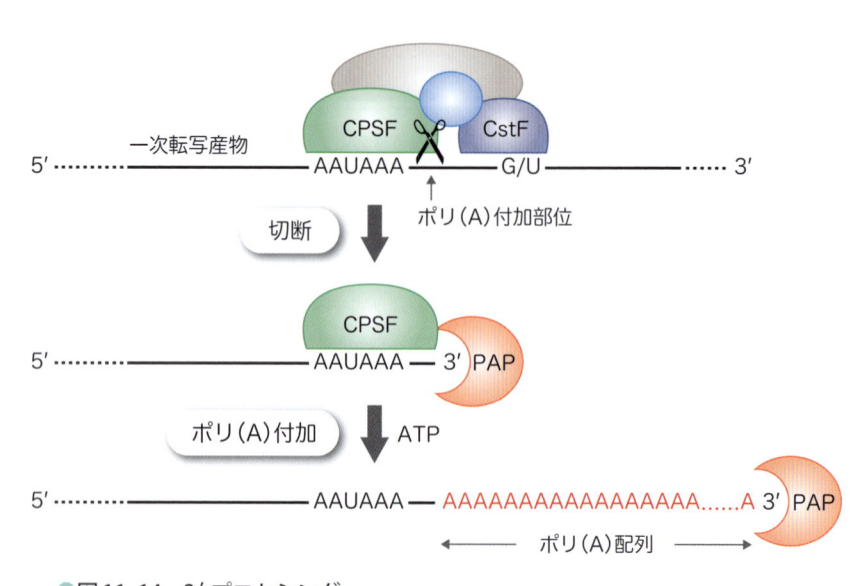

●図11-14 3′プロセシング
CstF：切断促進因子，CPSF：切断ポリアデニル化特異性因子，PAP：ポリ(A) ポリメラーゼ

締めくくりで取り上げたいのは，mRNAのプロセシングがどのタイミングで起こるのか，という問題である．古くは転写後に起こると思われていたが，最近の研究から3種類のプロセシング反応が実際には転写中に起こっていることがわかってきた．キャッピングはmRNA前駆体の5'末端が転写されるやいなや起こる．スプライシングも転写伸長の最中に起こっているらしい．3'プロセシングも転写伸長の最中に起こり，p.191で説明したように，3'プロセシングの切断反応は転写終結の引き金となっている．転写中のRNAポリメラーゼⅡにはキャッピング酵素やスプライシング因子，3'プロセシング因子などが相互作用し，巨大な「RNA工場」として働いているらしい．

11-7 rRNAとtRNAのプロセシング

rRNAとtRNAのプロセシングには類似点が多く，細菌と真核生物でもかなり似通っているので，合わせて説明する．

1）rRNAのプロセシング

細菌の3種類のrRNA（16S rRNA，23S rRNA，5S rRNA）は一続きのrRNA前駆体として転写される（図11-15）．その後，複数のエンドヌクレアーゼ（RNAの内部配列を切断する酵素）がスペーサー領域の内部などを切断し，さらにエキソヌクレアーゼ（RNAを5'ないし3'末端より分解する酵素）が切断末端から作用して，不要な配列が除去される．また，複数カ所が酵素によって化学修飾を受ける．RNAの化学修飾は，mRNAにはあまりみられない，rRNAやtRNAの特徴である．一方，真核生物には4種類のrRNAが存在するが，そのうちの3つ（28S，18S，5.8S）は一続きのrRNA前駆体としてRNAポリメラー

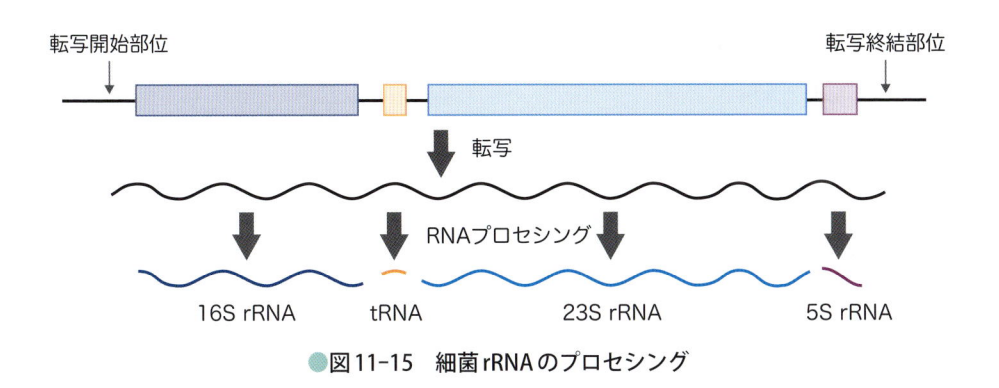

●図11-15 細菌rRNAのプロセシング

Column　mRNAの編集

mRNAに対するプロセシングの一種としてRNA編集（RNAエディティング）がある．RNAに特異的なデアミナーゼが働いてmRNAの特定のAをI（イノシン）に変換したり，CとUの相互変換を触媒する結果，アミノ酸配列が部分的に異なったタンパク質がつくられるようになる．例えばヒトのアポリポタンパク質B遺伝子からは本来，2,152アミノ酸のB-48タンパク質がつくられるが，肝臓の細胞ではこのmRNAの終止コドン（UAA）がRNA編集によってグルタミンを指定するコドン（CAA）に変わり，翻訳が続行して4,536アミノ酸のB-100タンパク質が代わりにつくられる．

ゼⅠによって転写され，細菌のrRNA前駆体とよく似た過程でプロセシングを受ける．rRNAの転写とプロセシングは，細胞核内の核小体とよばれる領域で起こる．

ところで，テトラヒメナのような一部の真核微生物のrRNAプロセシングには風変わりな特徴がある．それらのrRNA前駆体にはイントロンが存在し，mRNAのスプライシングと似た反応機構によってrRNA前駆体から取り除かれるのである．しかしmRNAとは異なり，rRNAのスプライシングはタンパク質因子の一切の手助けなく，RNA自身の働きによって自己触媒的に起こる．rRNA前駆体のイントロンは特定の立体構造を形成し，2段階の求核攻撃を触媒する酵素として働くのである．こうした酵素活性を有するRNAを**リボザイム**（RNAを意味する「リボ」と酵素を意味する「エンザイム」を組み合わせた言葉）と総称し，**RNAワールド仮説**を支持する証拠として関心を集めている．RNAワールド仮説とは，現在のDNA，RNA，そしてタンパク質に基づく生物が誕生する前に，RNAに基づく生物の世界があった，とする考えである．RNAはDNAのように遺伝情報を格納することができ，またタンパク質のように化学反応を触媒できる．現在の複雑な生物が進化する前段階として，RNAが今以上に多くの役割を果たす生物があった，とするのは理にかなった考えである．rRNAのイントロンはリボザイムの最初の例だが，現在までにさまざまな反応を触媒するリボザイムが発見されている．

2）tRNAのプロセシング

一方，成熟tRNAは73～93塩基程度の低分子RNAで，1つの生物種あたり数十種類が存在するが，それらはより長いtRNA前駆体としてまず合成され，rRNA前駆体と同様，ヌクレアーゼによる切断と化学修飾を受ける．tRNAの5′末端を形成するRNアーゼPは，リボザイムの一種である．tRNAはrRNAよりも一層高度に化学修飾を受ける．tRNAによくみられる修飾塩基を図11-16に示した．化学修飾の機能的な意味については，12章で説明する．

真核生物のtRNA前駆体はRNAポリメラーゼⅢによって転写される．成熟tRNAの3′末端には機能上不可欠な5′-CCA-3′という3塩基が存在しているが，奇妙なことに，真核生物ではこの3塩基がtRNA遺伝子にコードされておらず，tRNAヌクレオチジルトランスフェラーゼという酵素（別名，CCA付加酵素）によって転写後に付加される．また，真核生物のtRNA遺伝子の一部にはイントロンが存在している．それらはmRNAのスプライシングとは全く異なるメカニズムで取り除かれる．

11-8　RNA分解

RNA分解の過程はRNA合成の過程に比べて研究が遅れている．しかし，細胞内におけるRNAの存在量は合成と分解の比で決まるので，RNA分解はRNA合成と同等の重要性をもっているはずである．最近，真核生物のmRNA分解を制御するさまざまなしくみがわかってきているので，いくつか紹介したい．

1）mRNAの半減期

真核生物のmRNA分解は主にエキソヌクレアーゼ（5′→3′方向に分解するXrn1や3′→5′方向に分解するエキソソームなど）によって起こるが，5′末端のキャップ構造や3′末端のポリ(A)配列がmRNA分解を防いでいる．脱キャップ化や脱アデニル化を行う酵素が作用して，mRNAの5′末端や3′末端が露出すると，mRNAはすみやかに分解される．通

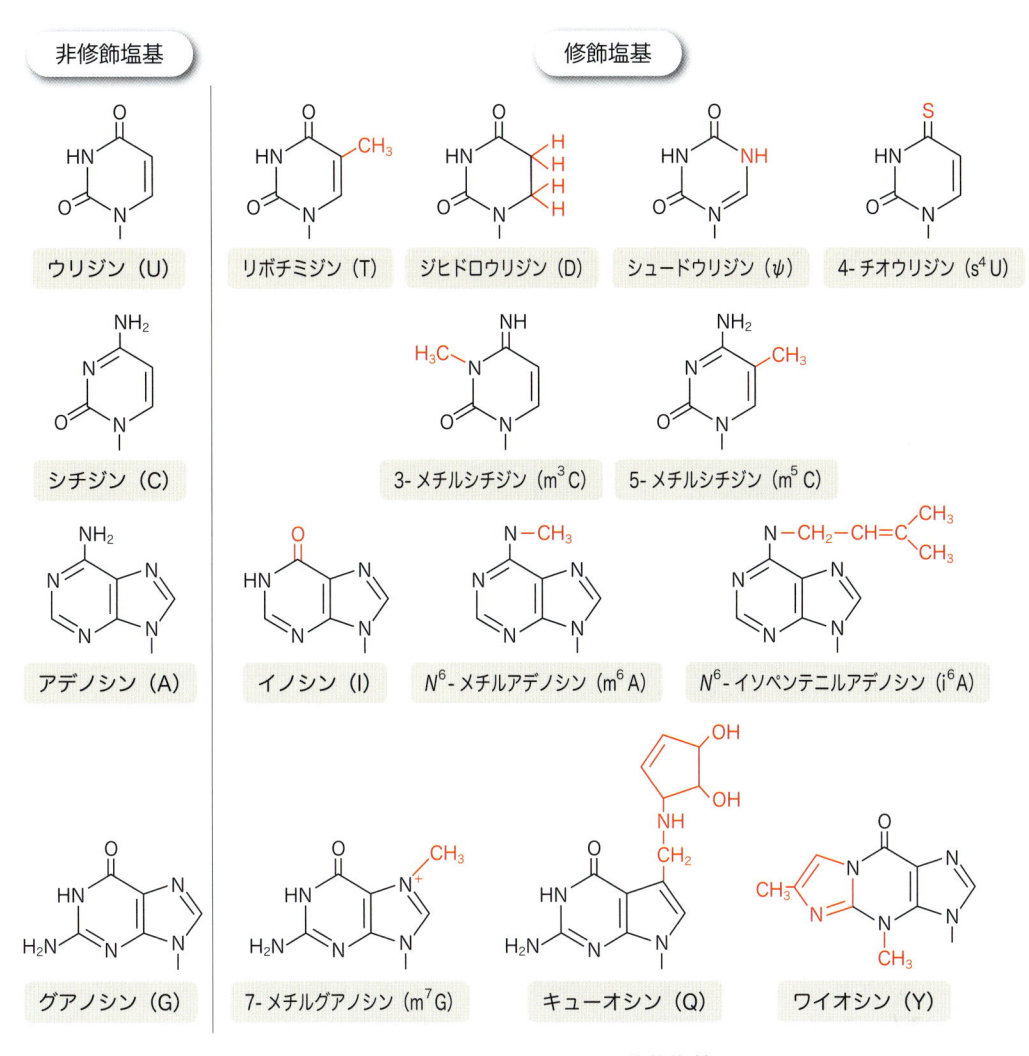

●図11-16　tRNAにみられる修飾塩基

　常，つくられたmRNAはこうしたしくみによってだいたい数時間程度で分解される（ただし以下で説明するように，mRNAの半減期は種類によって大きく異なる）．つくっては壊し，またつくっては壊し，を繰り返すことは資源の無駄にも見えるが，mRNAの半減期が短いことには意味がある．mRNAの半減期が短いため，環境の変化などに応答してmRNAの組成（トランスクリプトーム）をすみやかに変化させることができるのである．

　mRNAの3′非翻訳領域はmRNAの半減期に影響することがある．3′非翻訳領域にAとUに富む配列（AUリッチエレメント）が存在すると，そこにいくつかのタンパク質因子が結合し，それらの働きによってmRNAの安定性が変化する．また，3′非翻訳領域に**マイクロRNA**という低分子RNAと相補的な配列が存在すると，mRNA分解もしくは翻訳阻害が引き起こされる．これは**RNA干渉**とよばれるしくみによるものである．それについてもう少し詳しく説明したい．

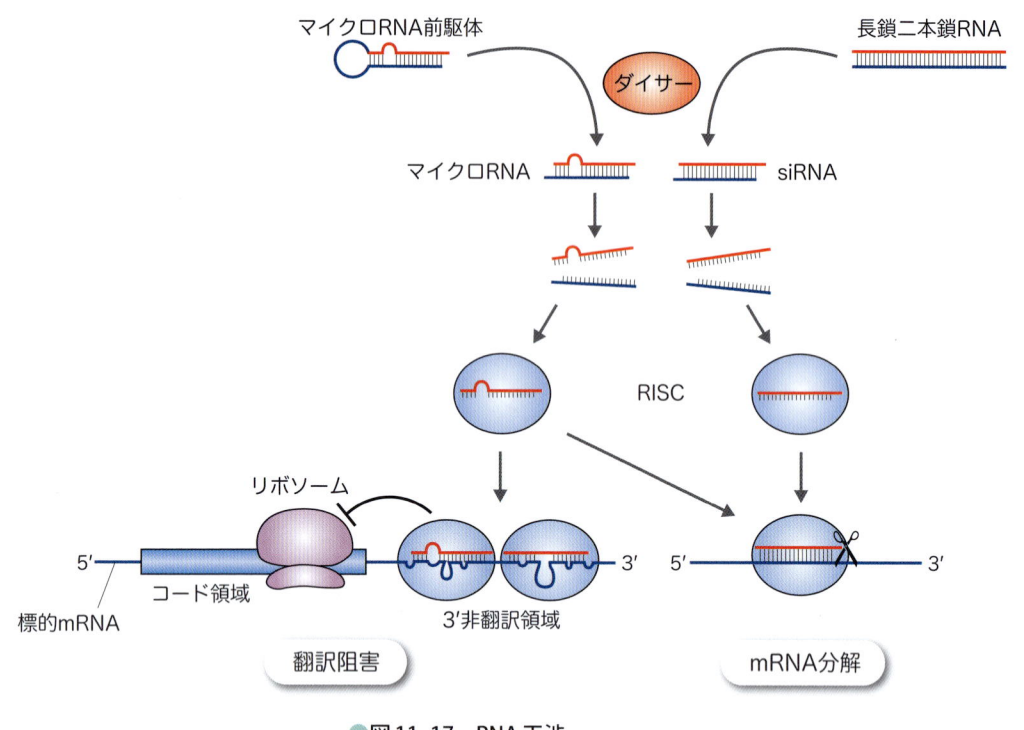

●図11-17　RNA干渉
RISC：RNA誘導サイレンシング複合体

2) RNA干渉

　　RNA干渉はもともと，線虫や植物などに人工の長鎖二本鎖RNAを導入すると，相同な配列を有する遺伝子のmRNAが分解される，という発見に端を発している．簡単な方法で遺伝子発現を人為的に制御できるというRNA干渉の性質は，またたく間に各方面で利用されるようになり，今や基礎研究を行ううえで欠かせない実験手法であるほか，核酸医薬として製薬業界でも注目されている．長鎖二本鎖RNAは細胞内で特定のヌクレアーゼによって約21塩基対の長さへと細かく切断される．これを低分子干渉RNA（siRNA）とよび，その片方の鎖がRISCとよばれるタンパク質複合体に取り込まれる（図11-17）．そして一本鎖RNAを含んだRISCは，相補的な配列を有するmRNAと結合し，これを切断する．以上は人工の長鎖二本鎖RNAを導入した場合の話であり，RNA干渉が生体内で本来どのような役割を果たしているのかについては，現在，精力的に研究が進められている．

　　RNA干渉の本来の役割の1つに，マイクロRNA（miRNA）による遺伝子発現制御がある．マイクロRNAは，siRNAと構造的に類似した低分子RNAで，RISCに取り込まれて標的mRNAに作用する（図11-17）．マイクロRNAは，標的mRNAとは異なる遺伝子から転写・プロセシングされてつくられ，標的mRNAの発現を抑制する細胞内制御因子として働いている．マイクロRNAと標的mRNAの配列の相同性が高い場合はmRNA分解が，相同性が低い場合は翻訳阻害が誘導される．

3) mRNA監視

　　最後に，**mRNA監視**あるいは**ナンセンス変異によるRNA分解**（NMD）として知られる機構についても少し紹介したい．これは**ナンセンス変異**——アミノ酸を指定するコドンが終

止コドンに変化する変異——を含んだ遺伝子からつくられたmRNAを選択的に分解するというもので，真核生物におけるmRNAの品質管理機構として働いている．真核生物では姉妹染色分体上に遺伝子を2コピーもつので，1コピーが失われても目立った異常は現れにくい．しかし直感に反するかもしれないが，1コピーの完全な欠失変異と点変異では，後者の方が悪影響が大きい場合がある．例えばナンセンス変異の結果，カルボキシ末端を欠失した異常型タンパク質がつくられると，それが正常型タンパク質の働きを妨げることがある．こうした変異を，機能喪失型の変異に対して，**機能獲得型の変異**とよぶ．このような「中途半端にあるくらいなら，ない方がまし」の状況でNMDのmRNA監視機構は働いて，ナンセンス変異を含んだmRNAを分解し，遺伝子変異が有害な影響を及ぼすのを防いでいる．詳細には立ち入らないが，NMDは正常な終止コドンと，それよりも手前にある異常な終止コドンを巧妙に識別している．

章末問題

解答は237ページ参照

問1 細菌と真核生物の転写機構の違いについて，以下の3点に着目して説明せよ．
・RNAポリメラーゼの種類
・転写開始のしくみ
・転写終結のしくみ

問2 転写伸長を行っている最中のRNAポリメラーゼ，DNA，新生RNAの構造を模式的に描け．ただし，二本鎖DNAやRNAの5′末端と3′末端，塩基対形成の様子，RNAポリメラーゼの進行方向を明示すること．

問3 ジャコブとモノーが1961年に提唱したオペロン説に関連して，まずオペロンとは何かについて説明せよ．次に，オペロンの代表例である大腸菌 lac オペロンの転写制御機構について，以下の語句をすべて用いて説明せよ．
【プロモーター，オペレーター，リプレッサー，インデューサー】

問4 真核生物に固有な転写制御機構としてエピジェネティックな制御が知られている．エピジェネティックな情報を運ぶ化学修飾の具体例をあげ，その情報が継承されるしくみを説明せよ．

問5 真核生物のmRNAはRNAポリメラーゼIIによって転写されただけでは未完成であり，いくつかのプロセスを経て成熟mRNAとなる．mRNAプロセシングの種類を3つあげ，それぞれがmRNA前駆体の構造をどのように変化させるか説明せよ．

第Ⅲ部　遺伝情報の維持と発現

12章　翻訳と翻訳後修飾

　本章では，セントラルドグマの第2段階である翻訳のしくみをまず取り上げる．DNA（核酸）からDNAやRNA（核酸）をつくる複製や転写に比べ，RNA（核酸）からタンパク質という全く分子構造の異なる高分子をつくり出す翻訳は「難易度」がきわめて高い反応である．多数の因子が関与して進行する翻訳の巧妙なしくみを詳しく紹介したい．また，翻訳されたタンパク質は細胞内で輸送されたり，切断や翻訳後修飾を受けて機能を獲得することが多いので，それらの過程も紹介する．そして最後に，タンパク質が分解（リサイクル）される過程を紹介する．

12-1　遺伝暗号表

　DNAからRNAを写し取る転写の過程は，A・T（またはU）およびG・Cという塩基対形成のルールに従って進むので，その原理は直感的に理解できるだろう．それに対して翻訳は，4種類のヌクレオチドからなるRNAの配列情報を，20種類のアミノ酸からなるタンパク質の配列情報へと変換する過程であり，そのしくみは直感的に理解しがたい．RNAとタンパク質をつなぐしくみは，1960年代にマーシャル・ニーレンバーグやハー・ゴビンド・コラーナらが行った一連の実験によって明らかにされた．これは解析手法がまだ充分発達していなかった時代の偉業である．

　RNAの塩基配列2文字の並びは4×4＝16通り，3文字の並びは4×4×4＝64通りある．したがって，20種類のアミノ酸1文字を指定するには，3文字以上の塩基が必要なはずである．実際，こうした予想と一致して，mRNAの隣接する3文字（**コドン**）は1つの単語として働き，1種類のアミノ酸を指定している．その対応関係は図12-1のような**遺伝暗号表**（コドン表）としてまとめられており，原核生物か真核生物かを問わず，ほぼすべての生物種でこの対応関係は変わらない．これは，地球上のすべての生物が単一の進化的起源を有することの証拠の1つであり，そしてまた，遺伝暗号表が生物進化のごく初期の段階で確立されたことを示唆している．

　翻訳はmRNAの5′→3′方向に進み，タンパク質はアミノ末端→カルボキシ末端方向につくられていくので，mRNAの5′末端⇔3′末端の塩基配列と，タンパク質のアミノ末端⇔カルボキシ末端のアミノ酸配列はリニアな対応関係にあると言える．繰り返しになるが，mRNAは3塩基ごとに1アミノ酸を指定しており，コドンとコドンの間にスペースやコンマに相当するものは存在しない．そうすると，mRNAは3通りの異なる**読み枠**（リーディングフレーム）で翻訳される可能性があり，そうしてできあがってくる3種類のタンパク質は互いに似ても似つかないアミノ酸配列をもつことになる（図12-2A）．しかし，そのようなことは通常，起こらない．なぜなら，mRNAのどの部分を，どの読み枠で翻訳するか

●図12-1 遺伝暗号表（コドン表）

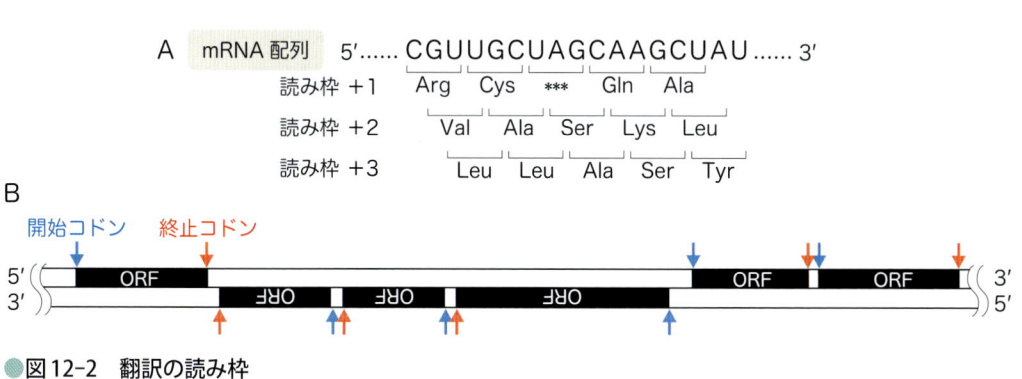

●図12-2 翻訳の読み枠
A) mRNAは3通りの読み枠をもつ．＊＊＊：終止コドン．B) 細菌ゲノムの特定領域における開いた読み枠（ORF）の位置を示す

は，以下で説明するしくみによって決まっているからである．

翻訳は**開始コドン**で始まり**終止コドン**で終わる（図12-2B）．開始コドンから終止コドンまでのmRNA領域を**コード領域**とよび，それ以外のmRNA領域を非コード領域または**非翻訳領域**（5'非翻訳領域および3'非翻訳領域）とよぶ（⇒図11-1）．開始コドンは通常，メチオニンを指定するAUGというコドンである（したがって，ほぼすべてのタンパク質はアミノ末端にメチオニン残基をもっているはずだが，実際にはこのメチオニンは翻訳後，メチオニンアミノペプチダーゼという酵素によって除去されることが多い）．ただし，AUGという3塩基があればそこから翻訳が始まる，というわけではなく，後述するように他の要因も深く関係している．一方，終止コドンには，アミノ酸を指定しないUAA，UAG，UGAという3種類のコドンが対応している（図12-1）．開始コドンから塩基配列を3塩基ずつ読んでいったとき，これらのコドンのいずれかが登場したところで翻訳は終結する．

12章 翻訳と翻訳後修飾 207

遺伝暗号表（図12-1）を眺めてみると，64種類のコドンはすべて何かしらの意味をもっていることがわかる．上述のように3種類のコドンは終止コドンに対応しており，それ以外の61種類のコドンは20種類のアミノ酸に対応している．より詳しく見てみると，各アミノ酸には1～6種類のコドンが対応している．例えばロイシンにはUUA，UUG，CUU，CUC，CUA，CUGという6種類のコドンが対応している．これを**遺伝暗号の縮重**とよび，同じアミノ酸を指定する複数のコドンを**同義コドン**とよぶ．縮重のしくみは後で説明する．

タンパク質をコードする領域は，**開いた読み枠**（ORF）ともよばれる（図12-2B）．コード領域では，終止コドンで途切れることなく読み枠が続くからである．大多数のタンパク質は100アミノ酸以上（特に大きなものは1,000アミノ酸以上）からなるので，コード領域にはアミノ酸を指定するコドンがこれだけの個数，並ぶことになる．もし塩基配列がランダムなら，終止コドンは3/64の確率で——つまり平均して約21.3コドンに1回の割合で——出現するはずであり，タンパク質をコードしていない領域では（もしくはタンパク質をコードしていない読み枠では），終止コドンはこれくらいの頻度で出現するはずである．言い換えると，アミノ酸を指定するコドンが100個以上連続している塩基配列はタンパク質をコードしている可能性が高い．したがって，タンパク質の構造に関する知見が一切なくても，mRNAやDNAの塩基配列情報のみに基づいて，どういったタンパク質がコードされているのかをかなり正確に予測することができる．

・塩基の置換，挿入，欠失

少し話が脱線するが，ここで遺伝子の塩基レベルでの変異（塩基の置換や挿入，欠失）がタンパク質の構造や機能に及ぼす影響について考えてみたい．まず塩基の置換について考えると，タンパク質のコード領域の置換変異は**サイレント変異**，**ミスセンス変異**，**ナンセンス変異**のいずれかを引き起こす．サイレント変異は，指定するアミノ酸が変化しない変異（同義置換）であり，遺伝子変異の影響は顕在化しないはずである．それに対し，ミスセンス変異は，指定するアミノ酸が他のアミノ酸に変わるような変異であり，1アミノ酸が変化したタンパク質がつくられるようになる．実は，遺伝暗号表にはこれに関して興味深い特徴がある．それは，極性や荷電状態などの性質が似たアミノ酸は遺伝暗号表の近くに位置する傾向があり，ミスセンス変異の影響が顕在化しにくいようにできている，という点である（図12-1）．太古の昔，遺伝暗号表ができあがる過程で，そういった選択圧がかかった結果だろうと推測される．一方，ナンセンス変異は，指定するアミノ酸が終止コドンに変わるような変異であり，カルボキシ末端側が欠失したタンパク質がつくられるようになる．その結果，タンパク質が機能を失ったり，逆に異常な機能を獲得したりする可能性が高い．ただし，真核生物にはナンセンス変異による影響を抑えるNMDとよばれるしくみが存在している（⇒11章）．

次に，塩基の挿入・欠失がコード領域に起こる場合について考えてみよう．3の倍数でない個数の塩基が挿入または欠失すると**フレームシフト変異**が引き起こされる．変異によって読み枠がずれてしまうので，翻訳の途中から全く無意味なアミノ酸配列がつくられるようになり，それは終止コドンが偶然現れるまで続く．したがって，フレームシフト変異はナンセンス変異と同じくらい大きな影響を及ぼす．ただし，真核生物ではこの機能異常もNMDによって抑制される可能性がある．一方，3の倍数塩基の挿入や欠失——例えば6塩基の挿入——は，タンパク質レベルで2アミノ酸の挿入を引き起こすのみであり，それによってもたらされる影響は比較的，軽微である．

12-2 翻訳にかかわる装置

次に，翻訳にかかわる分子機械を見ていきたい．翻訳には，細胞内でつくられる主要な3種類のRNA——mRNA，tRNA，rRNA——すべてがかかわっている．mRNAは繰り返し述べてきたように，翻訳の基質として働く．それに対し，tRNAはmRNAのコドンとアミノ酸を対応づけるアダプター分子として働いている．一方，rRNAは**リボソーム**とよばれる翻訳の場を提供する巨大分子複合体のRNA成分である．rRNAはリボザイムであり，アミノ酸同士を連結する**ペプチジルトランスフェラーゼ**活性を有している．

tRNAは細胞内に数十種類あり，例えばロイシンに対するtRNAやアラニンに対するtRNAなど，アミノ酸ごとに異なるtRNAが存在している．こうした種類の異なるtRNAを，tRNA^{Leu}やtRNA^{Ala}などと区別して表記する場合がある．これらのtRNAは共通した基本構造を有しており，図12-3のようにクローバーの葉のような構造（クローバーリーフ構造）をしている．ただし，これは二次元的に表現した場合の構造であり，実際には図12-3左のようなL字型をしている．tRNAのループの1つはアンチコドンループとよばれ，3塩基の**アンチコドン**が存在している．アンチコドンはその名のとおり，対応するコドンと相補的な配列をもっており，塩基対を形成する．一方，アンチコドンループの反対側では，アミノアシルtRNAシンテターゼという酵素の働きによってtRNAの3'末端にアミノ酸がエステル結合で付加される．なお，アミノ酸と結合したtRNAを**アミノアシルtRNA**とよび，Leu-tRNA^{Leu}などと表記する．tRNAはこのような構造によって，mRNA上のコドンとアミノ酸を結びつけているのである．

リボソームは，mRNAやtRNAと結合して，翻訳の場として働く巨大分子複合体であり，50種類以上のリボソームタンパク質と3，4種類のrRNAからなる．リボソームは大小2つのサブユニットからなり，それらは翻訳のサイクルの中で集合・解離する．細菌の小サブユニットを30Sサブユニット，大サブユニットを50Sサブユニットとよび，それらが合わさったものを70Sリボソームとよぶ（図12-4）．rRNAの種類やリボソームの種類は**沈降係**

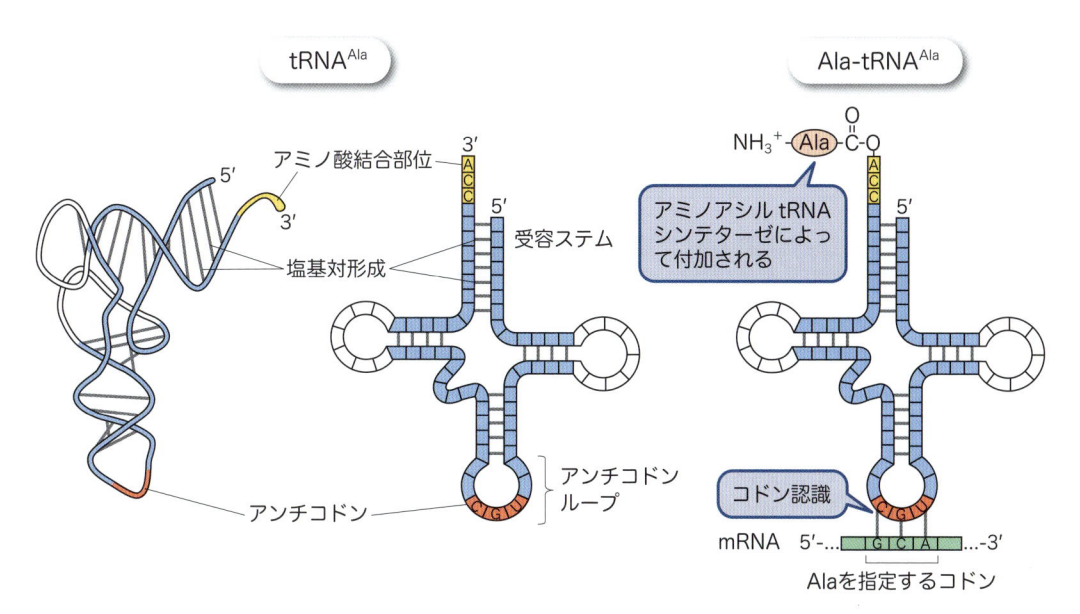

●図12-3 tRNA^{Ala}（左）とアミノアシル化されたtRNA^{Ala}（右）の構造

12章 翻訳と翻訳後修飾

```
   大腸菌                                    哺乳類

・タンパク質 31種類     ・タンパク質 21種類      ・タンパク質 49種類      ・タンパク質 33種類
・rRNA 2種類 (23S, 5S) ・rRNA 1種類 (16S)     ・rRNA 3種類           ・rRNA 1種類 (18S)
                                            (28S, 5.8S, 5S)

  50S サブユニット      30S サブユニット        60S サブユニット       40S サブユニット
  （大サブユニット）     （小サブユニット）       （大サブユニット）      （小サブユニット）

         70S リボソーム                             80S リボソーム
```

●図12-4　リボソームの構成

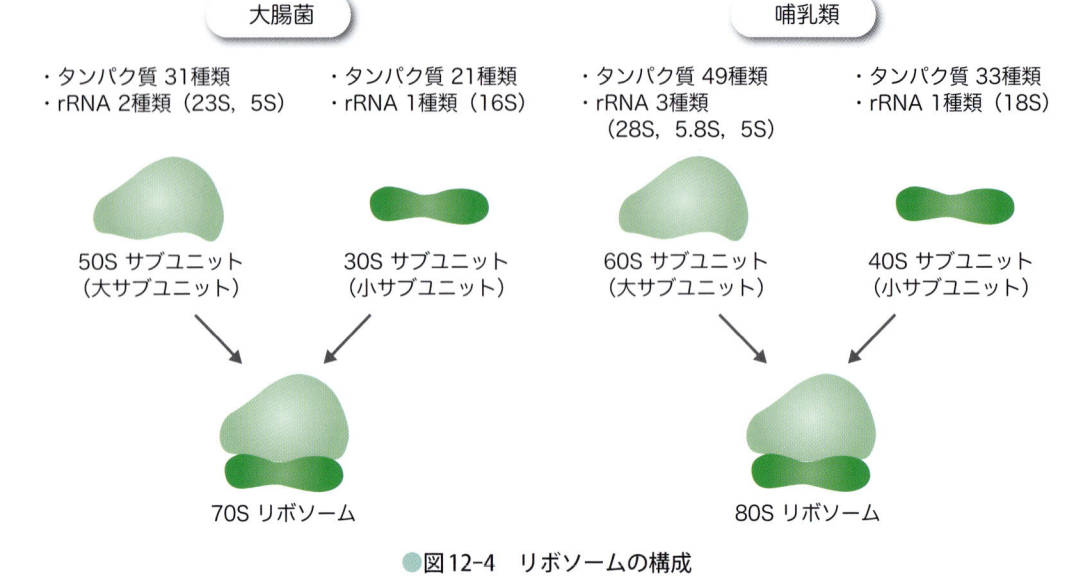

数（S）で区別される．生体試料などを超高速で遠心すると，重い粒子ほど速く溶媒の中を沈んでいく．沈降係数はこのときの速さを表し，解析法の開発者テオドール・スベドベリにちなんだ単位Sが用いられる．分子量などと異なり，沈降係数は単純な加減で計算できない点に注意が必要である．真核生物のリボソームは細菌のリボソームよりも少し大きく，40Sの小サブユニットと60Sの大サブユニットが合わさって80Sリボソームとなる（図12-4）．リボソームの機能については後でもう一度説明するが，リボソームの小サブユニットにはmRNAが結合し，コドン（mRNA）とアンチコドン（tRNA）の認識がそこで行われる．一方，大サブユニットはペプチジルトランスフェラーゼ活性をもち，tRNAに結合したアミノ酸同士の連結を触媒する．

11章で説明した転写反応と同様，翻訳反応も開始，伸長，終結と3つの段階に分けることができる．これらの各段階は，複数の**翻訳開始因子**，**翻訳伸長因子**，**翻訳終結因子**によって巧妙に制御されている．細菌の開始因子，伸長因子，終結因子は，それぞれの頭文字をとってIF，EF，RFとよばれる．真核生物では，真核生物（eukaryotic）のeを頭に付けてeIF，eEF，eRFとよばれる．

12-3　翻訳の開始，伸長，終結のしくみ

さて，いよいよ翻訳の詳しいしくみを，段階を追って見ていきたい．翻訳の伸長と終結のしくみは，細菌と真核生物で似通っているので一緒に説明する．一方，開始のしくみは細菌と真核生物で異なっているので，分けて説明することにする．ところで11章でも説明したように，細菌の遺伝子の多くはオペロンを形成しており，1本のmRNA上に複数の遺伝子のコード領域が存在している．このようなmRNAの性質を**ポリシストロン性**とよぶ．それに対して，真核生物で一般的な，1本のmRNAに1つのコード領域のみが存在している状態を**モノシストロン性**とよぶ．細菌と真核生物における翻訳開始機構の違いは，こうしたmRNAの構造の違いを反映していると考えられる．

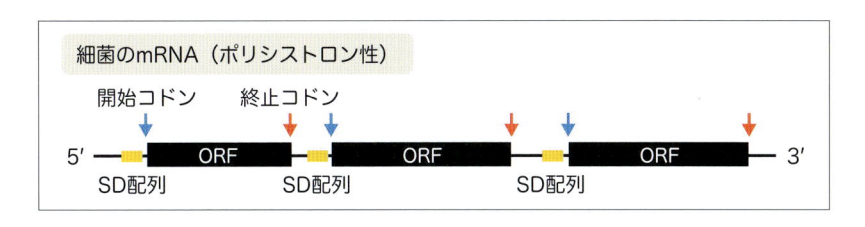

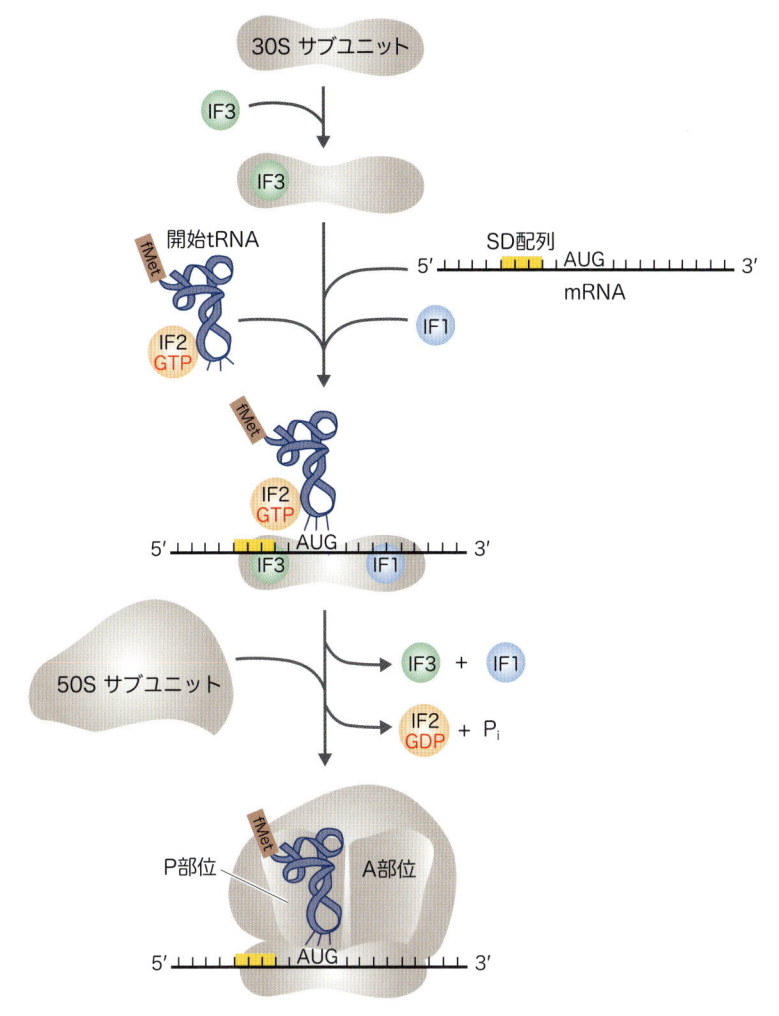

●図12-5 細菌の翻訳開始のしくみ
「ヴォート生化学（下）第4版」(Voet D, Voet JG/著)，東京化学同人，2013を参考に作成

1）細菌の翻訳開始

　翻訳開始にまつわる大問題は，翻訳装置がいかにして正しい開始コドンを見つけるのか，という点である．塩基配列がランダムであれば，AUGという3塩基は$4^3=64$塩基に1回の割合で登場する．細菌のポリシストロン性mRNAでは，mRNA上に何カ所か存在する開始コドンを，その他のAUGと識別する必要がある．細菌のmRNAには開始コドンの10塩基ほど5′側に保存された塩基配列が存在し，発見者の名前にちなんで**シャイン-ダルガーノ配列**（SD配列）とよばれている．この配列はrRNAの一部と相補的であり，リボソームの結合部位として働く（図12-5）．

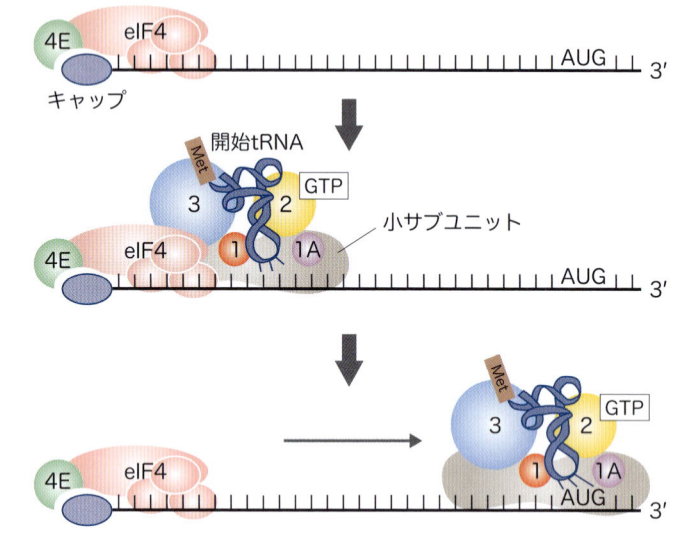

●図12-6 真核生物の翻訳開始のしくみ
「ヴォート生化学（下）第4版」（Voet D, Voet JG/著），東京化学同人，2013を参考に作成

　翻訳開始は，リボソームの小サブユニット（30S）が主な舞台となり，mRNAのほか，**開始tRNA**と3種類の翻訳開始因子（IF1，IF2，IF3）が関与して行われる．AUGの3塩基はメチオニンに対応するわけだが，開始コドンのAUGは配列内部のAUGとは異なり開始専用のtRNA（fMet-tRNA^{fMet}）によって認識され，N-ホルミルメチオニン（メチオニンのアミノ基がホルミル化された特殊なアミノ酸）が導入される（図12-5）．これは細菌にのみみられる特徴である．翻訳開始にあたっては，まずリボソームの小サブユニットがSD配列を認識してmRNAに結合する．次にIF2に引き連れられて，開始tRNAがSD配列に隣接する開始コドンを認識する．最終的にリボソームの大サブユニット（50S）が蓋をする格好でここに結合し，完全なリボソームが形成される．
　翻訳開始にはGTPを必要とする．開始因子のIF2はGタンパク質の一種（⇒13章）であり，GTP結合型とGDP結合型という2つの状態の間を行ったり来たりして分子スイッチとして働く（図12-5）．GTP結合型のIF2は開始tRNAと特異的に結合し，これをリボソーム上にもたらした後，GDP結合型に変換されてリボソームから解離し，それ以降の過程が進む．

2）真核生物の翻訳開始

　真核生物にも，開始コドンの周辺にコザック配列とよばれる保存配列があるが，細菌のSD配列ほど決定的な役割は果たしていない．真核生物では，以下で説明するように，mRNAの5'末端のキャップ構造に依存した**キャップ依存的経路**で翻訳が始まる．リボソームの小サブユニットと複数の翻訳開始因子，そして開始tRNA（メチオニンを指定）からなる複

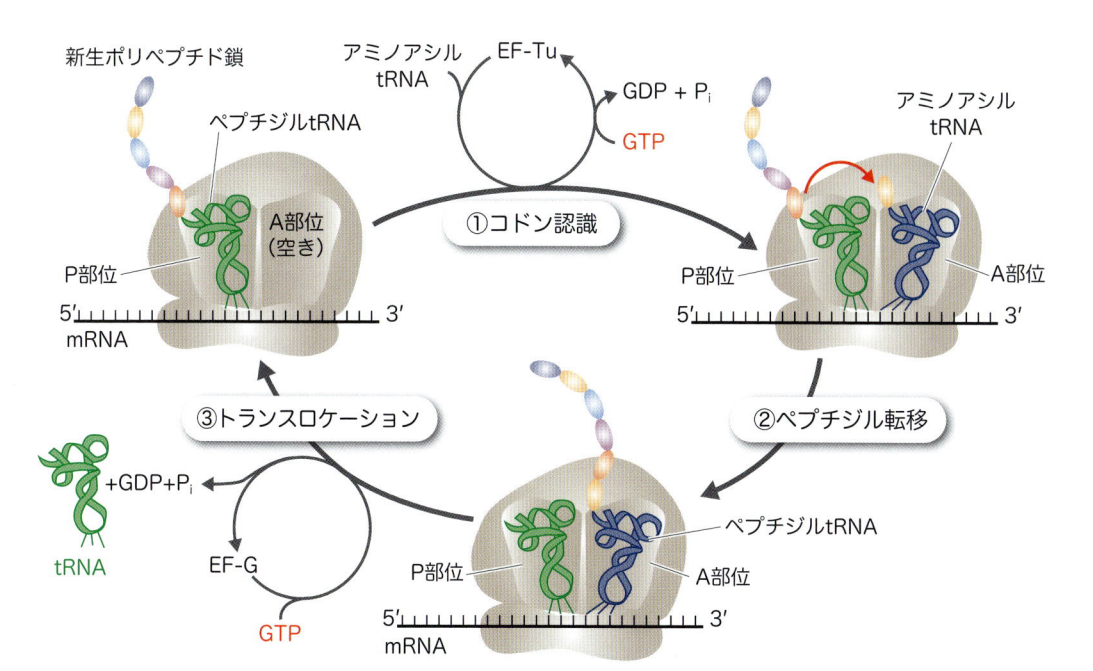

●図12-7　翻訳伸長のしくみ
「ヴォート生化学（下）第4版」（Voet D, Voet JG/著），東京化学同人，2013を参考に作成

合体が，まずmRNAのキャップに結合する（図12-6）．実際にキャップ構造を認識するのは，開始因子の1つであるeIF4Eである．この複合体の一部は次にmRNAを3′末端方向にスキャンしていき，最初に登場するAUG配列が開始コドンとして認識される．通常，真核生物のmRNAはモノシストロン性であるため，このしくみで問題ない．

しかし，**キャップ非依存的経路**の例も，少数ながら見つかっている．それは，内部リボソーム結合部位（IRES）とよばれる，特殊な高次構造をとるmRNA配列に依存して起こる．IRESが存在すると，mRNAの内部からでも翻訳が始まる．

3）翻訳伸長

リボソームは複数のtRNA分子と同時に結合することができ，主な結合部位として**A部位**（アミノアシルtRNAの頭文字のA）と**P部位**（ペプチジルtRNAの頭文字のP）がある．その名のとおり，**アミノアシルtRNA**は基本的にA部位に結合し，**ペプチジルtRNA**（翻訳途中の新生ポリペプチドがつながったtRNA）は基本的にP部位に結合する．図12-7左は，ペプチジルtRNAがP部位にはまり込んだ状態を表している．ただ，翻訳開始にかかわる開始tRNAは例外であり，P部位にいきなり結合するので，次にやってくるアミノアシルtRNAは空いたA部位に結合することができる．

翻訳伸長の第1段階として，空いているA部位にアミノアシルtRNAが結合する（図12-7①）．このステップはコドン（mRNA）とアンチコドン（tRNA）の塩基対形成によって厳密に制御されている．次に，リボソームのペプチジルトランスフェラーゼ活性によって，2分子のtRNAの間でペプチジル転移反応が起こる（図12-7②）．この反応によって，P部位のポリペプチド部分がA部位のアミノアシルtRNAの上に移動し，その結果，ペプチジルtRNA（n＋1アミノ酸）がA部位に結合した状態となる．その後，リボソームはmRNA上を3塩基だけ3′方向に移動する（図12-7③）．その結果，A部位にあったペプチジルtRNA

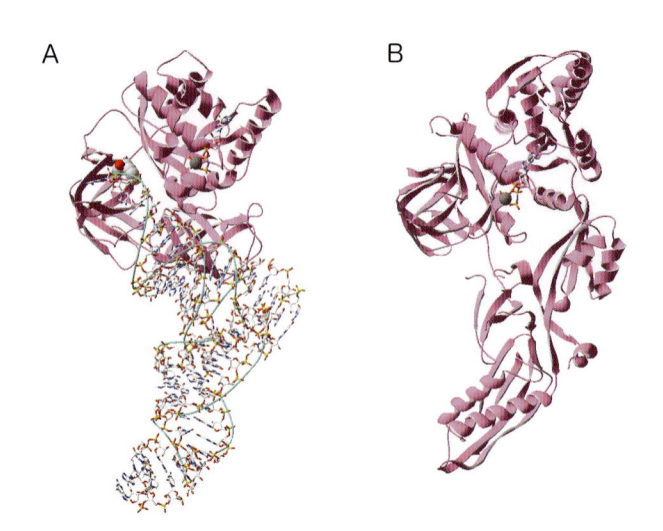

●図12-8　翻訳伸長因子による分子擬態
A) tRNAとEF-Tuタンパク質がつくる複合体のX線結晶構造（PDB番号1TTT）．タンパク質はリボンモデルで，RNAは棒モデルで示されている．
B) EF-GタンパクのX線結晶構造（PDB番号2BV3）

（n＋1アミノ酸）はP部位に移り，A部位は空になって図12-7左の状態に戻る．このようなコドン認識→ペプチジル転移→トランスロケーションという3段階の繰り返しによって，新生ポリペプチドはmRNAの配列どおりにtRNA上でつくられていく．

　この過程には，いくつかの翻訳伸長因子が重要な役割を果たしている．細菌では，EF-TuがアミノアシルtRNAをA部位に連れていく働きをしている．一方，EF-Gはトランスロケーションの段階を促進している．EF-TuとEF-GはどちらもGタンパク質であり，GTPの加水分解が上記のサイクルの原動力となっている．真核生物でも，これらに相同な因子が働いている．

　EF-Gは分子擬態の一例として知られている．X線結晶構造の解析からEF-Gは，EF-TuとtRNAがつくる複合体の構造によく似ていること――つまりタンパク質とRNAが構造的に類似していること――がわかった（図12-8）．EF-Gは，この類似性に基づいてリボソームのA部位に結合し，A部位に結合していたペプチジルtRNAをP部位へと追い出すことで，トランスロケーションを促進すると考えられる．

4）翻訳終結

　翻訳伸長のサイクルが繰り返される過程で，リボソームのA部位に終止コドンが提示されると，そこで翻訳が終結する．3つの終止コドン（UAA，UAG，UGA）に対応するtRNAは存在せず，代わりに翻訳終結因子が終止コドンを認識する．例えば大腸菌では，終結因子RF1がUAAとUAGを，RF2がUAAとUGAをそれぞれ認識して，A部位にはまり込む．これらも分子擬態の一種である．この状態でペプチジル転移反応が起きると，ペプチジルtRNA上の新生ポリペプチド鎖は転移する先をもたないため，tRNAから遊離してしまい，翻訳は終結する．

12-4 遺伝暗号の縮重のしくみ

次は，いかにして61種類のコドンが20種類のアミノ酸と結びついているか，という遺伝暗号の縮重の問題を取り上げたい．先に述べたように，mRNA上のコドンはtRNAのアンチコドンによって認識されるわけだが，61種類のコドンに対応して61種類のアンチコドン（をもつtRNA）が存在するのだろうか．答えはNoである．例えば大腸菌の場合，Alaのコドンは4種類あるが，アンチコドンは2種類しかない．このように，アンチコドンの種類はアミノ酸の種類（20）よりは多いがコドンの種類（61）よりも少ない（大腸菌では40）．以下で述べていくように，遺伝暗号の縮重は，コドンとアンチコドンの関係性と，アンチコドンとアミノ酸の関係性という2つに分けて考えることができる（図12-9）．

まず，コドンとアンチコドンの関係について考えよう．先に述べたように，コドンに正確に対応するアンチコドンが存在しない場合があるが，その説明として，フランシス・クリックは「ゆらぎ」仮説を提唱した．これは，コドンの3番目の塩基とアンチコドンの1番目の塩基が**ゆらぎ塩基対**を形成することで，1つのアンチコドンが複数のコドンと対応する，という考えであり，後に正しいことが証明された．図12-9に示すように，特にこの位置では，二本鎖DNAで通常みられない特殊な塩基対が形成される．なかでも修飾塩基であるイノシン（I）はU，C，Aという3つの塩基と塩基対を形成しうるジョーカー的存在である．11章で，tRNAが多数の化学修飾を受けることを説明したが，その機能的な意義の1つはここにある．

次に，アンチコドンとアミノ酸の関係について考えよう．1つのアミノ酸に対応するtRNAは複数個存在することが多く，それらは**アイソアクセプターtRNA**とよばれる．ここで，tRNAとアミノ酸を対応づける酵素，**アミノアシルtRNAシンテターゼ**（aaRS）を紹介したい．aaRSはATPをエネルギー源として，対応するアミノ酸とtRNAからアミノアシルtRNAを合成する酵素で，20種類，つまりアミノ酸ごとに1種類ずつ存在している（図12-9）．つまり，例えばLeuを担当するaaRSは，Leuに対応するすべてのアイソアクセプ

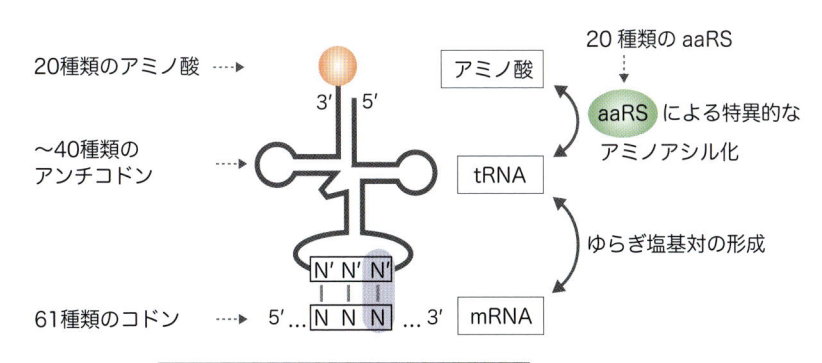

アンチコドンの 1番目の塩基	コドンの 3番目の塩基
C	G
A	U
U	A, G
G	C, U
I	U, C, A

●図12-9　遺伝暗号の縮重のしくみ

ター tRNAを基質として認識し，それらにLeuを付加する．この反応は61種類のコドンと20種類のアミノ酸を対応づけるもう1つの段階として機能している．

　61種類のコドンと20種類のアミノ酸の対応関係には冗長性（一対多対応）があるが，それは「いい加減」という意味ではない．翻訳ミスによって異常なタンパク質ができては困るので，情報変換は正確に行われる必要がある．コドンとアンチコドンは，ゆらぎ塩基対を含むわずか3塩基対で充分な特異性を発揮している．このことも驚きだが，それ以上に，tRNAとアミノ酸を結びつけるaaRSの基質特異性には目を見張るものがある．aaRSはアイソアクセプター tRNAに共通する立体的特徴を認識することで，多数のtRNAの中から基質とすべきtRNAを識別している．20種類のアミノ酸の中から特定のアミノ酸を識別するのは，より一層困難な課題である．例えばValとIleなどは構造的にわずかな違いしかないが，aaRSはアミノ酸が基質結合ポケットにぴったりはまり込むか否かによって，大きさの微妙に異なるアミノ酸を見分けている．さらに，aaRSの多くは触媒ドメインとは別に校正を行う校正ドメインをもっており，二重にチェックをすることで正確性を高めている．

12-5 翻訳の制御

　転写のように，翻訳もさまざまな制御を受ける．以下では，真核生物でみられる翻訳制御のしくみを3つ紹介する．

1) マイクロRNA

　11章で説明したマイクロRNAは，幅広い遺伝子の発現を翻訳段階で制御しており，がんなどの疾患とも深く関係している．

2) 翻訳因子のリン酸化

　高等真核生物において，翻訳の制御は，ウイルス感染時の防御機構の一部としても働いている．RNAウイルスが感染すると，細胞内にもともと存在しないはずの二本鎖RNAが出現する．二本鎖RNA活性化タンパク質キナーゼ（PKR）は，その名のとおり，二本鎖RNAに結合して活性化されるリン酸化酵素であり，二本鎖RNAを感知するセンサー分子として働いている．活性化されたPKRは翻訳開始因子の1つであるeIF2αをリン酸化し，その働きを阻害する．その結果，全面的な翻訳阻害が引き起こされ，細胞側の遺伝子発現とウイルス側の遺伝子発現の両方が阻害されるため，ウイルスの増殖が抑制される．

3) ポリ(A)配列の長さの調節

　これまで本章で触れてこなかったが，真核生物ではmRNAのポリ(A)配列も効率的な翻訳に関与している．つまり，長いポリ(A)配列をもつmRNAは盛んに翻訳され，ポリ(A)配列が極端に短いmRNAは翻訳効率が低い．ポリ(A)配列はもともと，細胞の核内において転写と共役してmRNAに付加されるが（⇒11章），その長さは細胞質でも調節されることがあり，翻訳制御と結びついている．最も解析が進んでいるアフリカツメガエル卵の例を紹介すると，受精後の初期発生の過程では，卵内の遺伝子発現は主に翻訳段階で調節される．つまり卵内では，多数のmRNAが短いポリ(A)配列をもち翻訳に関して不活性な状態で細胞質に蓄えられている．卵が受精すると，詳しい分子機構は省略するが，細胞質で働くポリ(A)ポリメラーゼ（核内で3'プロセシングに関与するものとは別種）がそれらのポリ(A)配列を伸ばす．その結果，蓄えられていたmRNAが一斉に翻訳されて，初期発生が進む．

12-6 タンパク質の輸送や切断

　タンパク質は翻訳後，ただちに折りたたまれて特定の立体構造を形成する．1章でも説明したように，タンパク質の立体構造は，基本的に一次構造（アミノ酸配列）に規定されている．すなわちアミノ酸配列に基づいて，まずヘリックスやターン，シートといった局所的な立体構造（二次構造）が形成された後，より高次な立体構造（三次構造や四次構造）が形成される．このフォールディングの過程には，分子シャペロンとよばれる仲介タンパク質もかかわっている（⇒1章）．

　タンパク質はフォールディングを経て，ただちに機能を発揮する場合もあるが，そうでなく，さらにいくつかの工程——タンパク質の輸送や切断，化学修飾など——を経て機能を獲得する場合も多い．以下では，まず細菌でみられる輸送の一例を紹介した後，より複雑な真核生物の諸過程を説明していきたい．

1）細菌におけるタンパク質の輸送と切断

　細菌でつくられたタンパク質の一部はペリプラズム（細胞壁と細胞膜の間の空間）や細胞外で働くために，細胞膜を越えて輸送される必要がある．この輸送はエネルギー依存的に行われ，可溶性のタンパク質因子と膜内在性のタンパク質複合体（Secトランスロコン）がかかわっている．分泌されるタンパク質のアミノ末端には通常，疎水性の高い**シグナルペプチド**が存在している．この配列は，タンパク質の輸送先を示す「荷札」として働き，輸送後は細胞外に存在するペプチダーゼによって切り離される．

2）真核生物におけるタンパク質の輸送と切断

　次に，真核生物のタンパク質輸送について見ていく．真核細胞には核，ミトコンドリア，葉緑体などといったさまざまな区画が存在するため，細菌よりも遥かに多様なタンパク質輸送のしくみをもっている．翻訳は細胞質で行われるわけだが，例えば核内で働くタンパク質は，核膜孔とよばれる核膜に空いた穴を通って細胞質から核に輸送される必要がある．しかし，核膜孔では核膜孔複合体というタンパク質が関所のように働き，分子の自由な通行を妨げている．核内で働くタンパク質は，**核局在シグナル**（NLS）とよばれる塩基性アミノ酸に富んだ配列をもっていることが多く，インポーチンとよばれる輸送タンパク質の助けにより，核膜孔を通ってエネルギー依存的に核へと運ばれる．

　細胞外に分泌されるタンパク質や，**リソソーム**に運ばれるタンパク質の輸送経路はより複雑であり，小胞体やゴルジ体といった細胞内小器官が関係している．この輸送経路への運命づけは，翻訳の段階でなされる．細菌の例で紹介したように，この輸送経路に乗るタンパク質のアミノ末端にはシグナルペプチドが存在している．シグナルペプチドが翻訳されると，この配列を認識する**シグナル認識粒子**（SRP）によって，リボソームは小胞体の膜上へと運ばれる（図12-10）．なお，リボソームが多数結合した小胞体は，電子顕微鏡で観察すると粗い表面をもっているように見えるため**粗面小胞体**とよばれ，滑面小胞体と区別される．粗面小胞体の膜上で合成されたタンパク質は，小胞体の内腔へと引き込まれ，その中に存在する酵素の働きによってジスルフィド結合を形成したり，糖鎖を付加される場合が多い（後述）．

　小胞体のタンパク質は次に，小胞輸送によって**ゴルジ体**へと運ばれる．ゴルジ体は，脂質二重膜の袋がたくさん積み重なったような形をしているが，この層状の構造には極性があり，一方をシス面，他方をトランス面とよぶ（図12-11）．小胞体から運ばれたタンパク

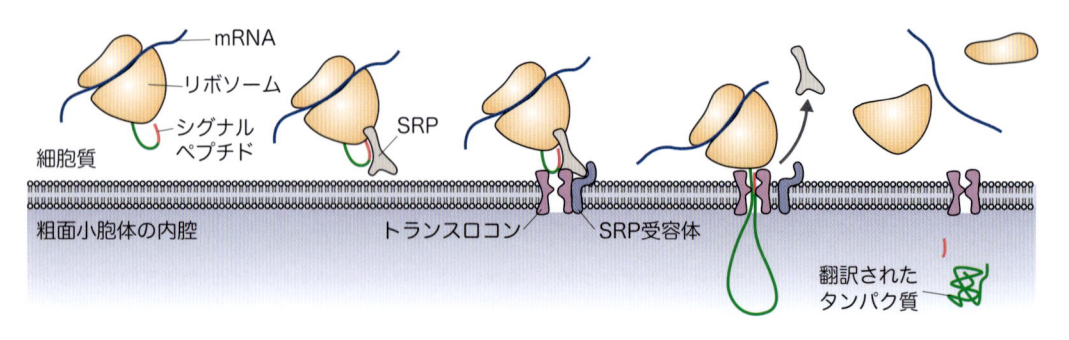

●図12-10　小胞体膜上でのタンパク質の翻訳

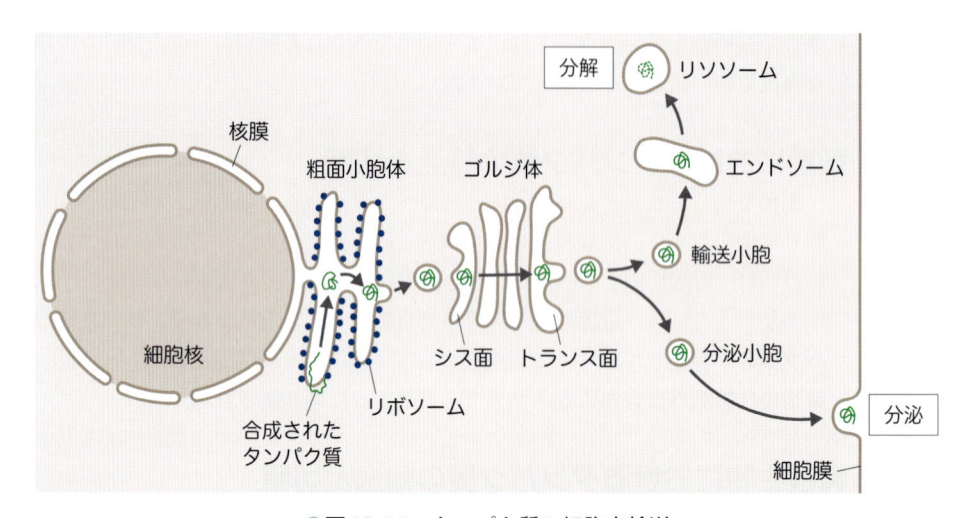

●図12-11　タンパク質の細胞内輸送

質はまずシス面に入り，そこから中間層を経てトランス面に運ばれる．そして，さらにそこから次の目的地——細胞膜やリソソーム——へと運ばれる．この過程で，タンパク質は糖鎖付加など，さらなる修飾を受けることが多い．ゴルジ体は，こうした翻訳後修飾の場であるとともに，タンパク質を目的地ごとに仕分ける輸送中継基地として働いている．

　タンパク質が不活性な前駆体として翻訳され，細胞外に分泌される過程で切断されて，活性型に変換される例も知られている．例えば血糖値を下げるホルモンとして有名なインスリンは，不活性な前駆体タンパク質，プレプロインスリンとして翻訳されるが，分泌の過程で複数のペプチダーゼによって切断されて，生理活性のあるインスリンになる．また，複数のタンパク質が1本の前駆体タンパク質（ポリタンパク質）として翻訳された後，切断を受ける場合もある．例えば，プロオピオメラノコルチン（POMC）という前駆体タンパク質は，数カ所が切断されて，副腎皮質刺激ホルモン，色素細胞刺激ホルモン，βエンドルフィンなどといったさまざまな生理活性をもったペプチドホルモンに変換される．

3）タンパク質スプライシング

　タンパク質切断の話をしたついでに，**タンパク質スプライシング**という風変わりな過程についても紹介したい．これはRNAのスプライシングに似た過程であり，細菌と真核生物の両方で見つかっている．タンパク質の翻訳後，**インテイン**（RNAのイントロンに相当）とよばれる内部アミノ酸配列が切り出され，その両側の**エクステイン**（RNAのエキソンに

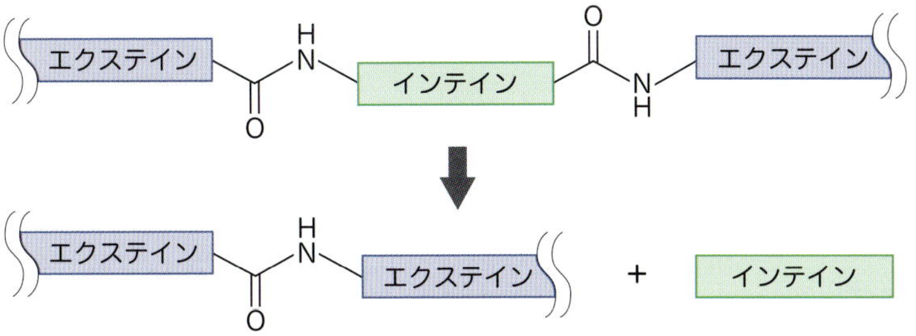

●図12-12　タンパク質スプライシング

相当）同士が連結される（図12-12）．このとき切り出されるインテインのアミノ酸配列は保存されており，その配列中に，切断と連結にかかわる情報が含まれている．つまり，タンパク質スプライシングの反応は，他の因子を必要とせず，インテインの働きによって自己触媒的に進行する．

12-7 翻訳後修飾

翻訳後，タンパク質にはさまざまな官能基が付加される．こうした**翻訳後修飾**はタンパク質の機能と密接に関係していることが多い．以下では，代表的な翻訳後修飾をいくつか取り上げて説明する．

1）リン酸化

リン酸化は，**タンパク質キナーゼ**がATP（稀に他のリン酸基供与体の場合も）のリン酸基を標的タンパク質に付加する反応であり，細菌と真核生物の両方でみられる普遍的な翻訳後修飾である．この反応は可逆的であり，リン酸化されたタンパク質は**タンパク質ホスファターゼ**によって脱リン酸化される．

タンパク質のリン酸化はしばしばダイナミックに制御されており，標的タンパク質の活性制御に重要な役割を果たしている．以下で紹介する他の翻訳後修飾の中にもこうした特徴を備えたものはあるが，リン酸化はそれが特に顕著である．リン酸化の制御にはキナーゼやホスファターゼ自身の翻訳後修飾が関与している場合も多く，複数のキナーゼやホスファターゼが情報をリレーして，細胞内シグナル伝達系を形成していることがよくある（⇒13章）．

アミノ酸残基のうち，セリン，トレオニン，チロシン残基がリン酸化の主な標的となる．細菌ではヒスチジンのリン酸化もみられる．一例としてセリンのリン酸化を考えると，図12-13に示すように，もともと中性のヒドロキシ基がリン酸基と結合して，2つの負電荷を獲得する．したがって，リン酸化はその周辺の静電的環境に影響を及ぼし，タンパク質の立体構造，ひいては機能に影響を及ぼすと考えられる．

2）糖鎖付加

糖鎖付加（グリコシル化）は，真核生物の分泌タンパク質や膜タンパク質でよくみられる翻訳後修飾である．先に述べたように，粗面小胞体上のリボソームで翻訳されたタンパク質が小胞体とゴルジ体を通って輸送される過程で，タンパク質に糖鎖が付加される．糖鎖付加は，その構造や修飾機構に基づいていくつかの種類に分類される．主なものにN結

●図12-13 セリンのリン酸化

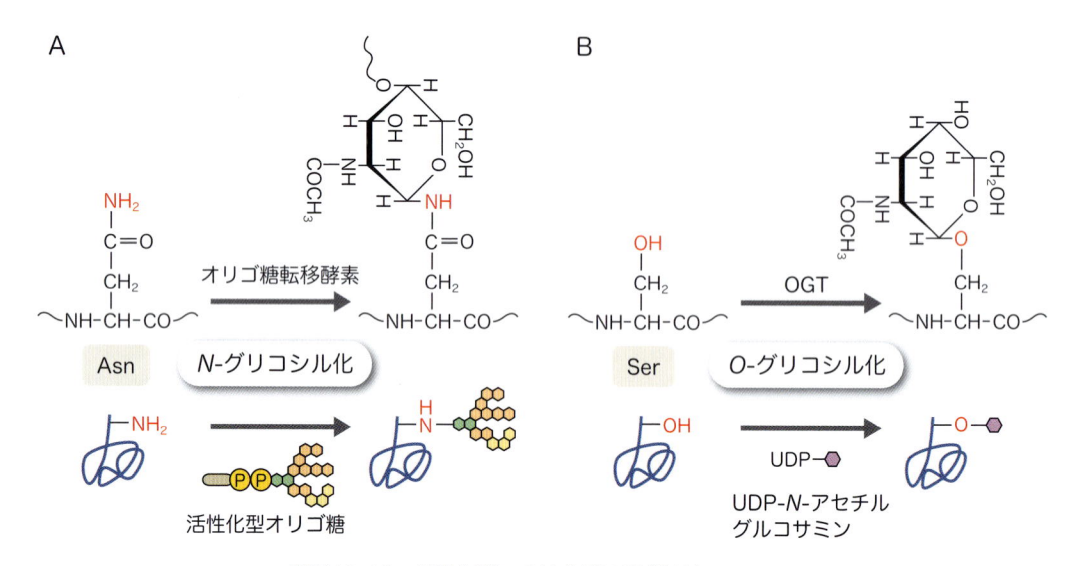

●図12-14 N結合型，O結合型の糖鎖付加
OGT：O結合型N-アセチルグルコサミントランスフェラーゼ

合型とO結合型がある．

　アスパラギン残基の側鎖の窒素（N）原子に，いわゆるN-グリコシド結合で付加される糖鎖を**N結合型**の糖鎖とよぶ（図12-14A）．この糖鎖付加は粗面小胞体の内腔で標的タンパク質の翻訳と共役して起こる．小胞体内腔では，あらかじめ形成された14個の単糖からなる分岐オリゴ糖鎖が，オリゴ糖転移酵素の働きによって標的タンパク質のアスパラギン残基に付加される．さらにタンパク質の輸送過程で，このオリゴ糖鎖がプロセシングされて，成熟型のN結合型糖鎖となる．

　タンパク質のセリンまたはトレオニン残基のヒドロキシ基（OH）に，いわゆるO-グリコシド結合で付加される糖鎖を**O結合型**の糖鎖とよぶ（図12-14B）．この糖鎖付加は標的タンパク質の翻訳後に起こる．まず，N-アセチルグルコサミンやN-アセチルガラクトサミンといった単糖が標的残基に付加される．次に，さまざまな**糖転移酵素**（グリコシルトランスフェラーゼ）の働きによってそこに他の糖が順次付加されていき，より大きなオリゴ糖鎖が形成される．

　以上のように，タンパク質に付加される糖鎖は分岐し，複雑で多様な構造をしている．糖鎖付加の機能的な意義の1つは，タンパク質のフォールディング促進や安定性の向上である．また，細胞の表面には糖タンパク質や糖脂質が豊富に存在するため，糖鎖に覆われたような状態にあるが，こうした細胞表面の糖鎖は細胞間の認識や接着に関与している．

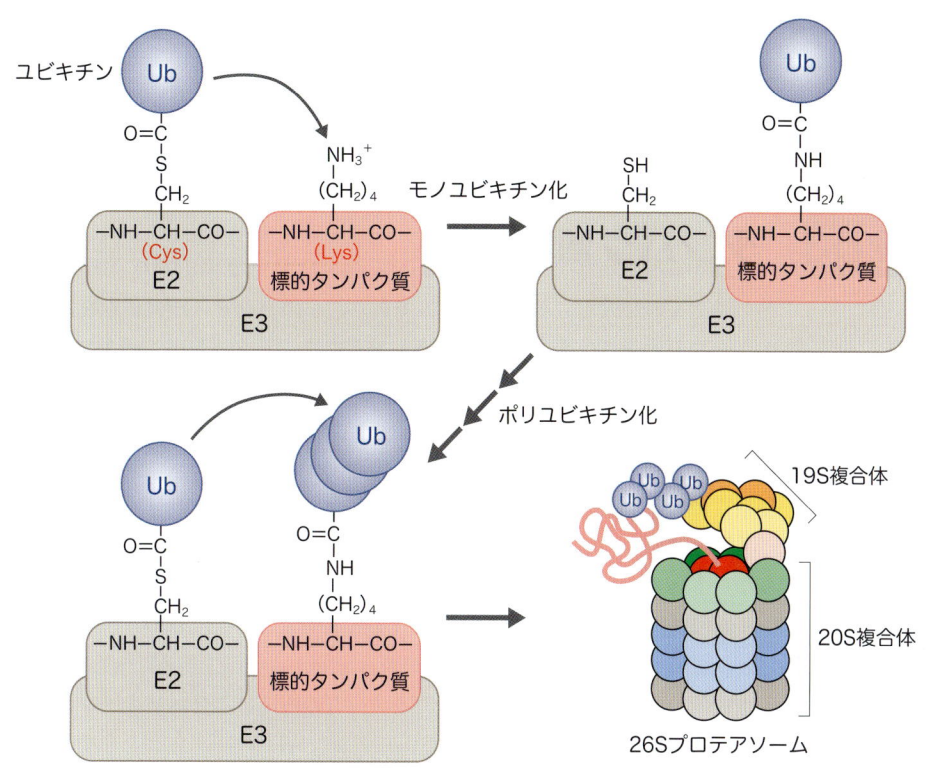

●図12-15　タンパク質のユビキチン化とプロテアソームによる分解

3）脂質修飾

　脂質によるタンパク質修飾は，膜タンパク質にしばしばみられる翻訳後修飾であり，タンパク質の膜への親和性を高める働きをしていると考えられる．一口に脂質修飾といっても，タンパク質に脂肪酸が付加されるミリストイル化やパルミトイル化，イソプレノイドが付加されるプレニル化など，いくつかのタイプがある．脂質修飾を受けるのは主に，タンパク質のシステイン残基やアミノ末端である．

4）ユビキチン化

　ユビキチン化は，76アミノ酸からなる**ユビキチン**という小さなタンパク質が標的タンパク質に付加される翻訳後修飾であり，真核生物にのみみられる（図12-15）．ユビキチンという名称は「ユビキタス＝普遍的な」という単語に由来している．ユビキチン化は主に，ユビキチンのカルボキシ末端のカルボキシ基と，標的タンパク質のリジン残基のアミノ基の間で起こり，ユビキチン活性化酵素（E1），ユビキチン結合酵素（E2），ユビキチンリガーゼ（E3）という3種類の酵素が関与している．なお，ユビキチン化タンパク質からユビキチンを外す脱ユビキチン化酵素も存在している．

　標的タンパク質に1分子のユビキチンが付加されるモノユビキチン化だけでなく，多数のユビキチンが鎖状に付加されるポリユビキチン化という反応もよくみられる．その場合，2つ目以降のユビキチンは，すでに標的タンパク質に付加されたユビキチンのリジン残基に対して付加される（図12-15）．ポリユビキチン化は次項で述べるタンパク質分解に関与しており，ポリユビキチン化されたタンパク質は通常，**プロテアソーム**によってすみやかに分解される．一方，モノユビキチン化はタンパク質分解以外の役割を果たしている．

5) その他

他にも，ヒドロキシ基がプロリン残基などに付加されるヒドロキシ化，アセチル基がリジン残基に付加されるアセチル化，メチル基がリジン残基やアルギニン残基に付加されるメチル化など，さまざまな翻訳後修飾が存在している．

12-8　タンパク質の分解

タンパク質の合成と分解は表裏一体であり，そのバランスが蓄積量を決定するので，プロテオームの形成にはタンパク質合成と並んでタンパク質分解も重要である．以下では，解析の進んでいる真核生物のタンパク質分解系を2つ紹介する．

1) 細胞質で行われるタンパク質分解

細胞質には26Sプロテアソームという巨大なタンパク質複合体が多数，漂っており，タンパク質分解の中心地として働いている．26Sプロテアソームは20S複合体と19S複合体からなっている（図12-15）．20S複合体は円筒形をしており，その内側にプロテアーゼ（タンパク質分解酵素）の触媒部位がたくさん存在している．プロテアーゼはこのように区画化されているので，無関係なタンパク質は分解から免れている．一方，19S複合体は20S複合体に蓋をする形で結合し，プロテアソームの内部にポリユビキチン化されたタンパク質を選択的に運び込む働きをしている．これは，ATPの加水分解を必要とするエネルギー要求性の過程である．

タンパク質は種類ごとに異なる安定性をもっており，半減期は分のオーダーから日のオーダーまでさまざまである．また，あるタンパク質の安定性が外的な要因によって変化することもある．こうした分解速度の違いは，ユビキチン化のされやすさの違いに一部，起因している．半減期が短いタンパク質は，タンパク質を不安定化する短いアミノ酸配列（デグロン）をもっていることがある．例えば，サイクリンという細胞周期の制御因子はPEST配列（Pro，Glu，Ser，Thrの1文字表記に由来）という分解を誘導するアミノ酸配列を有しているが，その働きは細胞周期依存的なリン酸化によって調節されている．その結果，細胞周期の特定の時期にのみサイクリンは急速に分解される．

2) リソソームで行われるタンパク質分解

リソソームは細胞内に存在する膜小胞の一種であり，その内部は膜上に存在するプロトンポンプの働きによって酸性に保たれている．リソソーム内部には多くのプロテアーゼが存在しているため，取り込まれたタンパク質は非選択的に分解されてしまう．したがって，リソソームにタンパク質を送り込む小胞輸送の段階が，タンパク質分解を制御するうえで重要となっている．

リソソームへの物質輸送には，代表的な2つの経路が存在する（図12-16）．その1つはヘテロファジー（他食）とよばれる経路で，細胞外の異物が食作用によって取り込まれて，それがリソソームに送られ，消化される．もう1つはオートファジー（自食）とよばれる過程で，細胞の成分自体が消化され，エネルギーが生み出される．オートファジーはエネルギー代謝と密接に関係しており，細胞が飢餓状態になると，細胞の成分（例えばミトコンドリア）をそのまま取り込んだオートファゴソームという膜小胞が形成される．それがリソソームと融合して細胞成分が消化され，エネルギーが産生される．

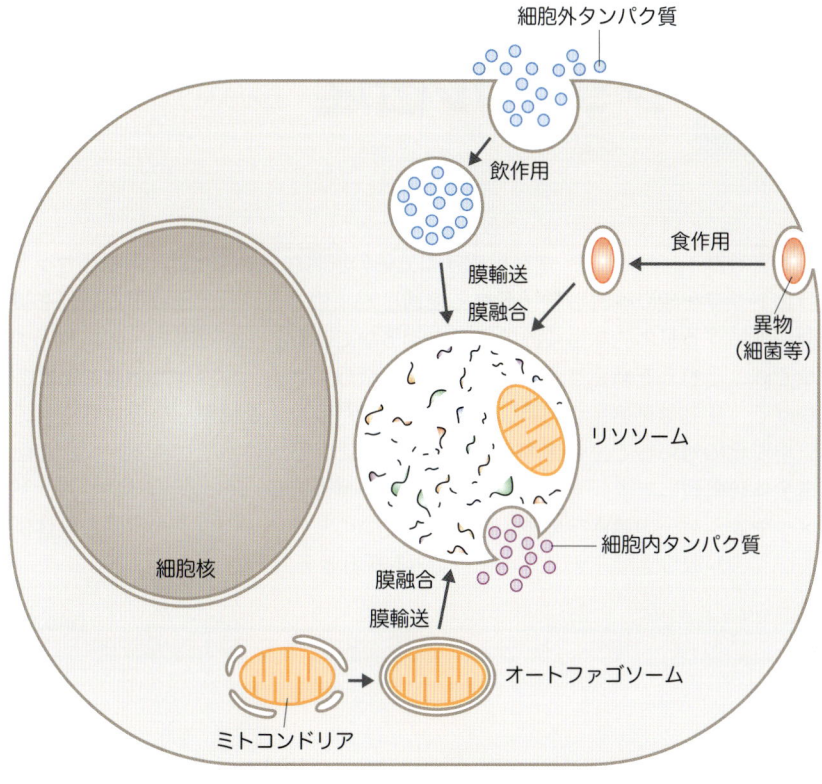

●図12-16　リソソームでのタンパク質分解

章末問題

→解答は237ページ参照

問1　正しい翻訳開始部位が選択されるしくみは細菌と真核生物で異なっている．細菌と真核生物における翻訳開始部位の選択に重要なmRNAの構造的特徴をあげ，それぞれの選択機構を説明せよ．

問2　遺伝暗号の縮重について以下の語句をすべて用いて説明せよ．
【アミノアシルtRNAシンテターゼ，アンチコドン，コドン，ゆらぎ塩基対，修飾塩基】

問3　タンパク質は翻訳された後，そのタンパク質が働く場所まで輸送されるが，行き先によって輸送のしくみは異なっている．タンパク質の行き先をいくつかあげ，それぞれの輸送機構を簡単に説明せよ．

問4　タンパク質はリン酸化などさまざまな翻訳後修飾を受ける．翻訳後修飾の種類をいくつかあげ，それぞれの翻訳後修飾について知るところを述べよ．

問5　真核生物にはタンパク質の分解経路が主に2種類，存在する．それぞれの分解経路を簡単に説明せよ．

第Ⅲ部　遺伝情報の維持と発現

13章　シグナル伝達

　本書では12章かけて，体を構成する分子の説明から始まって，代謝とセントラルドグマを順に解説した．それらを通じて，生命という分子機械が自己を複製し維持する基本的なしくみの多くを明らかにすることができた．最終章の本章では，それらを統合するシグナル伝達を取り上げる．シグナル伝達があるおかげで，生物は細胞全体あるいは個体全体のバランスを調整したり，細胞外の環境変化に対応して生存確率を高めることができる．本章ではまずシグナル伝達全体を概観した後，細胞内シグナル伝達に焦点を絞って，受容体やセカンドメッセンジャーの働きを分子レベルで見ていく．さらにシグナル伝達の具体例をいくつか取り上げ，その巧妙なしくみを紹介する．

13-1　細胞による細胞外の情報の感知

　生物はみな細胞外の情報を感知し，適切に応答するしくみをもっている．ここでいう情報とは，光や温度といった環境の物理情報や，栄養素や毒性物質といった化学物質など，さまざまなものを含んでいる．例えばよく知られているように，鞭毛などの移動手段をもつ生物はしばしば光に向かって移動したり（正の走光性），反対に光から遠ざかる方向に移動したり（負の走光性），特定の化学物質の濃度が高い方に誘引されたり（正の走化性），逆に特定の化学物質を忌避したり（負の走化性）する．生物は生き残り増殖するチャンスを高めるため，外界の環境に応じた適切な行動をとるようプログラムされているのである．
　ゾウリムシのような単細胞生物でも驚くほど巧みに環境に応じて振る舞うことができるが，多細胞生物はより一層高度なしくみをもっている．多細胞生物の特徴として，体を構成する細胞間でのシグナル伝達があり，そのおかげで個体全体が同調して働くことができる．こうした**細胞間のシグナル伝達**には大きく分けて2種類がある．1つは細胞間の直接の接触を介したものであり，細胞表面に存在するタンパク質や糖鎖などの分子が関与している．もう1つは離れた細胞間の情報伝達であり，細胞から分泌されて拡散する**シグナル分子**が関与している．
　こうした拡散性のシグナル分子は特に哺乳類では多くの種類が存在し，**ホルモン，成長因子，サイトカイン，神経伝達物質**など，いくつかの異なる名前でよばれている．体を構成するすべての細胞はシグナル分子を放出し，他の細胞とコミュニケーションする能力を基本的に有しているが，体内にはシグナル分子の放出に特化した器官（内分泌器）がいくつか存在しており，それらから放出されるシグナル分子を特にホルモンとよぶ（図13-1）．ホルモンは全身を巡って，標的細胞が遠く離れた場所にあっても作用する性質をもっている．脳の視床下部から放出されるソマトスタチン，脳の下垂体から放出される成長ホルモン，膵臓から放出されるグルカゴンやインスリン，副腎髄質から放出されるアドレナリン

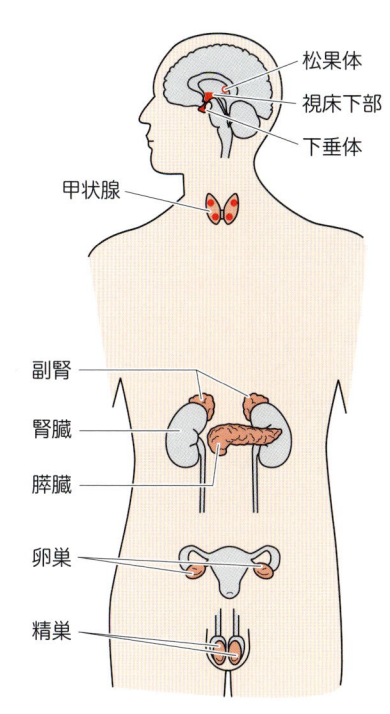

内分泌器	代表的なホルモン
松果体	メラトニン
視床下部	ソマトスタチン
下垂体	成長ホルモン，オキシトシン
甲状腺	甲状腺ホルモン
副腎髄質	アドレナリン，ノルアドレナリン
副腎皮質	副腎皮質ホルモン
膵臓	グルカゴン，インスリン
卵巣	エストラジオール
精巣	テストステロン

●図13-1　ヒトの内分泌器とそれらから放出されるホルモンの例

やノルアドレナリン，副腎皮質から放出される副腎皮質ホルモンなど，数十種類のホルモンが知られている．ホルモンを構造面から分類すると，タンパク質やペプチド（ソマトスタチン，成長ホルモン，グルカゴン，インスリンなど），ステロイド骨格をもったもの（副腎皮質ホルモンなど），その他の低分子化合物（アドレナリン，ノルアドレナリンなど）に分けられる．

　ホルモン以外のシグナル分子は比較的，近距離でしか働かないものが多い．例えば神経伝達物質は，神経細胞同士が形成する**シナプス**という間隙（距離にして20〜40 nm）でのみ働くし，ある種のサイトカインは炎症を起こした細胞から分泌されて，局所的な炎症応答に関与する．全身を巡るホルモンの分泌を**内分泌**とよぶのに対し，近距離でしか働かないシグナル分子の分泌を**傍分泌**とよぶ．

13-2　受容体と細胞内シグナル伝達：概要

　以下では，細胞外のさまざまな情報を細胞がいかにして感知し，情報処理を行って，応答に結びつけているかを見ていく．

1) 受容体

　先にも述べたように，光，温度，圧力，音，pH（水素イオン），その他のイオン，低分子化合物，高分子化合物などさまざまな物理的・化学的情報を細胞は感知することができるが，こういったさまざまな情報の感知は，**受容体**（レセプター）とよばれるタンパク質が担っている．受容体の一部は目，耳，鼻，舌，皮膚など特定の器官や組織に発現している．

　受容体が情報を感知するしくみの一例として，網膜の視細胞に発現する光受容体を取り上げよう．ヒトには明暗のみを感知するロドプシンと，赤，緑，青それぞれの波長の光を

A ロドプシンの構造

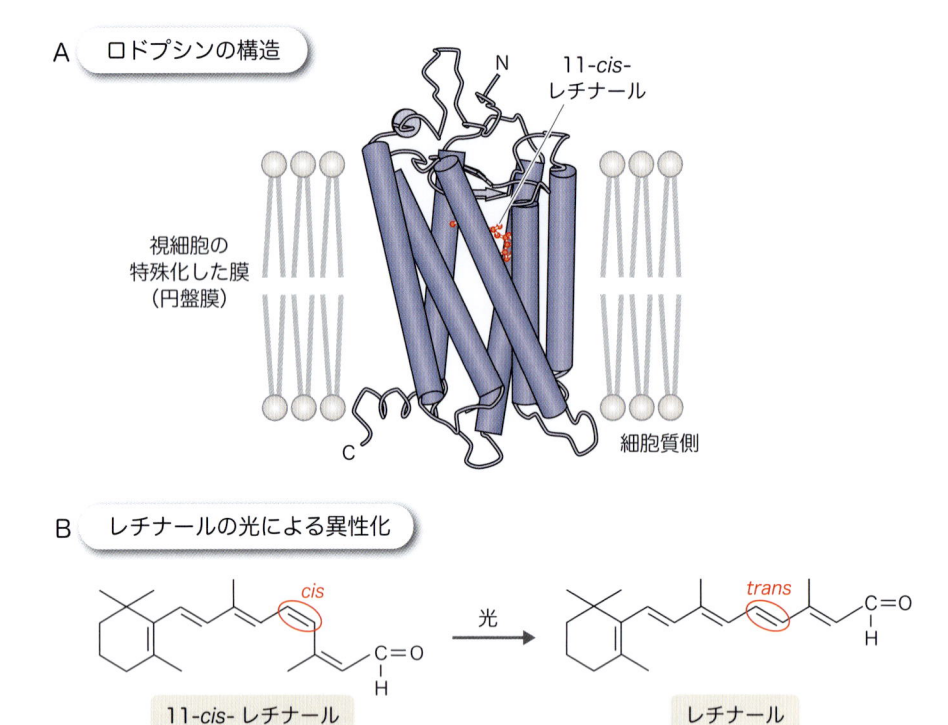

B レチナールの光による異性化

●図13-2　光受容体が光を感知するしくみ（ロドプシンを例に）
Aは「ストライヤー基礎生化学」（Tymoczko JL, 他/著），東京化学同人，2010を参考に作成

感知する3種類のフォトプシンという計4種類の光受容体が存在している．これらの光受容体は7回膜貫通型のGタンパク質共役受容体（後述）で，レチナールというビタミンAの一種が補因子として共有結合している（図13-2A）．レチナールはふだんはシス型の構造をとっているが，光によってトランス型に異性化し，それに伴い光受容体タンパク質の立体構造も変化する（図13-2B）．この例が示すように，受容体は細胞外からの特定の刺激によって構造を変化させ，細胞内へと情報を伝える．

2）受容体の活性化が引き起こす反応

細胞に対して外部から入力があったとき，どのような出力がありうるか，主なものを以下に列挙する．
① 膜電位の変化
② 代謝系の酵素への影響を介した代謝の変化
③ 細胞周期にかかわる因子への影響を介した細胞増殖の変化
④ 細胞骨格への影響を介した細胞の形や動きの変化
⑤ 転写への影響を介した遺伝子発現の変化

①～④の変化は一般に秒から分の単位で引き起こされるが，⑤には数分から数時間を要する．⑤の場合，細胞外の情報が細胞の核（真核生物の場合）にまで到達し，転写制御にかかわるタンパク質の働きが変化し，それがmRNAの合成量の変化，ひいてはタンパク質の合成量の変化として現れるので，この一連の過程には時間がかかる．一方，①～④の変化はこのような遺伝子発現の変化を伴わずに引き起こされるので，速い．例えば①の場合，細胞膜に存在するイオンチャネル（後述）が開閉するだけなので，細胞外の刺激が入って

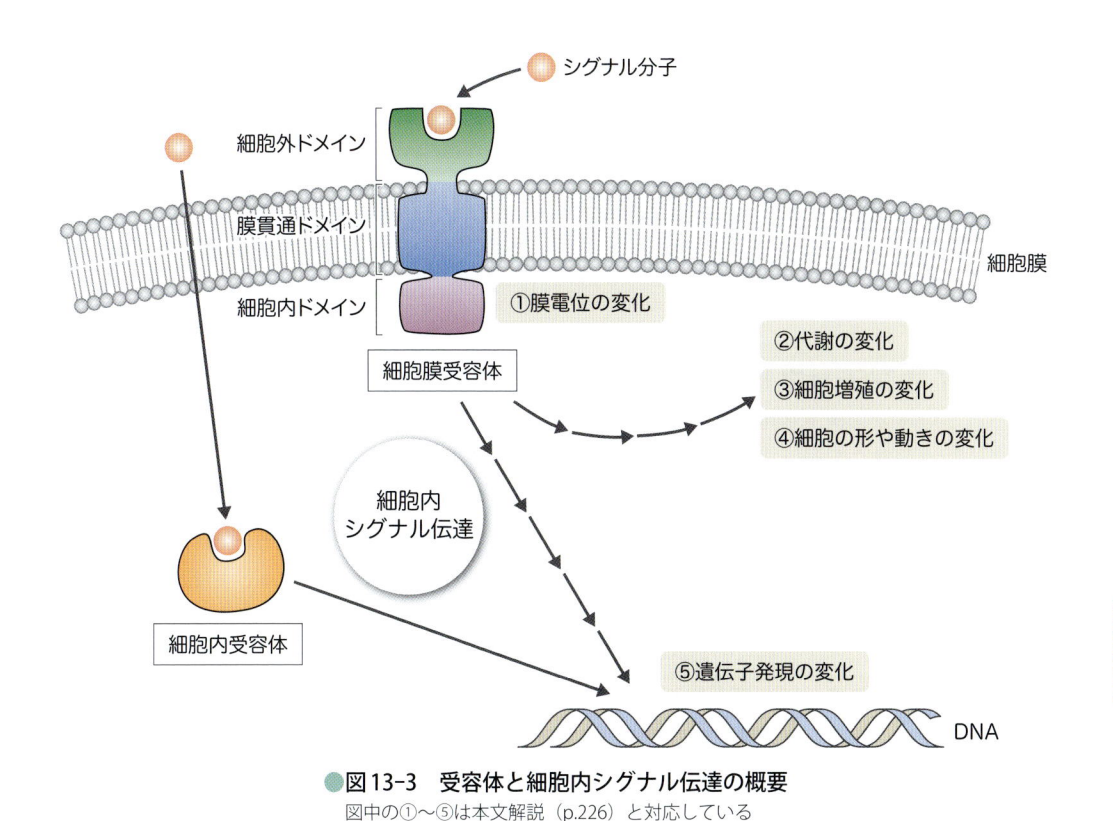

● 図13-3 受容体と細胞内シグナル伝達の概要
図中の①〜⑤は本文解説（p.226）と対応している

数十ミリ秒後には膜電位が変化する．②〜④は，細胞骨格を構成するタンパク質や代謝系の酵素，細胞周期制御因子などがリン酸化などの翻訳後修飾を受けて機能を変化させるので，やはり比較的速く起こる．

3) 細胞内での情報処理

受容体タンパク質はヒトでは1,000種類以上存在し，それらの働きは多様性に富んでいるので，ここですべてを網羅することはできないが，細胞膜受容体と細胞内受容体の2種類に大雑把に分けることができる（図13-3）．前者は細胞外ドメインと膜貫通ドメイン，そして細胞内ドメインからなる膜貫通タンパク質である．細胞外のシグナル分子の多くは細胞膜を通過できないので，それらを感知する受容体は細胞膜に存在する必要があり，受容体の細胞外ドメインがシグナル分子と結合する．しかし例外もある．シグナル分子の一部は脂溶性が高く，細胞膜を自由に通過できる．そのようなシグナル分子に対応する受容体は細胞内に存在していることが多い．

このように受容体の多くは細胞膜に存在しているが，先に述べたように，細胞外の情報の多くは細胞内の代謝系酵素や核内の転写装置などに伝えられる．これらの間は**細胞内シグナル伝達**によって仲介されている．細胞内には目に見えない回路が張り巡らされているのである．細胞内シグナル伝達にはしばしば酵素が関与しており，数段階の過程を経て，情報が増幅されつつ伝達される．また，回路は途中で分岐したり収束したりすることもある．特に，**セカンドメッセンジャー**とよばれる分子が受容体の下流に存在し，細胞内シグナル伝達の「ハブ」として機能していることが多い．カルシウムイオン（Ca^{2+}），サイクリックAMP（cAMP），サイクリックGMP（cGMP），イノシトール三リン酸，ジアシルグ

リセロールなどがセカンドメッセンジャーとして知られており，種々のシグナル伝達に関与している．受容体やセカンドメッセンジャーについて，以降でより詳しく見ていこう．

13-3 受容体と細胞内シグナル伝達：分類

受容体を分子の構造や機能に基づいて整理すると，多くは4つの主要なグループのいずれかに分類することができる．

1) イオンチャネル型受容体

イオンチャネル型受容体は，受容体自身がイオンチャネルとして働く．つまり，膜貫通タンパク質がいくつか集まって多量体構造をとり，Na^+，K^+，Ca^{2+}といった特定のイオンのみが通過できるような孔を脂質二重膜に形成する．ただ，この孔は開きっぱなし，というわけではなく，低分子化合物（リガンド）や電位によって開閉が制御されており，それぞれリガンド依存性イオンチャネル，電位依存性イオンチャネルとよばれている．前者の例として神経伝達にかかわるイオンチャネル型受容体があり，アセチルコリン，セロトニン，GABAといった神経伝達物質がリガンドとして働く．

ところで，ポンプと総称される膜上の酵素群は，ATPの加水分解などのエネルギーを使ってイオンを濃度勾配に逆らって輸送しており，それらの働きによって通常，膜の両側には各種イオンの濃度差と電位差（**膜電位**）が形成されている（⇒3章）．細胞は電池のような存在であり，こうして形成されたイオンの濃度差や膜電位が駆動力となって，さまざまな生命活動が進められている．

そういうわけで，イオンチャネルが開くと，イオンは濃度勾配を解消する方向に流れる．そしてその結果，イオン濃度や膜電位が一時的に変化し，それが次の反応の引き金となる．例えば膜電位の変化は神経細胞の情報伝達に中心的な役割を果たしているし，Ca^{2+}はセカンドメッセンジャーとして働いている．細胞質のCa^{2+}濃度は通常，低く保たれているが，カルシウムチャネルが開くとCa^{2+}濃度は上昇する．細胞質には「Ca^{2+}濃度センサー」として働くCa^{2+}結合タンパク質がいくつか存在しており，その1つがカルモジュリンである．カルモジュリンはCa^{2+}に結合すると構造を大きく変え，Ca^{2+}/カルモジュリン依存性タンパク質キナーゼと結合して，不活性型の酵素を活性型に変換する．Ca^{2+}を介した細胞内シグナル伝達は，筋肉の収縮にも重要な役割を果たしている（後述）．

2) Gタンパク質共役受容体

Gタンパク質共役受容体は，7つの膜貫通ドメインをもつ進化的に保存された受容体ファミリーであり，光，匂い，味といった外来の刺激のほか，さまざまなホルモンや神経伝達物質の受容体として働いている．これらの受容体は，細胞内ドメインを介して**ヘテロ三量体Gタンパク質**と結合している（図13-4）．

このGタンパク質についてより詳しく見ていきたい．Gタンパク質のGはグアニンのGであり，GDPかGTPのいずれかと結合するタンパク質の総称である（図13-5）．GDP結合型のGタンパク質にグアニンヌクレオチド交換因子（GEF）が作用すると，GDPが外れて，そこに新しいGTPがはまり込み，GタンパクはGTP結合型に変わる．Gタンパク質はそれ自身がGTPアーゼ，すなわちGTPを加水分解する酵素として働くが，その酵素活性はあまり高くないので，GTP結合型のGタンパク質はゆっくりとGDP結合型に戻る．このとき，GTPアーゼ活性化タンパク質（GAP）という別の因子がGタンパク質に作用する

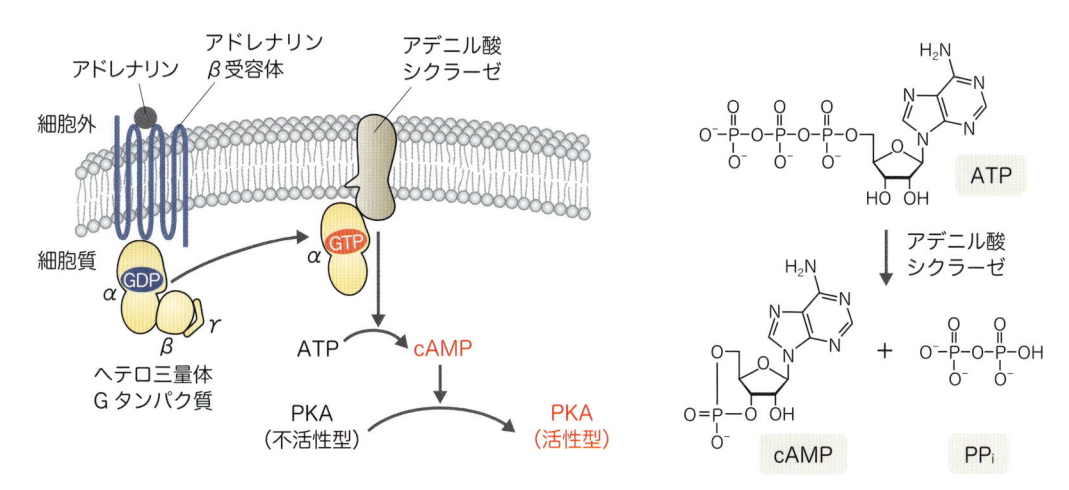

●図13-4 Gタンパク質共役受容体を介した細胞内シグナル伝達（アドレナリンβ受容体を例に）
PKA：cAMP依存性タンパク質キナーゼ

Gタンパク質 ｛ 低分子量Gタンパク質　…Ras, Rhoなど
ヘテロ三量体Gタンパク質…G_α, G_β, G_γのサブユニットがあり，G_αがGTP/GDPに結合する

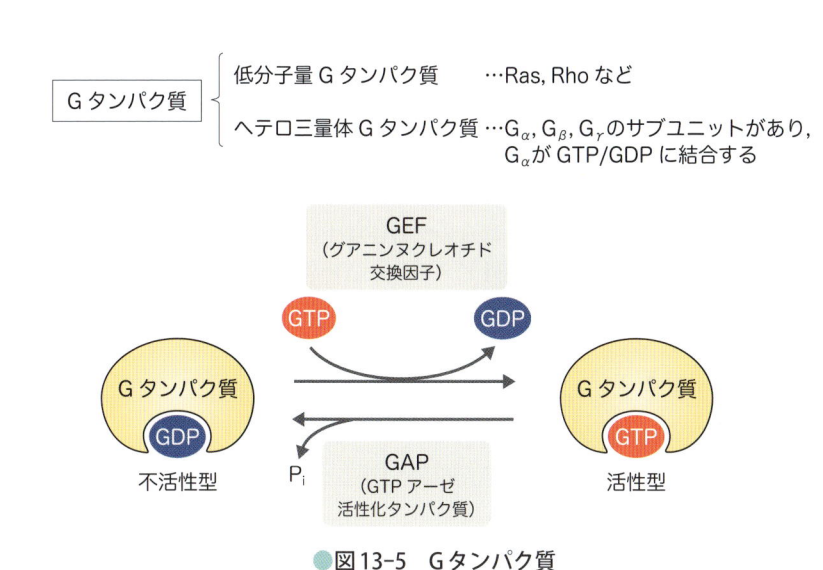

●図13-5 Gタンパク質

と，GTPアーゼが活性化されて，すみやかにGDP結合型になる．このように，GDP結合型とGTP結合型の相互変換は巧妙に制御されており，それらの切り替えは細胞内で分子スイッチとして機能している．

ヘテロ三量体Gタンパク質はG_α，G_β，G_γという3つのサブユニットからなるタンパク質複合体で，G_αがGDPかGTPと結合する性質をもっている．平常時，G_αは不活性なGDP結合型として存在しているが，Gタンパク質共役受容体が細胞外から情報を受け取ると，受容体がGEFとして働くようになり，G_αをGTP結合型に変換する．その結果，G_αは$G_{\beta\gamma}$（G_βとG_γを合わせたもの）から解離し，G_αと$G_{\beta\gamma}$はそれぞれ異なる下流の反応を引き起こすようになる．

例えばある種のG_αはアデニル酸シクラーゼを活性化する．この酵素はATPの環化を触媒し，cAMPの細胞内濃度を高める（図13-4）．セカンドメッセンジャーとして働くcAMPの作用点の1つはcAMP依存性タンパク質キナーゼ（PKA）であり，cAMPはこの酵素を

13章　シグナル伝達　229

活性化することで，さまざまなタンパク質のリン酸化を誘導する．また，別種のG_αはホスホリパーゼC（PLC）を活性化する．この酵素はホスファチジルイノシトール二リン酸というリン脂質のエステル結合を切断して，イノシトール三リン酸とジアシルグリセロールを与える（⇒8章）．これらの生成物もまたセカンドメッセンジャーとして働く．

　Gタンパク質共役受容体は毒素の標的となっている．先にも述べたように，GTP結合型のG_αは自身がもつGTPアーゼ活性によって自発的にGDP結合型へと戻り，再び$G_{\beta\gamma}$とともに不活性なヘテロ三量体を形成する．そのため活性化は短時間しか持続せず，このことは一種の安全機構として働いている．しかしコレラ菌がつくるコレラ毒素はG_αのGTPアーゼ活性を阻害し，スイッチが入りっぱなしの状態にしてしまう．Gタンパク質共役受容体は種類が多く，毒素の標的としてだけではなく医薬品の標的としても重要視されている（p.230 コラム参照）．

3）酵素型受容体

　酵素型受容体は，受容体自身がタンパク質キナーゼ（リン酸化酵素）やタンパク質ホスファターゼ（脱リン酸化酵素）として働く．細胞外のシグナル分子は受容体に結合し，受容体の酵素活性を調節することで細胞内に情報を伝達する．サイトカインや成長因子の受容体の多くは酵素型である．

　例えば上皮成長因子（EGF）はEGF受容体に，神経成長因子（NGF）はNGF受容体に，血管内皮細胞成長因子（VEGF）はVEGF受容体に，線維芽細胞成長因子（FGF）はFGF受容体にそれぞれ結合するが，これらの受容体はみなチロシンキナーゼ型受容体である．シグナル分子がないと，これらの受容体は不活性な単量体として存在している．しかしシグナル分子が受容体の細胞外ドメインに結合すると，受容体は二量体を形成し，二量体化した細胞内のキナーゼドメインが互いのチロシン残基をリン酸化する．その結果，細胞内ドメインの立体構造が変化してキナーゼが活性化されたり，あるいは，リン酸化されたチロシン残基を認識する細胞内タンパク質が受容体に結合したりして，細胞内にシグナルが伝達される（EGF受容体については図13-8も参照）．

4）細胞内受容体

　これまでに紹介した受容体はすべて膜タンパク質だったが，細胞内受容体は例外であり，可溶性のタンパク質として細胞質か核内に存在している．細胞内受容体の多くは**核内ホルモン受容体**と総称されるファミリーを形成している．これらの受容体は，一部例外もあるが，総じてステロイド骨格を有したステロイドホルモンのシグナル伝達に関与している．具体的には，炎症応答に関与する副腎皮質ホルモン，性ホルモンとして働くエストロゲンやアンドロゲン，ビタミンの一種であるビタミンDなどに対応する受容体がこのファミリーに属している（図13-6）．ステロイドホルモンは脂溶性が高く，細胞膜を自由に通過でき

Column　医薬品の標的としてのGタンパク質共役受容体

　現在，販売されている医薬品のかなりの割合がGタンパク質共役受容体を標的としていると言われている．例えば，ヒスタミン受容体を阻害する化合物は消化性潰瘍の治療薬や抗アレルギー薬として用いられている．また，アンギオテンシン受容体を阻害する化合物は高血圧症の治療薬として用いられている．

● 図13-6　ステロイドホルモンの例

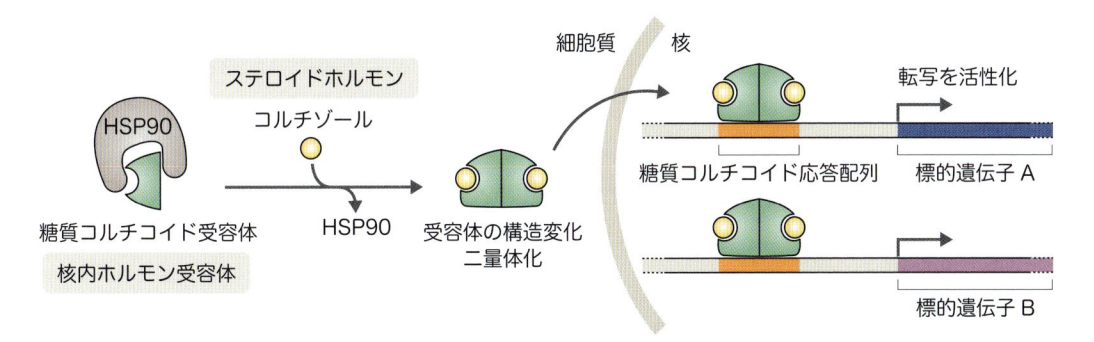

● 図13-7　核内ホルモン受容体を介した転写制御（糖質コルチコイド受容体を例に）

るので，細胞内の受容体と結合できるのである．

　興味深いことに，核内ホルモン受容体は転写因子として働き，核内に存在する標的遺伝子の発現を直接制御している（図13-7）．細胞膜受容体の場合，細胞外の情報は細胞内シグナル伝達によって何段階ものプロセスを経て伝わり，最終的に核に到達するのが一般的だが，それとは対照的に，核内ホルモン受容体の場合はホルモン作用が1ステップで標的遺伝子に伝わる．

　ホルモンによって制御される遺伝子のプロモーターにはホルモン応答配列という塩基配列が存在しており，そこに核内ホルモン受容体が結合することで転写を制御する．例えばコルチゾールの受容体として働く糖質コルチコイド受容体は平常時，細胞質でHSP90という分子シャペロンと結合して不活性な複合体を形成しているが，コルチゾールが結合すると受容体の構造が変化してHSP90から解離し，二量体を形成して核内に移行する．そして，ゲノムDNA上の糖質コルチコイド応答配列に結合して，近傍の標的遺伝子の転写を活性化する．

13章　シグナル伝達

13-4　シグナル伝達の具体例

哺乳類におけるシグナル伝達の具体例を以下で2つ紹介したい．

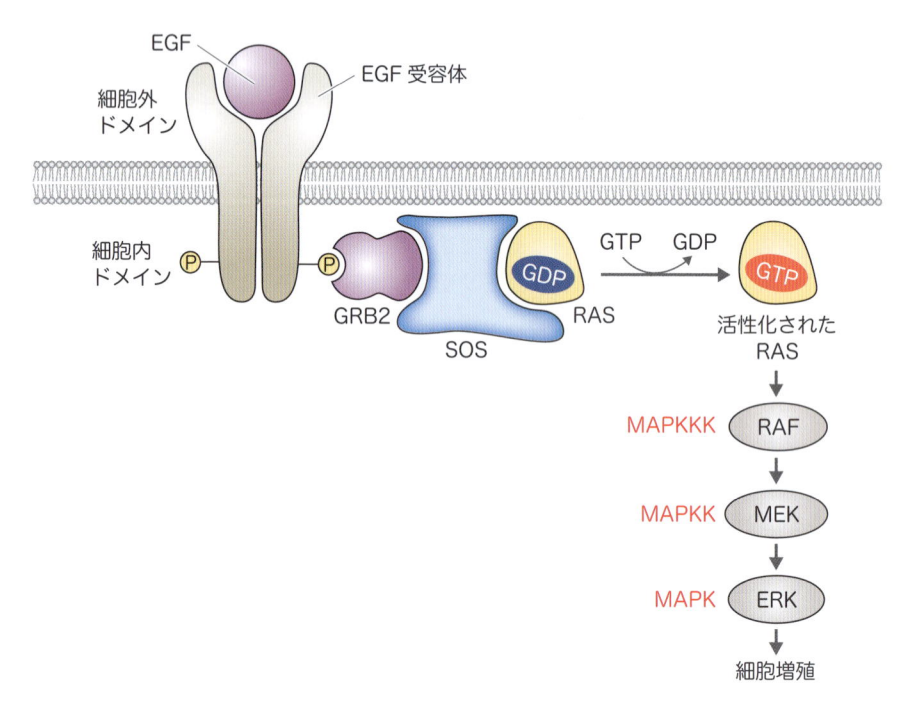

1) MAPキナーゼ経路

　MAPキナーゼ経路は，細胞増殖を刺激するシグナル分子の伝達にかかわっている（図13-8）．上皮成長因子EGFがチロシンキナーゼ型のEGF受容体に結合すると，EGF受容体の細胞内ドメインが自己リン酸化される．すると，リン酸化されたEGF受容体に，GRB2というアダプタータンパク質を介してSOSが結合する．SOSはグアニンヌクレオチド交換因子であり，RASというGタンパク質を不活性なGDP型から活性なGTP型に変換する．なお，RASはp.228で述べたヘテロ三量体Gタンパク質とは異なり単量体として存在しており，**低分子量Gタンパク質**とよばれる（図13-5）．

　GTP結合型のRASは，RAFというタンパク質キナーゼを活性化する．活性型のRAFは，次にMEKという別のタンパク質キナーゼをリン酸化し，これを活性型に変換する．活性型のMEKは，さらにERKという別のタンパク質キナーゼをリン酸化し，これを活性型に変換する．活性型のERKは，AP1やMYCといった転写因子をはじめさまざまな因子をリン酸化し，遺伝子発現や細胞周期に影響することで，細胞増殖を導く．

　ところで，ERKはMAPキナーゼ（MAPK），MEKはMAPキナーゼキナーゼ（MAPKK，MAPキナーゼをリン酸化するキナーゼという意），RAFはMAPキナーゼキナーゼキナーゼ（MAPKKK）ともよばれる．このようにMAPキナーゼ経路では，3種類のタンパク質キナーゼがカスケードを形成して，細胞外の成長因子の情報を細胞の核内に伝えている．上記の説明は，実はかなり単純化したものである．実際は図13-9のように1直線ではなく，途中で働くキナーゼが複数の基質をリン酸化するなどして，情報は分岐して伝わっていく．

●図13-8　MAPキナーゼ経路の概要

この経路上で働く因子のいくつか——具体的にはEGF受容体，RAS，RAFなど——は**原がん遺伝子**にコードされている．つまり，これらの遺伝子に変異が入ると細胞はがん化する．ただし，変異ならどのような変異でもよいわけではない．これらの遺伝子に特定の変異が導入されると，これらの因子は活性化されたままになり，細胞増殖のシグナルが入りっぱなしになるため，がん化する．このような変異を**機能獲得型の変異**とよぶ．

2）筋収縮のシグナル伝達

まず簡単に，筋肉組織の構造を確認しておこう．筋肉は筋繊維の束であり，筋繊維は細胞が融合して繊維状につながったものである（図13-10左）．1本の筋繊維をさらに拡大すると，図13-10右のような微細構造が現れる．この構造は主にアクチンとミオシンという2種類の繊維状タンパク質からなっており，筋収縮は細いアクチン繊維と太いミオシン繊維の間が滑ることによって引き起こされる．アクチン繊維と相互作用したミオシン繊維の

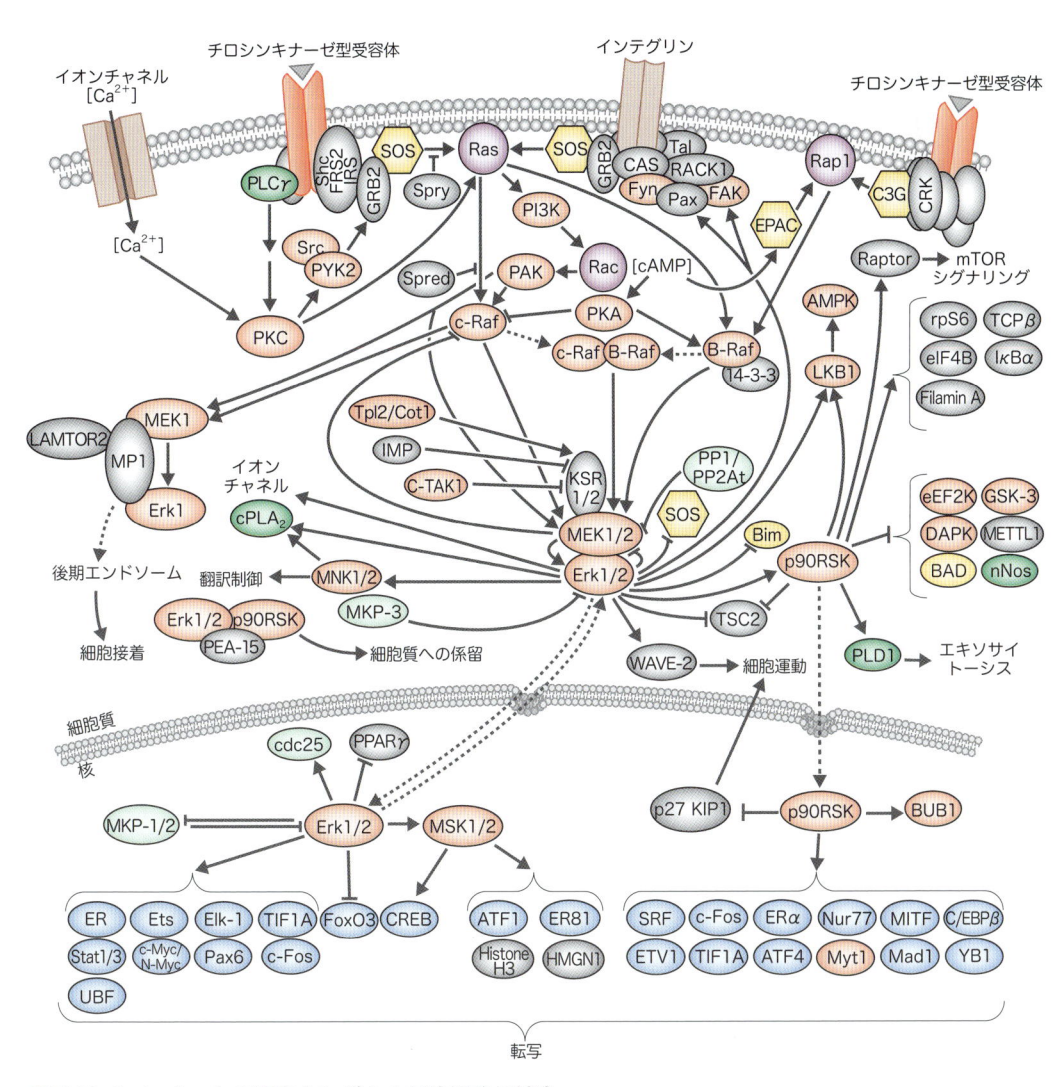

●図13-9　いくつかの細胞内シグナル伝達経路の統合
図中の因子名は覚える必要はなく，シグナル伝達経路が実際には複雑に分岐していることを感じてもらえればよい．Cell Signaling Technology, Inc.（www.cstj.co.jp）より転載

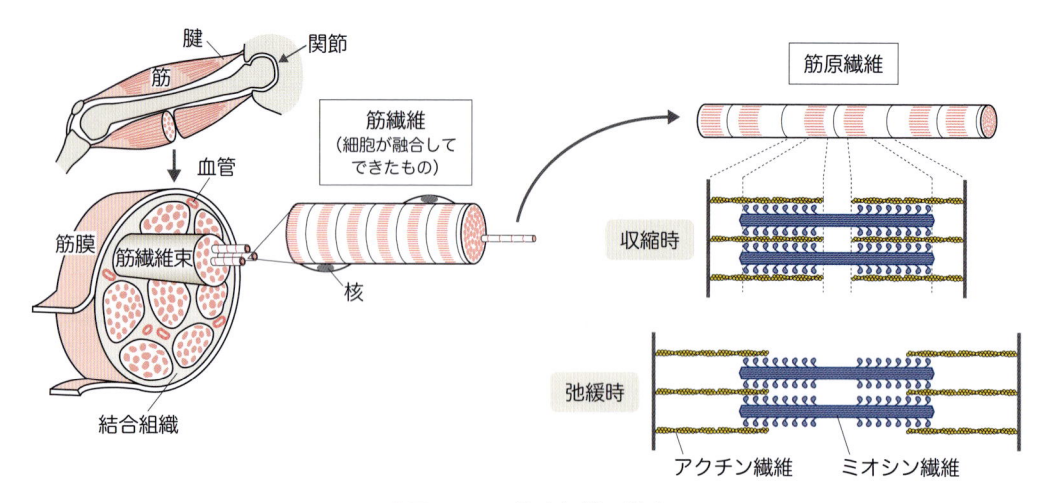

●図13-10　筋肉組織の構造

「頭部」が，ATPのエネルギーを消費してアクチン繊維上を滑るのである．

　骨格筋は私たちの意志どおりに動かすことができるが，それは，神経細胞の一種である運動ニューロンが大脳から脊髄を通って骨格筋につながっているからである．そのシグナル伝達のしくみを以下で見ていきたい（図13-11）．

　運動ニューロンと筋肉はシナプスという接合部をもっている．神経伝達の詳細には立ち入らないが，①神経の興奮がこの接合部にまで到達すると，運動ニューロン側からアセチルコリンという神経伝達物質が放出される．②アセチルコリンは筋肉側のアセチルコリン受容体（リガンド依存性のナトリウムチャネル）に結合し，チャネルの開口を引き起こす．その結果，細胞外のNa$^+$イオンが細胞内に流入し，③膜電位が元の静止電位から活動電位へと変化する．この活動電位は，④細胞膜上の電位依存性カルシウムチャネルであるジヒドロピリジン受容体の活性化を介して，筋小胞体膜上のリアノジン受容体の活性化を導く．筋肉には筋小胞体という袋状の膜構造が存在しており，ふだんはその中にCa^{2+}が蓄えられている．しかし筋小胞体膜上に存在するリガンド依存性カルシウムチャネルであるリアノジン受容体が活性化されると，⑤蓄えられたCa^{2+}が細胞質へ放出される（図13-11A）．その結果，細胞内のCa^{2+}濃度は急上昇し，次に述べるようなしくみで筋収縮が引き起こされる．

　平常時には，アクチン繊維に巻きついたトロポミオシンという繊維状タンパク質が，アクチン繊維とミオシン頭部の相互作用を妨げている．しかしCa^{2+}濃度が上昇すると，Ca^{2+}はトロポニンというタンパク質に結合して，その構造変化を引き起こす．その影響はトロポニンと結合したトロポミオシンにも伝わって，アクチン繊維とミオシン頭部は相互作用できるようになる．その結果，筋収縮が引き起こされる（図13-11B）．

　以上をまとめると，「腕を動かせ」と大脳から発せられた命令は神経伝達（電気パルス）によって腕の筋肉に到達した後，いくつかのイオンチャネル型受容体の活性化を経て細胞内Ca^{2+}濃度の上昇に至り（図13-11A），それがアクチン繊維とミオシン繊維の滑りを引き起こす（図13-11B）．遺伝子発現の変化を伴わないシグナル応答は速いことを先に述べたが，この過程全体はわずか100〜200ミリ秒という短時間のうちに起こる．

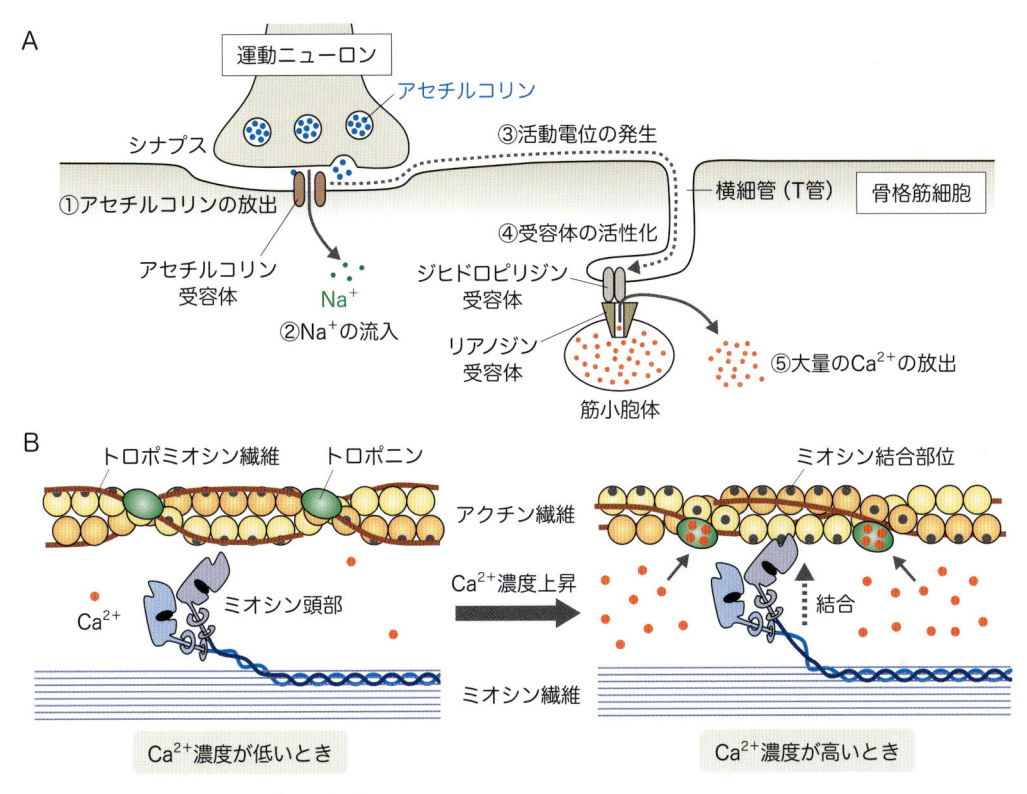

●図13-11　筋収縮のシグナル伝達
A) 骨格筋の細胞内シグナル伝達．図中の①～⑤は本文解説と対応している．B) アクチンとミオシンの滑りの制御機構．
「理系総合のための生命科学 第3版」（東京大学生命科学教科書編集委員会/編），羊土社，2013を参考に作成

章末問題

→ 解答は237ページ参照

問1　多細胞生物において細胞間の情報伝達を行う分子にはどのようなものがあるか．いくつか列挙せよ．

問2　細胞内シグナル伝達において重要な働きをするセカンドメッセンジャーについていくつか具体例をあげ，それらの分子レベルでの働きを簡単に説明せよ．

問3　細胞膜受容体は，構造や機能に基づいてさらにいくつかの種類に分類することができる．種類の名称をあげ，それぞれの働きを説明せよ．

問4　細胞内受容体の多くは転写因子として働いて標的遺伝子の転写を直接，制御する．このような細胞内受容体に作用するシグナル分子の具体例をいくつかあげよ．また，受容体の大部分が細胞膜上で膜タンパク質として働いているのに対して，細胞内受容体が可溶性のタンパク質として細胞内で働くことができる理由を，シグナル分子の性質の違いに注目して説明せよ．

問5　筋収縮の細胞内シグナル伝達ではセカンドメッセンジャーとしてCa^{2+}が重要な役割を果たしている．筋細胞内のCa^{2+}濃度が上昇するしくみを説明せよ．また，Ca^{2+}濃度の上昇が筋収縮を引き起こす分子機構を説明せよ．

13章　シグナル伝達　**235**

章末問題 解答

1章
問1…p.23 に該当する説明．
問2…p.24〜26 に該当する説明．
問3…ア：疎水結合（疎水効果），イ：ファンデルワールス力，ウ：水素結合，エ：イオン結合（静電相互作用），オ：ジスルフィド結合．
問4…p.27, 31〜33 に該当する説明．
問5…p.40 に該当する説明．

2章
問1…p.43〜46, 52〜55 に該当する説明．
問2…5′-CTCGCTCAGTCCGGGGGGTATCACCAACAT-3′
問3…p.51 に該当する説明．
問4…p.51〜52 に該当する説明．
問5…p.56 に該当する説明．

3章
問1…p.58〜61 に該当する説明．
問2…エネルギー貯蔵：グリコーゲンやデンプン．構造維持：セルロースやキチン．p.63〜65 に該当する説明．
問3…p.67 に該当する説明．
問4…図3-15を参照．p.70〜71 に該当する説明．
問5…p.72〜74 に該当する説明．

4章
問1…p.77〜78 に該当する説明．
問2…翻訳後修飾による制御，アロステリック調節，フィードバック阻害，フィードフォワード活性化など．p.79〜81 に該当する説明．
問3…p.83〜85 に該当する説明．
問4…図4-7 と p.86 に該当する説明．
問5…p.86〜88 に該当する説明．

5章
問1…p.90 に該当する説明．
問2…ア：グリセルアルデヒド3-リン酸，イ：ピルビン酸，ウ：$C_6H_{12}O_6 + 6O_2 \rightarrow 6CO_2 + 6H_2O$，エ：NADH．
問3…p.98 に該当する説明．
問4…肝臓と骨格筋．p.101 に該当する説明．
問5…NADPH とリボース5-リン酸．p.106〜107 に該当する説明．

6章
問1…図6-2を参照．クエン酸サイクル：マトリックス，電子伝達・酸化的リン酸化：内膜．
問2…p.114〜116 に該当する説明．
問3…図6-7, 6-10 と p.117〜119 に該当する説明．
問4…図6-10 と p.118〜120 に該当する説明．
問5…図6-11 と p.119〜120 に該当する説明．

7章
問1…図7-4, 7-5 と p.126〜127 に該当する説明．
問2…図7-2を参照．明反応：チラコイド膜，暗反応：ストロマ．
問3…ア：NADPH，イ：光電子伝達，ウ：光リン酸化，エ：光化学系Ⅰ，オ：シトクロム b_6f，カ：光化学系Ⅱ，キ：クロロフィル，ク：葉緑体ATPシンターゼ（エとカは順不同）．
問4…p.132 に該当する説明．
問5…p.133〜135 に該当する説明．

8章
問1…p.139〜141 に該当する説明．
問2…p.141 に該当する説明．
問3…18個の炭素をもつ飽和脂肪酸であるステアリン酸は8回のβ酸化によって9分子のアセチルCoAへと分解される．β酸化1回につきFADH$_2$とNADHが1分子ずつつくられるので，全体でステアリルCoA 1分子からアセチルCoAが9分子，FADH$_2$とNADHが8分子ずつ生じる．アセチルCoAはクエン酸サイクルで完全酸化される過程でFADH$_2$ 1分子，NADH 3分子，GTP 1分子を与えるので，ステアリルCoA 1分子がCO_2 18分子になるまでにFADH$_2$ 17分子，NADH 35分子，GTP 9分子が得られる．よって，ステアリルCoA 1分子からATP 148分子がつくられる計算となる．ステアリン酸がステアリルCoAに活性化される際にATP 2分子が消費されるので，その分を差し引いたATP 146分子が，ステアリン酸1分子から取り出せる正味のエネルギー量となる．一方，グルコース3分子の完全酸化によって得られるのはATP 114分子であり，エネルギーの収納や変換の効率は，糖よりも脂質

の方が高い．
問4…p.145〜146に該当する説明．
問5…p.151に該当する説明．

9章
問1…図9-2, 9-3とp.155〜156に該当する説明．
問2…図9-2とp.158に該当する説明．
問3…アミノ酸のアミノ基はトランスアミナーゼによってグルタミン酸に移され，さらにグルタミン酸デヒドロゲナーゼの脱アミノ化によってアンモニアに変換される．生じたアンモニアは尿素サイクルによって尿素に変換され，腎臓を通って尿として排出される．
問4…p.162〜163に該当する説明．
問5…p.168〜169に該当する説明．

10章
問1…分散型複製が正しかった場合，1回目の複製後は半保存的複製の場合と同じく ^{14}N–^{15}N DNAのバンド1本が現れ，2回目の複製後は ^{14}N が3/4, ^{15}N が1/4の割合で含まれるDNAのバンド1本が現れる．保存的複製が正しかった場合，1回目の複製後は ^{14}N–^{14}N DNAと ^{15}N–^{15}N DNAの2本のバンドが1：1の割合で現れ，2回目の複製後は ^{14}N–^{14}N DNAと ^{15}N–^{15}N DNAの2本のバンドが3：1の割合で現れる．
問2…p.175に該当する説明．
問3…DNA複製は複製起点から始まり，そこから2つの方向に複製フォークが進行する．新たに合成されるDNAには，複製フォークの進行とDNA合成の方向が一致するリーディング鎖と一致しないラギング鎖がある．後者は岡崎フラグメントとして短いDNAが合成された後，リガーゼによって連結される．
問4…p.182〜184に該当する説明．
問5…p.184に該当する説明．

11章
問1…図11-3とp.188〜191に該当する説明．
問2…図11-2を参照．
問3…オペロンは転写制御の単位で，1本のmRNAとして転写される1つまたは複数の遺伝子を指す．大腸菌 lac オペロンのオペレーターには非誘導時，lac リプレッサーが結合して，プロモーターからのRNAポリメラーゼの転写を阻害している．しかしアロラクトースのようなインデューサーが存在すると，lac リプレッサーはインデューサーと結合して構造が変化し，DNAから解離するので，転写が誘導される．p.192〜193に該当する説明．
問4…図11-9とp.196〜197に該当する説明．

問5…キャッピング，スプライシング，3′プロセシング，mRNA編集など．p.197〜201に該当する説明．

12章
問1…細菌：SD配列，真核生物：キャップ構造．図12-5, 12-6とp.211〜213に該当する説明．
問2…アミノアシルtRNAシンテターゼはアミノ酸ごとに存在しており，特定のアミノ酸に対応する複数のtRNA（アイソアクセプターtRNA）を認識してアミノ酸を付加する．さらに，tRNAのアンチコドンの1番目の塩基とmRNAのコドンの3番目の塩基はゆらぎ塩基対を形成する．遺伝暗号の縮重は，これら2つのしくみによって説明できる．tRNAには修飾塩基が多数含まれているが，修飾塩基はアミノアシルtRNAシンテターゼによるtRNAの認識やゆらぎ塩基対の形成に重要である．
問3…核，ミトコンドリア，リソソーム，細胞外など．p.217〜218に該当する説明．
問4…リン酸化，糖鎖付加，ユビキチン化など．p.219〜222に該当する説明．
問5…プロテアソーム経路とリソソーム経路．p.222に該当する説明．

13章
問1…ホルモン，成長因子，サイトカイン，神経伝達物質など．
問2…Ca^{2+}, cAMP, cGMP, イノシトール三リン酸，ジアシルグリセロールなど．p.228（Ca^{2+}）やp.229〜230（cAMP）に該当する説明．
問3…イオンチャネル型受容体，Gタンパク質共役受容体，酵素型受容体など．p.228〜231に該当する説明．
問4…副腎皮質ホルモン，エストロゲン，アンドロゲン，ビタミンD．これらのリガンドは脂溶性であり膜を通過できるので，それらの受容体は可溶性のタンパク質として細胞内で働くことができる．
問5…図13-11とp.233〜234に該当する説明．

索 引

数字

1,3-ビスホスホグリセリン酸	96
2-ホスホグリセリン酸	96
2-メルカプトエタノール	29, 40
3-ケトアシル CoA	140
3-ヒドロキシアシル CoA	140
3-ホスホグリセリン酸	96
3´→5´エキソヌクレアーゼ活性	175
3´プロセシング	197, 200
3´プロセシング因子	200
3´末端	47
5-フルオロウラシル	170
5-ホスホリボシル 1-アミン	164
5-ホスホリボシル 1-ピロリン酸	163
5´→3´DNA ポリメラーゼ活性	175
5´→3´エキソヌクレアーゼ活性	176
5´→3´方向	47
5´末端	47

ギリシャ文字

α（1→4）グリコシド結合	101
α（1→6）グリコシド結合	101
αアミノ酸	23
α-ケトグルタル酸	113, 156
α-ケト酸	156
α体	61
α炭素	23
αヘリックス	31
β酸化	140
βシート	31
β体	61
β炭素	23
γ炭素	23
ΔG	76
$\Delta G^{\ddagger}$	77
$\Delta G^{\circ\prime}$	77
ρ依存性終結	191
ρ非依存性終結	191

欧文

A

ABO 血液型	66
ACP	142
AMP	164
AP 部位	181
ATP	90
ATP シンターゼ	119
A 型 DNA	50
A 部位	213

B, C

B 型 DNA	49
Ca^{2+}	227
cAMP	105, 227
cAMP 依存性タンパク質キナーゼ	105, 229
CoA	94
CoQ	117
C 値のパラドックス	172
C 末端	27

D

de novo 合成経路	163
DL 表記法	60
DNA	47
DNA 組換え	184
DNA グリコシラーゼ	183
DNA 修復	181
DNA 損傷	181
DNA の基本構造	47
DNA の二重らせん構造	48
DNA 複製	174
DNA ヘリカーゼ	177
DNA ポリメラーゼ	174
DNA ポリメラーゼⅠ	175
DNA ポリメラーゼⅢ	175
DNA メチル化	196
DNA リガーゼ	178
Dscam 遺伝子	199
D 体	23, 60

E, F

$E^{\circ\prime}$	116
EF ハンド	35
EGF 受容体	232
$FADH_2$	92
FRAP	71

G

GMP	164
GTP アーゼ活性化タンパク質	228
G タンパク質	228
G タンパク質共役受容体	228

H

HDL	136
HMG CoA	149
HMG CoA レダクターゼ	149, 151

I

IMP	164
in vitro	17
in vivo	17

K

k_{cat}	78
K_m	84
k_{un}	78

L

lac オペロン	191
LDL	136
L 体	23, 60

M

MAP キナーゼ	232
miRNA	204
mRNA	54, 188
mRNA 監視	204

N, O

Na^+/K^+-ATP アーゼ	74
NADH	92
NADPH	94, 108
NMR	42
N-アセチルガラクトサミン	62
N-アセチルグルコサミン	62
N-アセチルグルタミン酸	162
N 結合型の糖鎖	66, 220
N 末端	27
O 結合型の糖鎖	66, 220

P, Q

P680	129
P700	131

238　基礎からしっかり学ぶ生化学

索引

PCR	56
PRPP	163
P部位	213
Qサイクル	119

R

RAS	232
RNA	54
RNA干渉	203
RNAプロセシング	54, 197
RNA分解	202
RNA編集	201
RNAポリメラーゼ	188
RNAポリメラーゼⅠ	188
RNAポリメラーゼⅡ	188
RNAポリメラーゼⅢ	188
RNAワールド仮説	202
rRNA	54, 188, 209

S

SDS	40
SDSポリアクリルアミドゲル電気泳動	40
SH2ドメイン	35
SH3ドメイン	35
siRNA	204
snRNA	188
snRNP	199
SOS応答	184

T

T2ファージ	53
TATAボックス	190
TCAサイクル	112
tRNA	54, 188, 209

U

UMP	166
UDP-グルコース	101
UTPのアミノ化	166

V～Z

VLDL	136
X線結晶構造解析	42
Z型DNA	50
Z機構	129

和文

あ

アイソアクセプターtRNA	215
亜鉛フィンガー	35
悪玉コレステロール	138
アクチベーター	191
アクチン	233
アコニターゼ	113
アシルCoA	140
アシル基	136
アシルキャリアタンパク質	142
アスパラギン	26
アスパラギン酸	26, 162
アセチルCoA	109, 112
アセチルCoAカルボキシラーゼ	143, 145
アデニル酸シクラーゼ	229
アデニン	44
アデノシン三リン酸	90
アドレナリン	105
アナボリズム	16, 90
アニーリング	55
アノマー	61
アノマー炭素	61
アベリー	53
アポ酵素	81
アミノアシルtRNA	209, 213
アミノアシルtRNAシンテターゼ	209, 215
アミノ基	23
アミノ酸	23, 98
アミノ酸代謝	154
アミノ酸プール	154
アミノ糖	62
アミノ末端	27
アミロース	63
アミロペクチン	63
アラキドン酸	148, 149
アラニン	24
アリストテレス	12
アルギニノコハク酸	162
アルギニン	26, 162
アルコール発酵	97
アルドース	58
アロステリックアクチベーター	80
アロステリックインヒビター	80
アロステリック調節	38, 80
アロステリック部位	80
アンチコドン	209
アンテナ複合体	128
暗反応	124, 133
アンフィンセンのドグマ	28
アンモニア	158
アンモニア排泄性	160

い

イオン結合	30
イオン交換クロマトグラフィー	39
イオンチャネル型受容体	228
異化	16, 90
鋳型鎖	188
イソクエン酸	113
イソプレノイド	151
イソプレン単位	149
イソペンテニル二リン酸	149
イソロイシン	24
一次構造	31
遺伝暗号の縮重	208, 215
遺伝暗号表	206
遺伝子	187
イノシン5′-一リン酸	164
イノシン酸	164
インスリン	105
インテイン	218
インデューサー	192
イントロン	198

う

ウイルス	12
ウィルヒョー	20
うま味	164
ウラシル	44
ウリジン二リン酸-グルコース	101

え

エーテル型脂質	73
エキソン	198
エキソンシャッフリング	199
エクステイン	218
エタノール発酵	97
エドマン分解	41
エノイルCoA	140
エノイル基	140
エピジェネティック（後成遺伝学的）な継承	196
エピマー	61
塩基	44
塩基除去修復	182
塩基対	48
エンハンサー	193

お

横断拡散	71
オートファジー	157, 222
岡崎フラグメント	178
オキサロ酢酸	98, 112
オパーリン	14
オペレーター	192
オペロン	191
オペロン説	191

オリゴ糖		58
オリゴペプチド		27
オルガネラ		21
オルニチン		162
オロチジン5′-一リン酸		166
オロト酸		166

か

科		18
界		18
外呼吸		15
開鎖複合体		190
開始tRNA		212
開始コドン		207
回転角		33
解糖系		94
界面活性剤		40
化学シフト		42
化学進化説		14
鍵と鍵穴モデル		79
核		22
核局在シグナル		217
核酸		43
核酸塩基		44
核磁気共鳴		42
核小体		202
核内ホルモン受容体		230
核膜孔		217
核様体		174
カタボリズム		16, 90
活性酸素		181
活性部位		79
活動電位		234
カテコールアミン		158
カテナン		179
下流		189
カルシウムイオン		227
カルニチン		139
カルバモイルリン酸		161, 165
カルビンサイクル		124, 133
カルボキシ基		23
カルボキシ末端		27
カルモジュリン		228
ガングリオシド		69, 148
還元		116
還元的生合成		94
還元糖		62
環状		50

き

機械論		17
基質		78
基質特異性		79
キシルロース5-リン酸		107
奇数鎖脂肪酸		141
キチン		63
基底状態		126
機能獲得型の変異		205, 233
機能喪失型の変異		205
ギブズの活性化エネルギー		77
ギブズの自由エネルギー変化		76
基本転写因子		190
逆転写酵素		181
キャッピング		197
キャップ依存的経路		212
キャップ構造		197
キャップ非依存的経路		212
球状タンパク質		36
競合阻害		87
鏡像異性体		60
協同性		38
共鳴エネルギー移動		127
極性電荷アミノ酸		26
極性無電荷アミノ酸		24
筋収縮		233

く

グアニン		44
グアニンヌクレオチド交換因子		228
クーロンの法則		30
クエン酸		112
クエン酸サイクル		110, 112
区分		16
グラナ		125
グリコーゲン		63, 101
グリコーゲンシンターゼ		102, 105
グリコーゲン脱分枝酵素		103
グリコーゲン分枝酵素		103
グリコーゲンホスホリラーゼ		103, 105
グリコゲニン		101
グリコサミノグリカン		65
グリコシド結合		62
グリコシル化		219
グリコシルトランスフェラーゼ		220
グリシン		24
クリステ		111
グリセルアルデヒド		58
グリセルアルデヒド3-リン酸		96, 134
グリセロール		67, 98, 139
グリセロリン脂質		68, 146
クリック		47, 171, 215
グリフィス		52
グルカゴン		105
グルコース		61, 94
グルコース6-リン酸		96
グルコース輸送体		74
グルコサミン		62
グルタミン		26
グルタミン酸		26
グルタミン酸デヒドロゲナーゼ		158
クレブスサイクル		112
クロマチン		52
クロマチンリモデリング因子		193
クロマトグラフィー		39
クロロフィル		128

け

蛍光退色回復法		71
ケトース		58
ケト原性アミノ酸		158
ゲノム		50, 172, 195
原核生物		18
原がん遺伝子		233
嫌気呼吸		96, 109
顕微鏡		20

こ

コアクチベーター		193
コア酵素		188
コアセルベート		14
コアヒストン		51
綱		18
高アンモニア血症		162
高エネルギーリン酸結合		46, 91
抗がん標的		170
好気呼吸		96, 109
抗原		38
光合成		124
光合成細菌		124
恒常性		16
校正活性		176
構成的遺伝子		195
酵素		78
構造異性体		58
酵素型受容体		230
酵素の反応速度論		83
抗体		38
高密度リポタンパク質		136
コエンザイムA		94
コード領域		188, 207
コーンバーグ		174
古細菌		18, 21
コザック配列		212
コドン		206
コハク酸		114
コラーゲン		36

コラーナ	206	脂質メディエーター	149	**す**	
コリ・サイクル	98	シス型ペプチド結合	33	水素結合	30, 48
コリプレッサー	193	シス作動性エレメント	191	膵リパーゼ	139
ゴルジ体	217	シスチン	30	スーパーコイル	51
コレステロール	70, 149	システイン	26	スクアレン	150
コレラ毒素	230	ジスルフィド結合	26, 30	スクシニルCoA	113
さ		次世代シークエンサー	57	スクロース	62
細菌	18, 21	自然選択	17	ステロイド	70
サイクリックAMP	105, 227	自然発生説	12	ステロイドホルモン	149, 152, 230
再生	55	質量分析	41	ストロマ	126
サイトカイン	224	ジデオキシリボヌクレオシド三リン酸	56	スフィンゴシン	68, 147
再プログラミング	196	シトクロムb_6f複合体	129	スフィンゴ糖脂質	148
細胞間のシグナル伝達	224	シトクロムc	117	スフィンゴミエリン	68, 147
細胞呼吸	15	シトシン	44	スフィンゴリン脂質	68, 146
細胞質	21	シトルリン	162	スプライシング	197
細胞説	20	シナプス	225	スプライシング因子	199
細胞内共生	135	ジヒドロキシアセトン	58	スプライソソーム	199
細胞内共生説	51, 121	ジヒドロキシアセトンリン酸	96	**せ**	
細胞内シグナル伝達	227	脂肪酸	67, 136, 139	生化学	17
細胞内受容体	227, 230	脂肪酸合成酵素	143	生気論	12
細胞内小器官	21	姉妹染色分体	172	生合成	16, 90
細胞内輸送	218	シャイン-ダルガーノ配列	211	静止電位	234
細胞壁	21	ジャコブ	191	性染色体	172
細胞膜	21	シャルガフ	48	生体膜	70
細胞膜受容体	227	シャルガフの法則	49	成長因子	224
細胞老化	181	ジャンクDNA	173	正の超らせん	51
サイレント変異	208	種	18	生物化学	17
サザン・ブロット法	56	自由エネルギー変化	76	生物分類法	18
サブユニット	33	集光性複合体	128	性ホルモン	152
サルベージ経路	163, 165	終止コドン	207	生命の起源	13
酸化	116	修飾塩基	202	生命の定義	15
サンガー法	56	従属栄養生物	124	セカンドメッセンジャー	75, 105, 227
酸化還元反応	116	主溝	49	接合	21
酸化的経路	107	主鎖	27	セラミド	68, 147
酸化的脱炭酸	112	受動輸送	73	セリン	24
酸化的リン酸化	111, 119	受容体	225	セルロース	63
残基	27	受容体タンパク質	75	セレブロシド	69, 148
三次構造	32	シュライデン	20	遷移状態	77
し		シュレーディンガー	16	繊維状タンパク質	36
ジアステレオマー	60	シュワン	20	染色体	50, 172
シグナル伝達	16, 75	循環的光リン酸化	132	選択的スプライシング	198
シグナル認識粒子	217	常染色体	172	選択的透過性	70
シグナル分子	75, 224	小胞輸送	217	善玉コレステロール	138
シグナルペプチド	217	上流	189	セントラルドグマ	54, 171
自己維持	16	触媒	78	セントロメア	172
自己複製	16	進化	17	線毛	21
自己複製能	171	真核生物	18, 22	**そ**	
脂質	67	新規合成経路	163	相転移温度	72
脂質修飾	221	神経伝達物質	224	相同組換え	184
脂質二重層	70			相同組換え修復	184

相補性	54
属	18
側鎖	23
側方拡散	71
組織特異的遺伝子	195
疎水結合	29
粗面小胞体	217
損傷乗り越え複製	184

た

ダーウィン	13
代謝	16, 90
代謝回転数	78
多細胞生物	22
脱アミノ化	181
脱カテナン化	180
脱リン酸化酵素	230
多糖	58
胆汁酸	151
単純拡散	73
タンデム質量分析	41
単糖	58
タンパク質	23
タンパク質キナーゼ	219, 230
タンパク質スプライシング	218
タンパク質切断	218
タンパク質の代謝回転	157
タンパク質の分解	157, 222
タンパク質の立体構造	31
タンパク質ホスファターゼ	219, 230
タンパク質ホスファターゼ1	105
タンパク質輸送	217

ち

チェイス	53
チオレドキシン	168
チオレドキシンレダクターゼ	168
窒素含有小分子	158
チミジル酸シンターゼ	169
チミン	44
仲介輸送	73
中性脂肪	136
超遠心	41
調節領域	188
超低密度リポタンパク質	136
超らせん	51
直鎖状	50
チラコイド内腔	126
チラコイド膜	125
チロシン	24
チロシンキナーゼ型受容体	230
沈降係数	41, 209

て

定常状態	83
低分子核内RNA	188
低分子核内リボヌクレオタンパク質	199
低分子干渉RNA	204
低分子量Gタンパク質	232
低密度リポタンパク質	136
デオキシリボース	43
デオキシリボヌクレオチド	168
テトラヒドロ葉酸	164
テトロース	58
テロメア	172, 181
テロメラーゼ	181
転移RNA	54, 188
転移因子	173
電気泳動	40
電気化学ポテンシャル	72
電子伝達	111, 117
電子のエネルギー準位	126
転写	171, 188
転写開始	188
転写開始部位	188
転写減衰	193
転写終結	188
転写終結部位	188
転写伸長	188
転写伸長因子	191
転写バブル	190
天然状態	28
デンプン	63

と

糖	43
同化	16, 90
同義コドン	208
糖原性アミノ酸	158
糖鎖付加	219
糖脂質	68, 136, 146
糖質	58
糖新生	98
糖タンパク質	65
糖転移酵素	220
等電点	40
等電点電気泳動	40
糖尿病	107
独立栄養生物	124
突然変異	17
トポアイソマー	51
トポイソメラーゼ	51, 174, 179
トポロジー問題	179
トポロジカル異性体	51
ドメイン	18, 35
トランスアミナーゼ	156, 158
トランスアルドラーゼ	107
トランス型ペプチド結合	33
トランスクリプトーム	195
トランスケトラーゼ	107
トランス作動性因子	192
トランスポゾン	173
トリアシルグリセロール	68, 136, 139
トリオース	58
トリプトファン	24
トレオニン	24
トロンビン	80
トロンボキサン	149

な

内呼吸	15
内在ターミネーター	191
内部リボソーム結合部位	213
内分泌	225
内分泌器	224
ナンセンス変異	204, 208
ナンセンス変異によるRNA分解	204

に

ニーレンバーグ	206
ニコチンアミドアデニンジヌクレオチド	92
ニコチンアミドアデニンジヌクレオチドリン酸	94
二次構造	31
二糖	58, 62
二本鎖切断	182
二本鎖切断修復	184
乳酸	98
乳酸発酵	98
尿酸	160
尿酸排泄性	160
尿素	29, 160
尿素サイクル	160
尿素排泄性	160

ぬ

ヌクレオシド	46
ヌクレオシド一リン酸キナーゼ	164
ヌクレオシド二リン酸キナーゼ	164
ヌクレオソーム	52
ヌクレオチド	43
ヌクレオチド除去修復	182
ヌクレオチド代謝	162

の

能動輸送	73
ノーザン・ブロット法	56

は

ハーシー	53
肺炎球菌	52
ハウスキーピング遺伝子	195
白鳥の首フラスコ実験	12
パスツール	12
発現	172
バリン	24
パルミチン酸	142, 143
パルミトレイン酸	141
パンスペルミア仮説	14
半電池	116
反応中心	128
反復配列	173
半保存的複製	176

ひ

非鋳型鎖	188
光化学系Ⅰ	129
光化学系Ⅱ	129
光酸化	127
光受容体	225
光電子伝達	125, 128
光リン酸化	125, 131
非還元糖	62
非競合阻害	87
非極性アミノ酸	24
非コードRNA	54
非酸化的経路	107
ヒスチジン	26
ヒストン	51, 174
ヒストンの翻訳後修飾	193
非相同末端連結	184
ビタミン	82
ビタミンC	37
必須アミノ酸	155
必須脂肪酸	144
ヒドロキシプロリン	36
ヒドロキシリジン	36
ヒポキサンチン	164
非翻訳領域	188, 207
標準アミノ酸	23
標準還元電位	116
標準自由エネルギー変化	77
標準水素電極	116
開いた読み枠	208
ピリミジン	44, 158
ピリミジン二量体	181
ピリミジンヌクレオチド	165
ピルビン酸	94, 112
ピルビン酸デヒドロゲナーゼ複合体	109, 112
ピロシークエンス法	57

ふ

ファラデー定数	117
ファルネシル二リン酸	149
ファンデルワールス力	29
フィードバック阻害	81
フィードフォワード活性化	81
フェニルアラニン	24
フェレドキシン	131
フォールディング	28, 217
不競合阻害	88
副溝	49
複合体Ⅰ	117
複合体Ⅱ	117
複合体Ⅲ	117
複合体Ⅳ	117
複合体Ⅴ	119
副腎皮質ホルモン	152
複製	171
複製因子	177
複製起点	177
複製フォーク	178
不斉炭素	58
フック	20
負の超らせん	51
不飽和脂肪酸	67, 141
フマル酸	114, 162
プライマー	175
プライマーゼ	177
プラストキノール	130
プラストキノン	129
プラストシアニン	129
フラビンアデニンジヌクレオチド	92
フリップ・フロップ	71
プリン	44, 158
プリンヌクレオチド	163
フルクトース	61
フルクトース1,6-ビスリン酸	96
フルクトース6-リン酸	96
フレームシフト変異	208
プローブ	56
プロゲステロン	152
プロスタグランジン	149
プロセシング	80
プロテアソーム	221
プロテオーム	195
プロテオグリカン	65
プロトン駆動力	119
プロトンポンプ	119
プロモーター	189
プロリン	24
分子擬態	214
分子シャペロン	30, 217
分子ふるい効果	40

へ

閉鎖複合体	190
ヘイフリック	181
ヘキソース	58
ヘキソキナーゼ	96
ヘテロクロマチン	196
ヘテロ原子	30
ヘテロ三量体Gタンパク質	228
ヘテロ多糖	63
ペニシリン	21, 65
ペプチジルtRNA	213
ペプチジルトランスフェラーゼ	209
ペプチド	27
ペプチドグリカン	21, 65
ペプチド結合	27, 33
ペプチドマスフィンガープリンティング法	41
ヘプトース	58
ヘム	37, 118
ヘモグロビン	37
変性	55
変性状態	28
ペントース	58, 106
ペントースリン酸サイクル	106
鞭毛	21

ほ

補因子	37, 81
傍分泌	225
飽和脂肪酸	67, 141
ポーリング	31
補欠分子族	82
補酵素	82, 92
補酵素A	94
補酵素Q	117
補充反応	115
ホスファチジルエタノールアミン	147
ホスファチジルセリン	147
ホスファチジン酸	68, 145
ホスホエノールピルビン酸	96
ホスホジエステラーゼ	105
ホスホジエステル結合	47
ホスホリパーゼ	147
ホメオスタシス	16, 101

ホモ多糖	63
ポリ (A) 配列	200
ポリ (A) 付加シグナル	200
ポリ (A) ポリメラーゼ	200
ポリシストロン性	210
ホリデイ構造	184
ポリペプチド	27
ポリメラーゼ連鎖反応	56
ポルフィリン	158
ホルモン	224
ホルモン感受性リパーゼ	139
ホロ酵素	81, 188
ポンプ	228
翻訳	171
翻訳開始	211
翻訳開始因子	210
翻訳後修飾	80, 219
翻訳終結	214
翻訳終結因子	210
翻訳伸長	213
翻訳伸長因子	210
翻訳の制御	216

ま

マイクロRNA	203
膜タンパク質	70
膜電位	74, 228
膜内在性タンパク質	70
膜の流動性	72
膜表在性タンパク質	70
膜輸送	70, 72
末端複製問題	180
マトリックス	111
マルトース	62
マロニルCoA	142

み

ミオシン	233
ミカエリス-メンテン式	85
ミカエリス定数	84
ミスセンス変異	208
水分解	130
ミスマッチ修復	183
ミセル	70
ミトコンドリア	111
ミラー	14

め

明反応	124
メセルソンとスタールの実験	176
メタボリズム	16
メチオニン	24
メッセンジャーRNA	54

メトトレキサート	170
メバロン酸	149
免疫	38
免疫グロブリン	38
メンデルの法則	52

も

目	18
モノー	191
モノシストロン性	210
門	18

や

ヤンセン	20

ゆ

融解温度	55
ユークロマチン	196
誘導性遺伝子	195
誘導適合	79
ユーリー	14
ユーリー-ミラーの実験	14
ユビキチン	157, 221
ユビキチン-プロテアソーム経路	157
ユビキチン化	221
ユビキノール型	118
ユビキノン型	118
ゆらぎ塩基対	215

よ

葉緑体	125
葉緑体ATPシンターゼ	131
四次構造	33
読み枠	206

ら

ラインウィーバー-バークプロット	86
ラウリル硫酸ナトリウム	40
ラギング鎖	178
ラクトース	62
ラノステロール	150
ラマチャンドランプロット	33

り

リーディング鎖	178
リガンド	75
リジン	26
リソソーム	217
リソソーム経路	157
立体異性体	58
リプレッサー	191
リブロース 1,5-ビスリン酸	134
リブロース 1,5-ビスリン酸カルボキシラーゼ/オキシゲナーゼ	133

リブロース 5-リン酸	107
リボース	43
リボース 5-リン酸	106, 108, 163
リボザイム	55, 202
リボソーム	54, 209
リボソームRNA	54, 188
リポタンパク質	136
リボヌクレアーゼA	28
リボヌクレオタンパク質	199
リボヌクレオチドレダクターゼ	168
両逆数プロット	86
両親媒性分子	70
リンカーヒストン	51
リンキング数	51
リンゴ酸	114
リン酸	46
リン酸化	219
リン酸化酵素	230
リン脂質	68, 136, 146
リンネ	18

る

ルビスコ	133

れ

励起状態	126
レーウェンフック	20
レセプター	75, 225
レチナール	226

ろ

ロイコトリエン	149
ロイシン	24
ロドプシン	225

わ

ワトソン	47
ワトソン-クリック塩基対	48, 174

◆ 著者プロフィール

※所属は執筆時のもの

山口 雄輝（やまぐち ゆうき）
東京工業大学大学院生命理工学研究科・教授
1995年，東京工業大学生命理工学部卒業．1999年，同大学大学院生命理工学研究科を修了，博士号を取得（指導教官：半田宏教授）．日本学術振興会特別研究員とJSTさきがけプログラム研究者を経て2002年より東京工業大学大学院生命理工学研究科助手．助教を経て2009年より同准教授，2013年より現職．「ゲノム情報発現の制御機構の解明」と「医薬品などの低分子化合物を用いたケミカルバイオロジー」の2つをメインの研究テーマとしている．単著として『科学英語論文の赤ペン添削講座（羊土社）』，共著として『転写研究集中マスター（羊土社）』などがある．ホームページ：http://yamaguchi.bio.titech.ac.jp

成田 央（なりた たかし）
大阪大学大学院生命機能研究科・特任助教
2000年，東京工業大学生命理工学部生体分子工学科卒業．2005年，東京工業大学大学院生命理工学研究科生命情報専攻修了，博士（工学）取得．この間，2002〜'05年日本学術振興会特別研究員．2006年から大阪大学大学院生命機能研究科助手．2007年より同助教を経て2014年より現職．現在は色素性乾皮症といったDNA修復機構に異常をもつ遺伝子疾患の病態を分子レベルで理解しようと研究を行っている．

基礎からしっかり学ぶ生化学

2014年11月1日　第1刷発行
2025年 2月1日　第8刷発行

編著者	山口雄輝（やまぐちゆうき）
著者	成田 央（なりたたかし）
発行人	一戸裕子
発行所	株式会社 羊 土 社
	〒101-0052
	東京都千代田区神田小川町2-5-1
	TEL　03（5282）1211
	FAX　03（5282）1212
	E-mail　eigyo@yodosha.co.jp
	URL　www.yodosha.co.jp/
印刷所	株式会社 Sun Fuerza

© YODOSHA CO., LTD. 2014
Printed in Japan

ISBN978-4-7581-2050-0

本書に掲載する著作物の複製権，上映権，譲渡権，公衆送信権（送信可能化権を含む）は（株）羊土社が保有します．
本書を無断で複製する行為（コピー，スキャン，デジタルデータ化など）は，著作権法上での限られた例外（「私的使用のための複製」など）を除き禁じられています．研究活動，診療を含み業務上使用する目的で上記の行為を行うことは大学，病院，企業などにおける内部的な利用であっても，私的使用には該当せず，違法です．また私的使用のためであっても，代行業者等の第三者に依頼して上記の行為を行うことは違法となります．

JCOPY ＜（社）出版者著作権管理機構 委託出版物＞
本書の無断複写は著作権法上での例外を除き禁じられています．複写される場合は，そのつど事前に，（社）出版者著作権管理機構（TEL 03-5244-5088，FAX 03-5244-5089，e-mail：info@jcopy.or.jp）の許諾を得てください．

乱丁，落丁，印刷の不具合はお取り替えいたします．小社までご連絡ください．

羊土社　発行書籍

教科書・サブテキスト

基礎から学ぶ生物学・細胞生物学 第4版

和田　勝／著，髙田耕司／編集協力
定価 3,520円（本体 3,200円＋税10％）　B5判　349頁　ISBN 978-4-7581-2108-8

大学・専門学校で初めて生物学を学ぶ人向けの定番教科書．免疫，神経，発生の章を中心に，さらに理解しやすい内容に改訂．復習に役立つ章末問題や，紙でαヘリックスをつくるなど手を動かして学ぶ演習も充実．

基礎から学ぶ遺伝子工学 第3版

田村隆明／著
定価 3,960円（本体 3,600円＋税10％）　B5判　304頁　ISBN 978-4-7581-2124-8

カラーイラストで遺伝子工学のしくみを解説した定番テキスト．使用頻度が減った実験手法は簡略化し，代わりにゲノム編集やNGS，医療応用面を強化．実験で手を動かす前に押さえておきたい知識が無理なく身につく．

基礎から学ぶ免疫学

山下政克／編
定価 4,400円（本体 4,000円＋税10％）　B5判　288頁　ISBN 978-4-7581-2168-2

初学者目線の教科書，登場！全体を俯瞰してから各論に進む構成なので，情報の海におぼれません．免疫学の本質が伝わるよう精選された内容とフルカラーの豊富な図表が理解を助けます．免疫学に興味をもつ全ての人に．

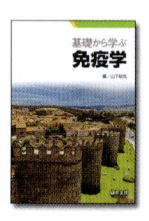

基礎から学ぶゲノム医療

平沢　晃／編
定価 3,520円（本体 3,200円＋税10％）　B5判　134頁　ISBN 978-4-7581-2172-9

あらゆる医療者に求められるゲノム医療について体系的にカラーで学べる初学者向けテキスト．遺伝形式，遺伝カウンセリング，遺伝学的検査などの基礎や，難病・小児・生殖/周産期・がんなどの臨床の実際を解説．

基礎から学ぶ植物代謝生化学

水谷正治，士反伸和，杉山暁史／編
定価 4,620円（本体 4,200円＋税10％）　B5判　328頁　ISBN 978-4-7581-2090-6

動かない植物が生存戦略の1つとしてつくり出す代謝産物について，その成り立ちを「分類と生合成経路」という縦糸と「生合成機構」という横糸で体系的に解説！蓄積や輸送，生物間相互作用までを網羅した教科書．

基礎から学ぶ統計学

中原　治／著
定価 3,520円（本体 3,200円＋税10％）　B5判　335頁　ISBN 978-4-7581-2121-7

理解に近道はない，だからこそ，初学者目線を忘れないペース配分と励ましで伴走する入門書．可能な限り図に語らせ，道具としての統計手法を，しっかり数学として（一部は割り切って）学ぶ．独習・学び直しに最適．

やさしい基礎生物学 第2版

南雲 保／編著，今井一志，大島海一，鈴木秀和，田中次郎／著
定価 3,190円（本体 2,900円＋税 10％）　B5判　221頁　ISBN 978-4-7581-2051-7

豊富なカラーイラストと厳選されたスリムな解説で大好評，多くの大学での採用実績をもつ教科書の第2版．内容の全面見直し，章末問題の追加等を行い，大学1～2年生の基礎固めにより最適な一冊へとパワーアップ．

やさしい基礎物理学

木下順二／編　大森理恵，小林義彦，庄司善彦，髙須雄一，野村和泉，松本みどり／著
定価 3,300円（本体 3,000円＋税 10％）　B5判　271頁　ISBN 978-4-7581-2176-7

身近な切り口と，イラストを多用したオールカラーのビジュアルな紙面で，基礎からわかりやすく解説しました．高校物理を未修または苦手だった方も親しみをもって学べるテキストとなっています．

大学で学ぶ 身近な生物学

吉村成弘／著
定価 3,080円（本体 2,800円＋税 10％）　B5判　255頁　ISBN 978-4-7581-2060-9

大学生物学と「生活のつながり」を強調した入門テキスト．身近な話題から生物学の基本まで掘り下げるアプローチを採用．親しみやすさにこだわったイラスト，理解を深める章末問題，節ごとのまとめでしっかり学べる．

身近な生化学　分子から生命と疾患を理解する

畠山 大／著
定価 3,080円（本体 2,800円＋税 10％）　B5判　295頁　ISBN 978-4-7581-2170-5

生化学反応を日常生活にある身近な生命現象と関連づけながら，実際の講義で話しているような語り口で解説することにより，学生さんが親しみをもって学べるテキストとなっています．好評書『身近な生物学』の姉妹編．

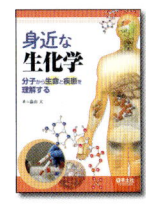

解剖生理や生化学をまなぶ前の 楽しくわかる生物・化学・物理

岡田隆夫／著　村山絵里子／イラスト
定価 2,860円（本体 2,600円＋税 10％）　B5判　215頁　ISBN 978-4-7581-2073-9

理科が不得意な医療系学生のリメディアルに最適！必要な知識だけを厳選して解説．専門基礎でつまずかない実力が身につきます．頭にしみこむイラストとたとえ話で，最後まで興味をもって学べるテキストです．

生理学・生化学につながる ていねいな化学

白戸亮吉，小川由香里，鈴木研太／著
定価 2,200円（本体 2,000円＋税 10％）　B5判　192頁　ISBN 978-4-7581-2100-2

医療者を目指すうえで必要な知識を厳選！生理学・生化学・医療とのつながりがみえる解説で「なぜ化学が必要か」がわかります．化学が苦手でも親しみやすいキャラクターとていねいな解説で楽しく学べます！

はじめの一歩の生化学・分子生物学 第3版

前野正夫，磯川桂太郎／著
定価 4,180 円（本体 3,800 円＋税 10％）　B5 判　238 頁　ISBN 978-4-7581-2072-2

初版より長く愛され続ける教科書が待望のカラー化！高校で生物を学んでいない方にとってわかりやすい解説と細部までこだわったイラストが満載．第3版では，幹細胞・血液検査など医療分野の学習に役立つ内容を追加！

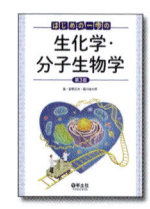

理系総合のための生命科学 第5版　分子・細胞・個体から知る"生命"のしくみ

東京大学生命科学教科書編集委員会／編
定価 4,180 円（本体 3,800 円＋税 10％）　B5 判　343 頁　ISBN 978-4-7581-2102-6

細胞のしくみから発生や生態系，がんまで生命科学全般の理解に必要な知識を凝縮．高大接続を重視し，日本学術会議の報告書「高等学校の生物教育における重要用語の選定について（改訂）」を参考に用語を更新．

生命科学 改訂第3版

東京大学生命科学教科書編集委員会／編
定価 3,080 円（本体 2,800 円＋税 10％）　B5 判　183 頁　ISBN 978-4-7581-2000-5

東大をはじめ全国の大学で多数の採用実績をもつ定番教科書が改訂！幹細胞，エピゲノムなど進展著しい分野を強化し，さらに学びやすく，さらに教えやすくなりました．理系なら必ず知っておきたい基本が身につく一冊．

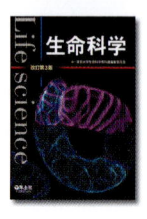

よくわかるゲノム医学 改訂第2版　ヒトゲノムの基本から個別化医療まで

服部成介，水島-菅野純子／著　菅野純夫／監
定価 4,070 円（本体 3,700 円＋税 10％）　B5 判　230 頁　ISBN 978-4-7581-2066-1

ゲノム創薬・バイオ医薬品などが当たり前になりつつある時代に知っておくべき知識を凝縮．これからの医療従事者に必要な内容が効率よく学べる．次世代シークエンサーやゲノム編集技術による新たな潮流も加筆．

FLASH薬理学 改訂版

丸山　敬，淡路健雄／編
定価 3,740 円（本体 3,400 円＋税 10％）　B5 判　390 頁　ISBN 978-4-7581-2175-0

薬理学の要点をクリアカットにまとめた，詳しすぎず易しすぎないちょうどよいテキスト．通読も拾い読みもしやすく，学習スタイルに合わせて学べる．医学生や看護・医療系学生が概要を効果的につかむのに最適な1冊！

栄養科学イラストレイテッド　生化学 第3版

薗田　勝／編
定価 3,080 円（本体 2,800 円＋税 10％）　B5 判　256 頁　ISBN 978-4-7581-1354-0

多くの管理栄養士養成校で採用いただいている教科書が待望のカラー化！改訂でイラストをさらに追加し，栄養素の特徴から代謝のしくみまでが分子レベルで理解できる！姉妹版「生化学ノート」の併用もオススメ！